深智數位
股份有限公司

深智數位
股份有限公司

前言

為什麼寫作本書

毫無疑問，雲端平台已成為企業應用的主流支撐平臺，雲端原生作為可最大化雲端平台資源使用率的一套軟體設計原則備受業界推崇。談雲端原生就繞不開 Kubernetes，它是雲端原生應用的底座：容器技術的普及加速了單體應用的微服務化，微服務化是實現雲端原生諸多原則的前提條件，而微服務化必須解決服務編排問題，Kubernetes 就是為了解決這個問題而生的。眾所皆知 Kubernetes 源自 Google 內部產品，其前身已歷經大規模應用的實踐考驗，又有大廠做後盾，一經推出便勢如破竹，統一了容器編排領域，成為事實上的標準。從應用層面講解 Kubernetes 的書籍與資料已經十分豐富，這使捲動更新、系統自動伸縮、系統自愈等曾經時髦的概念及在 Kubernetes 上的配置方式現如今早已深入人心，但作為軟體工程師，不僅可得益於 Kubernetes 提供的這些能力，同樣可受益於它內部實現這些能力的方式，理解其精髓可顯著提高工程師的業務水準，而這就鮮有除原始程式之外的優秀資料了，本書希望在一定程度上彌補這方面的缺憾。筆者選取 Kubernetes 的核心元件——API Server 進行原始程式碼講解，從程式等級拆解控制器模式、認證控制機制、登入鑑權機制、API Server 聚合機制等，力爭涵蓋 API Server 所有核心邏輯。為了緩解理解原始程式的枯燥感，筆者增加數章擴充開發的實踐內容，也使學習與應用相輔相成。

帶領讀者體驗 Go 語言魅力是寫作本書的另一個目的。

Go 語言誕生於 2007 年，靈感來自一場 C++ 新特性佈道會議中發生的討論，現如今已經走過 17 個年頭。Go 語言的創立者大名鼎鼎，一位是 C 語言建立者 Ken Thompson，另一位是 UNIX 的開發者 Rob Pike，可以說 Go 語言的起點相當高。這門新語言確實不辱使命，主流的容器引擎均是用 Go 語言開發的，Kubernetes 作為容器編排的事實標準也使用 Go 語言開發，單憑這兩項成就就足以證明其價值。

　　Go 語言在伺服器端應用程式開發、命令列工具程式開發等領域應用越來越廣，作為開發語言界的後起之秀，Go 語言具有後發優勢。以 Go 語言開發的應用被編譯為目標平臺的本地應用，所以在效率上相對依賴虛擬機器的應用有優勢；它在語法上比 C 語言簡單，記憶體管理也更出眾，具有好用性，而相對 C++，Go 語言更簡單，使用者也不用操心指標帶來的安全問題。如果只看語法，則 Go 語言是相對簡單的一門程式語言。若有 C 語言基礎，則上手速度幾乎可以用小時計，但要充分發揮 Go 語言的強悍能力則需對其有較為深入的理解和實踐。為了幫助開發者更進一步地使用它，Go 語言團隊撰寫了 Effective Go 一文，舉出諸多使用的最佳實踐，這些最佳實踐在 Kubernetes 的原始程式中被廣泛應用，這就使學習 Kubernetes 原始程式成為提升 Go 語言能力的一條路徑。

▍目標讀者

　　本書內容圍繞 Kubernetes API Server 原始程式碼展開，力圖型分析清楚它的設計想法，其內容可以幫助以下幾類讀者。

1. 希望提升系統設計能力的開發者

　　他山之石，可以攻錯。

　　入門軟體開發並非難事，但要成為高階人才去主導大型系統設計卻實屬不易。優秀架構師在能夠遊刃有餘地揮灑創意之前均進行了常年累積。除了不斷更新技術知識、學習經典設計理論、在實踐中不斷摸索外，從成功專案中汲取養料也是常用的進階之道。Kubernetes 專案足夠成功，其社區成員已是百萬計。

它聚數十萬優秀軟體開發人員之力於一點，每個原始檔案、每個函數均經過認真思考與審核，其中考量耐人尋味。從原始程式分碼析 Kubernetes 的設計正是本書的立足點。

API Server 所應用的諸多設計實現為開發者提供了有益參考。例如控制器模式、認證控制機制、各種 Webhook 機制、登入認證策略、請求過濾的實現、OpenAPI 服務說明的生成、Go 程式生成機制、以 Generic Server 為底座的子 Server 建構方式等。上述每項設計想法均可應用到其他專案，特別是用 Go 語言開發的專案中。

本書中包含大量原始程式碼的講解，需要讀者具有基本的 Go 語言語法知識；同時，當涉及 Kubernetes 的基本概念和操作時本書不會深入講解，故需要讀者具備 Kubernetes 的基礎知識。不過讀者閱讀本書前不必成為這些方面的專家。

2. Kubernetes 運行維護團隊成員、擴充開發人員

知其然且知其所以然始終是做好軟體運行維護工作的有力保證。了解 Kubernetes 功能的具體實現可讓運行維護人員對系統能力有更深刻的認識，提升對潛在問題的預判能力，對已出現的故障迅速定位。相較於軟體開發工程師，運行維護工程師一般不具備很強的開發能力，所以探究原始程式會比較吃力。本書有條理地帶領讀者厘清 API Server 各個組件的設計，降低了原始程式閱讀的門檻。

筆者始終認為 Kubernetes 最強的一面恰恰是它最被忽視的高擴充能力。根據公開報導，科技大廠（如 Google、AWS、微軟、字節跳動等）均有利用這些擴充能力做適合自身平臺的客製化。目前講解 API Server 客製化的資料並不系統。本書希望將 API Server 的客製化途徑講解清楚：既介紹擴充機制的原始程式碼實現，又講解如何利用擴充機制進行客製化開發，希望為擴充開發人員提供相應參考。

3. 希望提升 Kubernetes 知識水準的從業者

由表及裡是領會任何技術的自然過程。隨著最近三年線上辦公的火爆，雲端平台的普及大大加速，Kubernetes 作為雲端應用的重要支撐工具已被廣泛應用，一批優秀的系統管理員在成長過程中開始產生深入了解 Kubernetes 功能背後原理的需求。拿眾所皆知的捲動更新機制舉例，透過文件可以了解到其幾個參數的含義，但很拗口，並且難記，有不明就裡的感覺，但透過查看 Deployment 控制器原始程式碼，將這些參數映射到程式的幾個判斷敘述後，一切也就簡單明朗了。

4. Go 語言的使用者

Go 語言的使用者完全可以利用 Kubernetes 專案來快速提升自己的專案能力。作為 Kubernetes 中最核心也是最複雜的元件，API Server 的原始程式充分表現了 Go 語言的多種最佳實踐。讀者會看到管道（channel）如何編織出複雜的 Server 狀態轉換網，會看到優雅應用程式碼協同（Go Routine）的方式，也會學習到如何利用函數物件，以及諸多技術的應用方式。透過閱讀 API Server 原始程式來提升自身 Go 語言水準一舉多得。

5. 期望了解開放原始碼專案的開發者

開放原始碼在過去 30 年裡極大地加速了軟體行業的繁榮，在主要的應用領域開放原始碼產品有著頂樑柱的作用，例如 Linux、Android、Kubernetes、Cloud Foundry、Eclipse、PostgreSQL 等。軟體開放原始碼早已超出程式共用的範圍，成為一種無私、共同進步的精神象徵。許多軟體從業者以參與開放原始碼專案為榮。

本書在介紹原始程式的同時也展示了 Kubernetes 的社區治理，讀者會看到這樣一個百萬人等級的社區角色如何設定，任務怎麼劃分，程式提交流程，品質保證手段。透過這些簡介，讀者可以獲得對開放原始碼專案管理的基礎，為參與其中打下基礎。如果聚焦 API Server 這一較小領域，則讀者在本書的幫助下將掌握專案結構和核心程式邏輯，輔以一定量的自我學習便可參與其中。

致謝

特別感謝讀者花時間閱讀本書。本書的撰寫歷經坎坷。準備工作從 2022 年便已開始，為了保證嚴謹，筆者翻閱了 API Server 的所有原始檔案，讓每個基礎知識都能落實到程式並經得起推敲。寫作則貫穿 2023 年一整年，這幾乎佔去了筆者工作之餘、教育兒女之外的所有閒置時間。筆者水準有限，書中仍有可能存在疏漏之處，期望讀者能給予諒解並不吝指正，感激不盡！

筆者深知如果沒有外部的幫助，則很難走到出版這一步，在此感謝所有人的付出。

首先特別感恩筆者所在公司和團隊所提供的機會，讓筆者在過去的多年裡有機會接觸雲端與 Kubernetes，並能有深挖的時間。2023 年筆者團隊痛失棟樑，困難時刻團隊成員勇於擔當，共渡難關，讓這本書的寫作得以繼續。謹以此書紀念那位已逝去的同事。

其次感謝家人的付出，作為兩個孩子的父親，沒有家人的分擔是無法從照顧孩子的重任中分出時間寫作的，這本書的問世得益於你們的支援。

感謝清華大學出版社趙佳霓編輯，謝謝您在寫作前的提點、審核協助及校稿過程中的辛勤付出。

張海龍

目錄

基礎篇

1 Kubernetes 與 API Server 概要

1.1	Kubernetes 組件 1-2
	1.1.1　控制面上的組件 1-2
	1.1.2　節點上的組件 1-6
1.2	Kubernetes API 基本概念 1-9
	1.2.1　API 和 API 物件 1-9
	1.2.2　API 種類 1-10
	1.2.3　API 組和版本 1-11
	1.2.4　API 資源 1-12
1.3	API Server 1-14
	1.3.1　一個 Web Server 1-15
	1.3.2　服務於 API 1-17
	1.3.3　請求過濾鏈與認證控制 1-21
1.4	宣告式 API 和控制器模式 1-22
	1.4.1　宣告式 API 1-22

		1.4.2	控制器和控制器模式	1-26
1.5		本章小結		1-35

2 Kubernetes 專案

2.1	Kubernetes 社區治理	2-2
	2.1.1　特別興趣組	2-4
	2.1.2　SIG 內的子專案小組	2-5
	2.1.3　工作群組	2-6
2.2	開發人員如何貢獻程式	2-7
	2.2.1　開發流程	2-7
	2.2.2　程式提交與合併流程	2-8
2.3	原始程式碼下載與編譯	2-9
	2.3.1　下載	2-9
	2.3.2　本地編譯與運行	2-11
2.4	本章小結	2-12

原始程式篇

3 API Server

3.1	Kubernetes 的專案結構	3-2
	3.1.1　頂層目錄	3-2
	3.1.2　staging 目錄	3-5
	3.1.3　pkg 目錄	3-8

3.2	Cobra		3-11
	3.2.1	命令的格式規範	3-12
	3.2.2	用 Cobra 寫命令列應用	3-14
3.3	整體結構		3-18
	3.3.1	子 Server	3-18
	3.3.2	再談聚合器	3-21
3.4	API Server 的建立與啟動		3-21
	3.4.1	建立 Cobra 命令	3-23
	3.4.2	命令的核心邏輯	3-25
	3.4.3	CreateServerChain() 函數	3-28
	3.4.4	總結與展望	3-31
3.5	本章小結		3-32

4 Kubernetes API

4.1	Kubernetes API 原始程式碼		4-3
	4.1.1	內部版本和外部版本	4-5
	4.1.2	API 的屬性	4-8
	4.1.3	API 的方法與函數	4-13
	4.1.4	API 定義與實現的約定	4-19
4.2	內建 API		4-23
4.3	核心 API		4-26
4.4	程式生成		4-30
	4.4.1	程式生成工作原理	4-32
	4.4.2	程式生成範例	4-46
	4.4.3	觸發程式生成	4-50
4.5	本章小結		4-52

5 Generic Server

5.1	Go 語言實現 Web Server	5-2
5.2	go-restful	5-6
	5.2.1 go-restful 簡介	5-6
	5.2.2 go-restful 中的核心概念	5-7
	5.2.3 使用 go-restful	5-10
5.3	OpenAPI	5-11
	5.3.1 什麼是 OpenAPI	5-11
	5.3.2 Kubernetes 使用 OpenAPI 規格說明	5-12
	5.3.3 生成 API OpenAPI 規格說明	5-17
	5.3.4 Generic Server 與 OpenAPI	5-20
5.4	Scheme 機制	5-22
	5.4.1 登錄檔的內容	5-23
	5.4.2 登錄檔的建構	5-25
5.5	Generic Server 的建構	5-34
	5.5.1 準備 Server 運行配置	5-35
	5.5.2 建立 Server 實例	5-36
	5.5.3 建構請求處理鏈	5-38
	5.5.4 增加啟動和關閉鉤子函數	5-48
5.6	Generic Server 的啟動	5-49
	5.6.1 啟動準備	5-49
	5.6.2 啟動	5-49
5.7	API 的注入與請求回應	5-60
	5.7.1 注入處理流程	5-62
	5.7.2 WebService 及其 Route 生成過程	5-66
	5.7.3 回應對 Kubernetes API 的 HTTP 請求	5-72
5.8	認證控制機制	5-82

		5.8.1	什麼是認證控制	5-82
		5.8.2	認證控制器	5-85
		5.8.3	動態認證控制	5-92
	5.9	一個 HTTP 請求的處理過程		5-97
	5.10	本章小結		5-99

6 主 Server

6.1	主 Server 的實現	6-2
	6.1.1 填充登錄檔	6-2
	6.1.2 準備 Server 運行配置	6-4
	6.1.3 建立主 Server	6-9
6.2	主 Server 的幾個控制器	6-13
	6.2.1 ReplicaSet 控制器	6-14
	6.2.2 Deployment 控制器	6-17
	6.2.3 StatefulSet 控制器	6-21
	6.2.4 Service Account 控制器	6-24
6.3	主 Server 的認證控制	6-29
	6.3.1 運行選項和命令列參數	6-30
	6.3.2 從運行選項到運行配置	6-32
	6.3.3 從運行配置到 Generic Server	6-35
6.4	API Server 的登入驗證機制	6-37
	6.4.1 API Server 登入驗證基礎	6-37
	6.4.2 API Server 的登入驗證策略	6-42
	6.4.3 API Server 中建構登入認證機制	6-48
6.5	本章小結	6-56

7 擴充 Server

- 7.1 CustomResourceDefinition 介紹 7-2
  - 7.1.1 CRD 的屬性 7-3
  - 7.1.2 客製化 API 屬性的定義與驗證 7-8
  - 7.1.3 啟用 Status 和 Scale 子資源 7-12
  - 7.1.4 版本轉換的 Webhook 7-13
- 7.2 擴充 Server 的實現 7-16
  - 7.2.1 獨立模組 7-16
  - 7.2.2 準備 Server 運行配置 7-18
  - 7.2.3 建立擴充 Server 7-19
  - 7.2.4 啟動擴充 Server 7-32
- 7.3 擴充 Server 中控制器的實現 7-34
  - 7.3.1 發現控制器 7-35
  - 7.3.2 名稱控制器 7-39
  - 7.3.3 非結構化規格控制器 7-40
  - 7.3.4 API 審核控制器 7-42
  - 7.3.5 CRD 清理控制器 7-44
- 7.4 本章小結 7-45

8 聚合器和聚合 Server

- 8.1 聚合器與聚合 Server 介紹 8-2
  - 8.1.1 背景與目的 8-2
  - 8.1.2 再談 API Server 結構 8-3
- 8.2 聚合器的實現 8-7
  - 8.2.1 APIService 簡介 8-7
  - 8.2.2 準備 Server 運行配置 8-10

xi

	8.2.3	建立聚合器	8-11
	8.2.4	啟動聚合器	8-16
	8.2.5	聚合器代理轉發 HTTP 請求	8-28
8.3	聚合器中控制器的實現		8-31
	8.3.1	自動註冊控制器與 CRD 註冊控制器	8-31
	8.3.2	APIService 註冊控制器	8-34
	8.3.3	APIService 狀態監測控制器	8-39
8.4	聚合 Server		8-42
	8.4.1	最靈活的擴充方式	8-43
	8.4.2	聚合 Server 的結構	8-46
	8.4.3	委派登入認證	8-48
	8.4.4	委派許可權認證	8-51
8.5	本章小結		8-57

實戰篇

9 開發聚合 Server

9.1	目標		9-2
9.2	聚合 Server 的開發		9-4
	9.2.1	建立專案	9-4
	9.2.2	設計 API	9-5
	9.2.3	生成程式	9-10
	9.2.4	填充登錄檔	9-16
	9.2.5	資源存取	9-18

	9.2.6	撰寫認證控制	9-26
	9.2.7	增加 Web Server	9-29
	9.2.8	部署與測試	9-38
9.3	相關控制器的開發		9-51
	9.3.1	設計	9-52
	9.3.2	實現	9-53
	9.3.3	如何啟動	9-58
	9.3.4	測試	9-60
9.4	本章小結		9-62

10 API Server Builder 與 Kubebuilder

10.1	controller-runtime		10-2
	10.1.1	核心概念	10-2
	10.1.2	工作機制	10-5
10.2	API Server Builder		10-7
	10.2.1	概覽	10-8
	10.2.2	Builder 用法	10-9
10.3	Kubebuilder		10-14
	10.3.1	概覽	10-14
	10.3.2	功能	10-15
	10.3.3	開發步驟	10-16
10.4	本章小結		10-22

11 API Server Builder 開發聚合 Server

11.1	目標	11-2
11.2	聚合 Server 的開發	11-3

xiii

	11.2.1	專案初始化 11-3
	11.2.2	建立 v1alpha1 版 API 並實現 11-4
	11.2.3	增加 v1 版本 API 並實現 11-10
11.3	相關控制器的開發 11-14
11.4	部署與測試 11-16
	11.4.1	準備工作 11-16
	11.4.2	製作鏡像 11-17
	11.4.3	向叢集提交 11-20
	11.4.4	測試 11-20
11.5	本章小結 11-23

12 Kubebuilder 開發 Operator

12.1	目標 12-2
12.2	定義 CRD 12-2
	12.2.1 專案初始化 12-2
	12.2.2 增加客製化 API 12-3
12.3	相關控制器的開發 12-6
	12.3.1 實現控制器 12-6
	12.3.2 本地測試控制器 12-7
12.4	認證控制 Webhook 的開發 12-8
	12.4.1 引入認證控制 Webhook 12-8
	12.4.2 實現控制邏輯 12-9
12.5	部署至叢集並測試 12-11
	12.5.1 製作鏡像 12-11
	12.5.2 部署 cert-manager 12-12
	12.5.3 部署並測試 12-13
12.6	本章小結 12-15

xiv

第一篇

基礎篇

穩固的根基是巍峨上層建築的保障。本書的目標是抽絲剝繭地解析 API Server 原始程式碼的設計與實現，這需要 Kubernetes 基礎知識的支撐。第一篇將介紹理解 Kubernetes 專案程式的必備知識，為全書知識系統建構打下根基。透過閱讀本篇，讀者可以獲取以下資訊：

（1）Kubernetes 和 API Server 概覽。從描述 Kubernetes 基本元件入手，然後聚焦控制面的 API Server，探討其組成、作用和技術特點，並對宣告式 API 和控制器模式進行解讀。

（2）明確的概念定義。Kubernetes 專案中的名詞許多，對於很多概念的定義也比較模糊，這種不嚴謹會對行文造成影響。筆者結合自身經驗與理解，對 Kubernetes API Server 所涉及的重要概念進行規範命名，這對在本書範圍內避免混淆至關重要。

（3）Kubernetes 專案和社區治理。作為擁有數百萬社區成員的開放原始碼專案，Kubernetes 需要一個鬆緊得當的管理制度和高效的組織形式。本章簡介該專案的幾大組織機構、社區成員的不同角色和貢獻者的參與形式。考慮到本書的許多讀者定會對程式興趣濃厚，筆者也會介紹如何向該專案提交程式。

需要指出，介紹 Kubernetes 中主要 API 的功能和使用方式並不是本書的寫作目標，讀者不會看到如 Pod、Deployment、Service 是什麼及作何使用，建議讀者在開始原始程式閱讀前自行儲備這方面知識。同時豐富的使用經驗並不是閱讀本書所必需的。

Kubernetes 與 API Server 概要

　　在雲端原生領域 Kubernetes 大名鼎鼎，回望過去的十幾年，它的流行助推了雲端運算的蓬勃發展，也直接加速了軟體系統結構從單體應用向微服務轉變，其影響力令人歎為觀止。有理由相信，如此成績必然建立在一個堅實的技術底座之上。從 Kubernetes 系統結構角度去分析，控制面是整個系統的根基，而 API Server 又是控制面的核心，摸清 Kubernetes 技術架構繞不開 API Server。本章從 Kubernetes 整體架構著手，逐步聚焦 API Server，從巨觀上講解其構造。

Kubernetes 與 API Server 概要

1.1 Kubernetes 組件

Kubernetes 叢集本質上是一個普通的分散式系統，本身並沒有難以理解的部分，其主體有兩部分，一部分是控制面（Control Plane）；另一部分是各個節點（Node），如圖 1-1 所示。

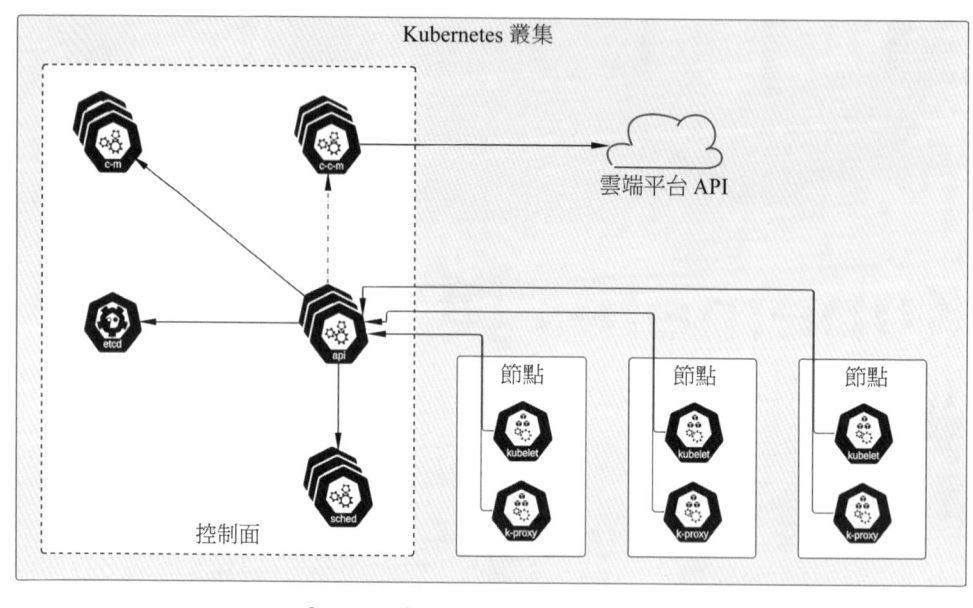

▲ 圖 1-1 Kubernetes 基本組件

1.1.1 控制面上的組件

控制面承載了服務於整個叢集的元件，包括 API Server、控制器管理器（Controller Manager）、計畫器（Scheduler）及和 API Server 密切配合的資料庫——ETCD。API Server 是一個 Web Server，用於管理系統中的 API[1]及其物

---

[1] Kubernetes API 不等於 Application Programming Interface，詳見 1.2 節。

件，它利用 ETCD 來儲存這些 API 實例；控制器管理器可以說是 Kubernetes 叢集的靈魂所在，它所管理的諸多控制器負責調整系統，從而達到 API 物件所指定的目標狀態，1.4 節將要介紹的宣告式 API 和控制器模式就是由控制器具體落實的，而控制器管理器匯集了控制面上的大部分內建管理器；計畫器負責選擇節點去運行容器，從而完成工作負載，它觀測 API Server 中 API 物件的變化，為它們所代表的工作負載安排節點，然後把安排結果寫回 API 物件，以便節點上的 Kubelet 組件消費。

1. API Server

API Server 是整個叢集的記憶中樞。Kubernetes 採用宣告式 API 模式，系統的運作基於來自各方的 API 物件，每個物件描述了一個對系統的期望，由不同控制器獲取物件並實現其期望。這些物件的儲存和獲取均發生在 API Server 上，這就奠定了 API Server 的核心地位，如圖 1-2 所示。1.3 節會進一步展開討論。

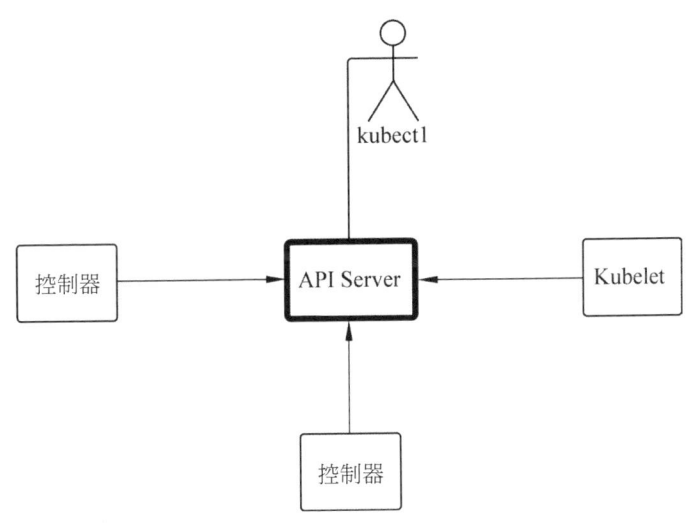

▲ 圖 1-2 API Server 核心地位

2. 控制器管理器

在介紹控制器管理器前先要講解什麼是控制器。控制器是一段持續迴圈運行的程式，正常情況下它們不會主動退出。每個控制器都有自己關注的 API 物件，而 API 物件會在 spec 中宣告使用者期望，控制器根據其內容對系統進行調整。一些典型的控制器包括 Deployment 控制器、作業控制器（Job Controller）、節點控制器（Node Controller）、服務帳戶控制器（ServiceAccount Controller）等。透過下面的例子進一步了解控制器的作用。

以下程式舉出了一個 CronJob API 物件的定義：

```yaml
apiVersion: batch/v1
kind: CronJob
metadata:
    name: busybox-cron
spec:
    schedule: "*/1 * * * *"
    jobTemplate:
      spec:
        template:
          spec:
            containers:
               -name: busybox
                image: busybox:latest
            command: ["/bin/sh", "-c", "echo 'ello World'"]
            restartPolicy: OnFailure
```

這個 API 物件在 spec 中指出作業運行週期、運行的鏡像及容器啟動後需要執行的命令，這便形成了使用者的期望；當該資源檔提交至 API Server 後，一直不斷地觀察 CronJob 實例變化的 CronJob 控制器就會多出一筆工作項目，在處理完先行到達的其他項目後，控制器就會按照這個實例的 spec 建立 Pod 並執行指明的命令。

注意：資源的建立和控制器對其處理二者是非同步的。控制器內具有一個佇列資料結構，發生變化的 API 物件會作為其項目入列，等待控制器在下一次控制迴圈中處理。

系統中存在大量控制器，顯而易見，它們的穩定運行對系統順利運轉舉足輕重，Kubernetes 需要特別關注它們，以便異常出現時做恢復的動作，這部分工作由控制器管理器承擔。控制器管理器是一個單獨的可執行程式，Kubernetes 把絕大部分內建控制器包含在其中，由它管理。邏輯上看，該管理器應該包含一個守護處理程序（Daemon）和許多控制器處理程序，守護處理程序用於監控控制器處理程序的健康，但實踐中利用了 Go 語言的程式碼協同（Go Routine）機制，管理器和控制器程式被編譯成單一可執行檔，運行在同一個處理程序內，每個控制器以程式碼協同的形式運行於該處理程序中。

3. 雲端控制器管理器

雲端控制器管理器又有何用呢？它在 Kubernetes 叢集和雲端平台之間架起橋樑。從技術上看，一個 Kubernetes 叢集需要的資源可以來自叢集所處的雲端平台，例如公網 IP 這個資源便是如此。雲端平台以 API 的形式提供服務，而針對同樣資源不同平臺的 API 肯定是有差異的，為了遮罩這種差異，雲端控制器管理器被開發出來。它將叢集中所有需要與雲端平台 API 進行互動的元件集中起來由自己管理，從而將這方面的複雜性隔離出來；同時，制定外掛程式機制來統一資源操作介面，允許各大平臺實現外掛程式與 Kubernetes 叢集對接。雲端控制器管理器管理著多個雲端控制器，它們是雲端平台 API 的直接呼叫者。

雲端平台最基本的服務是提供算力———也就是提供伺服器，如何將一台從平臺買來的伺服器掛載到一個 Kubernetes 叢集呢？雲端控制器管理器內運行著一個節點雲控制器，它會對接所在雲端平台，獲取當前客戶的租戶內伺服器資訊，形成種類為節點（Node）的 Kubernetes API 物件並存入 API Server 中，這樣所有雲端服務器就可以為叢集所用了。

此外，Kubernetes 叢集中的容器必須彼此之間可達，這需要路由雲端控制器進行配置，該控制器也是雲端控制器管理器的一部分。

除此之外，服務雲端控制器同樣是雲端控制器管理器的一部分：有一種服務類型是 LoadBalancer，該類型的服務要求雲端平台為其分配一個叢集外可達的 IP 位址，位址的獲取就是由服務雲端控制器來完成的。

Kubernetes 與 API Server 概要

4. 計畫器

API 物件的本質是描述使用者期望系統處於的狀態，一般來講這會伴有工作負載，最終落實到具體 Pod 去執行，而叢集中有大量節點，系統如何選取某個節點來運行 Pod 呢？這一過程其實並不簡單。影響節點選取的因素很多，包括但不限於以下幾個因素：

（1）執行任務必備的系統資源，例如算力、記憶體、顯示卡需求。

（2）各個節點的可用軟硬體資源。

（3）系統中存在的資源配置策略、使用限制等。

（4）資源定義指明的親和、反親和規則。

（5）各節點間工作負載的平衡。

可見節點的選擇是件複雜精細的工作。為了處理好它，Kubernetes 開發計畫器模組來專門應對，計畫器通盤考慮各種因素來做出選擇。計畫器對使用者是透明的。

1.1.2 節點上的組件

節點代表提供算力等資源的伺服器，容器就是在這裡被建立、運行並隨後被銷毀的，實際的工作都在這裡完成。節點需要按照控制面的要求進行配置並完成工作，這就需要 Kubelet 元件和 Kube Proxy 元件，前者的主要任務是對接節點上的容器環境完成管理任務，後者負責達成容器網路的連通性。節點上的元件並不是本書寫作的目標，但為了讓讀者能有一個整體概念，下面對 Kubelet 和 Kube Proxy 進行簡單介紹，感興趣的讀者可以自行查閱相關資料[1]。

---

[1] 推薦 Kubernetes 官方文件，網站為 https://www.kubernetes.io。

1. Kubelet

Agent 在分散式系統中比較常見，它們分佈在叢集的各個成員上，像黏合劑一樣連結整個系統，Kubelet 就是類似這樣的 Agent。每個節點都會有一個 Kubelet，它連接控制面和節點，準確地說是連接 API Server 與節點，使 API Server 與所有節點組成一個星型結構。它的任務繁重，最核心的任務有以下兩點。

（1）向 Kubernetes 叢集註冊當前節點。

（2）觀測系統需要當前節點運行的 Pod，並在當前節點運行。

節點的註冊是指告知 API Server 當前節點的具體資訊，如 IP 位址、CPU 和記憶體情況。在 API Server 中，萬物皆是資源，節點也不例外，Kubelet 的註冊動作最終會在 API Server 上建立一個節點資源，關於這個節點的所有資訊都記錄在其內。值得一提的是，Kubelet 能和 API Server 互動的前提是能透過控制面的登入和鑑權流程，這就需要在啟動 Kubelet 時為其指定合法且許可權足夠的 ServiceAccount。

和註冊節點到 API Server 相比，啟動並觀測 Pod 更為關鍵。在 Kubernetes 系統中，工作負載的最終執行一定是在 Pod 所包含的容器中完成的，整個過程為：首先使用者透過資源定義舉出任務的描述，然後相應控制器分析資源定義，並進行豐富，這時需要什麼鏡像、運行幾個容器等已經明確；接下來計畫器為這些 Pod 選取節點，並把這些資訊寫入 Pod 的定義；最後 Kubelet 登場，它及時發現那些需要在自己所在節點上建立的 Pod，把它們的定義讀回來，通知節點上的容器執行時期建立容器，之後持續關注容器健康狀況並上報 API Server。可見，缺少了 Kubelet 的工作將導致 Pod 無法最終建立。

2. Kube Proxy

Kubernetes 叢集中的所有 Pod 需要相互聯通，彼此可達，這並不容易實現，網路一直是 Kubernetes 中較複雜的問題。對於同一個節點上的兩個 Pod 來講，借助 Kubelet 建立的 CNI 橋接器就可以聯通它們，過程如下：每個 Pod 和橋接

Kubernetes 與 API Server 概要

器之間都透過一個 veth 對（veth pair）連接，從 veth 對一端進入的資料封包會到達另一端，兩個相互通訊的 Pod 會先把給對方的訊息交給橋接器，經橋接器進行轉發，這樣連通性就達成了。

對於跨主機通訊，兩個 Pod 分處在不同的節點上，過程就會坎坷一點。各路網路外掛程式各顯神通，有的建立跨節點的覆蓋網路，如 Flannel；有的把底層 OS 作為路由器轉發流量，如 Calico。網路外掛程式在 Kubernetes 叢集網路建構的過程中造成了重要作用，它們均建立在 CNI 規範的基礎上，是它的不同實現。網路外掛程式會被容器執行時期在建立 Pod 的過程中呼叫。

由此可見網路相關工作是煩瑣的，涉及它的工作也需要專業知識。有一類資源非常依賴網路的支援，它就是服務（Service）。服務把一個應用暴露在叢集內和／或叢集外，使其他的應用可以消費它。建立服務的主要工作集中在網路配置上，要能把流量轉發到服務背景應用所在的 Pod 上，Kubernetes 引入 Kube Proxy 專門負責服務網路配置。

Kube Proxy 並不直接負責叢集網路的建立，如上所述這項工作主要由網路外掛程式來完成，但 Kube Proxy 會隔離出利用網路外掛程式配置 Service API 物件網路的所有工作，從而遮罩這方面的複雜性。當一個服務物件建立出來以後，系統會根據其類型為它做網路配置：

（1）對於類型為 ClusterIP 的服務，為其分配一個虛的 IP，並保證叢集內部對該虛 IP 的特定通訊埠的存取能夠到達相應的 Pod，但叢集外部存取不到該 IP。

（2）對於類型為 NodePort 的服務，除了像 ClusterIP 類型一樣為其分配虛 IP 並保證流量能到達背後的 Pod 外，在叢集的每個節點上，開放一個特定通訊埠給外部，所有對該通訊埠的存取都會被路由到這個服務的 Pod。

（3）對於類型為 LoadBalancer 的服務，外部 IP 提供者會把一個 IP 分配給該服務，對該服務的存取會被轉給 Kubernetes 叢集，叢集保證請求到達背後的 Pod，而這種方式也利用了 ClusterIP。

不難看出，ClusterIP 類型的服務是 NodePort 和 LoadBalancer 的基礎，它能得以實現的要點是：對該虛 IP 的特定通訊埠的存取能到達對應的 Pod，Kube Proxy 包攬了這部分工作。它透過多種方式達到目的：使用者空間（UserSpace）模式、iptables 模式和 IPVS 模式，這裡不展開介紹。

1.2 Kubernetes API 基本概念

Kubernetes 中頻繁使用一些基本概念，不加以區分將極易造成混淆，這一節來明確它們的含義。Kubernetes API 的重要概念系統如圖 1-3 所示。

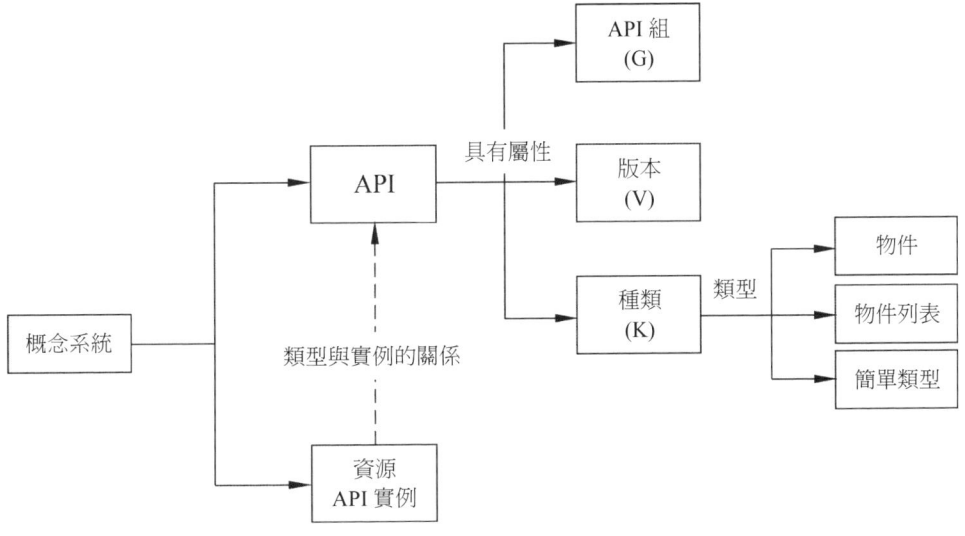

▲ 圖 1-3 Kubernetes API 的重要概念系統

1.2.1 API 和 API 物件

Kubernetes 中的 API 並不完全等於程式設計世界中一般意義上的 Application Programming Interface。一般意義上的 API 是一種當前程式接收外部指令的技術手段，這非常像一個出入口，所以形象地將它們稱為介面，而 Kubernetes API 不僅有介面這一層次的含義，還代表了指令本身，這確實有些特立獨行。可以

1 Kubernetes 與 API Server 概要

類比生活中「快遞」一詞的含義：它在一些場景下代表了一種物流手段，而在另外一些場景下又代表被遞送的貨物本身。

Kubernetes 系統內各個模組之間的互動是以 API Server 為中心的鬆散耦合互動，請求發起模組把自己對系統狀況的期望描述出來，形成 API 物件，並把它交給 API Server；回應方則從 API Server 獲取 API 物件並依其所期望的狀態盡力滿足。在這個過程中，API 物件造成了關鍵的解耦作用。這樣的 API 物件可以分為很多種類，例如 apps/v1 中的 Deployment，使用者可以建立許多具體的 Deployment 實例，這些實例就是 API 物件。

Kubernetes API 物件被用來指代對系統狀態的期望，是一個個具體的實例，也稱為 API 實例，而 API 是物件的類型，它代表的是中繼資料層面的內容。在社區的很多討論中，在不造成混淆的情況下經常混用 API 物件和 API，但本書行文中將嚴格區分它們。

1.2.2 API 種類

種類的英文原文是 Kind，直譯成中文是種類及類型的意思。顯而易見在電腦技術領域「種類」或「類型」一詞指代過於寬泛，容易和其他事物衝突，所以在本書中當談到 API Kind 時，一律直接用 API Kind 或用「API 種類」來表述，這樣既保留了概念本意，又儘量與其他概念區分。

API 種類從事物所具有的屬性角度描述 API，而非屬性的值；它代表了一類資源的共有屬性的集合。根據 Kubernetes API 規約[1]，API 種類可分成三大類。

1. 物件類型

物件類型定義出的實體會被持久化在系統中。使用者透過建立一個物件類型的實例來描述某一意圖。使用者可透過 get、delete 等 HTTP 方法操作這些實

---

[1] 位於 GitHub 中 Kubernetes 組織機構下的 Kubernetes 函數庫中，檔案名稱為 api-conventions.md。

體。例如 Pod 和 Service 都是物件類型，人們可以用它們建立出具體的 pod 和 service 實例。物件類型的屬性 metadata 下必須有 name、uid、namespace 屬性。使用者所接觸的 API 資源大多數是物件類型的實例；使用者所撰寫的資源定義檔案，絕大部分用於建立物件類型的實例。

2. 列表類型

物件類型用於定義單一實體，而清單類型用於定義一組實體。例如 PodList、ServiceList、NodeList。列表類型在命名時必須以 List 結尾，在列表類型內必須定義有屬性 items，這個屬性用於容納被清單實例所包含的 API 實例。列表類型最常用於 API Server 給使用者端的傳回值，使用者不會單獨去為清單類型實例寫資源定義檔案。舉例來說，當執行命令從 API Server 讀取某一命名空間內的所有 Pod 時，得到的傳回值也是一個 Kubernetes API 實例，它的 API Kind 將是 PodList，PodList 的類型便是列表類型。

3. 簡單類型

簡單類型用於定義非獨立持久化的實體，即它們的實例不會被單獨地儲存在系統內，但可以作為物件類型實例的附屬資訊被持久化到資料庫。簡單類型的存在是為支援一些操作，例如 Status 就是一個簡單類型，它會被控制器用來在 API 實例上記錄現實狀況。簡單類型常常被用於子資源的定義，Status 和 Scale 是 Kubernetes 廣泛支援的子資源。子資源也會有 RESTful 端點（Endpoint），/status 和 /scale 分別是 Status 和 Scale 子資源的端點。

Kubernetes 專案約定 API 種類在命名時使用英文單數駝峰式，例如 ReplicaSet。

1.2.3 API 組和版本

如果說 API 種類是從事物具有的屬性角度去對 API 進行歸類，則組 (Group) 和版本 (Version) 就是從隸屬關係與時間順序兩個維度去劃分 API。API 組、版本和種類也被稱為 GVK，共同刻畫了 API。

Kubernetes 與 API Server 概要

Kubernetes 的貢獻者來自五湖四海，每個貢獻者都有可能單獨設計和貢獻 API，那麼如何避免彼此資源的衝突呢？引入 API 組便是來解決這一問題的。它借用了命名空間的理念，每個貢獻者都在自己的空間內定義自己的 API，這也是為什麼很多 API 組會與域名有關的原因。API 組是後來的概念，專案初期並不存在，初期參與者較少，根本不需要這樣區分。為了向後相容，引入組概念前已存在的 API 便都被歸入核心組，該組內 API 資源的 RESTful 端點將不包含組名稱，介紹 API 端點時會再提及。

聚焦單獨一個 API 組，同一個 API 也會有不斷迭代的需求，如何避免這種迭代影響到使用了已發佈版本的使用者呢？版本的概念被引入，以此來應對這一問題。同一個 API 可以存在於不同的版本中，新舊版本技術上被看作不同的 API，當新版本最終成熟時舊版本使用者會被要求升級替換。

由於 API Group 和 Version 在 Kubernetes 社區被廣泛使用，所以本書有時會直接使用其英文名稱。

1.2.4　API 資源

資源一詞來源於 REST，API Server 透過 RESTful 的形式對外提供服務介面，而在 RESTful 的概念中，服務所針對的物件是資源。所謂 API 資源，就是指 API Server 中的 API 在 REST 背景下的名稱，系統以 RESTful 的形式對外暴露針對 Kubernetes API 的服務介面。API 資源在命名時使用英文複數全小寫，例如 replicasets。

注意：API 資源這個概念在很多場景下常被用於指代其他概念，如果不加以說明，則容易引起困惑。

（1）指代 API 資源實例。它是某類 API 資源的具體實例，是透過向 API 資源的 Endpoint 發送 CREATE HTTP 請求建立出來的實體。在 RESTful 服務的概念系統裡，資源和資源實例實際上是不怎麼區分的，統稱為資源，而在 URL 層面二者是有所不同的：如果在 URL 最後舉出了 id，則代表資源實例，而如果沒有舉出 id，則代表這類資源。在不引起混淆的情況下，本書同樣使用 API 資源指代 API 資源實例。

（2）指代 API 或 API 物件。API 資源是 Kubernetes API 在 RESTful 下的表述，所以很多時候人們會用 API 資源來表達 API，不嚴謹的場景下也無傷大雅；API 物件想表達的意思更多的是一個具體的 API 實例，所以它和 API 資源實例相對應，但由於人們常常混用 API 資源和 API 資源實例，所以導致也不怎麼區分 API 資源和 API 物件。本書中將避免用 API 資源指代 API 或 API 物件。

讀者在閱讀文件時也要意識到以上混用的存在，利用上下文去理解及區分一個名詞所表述的具體含義，並在自己的表達過程中儘量不混用名詞。

使用者透過向 API 資源的端點發送 RESTful 請求來操作該資源，端點對 API 資源來講是常用的資訊。一個 API 資源在 API Server 上的端點具有固定模式：

```
<server 位址與通訊埠 >/apis（或 api）/<API 組 >/< 版本 >/namespaces/< 命名空間 >/< 資源名稱 >
```

透過 kubectl api-resources 命令可以查看叢集中存在的 API 資源，一個 Minikube 單節點本地系統內的部分 API 資源如圖 1-4 所示。

NAME	SHORTNAMES	APIVERSION	NAMESPACED	KIND
bindings		v1	true	Binding
componentstatuses	cs	v1	false	ComponentStatus
configmaps	cm	v1	true	ConfigMap
endpoints	ep	v1	true	Endpoints
events	ev	v1	true	Event
limitranges	limits	v1	true	LimitRange
namespaces	ns	v1	false	Namespace
nodes	no	v1	false	Node
persistentvolumeclaims	pvc	v1	true	PersistentVolumeClaim
persistentvolumes	pv	v1	false	PersistentVolume
pods	po	v1	true	Pod
podtemplates		v1	true	PodTemplate
replicationcontrollers	rc	v1	true	ReplicationController
resourcequotas	quota	v1	true	ResourceQuota
secrets		v1	true	Secret
serviceaccounts	sa	v1	true	ServiceAccount
services	svc	v1	true	Service
challenges		acme.cert-manager.io/v1	true	Challenge
orders		acme.cert-manager.io/v1	true	Order

▲ 圖 1-4 Minikube 單節點本地系統內的 API 資源

1.3 API Server

Kubernetes 的大腦在控制面，而控制面的核心是 API Server。它是一個 Web Server，整個系統的資訊以不同 API 物件的形式儲存在 API Server 中，它對外提供查詢、建立、修改和刪除等 RESTful 介面存取這些 API 物件，眾所皆知，Kubernetes 中有大量開箱即用的內建 API，使用者也可以透過擴充來引入客製化的 API，為它們提供存取介面是非常繁雜的工作。同時，控制面外的節點、週邊控制器等都會向 API Server 請求資料，存取量還是非常龐大且頻率非常高的，這就要求 Server 足夠健壯。Kubernetes API Server 出色地滿足了這些要求，其內部結構如圖 1-5 所示。

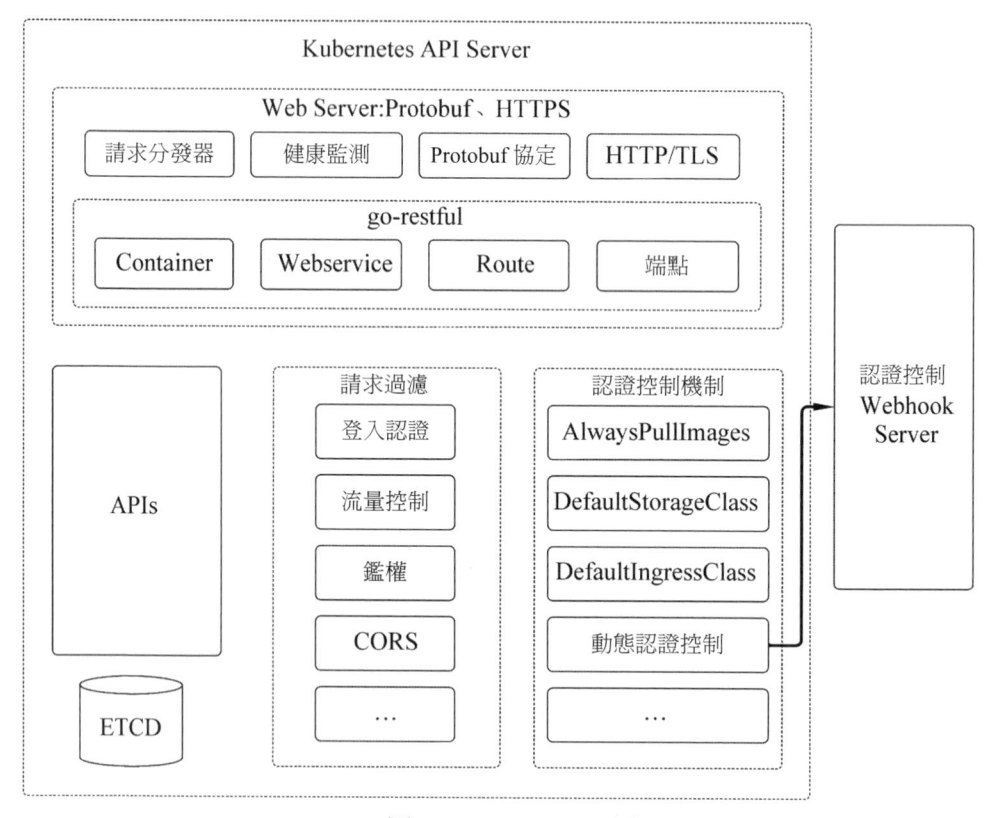

▲ 圖 1-5 API Server 要素

1.3.1 一個 Web Server

API Server 的底層是一個安全、完整、高可用的 Web Server，在建構這個 Web Server 時，API Server 主要利用了 Go 語言的 http 函數庫和 go-restful 框架。http 函數庫是 Go 語言的基礎函數庫之一，非常強大：用它只需幾十行程式便寫入出一個高效可用的 Server。

1. 基本功能

如 Tomcat 等其他 Web 伺服器一樣，API Server 具有與使用者端建立基於證書的安全連接、對請求進行分發等標準功能。不僅如此，除支援 HTTP/HTTPS 協定外，API Server 還支援 HTTP2 協定和基於 HTTP2 的 Protobuf。

（1）API Server 在 HTTP(S) 的基礎上對外提供 RESTful 服務，使用者端可以針對 Server 上的資源發起 GET、CREAT、UPDATE、PATCH、DELETE 等操作。使用者端和 Server 之間的互動資訊以符合 OpenAPI 規範的 JSON 格式表述。API Server 的 RESTful 能力來自開放原始碼框架 go-restful，該框架將一個 RESTful 服務定義為一系列角色協作的結果，開發者實現各個角色，從而實現服務。

（2）基於 HTTP2，利用 gRPC 遠端呼叫框架，API Server 可以回應使用者端發來的遠端程序呼叫（RPC）請求。Kubernetes 叢集內部，其他元件與 API Server 的互動首選基於 gRPC，元件和元件之間互動首選也是 gRPC。gRPC 使用者端和 Server 之間的互動資訊是以 Protocol Buffer 的協定格式表述的，效率更高。

2. gRPC 遠端系統呼叫框架

gRPC 起源於 Google 內部的 Stubby 專案，Stubby 的目標是對 Google 各個資料中心上的微服務進行高效連接。到 2015 年 Google 將其開放原始碼，並改名為 gRPC。gRPC 是基於 HTTP2 協定設計的開放原始碼高性能 RPC 框架。借助 gRPC 個人電腦制，跨資料中心的服務可實現高效互動，它還能以可抽換的方式去支援負載平衡、追蹤、健康監控和登入操作。gRPC 具有以下特點。

Kubernetes 與 API Server 概要

1）簡化服務的定義

服務定義用於描述伺服器對外提供哪些遠端過程，這是任何 RPC 框架都需要透過某種方式舉出的。gRPC 預設選用 Protocol Buffer（簡稱 Protobuf）作為基礎協定，它的好處之一是預設提供了介面定義語言（IDL），當然也允許用其他介面定義語言來代替它。有了 IDL，就可以以與語言無關的方式定義出訊息及過程：訊息是使用者端與過程互動時資訊的結構，可以簡單地理解為呼叫參數和傳回值，而過程是對被呼叫方法的描述。

2）跨平臺，跨語言

服務的定義會被最終落實為一個或幾個 .proto 檔案，可以用它去生成不同程式語言下的實現。目前主流程式語言的程式生成外掛程式都已經有了，例如 Go、C++、Java、Python 等。利用這些外掛程式，就可以基於 .proto 檔案生成 gRPC 的伺服器端和使用者端程式框架，這些都是幾筆命令的工作，無須消耗開發人員太多精力。之後，開發人員需要增強伺服器端程式去實現已被定義出的過程，這部分是編碼的主要工作，而使用者端程式基本不用更改，可直接用於呼叫遠端過程。

3）高效的互動

除了提供介面定義語言，Protobuf 也定義了一種緊湊的資訊序列化格式，在這種格式下，資訊的壓縮率更高，從而提高了傳輸效率，節約了頻寬。各個主流語言下資料與 Protobuf 格式之間相互轉換的 API 都已經提供，開發者可以直接使用。舉例來說，在 Go 語言中這種序列化 / 反序列化能力是由 google.go.org/grpc/codes 套件提供的。同時考慮到上述程式生成能力，gRPC 和 Protobuf 外掛程式使開發人員在主流程式語言下的編碼工作大大地簡化了。

4）支援雙向流模式

在普通的 Web 服務中單向資料流程較常見：使用者端向伺服器端發起一個請求，連接建立後被請求資料由使用者端流向伺服器端，使用者端進入等待模式；伺服器端進行回應並透過同一個連接將結果發送給使用者端，整個過程結

1.3 API Server

束。單向資料流程以一種串列的方式進行，總有一方處於等候狀態。雙向資料流程與此不同，使用者端與伺服器端可以同時向對方發起請求或發送資料，邏輯上可以視為有兩個流（連接）存在，一個用於支援使用者端發起的通訊請求，另一個用於支援伺服器端發起的通訊請求，這樣站在任何一端，任何時刻都可能接收到對方的資料，也可以向對方發送資料。雙向資料流程為應用提供了更高的靈活性，但也帶來了複雜性，通訊雙方必須制定好互動規則。

gRPC 的前身 Stubby 立足於微服務之間的通訊，作為繼承者，gRPC 在這方面自然青出於藍而勝於藍。時至今日，微服務早已大行其道，其間通訊很多簡單地基於 HTTP 1.1，與 gRPC 所使用的 Protobuf 相比效率上還是有較大的差距的，在巨量微服務系統內這種浪費是巨大的，開發人員應該儘量採用 gRPC 與 Protobuf 或類似方案。

1.3.2 服務於 API

顧名思義，API Server 的主要內涵是 API，API Server 為 API 提供的服務可以分為兩方面。

1. 將 Kubernetes API 暴露為端點

先要講解 API 端點所造成的作用。API Server 以 RESTful 的方式對外暴露 API，從而形成 API 資源，使用者可以使用的每個 Kubernetes API 都對應著 RESTful 端點。使用者端針對 API 資源的建立、修改、刪除等請求均是透過端點進入 API Server 的，最後由請求處理器將請求的內容落實到對應的 API 資源實例上。

注意：從 URL 組成上來看，API 的端點可被分為兩大類，分別以 /api/ 和 /apis/ 作為上層路徑。路徑 /api/ 下包含核心 API 組內的 API 資源，而 /apis/ 下包含其他 API 組下的資源。

API Server 的使用者端有很多種，例如 Kubelet、Kube-Proxy、計畫器等都是 API Server 的使用者端，它們中的一部分就選用 RESTful 端點與 API Server

1-17

Kubernetes 與 API Server 概要

進行互動。使用者命令列工具 kubectl 便是如此，透過在命令列加入「--v=8」標識，使用者可以看到其和 API Server 互動的全部內容，一個命令觸發了對哪些端點的存取都可以看到。基於 API 資源端點，開發者完全可以自己寫一個使用者端，當用 Go 語言寫時 Kubernetes 專案的 client-go 函數庫為這部分工作提供了工具集，用起來很便利。部分資源端點如圖 1-6 所示。

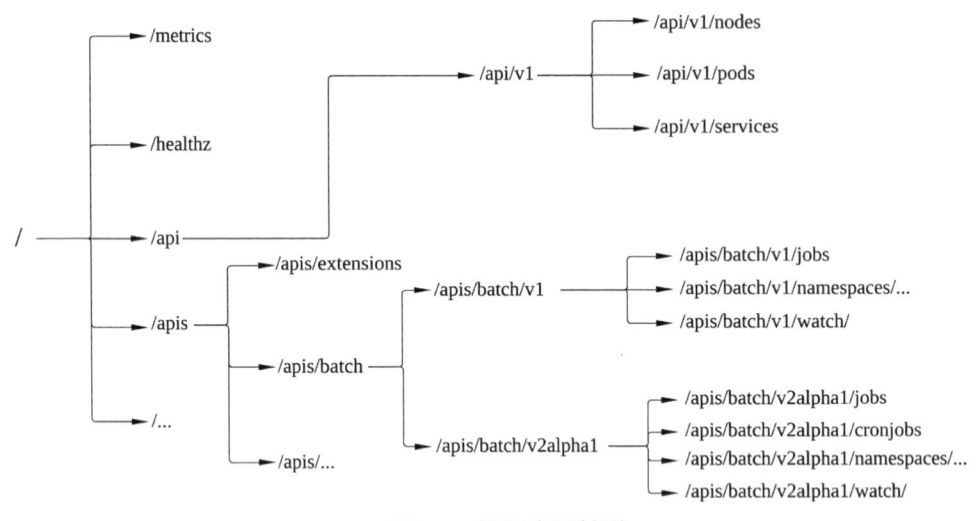

```
/ ─┬─ /metrics
   ├─ /healthz
   ├─ /api ──── /api/v1 ─┬─ /api/v1/nodes
   │                     ├─ /api/v1/pods
   │                     └─ /api/v1/services
   ├─ /apis ─┬─ /apis/extensions
   │         ├─ /apis/batch ─┬─ /apis/batch/v1 ─┬─ /apis/batch/v1/jobs
   │         │               │                  ├─ /apis/batch/v1/namespaces/...
   │         │               │                  └─ /apis/batch/v1/watch/
   │         │               └─ /apis/batch/v2alpha1 ─┬─ /apis/batch/v2alpha1/jobs
   │         │                                        ├─ /apis/batch/v2alpha1/cronjobs
   │         │                                        ├─ /apis/batch/v2alpha1/namespaces/...
   │         │                                        └─ /apis/batch/v2alpha1/watch/
   │         └─ /apis/...
   └─ /...
```

▲ 圖 1-6 部分資源端點

從技術上講，為一個 API 資源製作端點需要遵從 go-restful 框架的設計，實現各個角色，如 container、webservice 和 route，並將對該 API 資源 URL 的 GET、CREATE、UPDATE 及 DELETE 等請求映射到相應的回應函數上。問題是 Kubernetes 有很多內建 API，由來自不同公司的不同開發人員貢獻，如果每個 API 都獨立開發上述內容，則重複邏輯太多了，而且品質、程式風格一定迥異。API Server 將端點生成統一化，開發人員只需用 Go 語言定義出 API，然後透過 API Server 提供的 InstallAPIs() 函數把該定義提交便可，go-restful 框架對 API 的開發者來講甚至是透明的。API Server 的端點生成機制是其設計上的亮點，在本書的第二篇中會看到這是怎麼達成的。

2. 支援對 API 實例的高效存取

API Server 儲存了整個叢集的 API 實例，週邊元件都是它的使用者端，可以對其進行高頻存取，所以 API Server 必須有高效存取能力，這就不得不提 API Server 選用的資料儲存解決方案——ETCD。

注意：有沒有覺得ETCD這個名字比較眼熟？其實它受到 Linux 系統中的 /etc 目錄的啟發，後面加一個 d 用於表示分散式（英文 distributed 的首字母），這就是 ETCD 這個名字的由來。

絕大多數分散式系統需要分散式協作解決方案去儲存全系統共用的資訊，正是這些資訊把分散式系統的各部分黏合在一起共同工作，Kubernetes 也不例外，它選擇了 ETCD。ETCD 是一個高可用鍵 - 值對資料庫，它追求簡單、快速和可靠。對於分散式資料儲存服務來講，資料的一致性極為關鍵，ETCD 可以達到很高的資料一致性。它還對外提供了資訊變更監測服務，使使用者端能及時回應某個鍵 - 值對的變化，Kubernetes API Server 正是利用了這一功能去服務使用者端對自己發起的 WATCH 請求。

值得指出的是，ETCD 的 Version 2 和 Version 3 並不相容，不同點非常多，其中它們在資料的儲存方式上完全不同。在 ETCD Version 2 中，資料以樹形層級結構儲存在記憶體中，當需要儲存至硬碟時會被轉為 JSON 格式進行儲存。資料的鍵組成層級結構，它以類似資料結構中的字典樹（Trie）的形式儲存資料，Version 2 中資料節點（node）所使用的資料結構的程式如下：

```go
//https://github.com/etcd-io/etcd/server/etcdserver/api/v2store/node.go
type node struct {
    Path string

    CreatedIndex uint64
    ModifiedIndex uint64

    Parent *node `json:"-"` //…

    ExpireTime time.Time
    Value      string     //…
```

Kubernetes 與 API Server 概要

```
    Children    map[string]*node //…

    // 一個指向本節點所使用的 store 的指標
    store *store
}
```

注意該結構的 Parent 屬性和 Children 屬性，基於它們的所有資料節點組成樹形結構，而到了 ETCD Version 3，這種結構被扁平化，上述 node 結構也不再使用了。為了保持相容性，ETCD 3 會透過鍵的首碼部分大概模擬出一個資料在樹中的位置，從而支援老 API。

詳細描述 ETCD 超出了本書的寫作範圍，最後用以下例子簡單展示 API Server 與 ETCD 的協作過程：

（1）Deployment 控制器利用 Informer 和 API Server 建立連接，以此來觀測 Deployment 實例的變化。

（2）使用者透過命令列建立一個 Deployment。

（3）kubectl 把使用者輸入的 Yaml 轉為 Json，作為請求 Payload 傳送至 API Server。

（4）API Server 把收到的 Deployment 從外部版本轉為內部版本，把它分解為一組鍵 - 值對，交給 ETCD。

（5）ETCD 儲存之。

（6）ETCD（間接）通知 Informer 有 Deployment 實例需要建立，這會在控制器的工作佇列中插入新項目。

（7）Deployment 控制器的下一次控制迴圈會考慮新建出的實例，為它建立 ReplicaSet 實例等。

1.3.3 請求過濾鏈與認證控制

發往 Web Server 的請求最終會被交予該請求對應的回應函數處理。眾所皆知，與請求無關的處理步驟廣泛存在：登入鑑權、流量控制、安全檢測等都是不需要區分請求的。既然如此，為何不在業務邏輯處理開始前將這些步驟集中一個一個做一遍？既然 API Server 有能力統一所有 API 的端點生成，做到這點並不困難。這就形成了過濾鏈，如圖 1-7 所示。

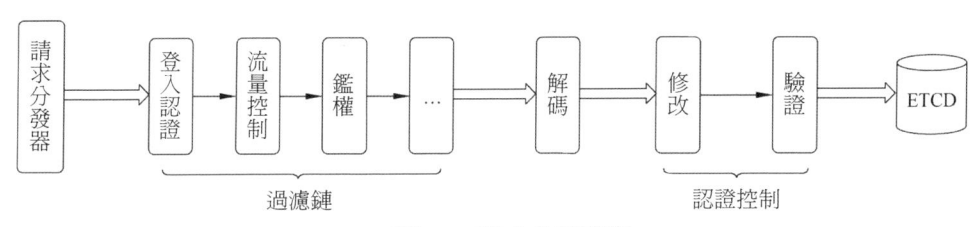

▲ 圖 1-7 請求處理過程

API Server 對回應函數內部邏輯進行了進一步劃分，大致分為兩部分：過濾和認證控制，這兩步完成後就可操作 ETCD 存取資料。過濾部分順次執行多個篩檢程式，只要有篩檢程式叫停那麼處理流程就立即結束，過濾過程無論是查詢還是修改操作都需要執行。設置認證控制部分更多的考量是規範請求中所傳遞的內容，使其邏輯上合理，只有建立、修改和刪除類別請求會經過認證控制過程。同時這也是資訊安全機制的一部分。認證控制分兩個階段，分別是修改階段和驗證階段，在修改階段可以對請求內容進行改寫，例如向 Pod 中增加邊車容器；驗證階段則是檢驗將要持久化到 ETCD 的 API 實例邏輯上是否具有一致性。認證控制機制建構了外掛程式機制，一個外掛程式可以參與修改階段和驗證階段的或兩個階段。

認證控制是可擴充的，開發者可以將自有邏輯做到一個 Server 中，然後透過動態認證控制機制在修改階段和驗證階段呼叫之，這被稱為認證控制 Webhook。在本書的第三篇中會演示如何建立認證控制 Webhook。

Kubernetes 與 API Server 概要

1.4 宣告式 API 和控制器模式

Kubernetes 系統設計上一個大膽的決定是採用宣告式 API。宣告式 API 及其在 Kubernetes 中的落地方式——控制器模式深刻影響了 API Server 的整體設計。本節從一個例子開始認識它們。

1.4.1 宣告式 API

假設使用者在購物網站上購買了一本書，但第二天反悔了，希望取消訂單並退款，這時應該如何操作呢？首先使用者需要到購物網站開啟該訂單查看其狀態，如果是已經發貨甚至已經到貨了，則需要按一下「售後服務」按鈕，聯繫客服安排退貨退款；如果賣家還沒有發貨，則可以直接按一下「退款」按鈕，等待一段時間後退款過程就可以完成。用虛擬程式碼來描述這一過程，虛擬程式碼如下：

```
...
if( 訂單狀態為已發貨或其後續狀態 ) {
    聯繫客服 ;
    如已收件，聯繫快遞員上門取件 ;
    ...
}else{
    單擊退款 ;
    確認退款完成 ;
}
...
```

以上過程代表了當今程式處理的典型過程，使用者作為購物網站的使用者需要根據訂單狀態做出判斷，採取正確的操作進行退款。為了正常獲得退款，使用者需要具有工作流程的知識，這是一種負擔。這個購物網站的設計不是一種宣告式的設計。

作為購物者，對購物網站制定的退款操作規則不感興趣，想做的只是把訂單改為申請退款的狀態，希望購物網站能根據訂單的當前狀態自我調整，盡一切可能來滿足使用者要求。也就是說，理想的過程如下：

1.4 宣告式 API 和控制器模式

```
…
將訂單狀態更改為 " 申請退款 ";
離開網站；
…
接收到系統操作結果的通知；
…
```

能夠實現以上過程的設計就是一種宣告式的設計。宣告式設計會產生一種對使用者極為友善的系統，讓使用者擺脫根據系統現狀和流程設計採取不同操作的要求，只需宣告希望系統達到的最終狀態。

與非宣告式設計相比，宣告式設計在減輕使用者腦力負擔的同時，也有其自身的弊端：在複雜系統中一般不會保證使用者即刻獲得回饋，其所期望達到的狀態也不是當時就可以達到，何時能達到完全依賴系統，也就是說使用者已經不能完全控制後續的執行了，所以說採用宣告式設計是 Kubernetes 最大膽的決定。商用系統對於錯誤和延遲的容忍度一般較低，錯誤往往表示損失，延遲代表著低效，這些都是非常負面的事情。商務軟體對於精確和高效十分在意，針對使用者的操作，系統最好馬上舉出明確的回饋。

精確高效、使用者低負擔和複雜的系統狀態轉換三者間存在潛在的衝突，可同時取其二，但很難三者皆得，如圖 1-8 所示。舉例來說，可以選擇精確高效 + 複雜的系統狀態轉換，犧牲掉使用者的低負擔，也就是說透過讓使用者明確指出執行過程來克服複雜性帶來的處理延遲，也可以選擇精確高效 + 使用者的低負擔，這時就要把系統狀態轉換設計得簡單明了一些，從而減少系統在轉換狀態時的巨大銷耗。宣告式設計選擇了使用者的低負擔 + 複雜的系統狀態轉換，而犧牲掉精確高效。

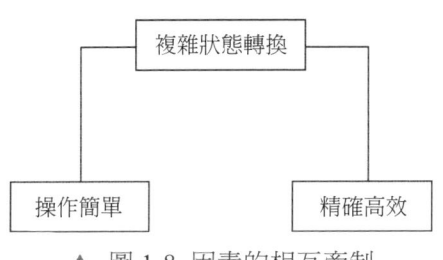

▲ 圖 1-8 因素的相互牽制

Kubernetes 與 API Server 概要

Kubernetes 使用者使用系統的主要媒介是 API 資源實例，系統使用者透過建立、調整 API 實例來提出自身需求，Kubernetes 系統以非同步方式，按照既定邏輯，逐一回應這些需求，在此過程中無須使用者參與。這種請求與回應的模式符合宣告式設計，稱為宣告式 API。下面透過 Kubernetes 捲動更新機制來體驗宣告式 API 帶給使用者的優秀體驗。

1. 捲動更新

應用程式提供者希望部署在 Kubernetes 叢集中的應用 7×24h 可用，這樣業務就可以不間斷，從而避免任何損失，但程式可能由於各種客觀原因停機，典型的是升級，即新版本替換舊版本。在 Kubernetes 出現前，這是一個老大難問題，需要操作人員進行精心準備。以容器為基礎的雲端原生架構從容地解決了這個問題，因為雲端原生應用支援多實例並不是什麼難事，底層平臺可以透過逐步將實例替換到新版本的方式，在不停止服務的前提下完成升級。Kubernetes 平臺上這種機制是捲動更新的。

設想有以下微服務，其核心業務程式放在鏡像 M 中，Pod A、B、C 運行該鏡像來輸出服務，由於所運行鏡像一致，A、B、C 三者服務也完全一致，互相可替代，它們都由一個 Deployment 資源實例來管理，而 Deployment 又是透過一個 ReplicaSet 實際管理 Pod 的；系統透過 Service S 把這個微服務暴露在叢集內，供其他服務呼叫。各元素的相互關係如圖 1-9 所示。

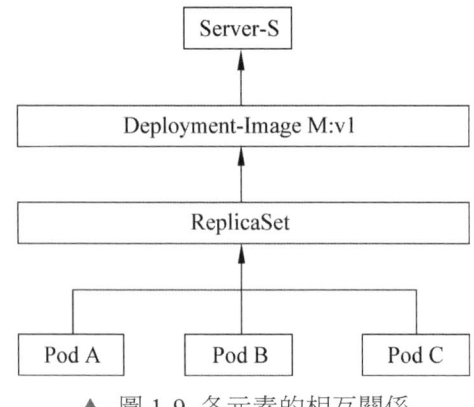

▲ 圖 1-9　各元素的相互關係

1.4 宣告式 API 和控制器模式

　　初始時鏡像 M 的版本是 v1，管理容器 A、B、C 的 Deployment 資源的定義檔案如下：

```
apiVersion: apps/v1
kind: Deployment
metadata:
    name: my-deployment
    labels:
        app: my-service
spec:
    replicas: 3
    selector:
        matchLabels:
            app: my-service
    template:
        metadata:
            labels:
                app: my-service
        spec:
            containers:
            -name: service-s
             image: M:v1
             ports:
             -containerPort: 80
```

　　現在把鏡像 M 的版本升級到 v2，管理員先對 Deployment 的資源定義檔案進行以下修改，然後提交給 API Server 即可：

```
apiVersion: apps/v1
kind: Deployment
metadata:
    name: my-deployment
    labels:
        app: my-service
spec:
    replicas: 3
    selector:
        matchLabels:
            app: my-service
```

1-25

Kubernetes 與 API Server 概要

```
template:
    metadata:
        labels:
            app: my-service
    spec:
        containers:
        -name: service-s
         image: M:v2
         ports:
         -containerPort: 80
```

正常情況下，這是管理員所有需要做的操作。只需指出新版本鏡像，不必描述新舊版本的替換步驟，該過程完全由系統自主決定。以上修改觸發了 Kubernetes 捲動更新機制，該機制分多次關停現有 Pod A、B、C，保證時刻有容器對外提供服務，再啟動相同數量的運行 M:v2 鏡像的容器，並劃歸原 Deployment 管理，直到全部 Pod 被更新至 v2。

注意：這裡略去了捲動更新的配置和執行細節，每次最多停掉多少 Pod，以及最少保證有多少 Pod 存在等都可以透過配置指定。

在以上例子中，Kubernetes 不要求使用者手動關停 Deployment 中的各個 Pod，然後啟動新 Pod 去更新，也不要求使用者指定是先關後啟還是反之，諸如此類細節都交給系統處理，使用者只需透過變更 API 實例（Deployment）的定義檔案闡明期望的狀態。這充分表現了宣告式設計帶來的卓越使用者體驗。

1.4.2 控制器和控制器模式

宣告式 API 非常酷，但實現它卻需要一番考量。Kubernetes 設計出控制器模式實現它，該模式的執行過程如圖 1-10 所示。

1.4 宣告式 API 和控制器模式

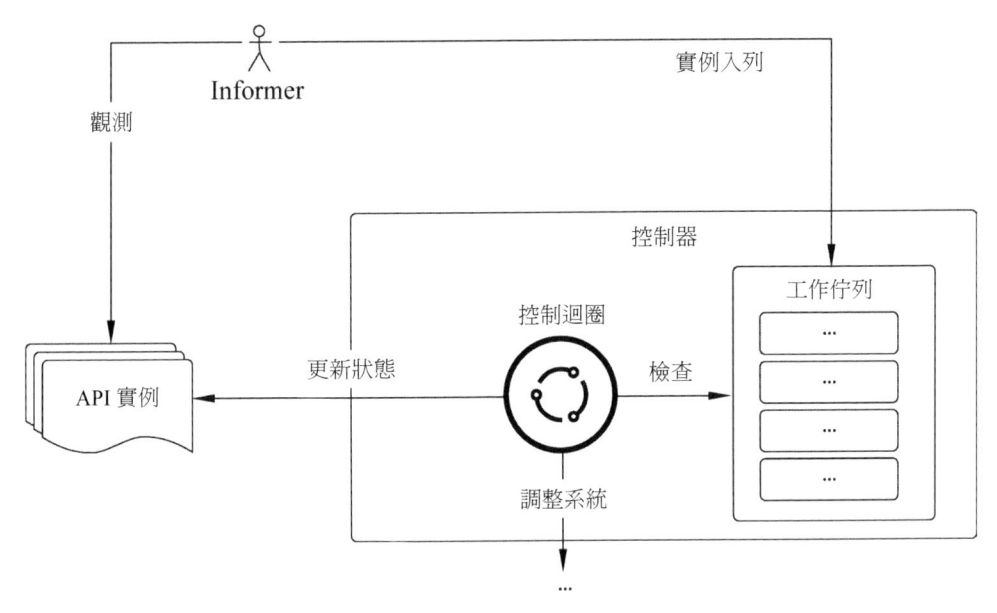

▲ 圖 1-10 控制器模式的執行過程

一個 API 背後有一個叫作控制器（Controller）的物件，控制器可以被理解為一段無限迴圈的程式，除非被人為終止，否則它會一直運行。這個永不停止的迴圈被稱為控制迴圈。控制迴圈的第 1 項工作是查看自上次迴圈運行完畢後，有哪些該種類 API 實例被建立、修改或刪除，這是借助一個工作佇列來完成的：工作佇列會記錄這些定義發生變動的實例，為控制迴圈提供工作目標。

控制迴圈從佇列中取出待處理的 API 實例，讀出該 API 實例的期望狀態和當前的實際狀態，它們分別記錄在資源描述的 spec 和 status 部分，根據二者的差異得出需要的操作並執行。如果成功變更到目標狀態，則控制迴圈會更新實例的狀態描述，並從工作佇列中移除該實例；相反，如果操作無法完成，則控制器會將資源實例保留在工作佇列中，以待下次迴圈再次嘗試處理。

上述描述的整個過程被稱為控制器模式。為了更深入地理解控制器和控制器模式，下面來解析 Kubernetes 的 Job 控制器原始程式，這部分需要讀者具有 Go 語言的基礎。

Kubernetes 與 API Server 概要

Job 控制器中的 Job 代表可由系統在無人值守的情況下自主一次性完成的工作，具體的工作事項可以由一個或多個 Pod 去執行。Job 控制器的主要工作內容如下：

（1）為新 Job 建立 Pod。

（2）追蹤 Pod 的狀態，對成功和失敗進行計數，並據此更新 Job 的狀態。

這裡忽略了控制器中非核心的工作，只關注重點。下面到 Job 控制器原始程式檔案看一下控制器基座結構，程式如下：

```go
// 程式 1-1 pkg/controller/job/job_controller.go
type Controller struct {
    kubeClient clientset.Interface
    podControl controller.PodControlInterface

    // 為了允許測試程式進行資訊注入
    updateStatusHandler func(ctx context.Context, job *batch.Job)
      (*batch.Job, error)
    patchJobHandler func(ctx context.Context, job *batch.Job, patch
    []byte) error

    // 要點①
    syncHandler  func(ctx context.Context, jobKey string) error
    //…
    // 加一個欄位 , 用於注入測試
    podStoreSynced cache.InformerSynced
    //…
    // 加一個欄位 , 用於注入測試
    jobStoreSynced cache.InformerSynced

    // 一個 TTLCache, 用於 Pod 的建立或刪除
    expectations controller.ControllerExpectationsInterface

    // 控制器監控 finalizer 移除異常的途徑
    finalizerExpectations *uidTrackingExpectations

    // 儲存 Job
    jobLister batchv1listers.JobLister
```

1.4 宣告式 API 和控制器模式

```
    // 儲存來自 podController 的 Pod
    podStore corelisters.PodLister

    //…
    // 要點②
    queue workqueue.RateLimitingInterface

    //…
    orphanQueue workqueue.RateLimitingInterface

    broadcaster record.EventBroadcaster
    recorder record.EventRecorder

    podUpdateBatchPeriod time.Duration

    clock clock.WithTicker

    backoffRecordStore *backoffStore
}
```

要點①和②處定義了兩個重要結構欄位：syncHandler 和 queue，它們在控制迴圈中造成以下作用。

① syncHandler：一個方法，控制迴圈的核心業務邏輯，每次運行最終都會運行這個方法。

② queue：這是控制迴圈的工作佇列，內含待處理的 Job 資源實例的 ID，包括待建立、已修改和未完成的 Job，一次迴圈的啟動是從檢測佇列內容開始的。

雖然 Kubernetes 的控制器多種多樣，但它們的實現想法極為類似，以上兩個屬性在大部分控制器內都可以找到，這樣的設計安排使程式更易閱讀。除了欄位，基座結構還具有諸多方法，其中 Run()、processNextWorkItem()、syncJob()、worker()、manageJob() 和 trackJobStatusAndRemoveFinalizers() 方法對理解 Job 控制器及其工作機制至關重要，它們之間的呼叫關係如圖 1-11(a) 所示；Controller 的全部方法如圖 1-11(b) 所示。

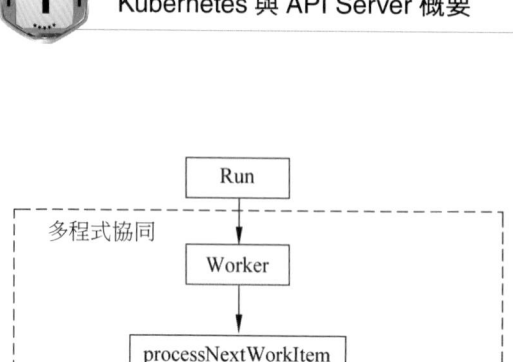

Kubernetes 與 API Server 概要

(a) 關鍵方法呼叫關係　　　　(b) 基座結構體的全部方法

▲ 圖 1-11　Job 控制器

1）Run() 方法

Run() 方法是控制器的啟動方法。它首先啟動工作佇列，然後啟動指定數量的程式碼協同，如有程式碼協同中途退出，1s 後再次啟動；每個程式碼協同不斷地運行 worker 方法去處理 queue 中的 Job 資源，表現在以下程式的要點①處。當控制器停止執行時期會做一些錯誤處理和清理工作，由 defer 關鍵字修飾的敘述完成。

```
// 程式 1-2 Run 方法實現
func (jm *Controller) Run(ctx context.Context, workers int) {
    defer utilruntime.HandleCrash()

    // 啟動事件處理 pipeline
    jm.broadcaster.StartStructuredLogging(0)
    jm.broadcaster.StartRecordingToSink(&v1core.EventSinkImpl {
        Interface: jm.kubeClient.CoreV1().Events("")})
    defer jm.broadcaster.Shutdown()

    defer jm.queue.ShutDown()
    defer jm.orphanQueue.ShutDown()
```

1.4 宣告式 API 和控制器模式

```
klog.Infof("Starting job controller")
defer klog.Infof("Shutting down job controller")

if !cache.WaitForNamedCacheSync("job", ctx.Done(),
        jm.podStoreSynced, jm.jobStoreSynced) {
    return
}
// 要點①
for i :=0; i <workers; i++{
    go wait.UntilWithContext(ctx, jm.worker, time.Second)
}

go wait.UntilWithContext(ctx, jm.orphanWorker, time.Second)

<-ctx.Done()
}
```

2）worker() 方法和 processNextWorkItem() 方法

由上述程式要點①處迴圈本體可知，jm.worker() 方法會被 Run() 方法中啟動的程式碼協同呼叫。在每個程式碼協同中，worker 方法每次退出 1s 後會被再次啟動，如此往復。worker() 方法內部直接呼叫 processNextWorkItem() 方法，該方法的核心功能是從工作佇列 queue 拿出一個待處理的 Job 實例的 key，然後啟動控制迴圈的主邏輯——syncHandler 欄位所指代的方法進行處理，如以下程式 1-3 的要點①所示。syncHandler 是基座結構的第 1 個欄位，在建構控制器物件時被指向 syncJob() 方法，所以控制器的主邏輯實際是在 syncJob() 方法內。

```
// 程式 1-3 worker 方法與 processNextWorkItem 方法實現
func (jm *Controller) worker(ctx context.Context) {
    for jm.processNextWorkItem(ctx) {
    }
}

func (jm *Controller) processNextWorkItem(ctx context.Context) bool {
    key, quit :=jm.queue.Get()
    if quit {
            return false
```

Kubernetes 與 API Server 概要

```
    }
    defer jm.queue.Done(key)
    // 要點①
    err :=jm.syncHandler(ctx, key.(string))
    if err ==nil {
            jm.queue.Forget(key)
            return true
    }

    utilruntime.HandleError(fmt.Errorf("syncing job: %w", err))
    jm.queue.AddRateLimited(key)

    return true
}
```

3）syncJob() 方法

syncJob() 方法是控制迴圈的主邏輯，由於程式比較長，所以不在這裡羅列，簡述一下其內部處理的過程。首先程式用傳入的 Job key 在本地快取中找到該 Job 實例，然後進行深複製，從而生成一個新的 Job 資源實例，後續控制迴圈對 Job 資訊的更新是在這個新實例上進行的，不能直接更新快取中的資源實例。

接下來控制迴圈讀取該 Job 的當前狀態資訊，例如上次成功運行了多少 Pod、失敗了多少、上次迴圈後又有多少 Pod 成功和失敗，從而得到最新數字。據此判斷 Job 的當前狀態：

（1）如果 Job 完全符合完成要求，則更新 Job 狀態並退出，這時它也從工作佇列退出。

（2）如果當前 Job 實例被暫停了，則把這個 Job 實例重新放入工作佇列，等待下次控制迴圈的運行。

（3）這個 Job 還沒有運行完畢，控制迴圈計算還需要多少 Pod 去執行什麼任務，並且指定其他參數，例如最大並行處理數。這部分工作是在方法 manageJob() 中進行的，在以下環節介紹。

1.4 宣告式 API 和控制器模式

以上處理均結束後，需要檢驗與 Job 實例有關的 Pod，統計系統運行完的 Pod，以此決定是否符合結束條件，並將最新狀態資訊寫回資料庫。這些是在方法 trackJobStatusAndRemoveFinalizer() 中進行的。

4）manageJob() 方法

manageJob() 方法用於比較 Job 實例的目標和當前狀態，從而做出操作。每個 API 的控制器都會有類似先比較再處理的邏輯，這部分程式是最具資源類型特色的。

對於 Job 資源來講，它主要的狀態就是與其有關的 Pod 實例資訊：多少 Pod 正在運行；最大可並行運行數量；共需運行多少次，與目標次數相比還需要運行幾次。根據比較結果調整系統，向目標狀態前進。該方法的核心程式如下：

```go
// 程式 1-4 manageJob 方法實現節選
podsToDelete :=activePodsForRemoval(job, activePods, int(rmAtLeast))
if len(podsToDelete) >MaxPodCreateDeletePerSync {
    podsToDelete =podsToDelete[:MaxPodCreateDeletePerSync]
}
if len(podsToDelete) >0 {      // 要點①
    jm.expectations.ExpectDeletions(jobKey, len(podsToDelete))
    klog.V(4).InfoS("Too many pods running for job",……)
    removed, err :=jm.deleteJobPods(ctx, job, jobKey, podsToDelete)
    active -=removed
    //Job 需要同時建立和刪除 Pod 是有可能的
    return active, metrics.JobSyncActionPodsDeleted, err
}

if active <wantActive {       // 要點②
    remainingTime :=backoff.getRemainingTime(……)
    if remainingTime >0 {
        jm.enqueueControllerDelayed(job, true, remainingTime)
        return 0, metrics.JobSyncActionPodsCreated, nil
    }
    diff :=wantActive - active
    if diff >int32(MaxPodCreateDeletePerSync) {
        diff =int32(MaxPodCreateDeletePerSync)
    }
```

Kubernetes 與 API Server 概要

```
jm.expectations.ExpectCreations(jobKey, int(diff))
errCh :=make(chan error, diff)
klog.V(4).Infof("Too few pods running job %q, ……)

wait :=sync.WaitGroup{}

var indexesToAdd []int
if isIndexedJob(job) {
    indexesToAdd =firstPendingIndexes(activePods, succeededIndexes,
        int(diff), int(*job.Spec.Completions))
diff =int32(len(indexesToAdd))
}
active +=diff

podTemplate :=job.Spec.Template.DeepCopy()
if isIndexedJob(job) {
    addCompletionIndexEnvVariables(podTemplate)
}
podTemplate.Finalizers =appendJobCompletionFinalizerIfNotFound (
    podTemplate.Finalizers)
...
```

在上述程式中看到，比較的結果有兩種可能：

（1）如果目前運行次數超出了剩餘運行次數，則程式需要停止一定數量的 Pod。這與程式中的要點①對應。

（2）如果目前運行次數沒有達到要求的運行次數，則控制迴圈會為這個 Job 資源實例啟動一定數目的 Pod。程式中的要點②對應這種檢測結果。

5）trackJobStatusAndRemoveFinalizers() 方法

經過以上處理，控制器啟動或關停了一些 Pod 以滿足該 Job 的期望，接下來對 Pod 的狀態進行一次檢驗和再統計，統計結果會決定 Job 是否已完成工作。這些資訊會作為狀態寫入 job.status 中。這裡不再展開介紹，讀者可自行查閱原始程式。

本節以 Job 控制器程式為例，介紹了控制器的基本結構，著重展示了一個控制迴圈內所包含的邏輯。所有控制器都具有類似的程式結構，讀者可以自行瀏覽 Kubernetes 專案的 pkg/controller 套件查看其他內建 API 的控制器原始程式碼。

透過這些控制器，Kubernetes 實現了宣告式 API。內建 API 的控制器和客製化 API 的控制器共同組成了控制器集合，支撐起 Kubernetes 系統的運轉流程，前者 Kubernetes 專案開發，由控制面集中運行它們並監控其健康狀況。客製化 API 的控制器由使用者程式設計實現，對它們的監控同樣需由使用者實現。客製化 API 及其控制器的引入可以透過開發操作器（Operator）達成，本書第三篇將講解如何開發操作器。

1.5 本章小結

作為本書的首章，本章首先介紹了 Kubernetes 的基本元件，然後對 Kubernetes API 的名詞、概念進行了集中定義，這為本書的後續討論打下基礎；緊接著聚焦於 API Server，從多個角度闡述 API Server 的作用，介紹它的特點。

宣告式 API 是 Kubernetes 的一大特色，Kubernetes 透過控制器實現了宣告式 API，理解控制器和控制迴圈對理解 Kubernetes 原始程式碼很有幫助。本章花費了大量篇幅介紹宣告式設計、控制器、控制迴圈，希望對讀者進一步閱讀原始程式造成加速作用。

MEMO

Kubernetes 專案

　　毫無疑問，開放原始碼早已經成為軟體工程的一道亮麗風景。特別是過去的十年，開放原始碼專案數量急劇增長，單 Google 一家就貢獻了許多知名專案，有代表性的如 Android 系統和 Go 語言，以及與本書主題密切相關的 Kubernetes 系統，包括貢獻者和使用者在內，Kubernetes 社區成員數量在 2020 年就已經突破三百萬，沒有官方的統計其中貢獻者的佔比，但相信總數不會低於一家中等規模軟體公司的員工總數。如此規模的專案其維護難度可想而知。筆者認為，開放原始碼專案的成功嚴重依賴一個周密的規劃與組織，如果希望來自五湖四海的貢獻者形成合力，則必然要把行為準則定義好，把專案活動規劃好。

2 Kubernetes 專案

理解 Kubernetes 專案治理也是理解原始程式的重要一環。軟體工程領域有一個知名法則，稱為康威定律（Conway's Law）：一個組織所做的系統設計將複製其內部機構交流結構。筆者認為這是一句易被忽視的至理名言。

本章將對 Kubernetes 專案的組織介紹。

2.1 Kubernetes 社區治理

Kubernetes 專案有幾大組織機構，它們是指導委員會（Steering Committee）、特別興趣組（Special Interest Group）、工作組（Working Group）及使用者組（User Group），其中特別興趣組下又設有子專案組（Sub Project）。這幾大組織是從行政機構角度對專案人員進行劃分的，就像國家有環保局、工商局、警察局一樣，各自負責國家治理的不同方面。專案機構與任務如圖 2-1 所示。

社區設有多種交流通路將成員聯繫在一起，主要有以下幾種交流通路。

（1）Slack：Slack 是本專案一般性討論交流的主要通路，其中有許多 Kubernetes 社區的官方 Channel，如果想加入，則需要獲得邀請[①]。

（2）討論區和郵寄清單：Kubernetes 討論區 https://discuss.kubernetes.io 熱度較低，但總歸是個交流通路。每個 SIG 和工作群組都會有一個郵寄清單，目前主要用於在開發人員特別是核心專案成員之間發佈資訊。

（3）GitHub 的 Pull Request 和 Issues：一般使用者發現 Bug 後可以在專案的 GitHub 主頁上提交 Issue 給社區，而貢獻程式、文件等都是透過 Pull Request 的形式走審核流程的。

（4）線上會議：每個 SIG 都會有定期會議，所有感興趣的人都可以旁聽；除此之外，定期會有全社區層面的交流會議，與會者可以自行註冊參加。

---

① 邀請入口：http://slack.k8s.io。

2.1 Kubernetes 社區治理

希望第一時間獲知 Kubernetes 最新動向的讀者需要多關注上述通路中的資訊，Kubernetes 專案目前依然高度活躍，一日千里，不斷更新自己的知識是必要的。

Kubernetes 社區治理模式

指導委員會

子委員會
- 專案等級的管理
- 終極仲裁
- 下級機構管理
- 安全流程管理
- 管理專案等級的政策，如開發標準標準

工作群組
- 組織解決特定的問題
- 協調圍繞特定主題的
- 跨興趣組合作事宜
- 不擁有程式
- 可在相關興趣組中建專案建立
- 定義和彌合鴻溝

橫向特別興趣組 → 子專案 …… 子專案
- 永久性組織，直到指導委員會將其解散或興趣組主動要求解散
- 解決專案等級的關切
- 重戰略，輕戰術
- 有關特定主題的策略，如其發佈、文件測試、架構等

子專案：
- 永久性組織，直到特別興趣組將其解散或自發解散
- 可以是關於程式、文件或流程的工作
- 子專案的生命週期管理

領域特別興趣組 → 子專案 …… 子專案
- 永久性組織，直到指導委員會將其解散或興趣組主動要求解散
- 功能／路線圖的管理
- 測試分類
- 問題管理與分類
- 保持與子專案、其他興趣組和社區的交流
- 風險與依賴管理
- 文件
- 子專案之間衝突的仲裁
- 發佈規劃
- 有關特定主題的策略，如存儲與網路策略等

子專案：
- 永久性組織，直到特別興趣組將其解散或自發解散
- 程式所有權（檔案 OWNERS、程式品質、PR 管理等）
- 測試主體
- 問題主題
- 子專案產品生命週期管理

▲ 圖 2-1 Kubernetes 社區模式

Kubernetes 專案

2.1.1 特別興趣組

特別興趣組（SIG）是分量很重的機構，因為具體的功能發起、藍圖設計與實現都是在各個 SIG 的主導下進行的。Kubernetes 中有許多的 SIG，一個 SIG 的職責可以是縱向包攬某類事物的所有方面，例如 Network、Storage、Node 等；或是橫向跨越多個模組去處理共同問題，例如 Architecture、Scalability；抑或是為整個專案服務，例如測試、文件處理等均有單獨的 SIG 存在。SIG 內設置有主席、技術領導等角色。當前 Kubernetes 的所有 SIG 如圖 2-2 所示。

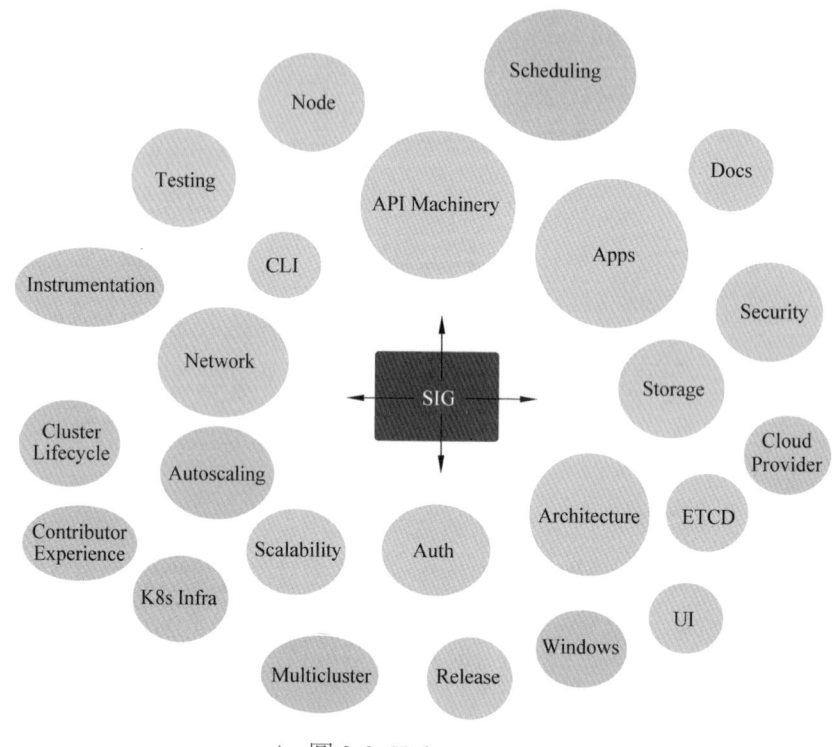

▲ 圖 2-2 Kubernetes SIG

所有 SIG 都有其存在的必要性，以下介紹與重要功能關係緊密的幾個。

（1）API Machinery：負責 API Server 的各方面，如 API 註冊與發現、API 的增、刪、改、查通用語義，認證控制，編解碼，版本轉換，預設值設定，OpenAPI，CustomResourceDefinition，垃圾收集及使用者端函數庫等。

（2）Architecture：負責維護和演化 Kubernetes 設計原則，提供保持一致的專家意見來確保系統結構隨著時間的演進仍保持一致。

（3）Network：全權負責 Kubernetes 網路相關的功能。

（4）Storage：負責確保無論容器被計畫到哪裡運行檔案或區塊儲存均可用、提供儲存能力管理、計畫容器時考慮儲存能力及針對儲存的一般性操作。

（5）ETCD：負責 ETCD 的開發組織，讓它不僅可作為 Kubernetes 的一部分，同時可被獨立應用於其他雲端原生應用。

（6）Scheduling：負責計畫器模組。計畫器用於決定 Pod 運行的節點。

（7）Apps：API 組 apps 下含有支援部署與運行維護應用程式在 Kubernetes 上運行的功能，本 SIG 負責組織該 API 組內容的開發。它關注 Developer 和運行維護人員的使用需求，將之轉化為功能進行發佈。

（8）Testing：聚焦高效測試 Kubernetes，使社區可以簡單地運行測試。

（9）Autoscaling：負責開發與維護 Kubernetes 自動伸縮元件。包括 Pod 的自動水平、垂直伸縮；初始資源預估；系統元件隨叢集規模的自動伸縮及 Kubernetes 叢集的自動伸縮。

（10）Scalability：負責制定和推動實現 Kubernetes 在可伸縮性方面的目標。同時也協調推動全系統等級可伸縮性和性能改進相關課題，也負責提供這方面的建議。這個 SIG 會持續積極地尋找和移除各種伸縮瓶頸，從而推動系統達到更高可伸縮等級。

（11）Auth：負責開發登入、鑑權和叢集安全性原則相關部分。

（12）Node：負責的模組會支援 Pod 與主機資源之間的互動。

2.1.2 SIG 內的子專案小組

SIG 所負責的具體工作是在 SIG 內的子專案小組中拆解並執行的。每個專案小組內有 4 種角色：成員、審核員、審核員、子專案擁有者（Owner），角色不同職責也不同。各角色的任務和勝任條件在社區文件中有說明[1]。一般成員是主要的貢獻者，負責寫程式、測試、撰寫文件等；審核員主要是檢查成員提交上來的內容品質幾何，一種對審核員的誤解是只有水準非常高且資歷非常深的人才有資格成為審核員，實則不然，審核員的要求是在子專案中有過貢獻就可以，這些年由於 Kubernetes 中等待審核的 Pull Request 太多了，審核員的門檻已變得很低，而審核員就不是誰都可以做的了，該角色具有一票否決權，需要有經驗的審核員去承擔；子專案擁有者更重要，他 / 她需要把控專案的方向，具有非常出眾的技術判斷力。

2.1.3 工作群組

由上述 SIG 的介紹可見，不同 SIG 之間在職責劃分上涇渭分明，幾乎不會重合。軟體專案運作過程肯定沒有這麼理想，一個話題往往需要跨 SIG 合作，這時又該如何是好呢？答案是工作群組機制。

工作群組為不同團體提供圍繞共同關心話題的討論場所，例如組織週期會議、建立 Slack 中頻道（Channel）、討論區討論群組等。它是一種輕量級的組織機構，由某個話題、問題催生，隨問題的解決而解散。這種輕量還表現在不擁有程式上，一旦工作群組涉及程式撰寫，則必須將程式庫設立於某個 SIG 內。社區期望透過工作群組將特定問題的所有相關方組織起來，從而形成最廣泛的共識與最佳解。工作群組是 Kubernetes 專案的正式組織機構，需由指導委員會批准設立和解散。社區成員可以申請建立工作群組，前提是目標事項滿足以下基本條件：

（1）不需要擁有程式。

（2）具有清晰的目標交付物。

（3）具有臨時屬性，目標達成後可立即解散。

工作群組與 SIG 的區別是比較明顯的，它的主要目的是協助跨 SIG 的討論，並且圍繞單一問題、話題展開，具有簡化的管理流程。

---

[1] 位於 GitHub 中 Kubernetes 組織機構下的 community 函數庫內，檔案為 community-membership.md。

2.2 開發人員如何貢獻程式

向社區貢獻力量的方式有很多種，並非唯獨貢獻程式一種。撰寫使用文件、參與測試設施的維護、做程式審核員、在 Slack 中指導新手都是好的參與方式。考慮到本書的讀者中開發人員許多，這一節著重說明如何做程式層面的修改，包括修復 Bug 和增強功能開發等。

2.2.1 開發流程

從程式簽出到提交 Pull Request 的過程如圖 2-3 所示，這和很多公司的開發過程是一致的。

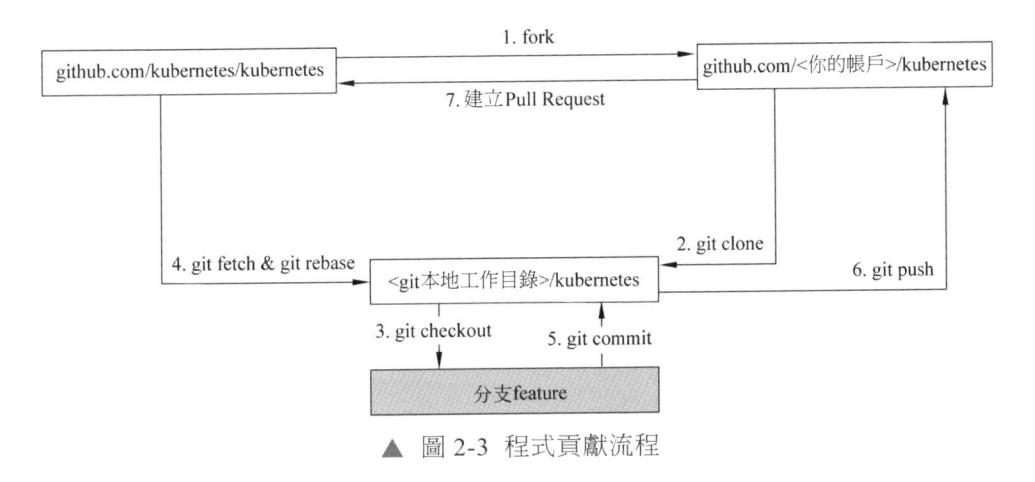

▲ 圖 2-3 程式貢獻流程

開發的第 1 步是把 Kubernetes 專案 fork 到自己的 GitHub 帳戶，這時在自己的帳戶內會出現一個專案副本，可以任意修改之，然後在本地把剛剛 fork 下來的專案複製下來，並在本地建立分支進行開發；在開發過程中要注意儘量頻繁地合併 kubernetes/kubernetes 程式庫中的最新程式，至少要在向 Kubernetes 專案提交 PR 前做一次，其目的是儘量確保提交的程式和 Kubernetes 的最新程式沒有衝突；開發完成後進行 commit 並推送至線上，這時程式進入你 GitHub 帳戶內的專案副本；登入 GitHub，基於你的專案副本發起一個 PR，等待審核、測試的開始，其內部過程在下一部分會介紹。

注意：除了功能程式，開發人員還需提供單元測試程式去保證品質，如果缺失，則會面臨審核失敗的結果。在程式修改完成後，不要急於提交，做好充足的本地測試，從而確保這次改動沒有影響到已發佈的功能，開發人員在本地幾乎可以運行所有自動化測試。

2.2.2 程式提交與合併流程

每個成員都可以對 Kubernetes 做出貢獻。貢獻可以是程式，如對 Bug 的修復或對 Kubernetes 功能的增強；也可以是非程式，如舉出增強建議（Kubernetes Enhancement Proposal）、文件撰寫。本節聚焦程式的貢獻流程。

程式能夠被採納需要符合品質要求，撰寫符合編碼規範，功能正常並不影響已有功能。社區定義了一整套保障流程，如圖 2-4 所示。

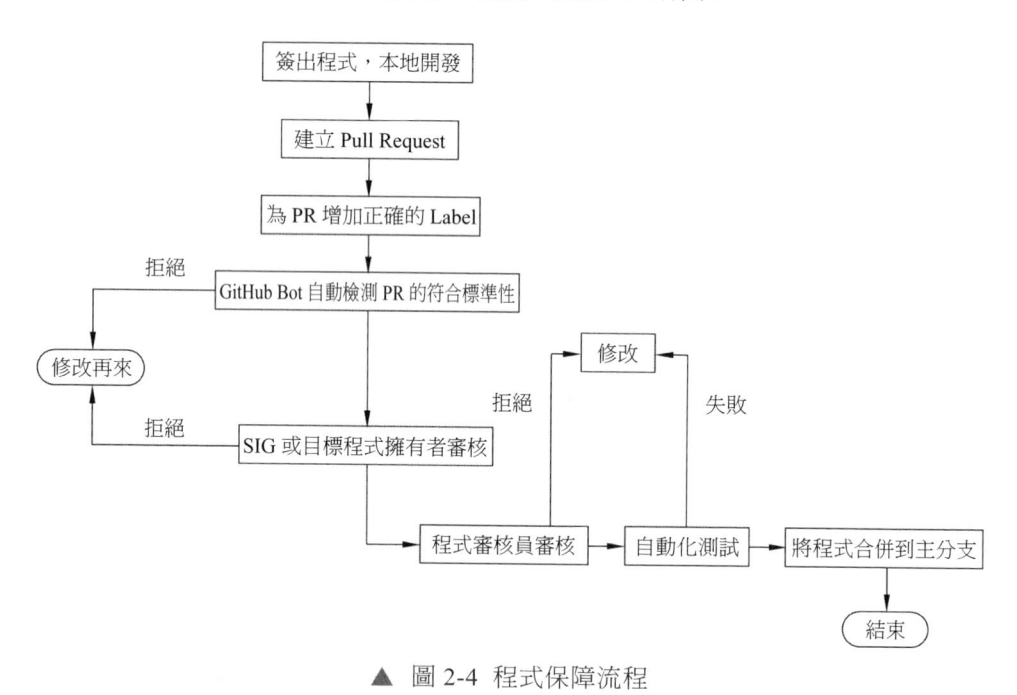

▲ 圖 2-4 程式保障流程

整個過程中有兩層保護機制，第 1 層是人工審核，首先透過 SIG 成員或目的模組擁有者對變更進行詳細審核、審核，保證這次修改的目標清晰合理，邏輯也正確，程式讀取可維護等；第 2 層是機器執行的自動化測試，Kubernetes 引入了諸多種類的測試，主要測試包括以下幾種。

（1）單元測試（Unit Test）。

（2）整合測試（Integration Test）。

（3）點對點測試（End to End Test）。

（4）一致性測試（Conformance Test）。

為了進行自動化測試，Google 公司貢獻了測試用基礎設施，設立在 Google 雲端上，稱為測試網格。社區成員可以透過 GitHub 程式庫 kubernetes/test-infra 對該測試基礎設施進行設置。Kubernetes 的自動化測試結果可以線上查看，位址是 https://testgrid.k8s.io，這裡可以看到各個模組過去兩周的自動化測試結果。Kubernetes Gardener 專案的點對點測試結果如圖 2-5 所示。

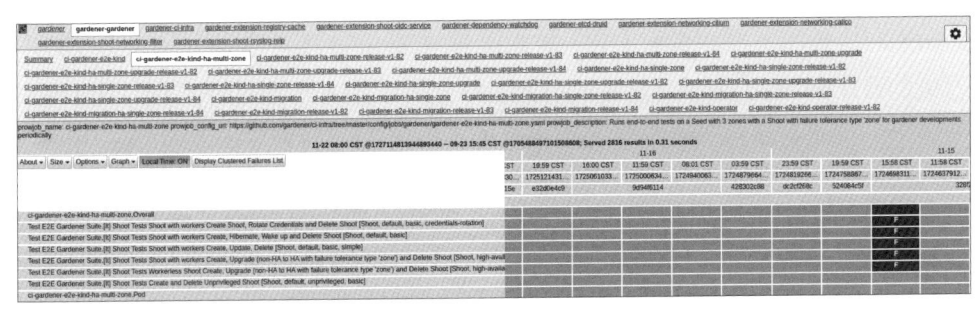

▲ 圖 2-5　Gardener 模組自動化測試結果

2.3　原始程式碼下載與編譯

2.3.1　下載

Kubernetes 專案託管在 GitHub 上，開發者可以從專案主頁將原始程式複製到本地，如果只為查閱原始程式碼，則放在哪裡都可以；如果還想在本地編譯出 Kubernetes 的各個應用程式，則原始程式放在本地的哪個目錄下將有重要影響，原因要從 Go 語言的相依管理方式變遷說起。

2 Kubernetes 專案

在 Go 語言的初始版本中是沒有任何相依管理機制的，但這種需求一直存在，2012 年和 2013 年相關的討論和探索就在進行了。在沒有相依管理工具的情況下，一個專案如何引用其他專案的產出呢？很簡單粗暴：把被引用專案的產出下載到本地 $GOPATH/src 目錄下，然後在本專案內透過 import 引用它。這種方式增加了開發人員的工作不說，當兩個本地專案相依同一個函數庫時，要求二者使用該函數庫的同一版本，這個要求還是比較苛刻的。時間來到 2014 年，Go 1.5 發佈時引入了 vendor 資料夾機制。它的想法很好理解：每個專案根目錄下的 vendor 子目錄將專門用於存放本專案的相依，這樣各個專案之間不再互相影響；在程式編譯過程中，編譯器會優先到 vendor 目錄尋找需要的相依。圍繞著 vendor 目錄機制，社區也開發了一些工具來簡化相依管理，這一機制的引入確實緩解了對相依管理的迫切需求，但並沒有解決全部問題。到了 2018 年，全新的 Go 1.11 發佈時，新的相依管理工具——go mod 被引入，它隨 Go 語言一起安裝。到了 Go 1.13，go mod 成為預設的相依管理方式，一個新的 Go 專案將預設啟用它。編譯器在解析相依時，首先會考慮 go mod 設定檔 go.mod。需要特別注意的是，go mod 並不影響 vendor 機制，在 Go 1.14 及後續版本中，如果專案根目錄下有 vendor 資料夾，則編譯器會優先啟用 vendor 機制而非 go mod 機制。

但 Kubernetes 專案伊始並不存在 go mod 這種相依管理工具，它先採用了 vendor 機制，把自身引用的第三方套件全部放在 vendor 目錄下，這樣開發人員下載了整個專案後相依就是完整的，編譯也可以進行。在 go mod 引入後 Kubernetes 擁抱了這一變化，同時並沒有廢棄 vendor 目錄：相依的加入和升級等均借助 go mod，但最終需要借助 go mod vendor 命令將它們放入 vendor 中，編譯時真正起作用的是 vendor 機制，但需注意：vendor 機制的工作方式會受到當前專案是否處於 $GOPATH 下的影響。舉個例子，如果你的專案處於 ~/git 資料夾下，而你的 $GOPATH 是 ~/go 目錄，則編譯器只會考慮專案根目錄下的 vendor 資料夾，其他地方一概不考慮，這會造成一些令人費解的編譯失敗。筆者曾試著在非 $GOPATH 目錄下存放原始程式並編譯 Kubernetes 專案，結果是失敗的，轉而把同樣的專案移動到 $GOPATH/src/k8s.io/ 下後，一切編譯工作順利完成，而關於原始程式碼正確的存放地點問題，在 2018 年社區對新貢獻者的培訓中有明確說明：原始程式碼要放在 $GOPATH/src/k8s.io/kubernetes 下，所

2.3 原始程式碼下載與編譯

以建議讀者在這一點上不要過度好奇,直接把專案下載到 $GOPATH/src/k8s.io/ 會減少很多不必要的麻煩。

透過以下命令將整個程式庫複製到本地,程式庫非常龐大,在網路環境一般的情況下會持續很長一段時間。運行完成後,在 $GOPATH/src/k8s.io/kubernetes 下會儲存所有原始程式,API Server 是其中的一部分。

```
$ cd $GOPATH/src/k8s.io
$ git clone https://github.com/kubernetes/kubernetes
```

2.3.2 本地編譯與運行

本地編譯並不是閱讀原始程式的前置條件,如果只是瀏覽原始程式碼,則完全不需要編譯,但編譯成功的過程讀者可以更進一步地了解 Kubernetes,同時當需要修改原始程式碼驗證自己的想法時,如何編譯測試是必備知識。本節講解編譯和在本地運行單節點叢集,供感興趣的讀者參考。

Kubernetes 的編譯有兩種方式:透過容器去編譯或本地裸機編譯。受益於專案內完整的指令稿,兩種方式均不複雜,本節不採用容器編譯,而是採用裸機編譯。運行本地單節點叢集的工作也被一個指令稿簡化了,比較煩瑣的工作就剩下在本地安裝一些前置軟體套件,例如 containerd、ETCD 及其他。編譯與啟動步驟大體如下:

(1)安裝必要的軟體套件。編譯時需要的軟體套件只是 Go 和 GUN Dev Tools,而執行時期的軟體套件就要多一些,可以從 Kubernetes 專案文件中找到,筆者對此進行了整理,放在筆者的 GitHub 主頁上供讀者參考。

(2)本地編譯。可透過以下命令編譯全部應用或單獨一個模組的應用(例如 API Server),命令如下:

```
$ cd $GOPATH/src/k8s.io/kubernetes
$ sudo make all
$ sudo make what="cmd/kube-apiserver"
```

（3）命令成功運行後，相應的應用程式編譯便完成了。可執行檔存放在哪裡呢？留給讀者自行研究。

（4）本地運行。可以直接在本地運行一個單節點叢集，命令如下：

```
$ cd $GOPATH/src/k8s.io/kubernetes
$ sudo ./hack/local-up-cluster.sh
```

上述啟動的本地單節點叢集肯定無法承擔正式的工作任務，只可用於測試自己開發的新功能，以及運行點對點測試等。

以上概括地舉出了整個過程，略過諸多細節，有需要的讀者可以參考筆者的 GitHub 函數庫以獲取更為詳細的資訊。

2.4 本章小結

學習原始程式絕不是單單讀程式，如此宏大的開放原始碼專案如何組織有序並取得今天這種成就本身就很有學問，值得開發者學習，也有助理解其系統設計。本章介紹了 Kubernetes 專案的治理模式，講解了如何向該專案貢獻程式；最後下載了 Kubernetes 原始程式碼，演示了如何編譯 Kubernetes 應用程式和運行本地單節點叢集。第二篇將正式開啟 Kubernetes 原始程式閱讀之門。

第二篇
原始程式篇

本篇將正式展開 API Server 的原始程式講解，是本書最核心的部分。API Server 的整體設計清晰，但內容比較多，邏輯複雜，講解時會採用化整為零的方式，將 API Server 劃分為多個子模組，各個擊破。全篇包括的核心基礎知識有以下幾點。

（1）API Server 的各個子 Server：聚合器、主 Server、擴充 Server 及聚合 Server。每個子 Server 提供不同的 Kubernetes API。一個一個分析它們的程式實現。

（2）關鍵控制器的實現。

（3）Generic Server：各子 Server 的底座，對外輸出通用能力。它是 API Server 許多關鍵機制的實現者，例如 HTTP 請求分發流程。這是理解 API Server 內部結構的關鍵。

（4）API Server 所使用的兩個關鍵技術框架：Cobra 和 go-restful，其作用與使用方式。

（5）登錄檔機制（Scheme）。

（6）請求過濾機制，以及其提供的所有登入鑑權策略。

（7）認證控制機制。

本書所附插頁 API Server 結構及元件關係圖描繪出了 API Server 的主體框架和關鍵元素。除了圖中的控制器管理器和 Webhook Server 外，本篇內容涵蓋所有圖中元素，它們分散在不同的章節中。該圖厘清了這些知識的相對位置，幫讀者在資訊的海洋中導航。學習完本篇知識後，讀者將具有深度訂製 API Server 的基礎知識。

第 3 章從 API Server 的整體程式結構上描繪它。我們會從 Kubernetes 專案的套件結構入手，API Server 是該專案的核心之一，其原始程式碼被分割放置在專案的各個目錄內，了解清楚套件結構有助快速定位程式。與此同時，本章會講解 Kubernetes 如何把獨立部分切分至子專案並引用之，然後介紹 Cobra 專案，它提供了用 Go 語言撰寫命令列工具的框架，Kubernetes 的各個應用程式都在 Cobra 框架上開發。接著舉出了 API Server 的子模組，即主 Server、聚合器和擴充 Server，這 3 個模組從最上層把 API Server 切分開，它們的實現框架相同，而細節不同。最後，本章舉出 API Server 的啟動過程作為結尾。

第 3 章從整體上介紹了 API Server，接下來的各章將深入關鍵局部。第 4 章描述 API Server 所管理的內容——API 的程式實現。這裡面涉及 API 的設計理念，以及對應的 Go 結構等。API 的大量程式是程式生成的產物，這也會是第 4 章介紹的重要內容。

第 5～8 章會剖析 API Server 的三大子 Server：主 Server、擴充 Server、聚合器與聚合 Server。主 Server 負責提供內建 API，擴充 Server 負責單獨處理 CRD，而聚合器最為強大，它引入了在 API Server 中加入自開發 API Server，也就是聚合 Server 的機制。這 3 個子 Server 具有共同的底座 Generic Server，這使它們的整體框架極為類似，本篇會花大量篇幅來介紹 Generic Server 的設計與實現。

MEMO

API Server

　　API Server 是控制面的主體，其程式量比較大，本書將採用「先整體，後局部」的方式講解其程式，本章聚焦整體。作為一個命令列程式，API Server 的程式入口是什麼樣子的？與它相關的目錄（套件）結構是什麼樣子的？API Server 啟動流程的程式呼叫關係是怎樣的？回答這些巨觀的問題會帶讀者入門其原始程式碼設計，本章以這些問題為抓手，逐步走進 Kubernetes 專案原始程式的世界。

3 API Server

3.1 Kubernetes 的專案結構

API Server 的原始程式碼被嵌在 Kubernetes 專案中，第 2 章介紹了如何將原始程式碼下載到本地，之後就可以透過支援 Go 的 IDE 在本地查看專案原始程式了。筆者使用的是 Visual Studio Code，在安裝好 Go 語言外掛程式後，便可開始愉快地瀏覽這一專案。

3.1.1 頂層目錄

Kubernetes 根目錄下的內容如圖 3-1 所示，本節將介紹其中幾個重要的子目錄。

```
> .github
> api
> build
> CHANGELOG
> cluster
> cmd
> docs
> hack
> LICENSES
> logo
> pkg
> plugin
> staging
> test
> third_party
> vendor
  .generated_files
  .gitattributes
  .gitignore
  .go-version
  CHANGELOG.md
  code-of-conduct.md
  CONTRIBUTING.md
  go.mod
  go.sum
  LICENSE
  Makefile
  OWNERS
  OWNERS_ALIASES
  README.md
  SECURITY_CONTACTS
  SUPPORT.md
```

▲ 圖 3-1 專案結構 3.1Kubernetes 專案結構

1. 子目錄 api

　　API Server 所提供的對外介面是符合 OpenAPI 規範的。利用 OpenAPI 規範，API Server 將其介面的所有技術細節嚴謹地描述了出來，能夠理解該規範的使用者端便具備了與 API Server 互動的能力。頂層目錄下的 api 子目錄包含的正是這些 OpenAPI 服務定義的檔案。同時，其內容提供了一個便捷方式去獲取 API Server 內建 API 的全部 RESTful 端點。

2. 子目錄 cmd

　　整個 Kubernetes 專案會生成許多可執行程式，這些應用程式的撰寫都利用了 Cobra 框架，該框架建議在專案根目錄下建立 cmd 資料夾，以此作為存放命令定義及其實現原始檔案的根目錄。在 3.2 節將介紹 Cobra 框架。雖然 cmd 不包含核心業務邏輯，但它卻是查看原始程式實現的最好入口。

3. 子目錄 hack

　　為了方便貢獻者的工作，許多指令稿被撰寫出來去自動化地完成某些操作，它們全部被放在這個資料夾下。例如指令稿 ./hack/update-codegen.sh，它會重新執行程式生成。這些指令稿也間接地統一了貢獻者行為。

4. 子目錄 pkg

　　Kubernetes 的業務邏輯程式存放地，各個模組的核心程式都在這裡，例如 API Server、Kubelet、kubectl 等。需要注意區分它和 cmd 目錄的內容：cmd 目錄包含 Cobra 框架下定義出的命令，它們很重要，但不能算是核心業務邏輯。

5. 子目錄 staging 和 vendor

　　vendor 資料夾服務於 Go 語言的 vendor 機制。這個資料夾的存在會促使編譯器直接從其中尋找本專案的相依，而非啟用 go mod 相依管理機制。關於 vendor 機制在 2.3 節已經簡介過，供讀者參閱。

3 API Server

注意：雖然編譯過程不啟用 go mod 機制，但 Kubernetes 的開發過程中的相依管理還是借助 go mod 進行的，例如增加相依和版本升級等，只是在執行編譯前，需要運行 go mod vendor 命令把最新的相依套件複製到 vendor 目錄下。

　　staging 目錄是 Kubernetes 在模組化過程中的過渡工具。該專案不斷地把自身的模組剝離成一個個獨立的 GitHub 程式庫，很多程式庫甚至可以脫離 Kubernetes 被單獨使用，例如將要介紹的 Generic Server 便是如此。獨立成為程式庫，進而形成獨立專案是需要一個過程的，在這個過程完成前，針對這些被剝離模組的開發並不是在它們各自的程式庫上進行，而是在 Kubernetes 專案裡，這就要借助 staging 目錄：其內會承載被剝離模組的最新程式，貢獻者在這裡進行開發，以便增強其功能，而這些修改會被定期同步到其 GitHub 倉庫。可見 staging 包含的模組也是 Kubernetes 的相依，它們如何被 vendor 機制用到呢？透過查看 vendor/k8s.io/ 目錄下的內容會發現，staging 所含的函數庫被透過軟連結引入該目錄，從而納入 vendor 機制，如圖 3-2 所示。也正是由於這裡使用了軟連結，所以在 Windows 作業系統下去開發和編譯 Kubernetes 障礙重重。

```
jackyzhang@ThinkPad:~/go/src/k8s.io/kubernetes/vendor/k8s.io$ ls -l
total 20
lrwxrwxrwx  1 jackyzhang jackyzhang   28 5月 23  2023 api -> ../../staging/src/k8s.io/api
lrwxrwxrwx  1 jackyzhang jackyzhang   48 5月 23  2023 apiextensions-apiserver -> ../../staging/src/k8s.io/apiextensions-apiserver
lrwxrwxrwx  1 jackyzhang jackyzhang   37 5月 23  2023 apimachinery -> ../../staging/src/k8s.io/apimachinery
lrwxrwxrwx  1 jackyzhang jackyzhang   34 5月 23  2023 apiserver -> ../../staging/src/k8s.io/apiserver
lrwxrwxrwx  1 jackyzhang jackyzhang   34 5月 23  2023 client-go -> ../../staging/src/k8s.io/client-go
lrwxrwxrwx  1 jackyzhang jackyzhang   36 5月 23  2023 cli-runtime -> ../../staging/src/k8s.io/cli-runtime
lrwxrwxrwx  1 jackyzhang jackyzhang   39 5月 23  2023 cloud-provider -> ../../staging/src/k8s.io/cloud-provider
lrwxrwxrwx  1 jackyzhang jackyzhang   42 5月 23  2023 cluster-bootstrap -> ../../staging/src/k8s.io/cluster-bootstrap
lrwxrwxrwx  1 jackyzhang jackyzhang   39 5月 23  2023 code-generator -> ../../staging/src/k8s.io/code-generator
lrwxrwxrwx  1 jackyzhang jackyzhang   39 5月 23  2023 component-base -> ../../staging/src/k8s.io/component-base
lrwxrwxrwx  1 jackyzhang jackyzhang   42 5月 23  2023 component-helpers -> ../../staging/src/k8s.io/component-helpers
lrwxrwxrwx  1 jackyzhang jackyzhang   43 5月 23  2023 controller-manager -> ../../staging/src/k8s.io/controller-manager
lrwxrwxrwx  1 jackyzhang jackyzhang   32 5月 23  2023 cri-api -> ../../staging/src/k8s.io/cri-api
lrwxrwxrwx  1 jackyzhang jackyzhang   44 5月 23  2023 csi-translation-lib -> ../../staging/src/k8s.io/csi-translation-lib
lrwxrwxrwx  1 jackyzhang jackyzhang   52 5月 23  2023 dynamic-resource-allocation -> ../../staging/src/k8s.io/dynamic-resource-allocation
drwxrwxr-x  8 jackyzhang jackyzhang 4096 5月 23  2023 gengo
drwxrwxr-x  3 jackyzhang jackyzhang 4096 5月 23  2023 klog
lrwxrwxrwx  1 jackyzhang jackyzhang   28 5月 23  2023 kms -> ../../staging/src/k8s.io/kms
lrwxrwxrwx  1 jackyzhang jackyzhang   40 5月 23  2023 kube-aggregator -> ../../staging/src/k8s.io/kube-aggregator
lrwxrwxrwx  1 jackyzhang jackyzhang   47 5月 23  2023 kube-controller-manager -> ../../staging/src/k8s.io/kube-controller-manager
lrwxrwxrwx  1 jackyzhang jackyzhang   32 5月 23  2023 kubectl -> ../../staging/src/k8s.io/kubectl
lrwxrwxrwx  1 jackyzhang jackyzhang   32 5月 23  2023 kubelet -> ../../staging/src/k8s.io/kubelet
drwxrwxr-x  4 jackyzhang jackyzhang 4096 5月 23  2023 kube-openapi
lrwxrwxrwx  1 jackyzhang jackyzhang   35 5月 23  2023 kube-proxy -> ../../staging/src/k8s.io/kube-proxy
lrwxrwxrwx  1 jackyzhang jackyzhang   39 5月 23  2023 kube-scheduler -> ../../staging/src/k8s.io/kube-scheduler
lrwxrwxrwx  1 jackyzhang jackyzhang   47 5月 23  2023 legacy-cloud-providers -> ../../staging/src/k8s.io/legacy-cloud-providers
lrwxrwxrwx  1 jackyzhang jackyzhang   32 5月 23  2023 metrics -> ../../staging/src/k8s.io/metrics
lrwxrwxrwx  1 jackyzhang jackyzhang   36 5月 23  2023 mount-utils -> ../../staging/src/k8s.io/mount-utils
lrwxrwxrwx  1 jackyzhang jackyzhang   47 5月 23  2023 pod-security-admission -> ../../staging/src/k8s.io/pod-security-admission
lrwxrwxrwx  1 jackyzhang jackyzhang   41 5月 23  2023 sample-apiserver -> ../../staging/src/k8s.io/sample-apiserver
lrwxrwxrwx  1 jackyzhang jackyzhang   42 5月 23  2023 sample-cli-plugin -> ../../staging/src/k8s.io/sample-cli-plugin
lrwxrwxrwx  1 jackyzhang jackyzhang   42 5月 23  2023 sample-controller -> ../../staging/src/k8s.io/sample-controller
drwxrwxr-x  3 jackyzhang jackyzhang 4096 5月 23  2023 system-validators
drwxrwxr-x 17 jackyzhang jackyzhang 4096 5月 23  2023 utils
```

▲ 圖 3-2　staging 到 vendor 目錄的軟連接

3.1.2 staging 目錄

staging 目錄值得用更多時間探究。本質上講，staging 下儲存的函數庫程式也是 Kubernetes 專案的原始程式，是 Kubernetes 專案的「子產品」。下面介紹其中與 API Server 緊密相關的成員。

1. apimachinery 函數庫

該函數庫提供 Kubernetes 的基礎類型套件、工具套件等，原始程式位於子目錄 staging/src/k8s.io/apimachinery 中，其內定義了整個專案的中繼資料結構，例如用於描述 API 的 G(roup)、V(ersion)、K(ind) 三屬性的 Go 類型定義，實現了登錄檔（Scheme，非英文直譯）機制，內外部類型實例之間轉換的運作機制（Converter），以及 API 實例資訊在 Go 資料結構和 JSON 之間轉換的機制（Encoder 和 Decoder）。

說它是基礎套件，是因為 API Server、client-go 函數庫、api 函數庫（下文）、對 API Server 的擴充及所有需要和 API Server 互動的自開發程式幾乎會用到它，在本書的後續章節中會經常出現這個套件的身影。將其抽出來放在單獨程式庫中發佈方便各個使用方去引用它。

2. api 函數庫

api 函數庫位於子目錄 staging/src/k8s.io/api。Kubernetes 內建了許多 API，例如 Pod、ReplicaSet 等，api 函數庫會包含這些 API 的外部類型定義。API 會有所謂的「外部類型」和「內部類型」之分，外部類型供使用者端與 API Server 互動用，內部類型供系統內演算法所用，4.1 節將講解。這兩種類型都歸 API Server 所有，由它定義。本函數庫主要包含內建 API 的外部類型的定義。

簡單地講，外部類型是 API 的一種技術類型，在技術上刻畫了一個 API 具有的欄位，也是 API 資源定義檔案中屬性的根源。每個版本的 Kubernetes 都可能發佈同一 API 的新外部類型。外部類型用於 API Server 外的程式與其互動，一個典型的例子是 client-go 套件，這個套件是專案提供的用於與 API Server 互

3　API Server

動的標準套件，假如要寫一個自己的 Go 程式去存取 API Server，最簡單的方式是引用 client-go 套件。client-go 天然地緊密依賴外部類型。

api 套件的剝離首先是為了避免在所有使用的地方重複定義這些外部類型，各方將其作為專案相依直接引用便可。同時，Kubernetes 專案下的各個應用程式都將使用同一份外部類型定義，這成功地規避了「菱形相依」（Diamond Dependency）問題。

這個函數庫和 3.1.3 節提到的 pkg/apis 有關係，正是由於有了本套件的存在，pkg/apis 中不必重新定義外部類型，而是直接引用本套件。

3. apiserver 函數庫

apiserver 函數庫是 Generic Server 的原始程式碼函數庫，位於子目錄 staging/src/k8s.io/apiserver。Kubernetes 定義了一種擴充 API Server 的方式：聚合 Server，它讓使用者可以自己寫一個 API Server，將它與核心 API Server 整合，從而引入客製化 API。那麼如何讓使用者快速準確地寫出這樣的 Server 呢？這就要靠 apiserver 函數庫了。當然，為了支援這種擴充方式，單靠一個 apiserver 函數庫是不夠的，Kubernetes 的聚合器也稱為聚合層（Aggregation Layer），同樣有著至關重要的作用。

這個函數庫定義並實現了標準 API Server 的各種關鍵機制，例如委託式登入與鑑權（委託給 Kubernetes API Server），以及認證控制機制（Admission）等。在 Kubernetes 建構自己的 API Server 時也是直接在該函數庫的基礎上進行開發的。第 5 章主要就是拆解這個函數庫的內容。

4. kube-aggregator 函數庫

kube-aggregator 函數庫是聚合器原始程式碼函數庫，位於子目錄 staging/src/k8s.io/kube-aggregator。如上所述，聚合 Server 提供了一種非常靈活的 API Server 擴充機制，使用者不必向 Kubernetes 專案增加程式便可引入客製化 API，但透過這種方式擴充 API Server 時需要一種手段將聚合 Server 納入控制面，從而去回應使用者請求。函數庫 kube-aggregator 提供的聚合器提供了這種能力。

聚合器是 API Server 內部 Server 鏈的標頭，在執行時期，各個子 Server 都會向聚合器註冊自己所支援的 API，包括聚合 Server，聚合器利用這些資訊將全部子 Server 整合。

5. code-generator 函數庫

　　code-generator 函數庫基於 Go 程式生成框架提供了 Kubernetes 的程式生成工具，位於子目錄 staging/src/k8s.io/code-generator。讀者可暫時跳出細節，站在 API Server 之外考慮一下它究竟價值何在，不難得出結論：API 及其實例是其主要內涵。API Server 內部承載著各種 API，使用者端會圍繞這些 API 實例與它進行互動，例如讀取單一或一組資源，以及建立等。

　　一方面，API Server 需要其內的 API 都遵從固定的介面，從而能更進一步地操作它們，舉例來說，每個 API 需要有 DeepCopy() 方法，內部版本和外部版本之間需要有轉換方法等；另一方面，Kubernetes 針對每個 API 提供的「服務」也非常類似，如和 API Server 版本相符的 client-go 套件中會同時提供針對該 API 的存取方法，直接呼叫它們就可以獲取該 API 的實例；再例如 API Server 能根據條件傳回 API 實例的清單，而不僅是單一實例。「一致性」與「重複性」往往代表著最佳化空間，有沒有辦法減少人專案式的撰寫量，為這些 API 自動提供這些高度重複的程式呢？於是就有了 code-generator 這個套件。它的主要使用場景如下：

　　（1）Kubernetes 專案自己的開發人員為內建 API 生成程式，例如當在新版本中引入一個新 API 時，需要為其基座結構自動生成 DeepCopy() 等方法。

　　（2）當使用者定義 CustomResourceDefinition 及其控制器時，生成與之對應的 client、informer 程式。

　　（3）當使用者建立聚合 Server 時，為其引入的客製化 API 生成必要的程式。

　　核心 API Server 的程式中一大部分是自動生成的，後續各章節會展開講解生成過程。

3.1.3 pkg 目錄

接下來進入核心業務邏輯目錄 pkg，進一步講解和 API Server 相關的子目錄。pkg 目錄結構如圖 3-3 所示。

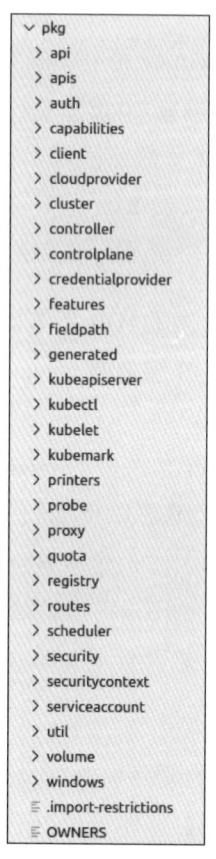

```
∨ pkg
  > api
  > apis
  > auth
  > capabilities
  > client
  > cloudprovider
  > cluster
  > controller
  > controlplane
  > credentialprovider
  > features
  > fieldpath
  > generated
  > kubeapiserver
  > kubectl
  > kubelet
  > kubemark
  > printers
  > probe
  > proxy
  > quota
  > registry
  > routes
  > scheduler
  > security
  > securitycontext
  > serviceaccount
  > util
  > volume
  > windows
  ≡ .import-restrictions
  ≡ OWNERS
```

▲ 圖 3-3　pkg 目錄結構

1. 子目錄 pkg/api

這裡提供了針對核心 API 的一些實用方法。核心 API 是從 Kubernetes 早期版本就開始以內建的形式提供的直到最新版本依然存在的那些 Kubernetes API，例如 Service、Pod、Node 等。

2. 子目錄 pkg/apis

這是個重要的套件，API 的類型定義及向系統登錄（Scheme）註冊的程式都包含在這個套件下。apis 按照 API 組（Group）來分類管理許多的內建 API，該套件下的每個子套件對應一個 API 組，例如 apps 中包含了 apps 這個組的 API 定義，而在每個 API 組內，又按照版本組織檔案：每個外部版本對應一個子目錄，名為版本編號，例如 apps 目錄下的 v1 子目錄和 v1beta1 子目錄分別包含版本 v1 和 v1beta1 的 API 定義，而 API 內部版本被直接定義在 API 組目錄下：apps/types.go 檔案中是所有該 API 組下 API 種類的內部類型定義。在後續章節將展開講解。

3. 子目錄 pkg/controller

控制器程式所在地。一般情況下每個內建 API 種類都會配有一個控制器，可以在這裡找到它們的程式。這些程式將被編譯進控制器管理器應用程式。

4. 子目錄 pkg/controlplane

主要包含核心 API Server 程式。核心 API Server 是指由本書後續章節一個一個介紹的幾種內建子 Server 互相連接成的一條 Server 鏈，是一般意義上所指的 API Server，其內含的子 Server 有主 Server（Master）、擴充 Server（Extension Server）和聚合器。最為重要的是，在 controlplane 套件下可以找到建立和啟動主 Server 的程式，以此為突破口，進而找到後兩種 Server 是如何與之組合形成核心 API Server 的。

5. 子目錄 pkg/kubeapiserver

3.1.2 節介紹了 staging/src/k8s.io/apiserver 函數庫，它提供了一個 Generic Server 供使用者重複使用以製作聚合 Server。核心 API Server 的主 Server 也是基於 Generic Server 撰寫的，但具有 Generic Server 所不具有的一些屬性，與這些主 Server 特性相關的程式放在這個套件下。

6. 子目錄 pkg/registry

API 實例最終儲存在 ETCD 中，這就涉及與 ETCD 的互動，這部分程式都包含在這個目錄下。不僅如此，API Server 對外提供的 RESTful 端點的回應函數也是在這個目錄下實現的，例如支援對 Pod 的 GET、CREATE 等。這常常讓開發人員困惑，筆者就曾經在 Kubernetes 的 Slack 討論中看到有開發者詢問 RESTful 端點回應函數的原始檔案所在地。

展開 registry 套件後觀察它的子套件會看到基本上每個 API 組都會被對應到一個子套件，例如有 apps 套件、core 套件（包含核心 API，如 pod）等。每個 API 組的套件下包含以下內容。

（1）與其下 API 種類名稱相同的子套件，其下會有該 API 種類與 ETCD 互動的程式，它們一般放在以 storage 為名稱的目錄或檔案中，例如 apps/deployment。

（2）該 API 組的 RESTful 端點回應函數原始程式碼，一般會被放在 rest 子目錄下，但令人費解的是，該原始檔案也是以 storage 首碼開頭的，非常不易讀。

registry 子目錄的整體結構如圖 3-4 所示。

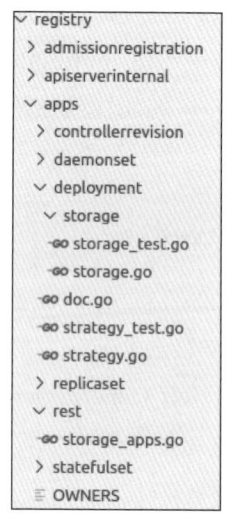

```
v registry
  > admissionregistration
  > apiserverinternal
  v apps
    > controllerrevision
    > daemonset
    v deployment
      v storage
        -∞ storage_test.go
        -∞ storage.go
      -∞ doc.go
      -∞ strategy_test.go
      -∞ strategy.go
    > replicaset
    v rest
      -∞ storage_apps.go
    > statefulset
    ≡ OWNERS
```

▲ 圖 3-4 registry 目錄

本節講解了整個專案的重要目錄。需要特別強調的是，只有對這些目錄有深入的認識才會為後續程式閱讀帶來巨大幫助，希望讀者多思考、多查閱。本著先整體後局部的講解想法，3.2 節會展開介紹建構 API Server 應用程式所使用的命令列框架——Cobra。

3.2 Cobra

眾所皆知，API Server 是一個透過命令列操作的可執行程式。雖然沒有華麗的 UI，但是時至今日這類應用程式依然有大批忠實使用者，它的簡潔和悠久歷史圈粉無數。伺服器應用多是運行在無圖形介面（GUI）的伺服器版 Linux、UNIX 上，其管理員等角色每天都工作在不同的命令列工具上。正是由於沒有易懂的 GUI 引導使用者，所以建構命令列應用程式不像想像中那麼簡單，如果不能良好地設計命令與參數，則使用者將迅速迷失。試想一個具有 3 個命令、每個命令包含 3 層子命令、各個命令又都可以有自己命令標識（參數）的中小型程式，即使不考慮實現命令業務邏輯所耗費的精力，單單為了正確地理解使用者的輸入，就已經需要撰寫很多的程式了，畢竟使用者參數輸入的順序等「瑣事」均具有不可預測性，程式要都能正確地進行處理並不容易。一個對開發有利的因素是，目前專業的命令列工具基本遵循 POSIX 標準中制定的命令參數定義規範，這就使命令列工具開發框架有可能去接管這部分工作，從而節省一大部分開發精力，讓開發人員更專注於業務邏輯。

使用 Go 語言撰寫的程式可以被編譯成各個作業系統下的本地應用，其運行效率是有保證的，製作命令列工具是 Go 語言一個比較火爆的應用場景，已有多個開放原始碼命令列工具框架被開發出來，Cobra 框架就是其中強大而完整的，它提供了以下幾種好用的特性：

（1）簡潔的子命令建構方式。

（2）支援符合 POSIX 標準的命令參數形式。

3 API Server

（3）自動命令提示的能力。

（4）自動為命令和參數增加說明資訊的能力。

本節會簡單地講解 Cobra 框架，速覽其內部概念，並透過幾段程式去理解如何透過 Cobra 來開發命令列應用，從而展示該框架的確簡單好用。理解 Cobra 對理解 Kubernetes 原始程式很重要，因為每個 Kubernetes 元件，例如 API Server，本質上都是一個命令列應用，並且都在 Cobra 上建構，有了 Cobra 知識可以迅速地找到理解 Kubernetes 元件的入手點。

3.2.1 命令的格式規範

Cobra 將一行命令分為幾部分：

```
APPNAME COMMAND ARG -FLAG
```

APPNAME 自不必說，是可執行程式的名稱，其餘三部分有各自的意義，在講解之前先看以下範例：

```
$ git clone https://github.com/JackyZhangFuDan/goca --bare
```

這是 Git 的程式庫拉取命令，它的各部分與 Cobra 命令模式的對應關係如下：

（1）APPNAME 對應 git。

（2）COMMAND 對應 clone。

（3）ARG 對應 https://github.com/JackyZhangFuDan/goca。

（4）FLAG 對應 bare。

注意：如果讀者直接用作業系統的系統命令來和以上模式做對比，則會發現並不匹配，例如 Linux 中瀏覽資料夾內容的命令為 ls，看起來並沒有 APPNAME 部分，而是直接到了 COMMAND 部分。一種理解方式是這樣的：該命令由作業系統提供，沒有必要指出由哪個程式提供該命令，或說那個程式就是 OS 本身。

1. COMMAND

COMMAND 即命令。它代表本程式提供的功能，一般是一個動作或動作產生的結果，這要看命名習慣。對比以上 git clone 的例子，clone 就是命令，它指出這筆命令要求程式去執行一個程式庫的複製操作。下面這個指令會把一個 Application 推送到 Cloud Foundry 平臺上，這裡的 push 即是命令。

```
$ cf push SERVICE-NAME
```

2. ARG

ARG 即參數，目標事物。籠統地說 ARG 是命令的參數，考慮到參數一詞覆蓋的範圍太大，有必要更精確一些闡明： ARG 用於舉出上述命令實施過程中用到的資訊，可類比程式中方法呼叫時的入參。一個命令可以有多個 ARG，也可以沒有 ARG。例如 Linux 的 ls 命令沒有 ARG 參數。

3. FLAG

FLAG 即標識，命令修飾。FLAG 可以視為命令的修飾性參數，它使命令執行過程符合使用者的特定要求，一般情況下 FLAG 有預設值，在使用者沒有指定該 FLAG 時命令使用預設值。FLAG 與 ARG 並沒有硬性區分標準，如果是必需的參數，則一般考慮用 ARG，而 FLAG 多用於調整應用的行為。在 POSIX 標準中 FLAG 也被稱為 Option，即選項。Cobra 完全支援以符合 POSIX 標準的格式定義標識。POSIX 定義了命令的選項格式規範，主要包括以下幾項。

（1）以 - 開頭的參數代表一個 Option，也就是 Cobra 中的標識。

（2）ARG 和 FLAG 的區別是 FLAG 以 - 作為首碼，而 ARG 沒有該首碼。

（3）多個連續的 option 可以共用一個 -，例如 -a -b -c 等價於 -abc。

（4）FLAG 也可以有 ARG，例如要求程式將結果輸出到一個使用者指定的本地檔案，一般的做法是定義一個 FLAG -o，其後跟一個檔案位址，作為其 ARG。

（5）-- 是一個特殊的參數，其後所有的 FLAG 都將被視為沒有 ARG 的 FLAG

3 API Server

GUN 在 POSIX 的基礎上加了一筆常用規則：可以用 -- 作為一個 FLAG 的首碼，然後以一種稍長的格式表述該 FLAG，從而提供更好的可讀性。如果該 FLAG 帶 ARG，則為其指定 ARG 值的方式是等號形式。用上面指定輸出檔案的例子來講，一般的表述形式如下：

```
$ …… -o ~/myuser/test.txt
```

假設 o 標識完整地表述為 outputfile，則它的讀寫法如下：

```
$ …… --outputfile=~/myuser/test.txt
```

Cobra 使用開放原始碼專案 pflag 替代了 Go 語言的 flag 套件，從而支援 POSIX，pflag 專案的發起者也是 Cobra 專案的發起者。

3.2.2 用 Cobra 寫命令列應用

一個基於 Cobra 框架的命令列程式的程式結構為何是重要知識，因為 Kubernetes 的各個元件都是 Cobra 命令列程式。本節將簡述該結構，讀者可以查閱 Cobra 專案的 GitHub 主頁找到更詳細的解釋。

1. 專案結構

首先，一個 Cobra 應用程式的典型套件結構簡單明了，如下所示。

```
appName/
    cmd/
        root.go
        <your command>.go
    main.go
```

它只包含以下兩部分。

第一部分：main.go 是主程式的所在，每個 Go 程式都有，在 Cobra 框架下，它造成建立根命令、接收命令列輸入、啟動處理的作用。

第二部分：cmd 目錄會包含對本應用所具有命令的實現，每個命令都是類型為結構 cobra.Command 的物件。一般情況下不同命令被定義在不同的原始檔案中，但這不是必需的，即使把所有命令的實現放在一個 Go 檔案中也沒有問題，範例程式中就是這麼做的。Cobra 的命令是以層級形式組織的：一個應用一定有一個頂層命令，其他命令都是其後代命令，這個頂層命令被稱為根命令。在預設情況下，運行子命令時需要指明其祖先命令，但根命令被特殊對待了，運行其後代命令時可以省略根命令。由於在定義中必須有根命令，所以在 cmd 資料夾中會有個定義它的原始檔案，上述套件結構中根命令所在檔案被命名為 root.go，但檔案命名無所謂，重要的是其內定義了根命令。

2. 主函數

main() 函數是 Go 程式的執行入口，Cobra 已經生成了初始內容，程式如下：

```go
//Cobra 主程式範例
package main

import (
    "{ 專案主目錄 }/cmd"
)

func main() {
    command :=… < 獲取命令物件 >…
    command.Execute()
}
```

它的內容非常固定，對於簡單場景只需幾行程式就足夠了：首先引入 cmd 套件，然後呼叫該套件的介面方法去建立根命令結構實例；接著呼叫根命令的 Execute() 方法啟動對使用者輸入的回應；結束。

3. 命令實現

最後來看 cmd 套件下為命令撰寫的 Go 檔案包含什麼內容。引入一個小例子：假設要製作一個命令列應用，其有兩個核心命令 sing_a_chinese_song 和 sing_a_english_song，它們位於根命令 sing_a_song 之下；使用者可以指定一首歌曲

3 API Server

的名稱作為命令的 ARG，命令會呼叫播放機來播放歌曲，其中 sing_a_chinese_song 命令有兩個 FLAG：-m 和 -f，用於指出希望讓男生唱還是女生唱，顯然一筆命令不能同時使用 -m 和 -f。以下命令都是合法的命令（cobraTutorial 是應用程式的名稱）：

```
$./cobraTutorial sing_a_english_song "yesterday once more"
$./cobraTutorial sing_a_chinese_song "我愛你,台灣"
$./cobraTutorial sing_a_chinese_song "我愛你,台灣" -m
$./cobraTutorial sing_a_chinese_song "我愛你,台灣" -f
$./cobraTutorial sing_a_chinese_song "我愛你,台灣" --female
```

但以下命令是不合法的，因為 FLAG m 和 f 同時被指定，違背了規定：

```
$ ./cobraTutorial sing_a_chinese_song "我愛你,台灣" -m -f
```

這個範例命令列程式的核心程式如程式 3-1 所示。程式中要點①處呼叫的函數 NewCommand() 是命令建立的主函數，所有命令都是在它的內部建立的，包括根命令。這些命令組成一個兩層結構，即根命令 sing_a_song 下面掛兩個子命令 sing_a_chinese_song 和 sing_a_english_song；方法 makeChineseSongCmd() 和 makeEnglishSongCmd() 分別負責生成兩個子命令；在兩個子命令的結構實例中包含了屬性 Run，見要點②、④，該屬性值是函數，代表命令被執行時由哪個函數回應，本例中分別是 singChineseSong() 和 singEnglishSong()。

在定義 sing_a_chinese_song 命令時，用 Cobra 提供的方法增加了兩個 Flag：male 和 female，可以用 -m/--male 和 -f/--female 的方式在命令列中給定這些參數值，並且 Cobra 允許明確設定二者不能同時使用，見要點③。

```go
// 程式 3-1 Cobra 範例程式
package cmd

import (
    "fmt"
    "github.com/spf13/cobra"
)

func NewCommand() *cobra.Command {          // 要點①
```

```go
    rootCmd :=&cobra.Command{
        Use:   "sing_a_song",
        Short: "sing a song for user",
        Long:  "this command will sing a song in …",
    }

    englishSongCmd :=makeEnglishSongCmd()
    rootCmd.AddCommand(englishSongCmd)

    chineseSongCmd :=makeChinessSongCmd()
    rootCmd.AddCommand(chineseSongCmd)

    return rootCmd
}

func makeChinessSongCmd() *cobra.Command {
    chineseSongCmd :=&cobra.Command{
        Use:   "sing_a_chinese_song",
        Short: "sing a Chinese song for user",
        Long:  "this command will sing a Chinese song …",
        Run:   singChineseSong,      // 要點②
    }

    chineseSongCmd.Flags().BoolP("male", "m", true, "the singer is male")
    chineseSongCmd.Flags().BoolP("female", "f", false, "the singer is female")
    chineseSongCmd.MarkFlagsMutuallyExcelusive("male", "female")      // 要點③
    return chineseSongCmd
}

func makeEnglishSongCmd() *cobra.Command {
    englishSongCmd :=&cobra.Command{
        Use:   "sing_a_english_song",
        Short: "sing a English song for user",
        Long:  "this command will sing a English song …",
        Run:   singEnglishSong,      // 要點④
    }
    return englishSongCmd
}

func singChineseSong(cmd *cobra.Command, args []string) {
```

3 API Server

```
    if len(args) ==0 {
    fmt.Println("which Chinese song do you like?")
    } else {
    sex :="male"
    if cmd.Flag("female").Value.String() =="true" {
        sex ="female"
    }
    fmt.Printf("Now a %s starts to sing %s \\r\\n", sex, args[0])
    }
}

func singEnglishSong(cmd *cobra.Command, args []string) {
    if len(args) ==0 {
        fmt.Println("which English song do you like?")
        } else {
        fmt.Printf("Now a singer starts to sing %s \\r\\n", args[0])
    }
}
```

3.3 整體結構

3.3.1 子 Server

　　從外部看，API Server 表現為單一的 Web Server，回應來自使用者、其他元件的關於 API 實例的請求，然而從內部看，API Server 由多個子 Server 組成，分別是主 Server（Master）、擴充 Server（Extension Server）、聚合器（Aggregate Layer）和聚合 Server（Aggregated Server），它們均以 Generic Server 為底座建構，其中主 Server、擴充 Server 和聚合器組成單一 Web Server，稱為核心 API Server。這些 Server 元件之間最基本的差異是各自提供不同的 API。各子 Server 的相互關係如圖 3-5 所示。

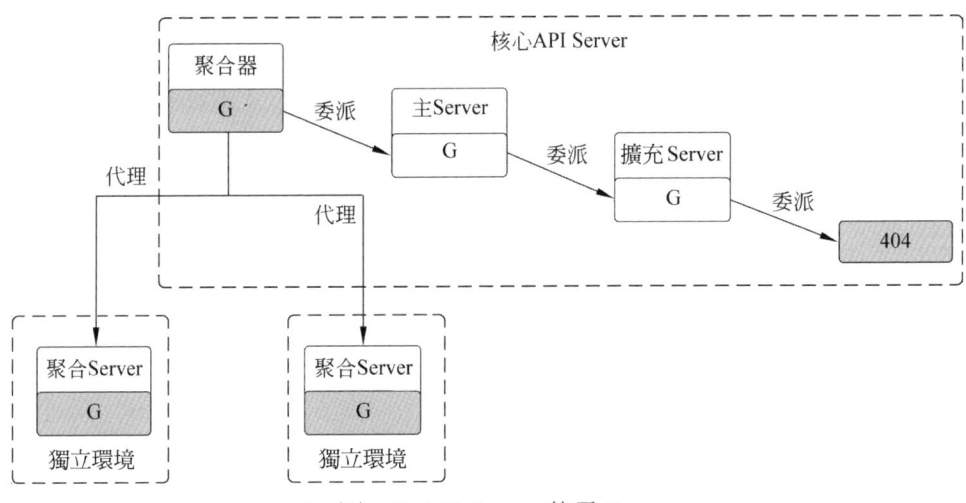

▲ 圖 3-5　API Server 的子 Server

1. 主 Server

這是 Kubernetes 最早引入的 Server，它提供了大部分內建 API，例如 apps 組下的各個 API，以及 batch 組下的 API 等。這些內建 API 的定義是無法被使用者更改的，它們的屬性定義及變更隨 Kubernetes 新版本一起發佈。

2. 擴充 Server

擴充 Server 主要服務於透過 CustomResourceDefinition（CRD）擴充出的 API。API Server 不接受使用者對內建 API 的定義更改，那麼使用者特有的需求如何滿足呢？目前最為高效的一種途徑就是使用 CRD，Kubernetes 生態中大量的開放原始碼專案利用 CRD 去定義需要的 API，例如 Istio；Kubernetes 首推的 API Server 擴充方式也是 CRD，雖然這的確犧牲了一點點的靈活性，但它的使用難度也的確是最低的。

API Server

3. 聚合器與聚合 Server

基於 CRD 的擴充機制應該說十分強大了，但首先，其能定義的 API 在內容上還是會受到一些限制，例如對資源實例的驗證手段就比較有限，只能使用 OpenAPISchema v3 中定義的規則；其次 CRD 實例還是運行在核心 API Server 這個程式上，二者是一個強綁定的關係，處理使用者的客製化 API 會成為 API Server 的實際負擔。為提供終極強大的擴充能力，Server 的聚合機制被設計出來。

3.1.2 節介紹了聚合器函數庫（staging/src/k8s.io/kube-aggregator），它實現了一種聚合機制，使一個使用者自製的 Server（聚合 Server）可以被掛載到控制面上，以此去回應使用者針對其內定義的客製化 API 的請求。每個聚合 Server 都具有和主 Server 十分類似的結構，因為它們具有共同的程式基礎：Generic Server。在聚合 Server 中，使用者撰寫自己的 API，也可以借助 Generic Server 提供的 Admission 外掛程式機制去實現針對自己 API 實例的修改、檢驗等操作。聚合 Server 和 CRD 相比，表現出更大的靈活性，能力也極為強大，對叢集的副作用也要小很多，本書第三篇會以多種方式開發聚合 Server。

4. Generic Server

每個子 Server 都基於 Generic Server 建構，它由 3.1.2 節所介紹的 k8s.io/apiserver 函數庫實現，將所有 Server 都通用的功能囊括其中。每個子 Server 只需針對底層 Generic Server 做個性化配置，並提供各自 API 的 RESTful 端點回應器。

雖然在編碼建構時核心 API Server 的三大子 Server 各自以一個 Generic Server 為基座，但執行時期只有聚合器的 Generic Server 會被啟用。畢竟核心 API Server 是單一程式，同時運行多個 Web Server 完全沒有必要，圖 3-5 中主 Server 與擴充 Server 的基座都被標為空心就是這個用意，而這不會造成問題，這是由於主 Server 與擴充 Server 中針對各自 Generic Server 的配置會被轉入聚合器的 Generic Server，所以功能並沒有少；同時聚合器會委託這兩個子 Server 的端點回應器去處理針對相應 API 的請求，這樣 API 回應邏輯也不會丟。

3.3.2 再談聚合器

2017 年，一項題為 Aggregated API Server 的設計提議在 Kubernetes 專案社區被提出。它指出，向核心 API Server 引入新 API 過於漫長，專案中待審核的 PR 如此之多，足以淹沒任何包含新 API 的合併請求，其實即使 PR 能夠被及時看到並被審核又如何？還是不能保證審核透過，從而被接納為內建 API。那麼作為替代方案，能否找到一種方式去快速靈活地擴充 API 呢？這項提議建議創立一種聚合機制，它可以把使用者自開發的、包含客製化 API 的 API Server 納入控制面，讓這些 Server 像核心 Server 一樣去回應請求。kube-aggregator 就是這一提議的產物。

聚合器會收集當前叢集控制面上所有的 API 及其提供者，至於如何收集，本書會在聚合器的相關章節講解。按照是否由核心 API Server 來回應，可以將 Kubernetes API 分為兩大類：一類是 API Server 原生的，包括內建的和使用者 CRD；另一類是聚合 Server 所提供的客製化 API。如果一個請求針對的是前者，則聚合器什麼也不做，直接把該請求交給主 Server，讓它進行分發，圖 3-5 中稱為委派；如果是針對後者的，則聚合器將扮演一個反向代理伺服器的角色，把請求路由到正確的聚合 Server 上，稱為代理。

聚合器的功能不僅是委派和代理，它也和許可權管理相關。一個聚合 Server 無法完成叢集的登入和鑑權功能，所有與許可權相關的處理都要請核心 API Server 代勞，這時聚合器會協助聚合 Server 聯絡核心 API Server。

3.4 API Server 的建立與啟動

本節以 Server 為主線，分析 API Server 的建立與啟動過程原始程式碼。在編譯出 API Server 可執行檔並在本地機器安裝了必要的前置軟體套件後，就可以透過以下命令在本地啟動它：

3 API Server

```
$ sudo ${GOPATH}/src/k8s.io/kubernetes/_output/bin/kube-apiserver
--authorization-mode=Node,RBAC--cloud-provider=--cloud-config= --v=3
--vmodule=--audit-policy-file=/tmp/kube-audit-policy-file
--audit-log-path=/tmp/kube-apiserver-audit.log
--authorization-webhook-config-file=
--authentication-token-webhook-config-file=
--cert-dir=/var/run/kubernetes
--egress-selector-config-file=/tmp/kube_egress_selector_configuration.yaml
--client-ca-file=/var/run/kubernetes/client-ca.crt
--kubelet-client-certificate=/var/run/kubernetes/client-kube-apiserver.crt
--kubelet-client-key=/var/run/kubernetes/client-kube-apiserver.key
--service-account-key-file=/tmp/kube-serviceaccount.key
--service-account-lookup=true
--service-account-issuer=https://kubernetes.default.svc
--service-account-jwks-uri=https://kubernetes.default.svc/openid/v1/jwks
--service-account-signing-key-file=/tmp/kube-serviceaccount.key
--enable-admission-plugins=NamespaceLifecycle,LimitRanger,ServiceAccount,
DefaultStorageClass,DefaultTolerationSeconds,Priority,MutatingAdmissionWebhook,
ValidatingAdmissionWebhook,ResourceQuota,NodeRestriction
--disable-admission-plugins=--admission-control-config-file=
bind-address=0.0.0.0 --secure-port=6443
--tls-cert-file=/var/run/kubernetes/serving-kube-apiserver.crt
--tls-private-key-file=/var/run/kubernetes/serving-kube-apiserver.key
--storage-backend=etcd3
--storage-media-type=application/vnd.kubernetes.protobuf
--etcd-servers=http://127.0.0.1:2379
--service-cluster-ip-range=10.0.0.0/24 --feature-gates=AllAlpha=false
--external-hostname=localhost
--requestheader-username-headers=X-Remote-User
--requestheader-group-headers=X-Remote-Group
--requestheader-extra-headers-prefix=X-Remote-Extra-
--requestheader-client-ca-file=/var/run/kubernetes/request-header-ca.crt
--requestheader-allowed-names=system:auth-proxy
--proxy-client-cert-file=/var/run/kubernetes/client-auth-proxy.crt
--proxy-client-key-file=/var/run/kubernetes/client-auth-proxy.key
--cors-allowed-origins="/127.0.0.1(:[0-9]+)?$,/localhost(:[0-9]+)?$"
```

這段命令很長，但非常好理解，第 1 行指出 API Server 的可執行檔，其餘行均是設定命令標識，API Server 是沒有參數（ARG）的，配置資訊全是透過標識（FLAG）傳遞的。那麼該命令會觸發怎樣的內部處理程式呢？進入原始程式一探究竟。

3.4.1 建立 Cobra 命令

3.2 節介紹過，API Server 的可執行程式是基於 Cobra 建構的，按照 Cobra 的程式結構，到根目錄下找到 cmd 資料夾，並定位到屬於 API Server 的子資料夾 kube-apiserver，應用程式的 main() 函數就在 cmd/kube-apiserver/apiserver.go 檔案中，程式如下：

```go
// 程式 3-2 kubernetes/cmd/kube-apiserver/apiserver.go
package main

import (
    "os"
    _ "time/tzdata" //for timeZone support in CronJob
    "k8s.io/component-base/cli"
    _ "k8s.io/component-base/logs/json/register"
    _ "k8s.io/component-base/metrics/prometheus/clientgo"
    _ "k8s.io/component-base/metrics/prometheus/version"
    "k8s.io/kubernetes/cmd/kube-apiserver/app"
)

func main() {
    command :=app.NewAPIServerCommand()          // 要點①
    code :=cli.Run(command)
    os.Exit(code)
}
```

API Server

　　這段程式十分乾淨，主函數一共才 3 行。要點①呼叫方法 app.NewAPIServerCommand() 來建構類型為 cobra.Command 結構的變數是核心，由 Cobra 的知識知道，在該變數的內部定義了所有處理邏輯；下一行雖然沒有直接呼叫 Cobra Command 結構的 Execute() 方法，但是利用 cli 套件加了一層自有邏輯後間接呼叫之，本質上沒有區別。

　　繼續探尋 command 結構變數的內部詳情。函數 NewAPIServerCommand() 建構了它，這一過程就是給 cobra.Command 實例的各個欄位賦值的過程，包括欄位 Use、Long、RunE 和 Args 等，其中要點②處賦予 Args 欄位的匿名方法印證了上文說的 kube-apiserver 沒有任何 ARG 類參數，程式如下：

```
// 程式 3-3 kubernetes/cmd/kube-apiserver/app/server.go
func NewAPIServerCommand() *cobra.Command {
    s :=options.NewServerRunOptions()          // 要點③
    cmd :=&cobra.Command{
        Use: "kube-apiserver",
        Long: `The Kubernetes API server validates …`,
        …
        // 命令出錯時停止列印輸出
        SilenceUsage: true,
        PersistentPreRunE: func(*cobra.Command, []string) error {
            // 停止 client-go 告警
            rest.SetDefaultWarningHandler(rest.NoWarnings{})
            return nil
        },
        RunE: func(cmd *cobra.Command, args []string) error {
            verflag.PrintAndExitIfRequested()
            fs :=cmd.Flags()
            …
            if err :=logsapi.ValidateAndApply(s.Logs,
                utilfeature.DefaultFeatureGate); err !=nil {
                return err
            }
            cliflag.PrintFlags(fs)

            // 完善各個選項
```

```go
            completedOptions, err := Complete(s)
            if err != nil {
                return err
            }
            ...
            // 要點④
            if errs := completedOptions.Validate(); len(errs) != 0 {
                return utilerrors.NewAggregate(errs)
            }
            // 增加功能 , 開啟度量
            utilfeature.DefaultMutableFeatureGate.AddMetrics()
            return Run(completedOptions,
                    genericapiserver.SetupSignalHandler())     // 要點①
        },
        Args: func(cmd *cobra.Command, args []string) error {    // 要點②
            for _, arg := range args {
                if len(arg) > 0 {
                    return fmt.Errorf("%q does not take any arguments, got %q",
                        cmd.CommandPath(), args)
                }
            }
            return nil
        },
}
```

3.4.2 命令的核心邏輯

　　API Server 啟動命令的核心邏輯包含在 Command 變數的 RunE 欄位中。程式 3-3 中對 RunE 欄位進行了賦值操作，給它的是一個匿名函數，該函數的實現勾勒出 API Server 的建立與啟動過程，如圖 3-6 所示。

補全 Option　　→　　校驗 Option　　→　　用 Option 啟動 Server

▲ 圖 3-6 RunE() 匿名函數邏輯

3 API Server

1. 補全 Option

命令列標識實際上代表了 API Server 執行時期使用的各種參數，它們決定了 Server 一部分的執行邏輯。在建構 Cobra Command 變數時，程式已經把 API Server 所有的標識連結到了該 Command 變數上，在此基礎上，程式 3-3 要點③處的方法呼叫會促使 Cobra 將獲取的標識值（包括使用者於命令列中輸入的和標識預設值）映射至一種類型為 Option 結構的變數 s 上，程式就是透過這個變數獲知標識值的。

注意：從另外角度看，變數 s 實際上反映了 API Server 有哪些命令列標識，感興趣的讀者可到以下原始檔案中一探究竟：cmd/kube-apiserver/app/options.go，其中在 Flags() 方法內可以看到 s 有哪些屬性，以及如何被組織成命令列參數。

繼續看 RunE 的匿名函數，雖然變數 s 包含了使用者命令列中直接輸入的標識值和其餘標識的預設值，但還需進行進一步補全，因為某些參數值需要會同多個資訊計算得到，例如如果 ETCD 屬性 EnableWatchCache 被設置為 true，則需要計算與其緊密相關的另一屬性 WatchCacheSizes。這透過呼叫 Complete() 函數來完成。經補全後的參數由變數 completedOptions 代表，其類型是只在套件內可見的結構 completedServerRunOptions。

2. 驗證 Option

以上得到的運行參數融合了使用者輸入和系統預設值，二者有可能出現衝突，所以必須做一個檢驗。要點④處 RunE() 方法呼叫了 options 的 Validate() 方法，就是做這件事情的。

3. 製作並啟動 Server

現在，放在變數 completedOptions 中的 Server 運行參數完全準備一切準備工作業已就緒，Server 實例的建立和運行工作得以繼續進行，對應到程式 3-3 就是要點①處對 Run() 函數進行的呼叫。Run() 函數的程式如下：

3.4 API Server 的建立與啟動

```go
// 程式 3-4 kubernetes/cmd/kube-apiserver/app/server.go
func Run(completeOptions completedServerRunOptions, stopCh <-chan struct{})
error {
    // 為幫助排錯，立即向日誌輸出版本編號
    klog.Infof("Version: %+v", version.Get())

    klog.InfoS("Go ……

    server, err :=CreateServerChain(completeOptions)
    if err !=nil {
    return err
    }

    prepared, err :=server.PrepareRun()
    if err !=nil {
    return err
    }

    return prepared.Run(stopCh)
}
```

上述程式做了 3 件事情：

（1）製作 Server 鏈，得到鏈頭 Server（你能猜到鏈頭是哪種類型的子 Server 嗎？）。

（2）Server 啟動準備。

（3）啟動。

第 1 步是製作 Server 鏈，也就是對 CreateServerChain() 函數的呼叫，它解釋了什麼是 Server 鏈，包含什麼元素，以及怎麼建構等，3.4.3 節介紹其內程式。第 2 步和第 3 步描述了對一個用 go-restful 框架撰寫的 Web Server 進行啟動的過程，後續會分兩節講解：其一是第 5 章 Generic Server 的 5.6.1 節，其二是第 8 章聚合器的 8.2.4 節。現在聚焦第 1 步製作 Server 鏈，看一看 CreateServerChain() 函數做了什麼。

3.4.3 CreateServerChain() 函數

3.3 節揭示 API Server 是主 Server、擴充 Server、聚合 Server 及聚合器的複合體；除去聚合 Server，其餘部分組合組成核心 API Server，而這一過程就是在本函數內完成的。所謂 ServerChain 指核心 API Server 邏輯上呈現出鏈狀結構，該鏈由以聚合器為頭的三大子 Server 及永遠傳回 HTTP 404 的 NotFound Server 所組成。核心 API Server 對請求的處理形象地展示了這條鏈：一個請求會按順序地經過這些子 Server 所定義的端點回應處理器，直到遇到正確回應函數為止，從而形成了一條處理鏈，程式如下：

```go
// 程式 3-5 cmd/kube-apiserver/app/server.go
func CreateServerChain(completedOptions completedServerRunOptions)
(*aggregatorapiserver.APIAggregator, error) {

    kubeAPIServerConfig, serviceResolver, pluginInitializer,
      err :=CreateKubeAPIServerConfig(completedOptions)      // 要點①
    if err !=nil {
      return nil, err
    }

    //…
    apiExtensionsConfig, err :=createAPIExtensionsConfig(    // 要點②
      *kubeAPIServerConfig.GenericConfig,……)
    if err !=nil {
      return nil, err
    }

    notFoundHandler :=notfoundhandler.New(……)
    apiExtensionsServer, err :=createAPIExtensionsServer(    // 要點③
      apiExtensionsConfig, genericapiserver.New …)
    if err !=nil {
      return nil, err
    }
    kubeAPIServer, err :=CreateKubeAPIServer(kubeAPIServerConfig,
      apiExtensionsServer.GenericAPIServer)                  // 要點④
```

3.4 API Server 的建立與啟動

```
    if err !=nil {
      return nil, err
    }

    // 聚合器放在鏈尾
    aggregatorConfig, err :=createAggregatorConfig(      // 要點⑤
      *kubeAPIServerConfig.GenericConfig,
     completedOptions.ServerRunOptions, …)
    if err !=nil {
      return nil, err
    }
    // 要點⑥
    aggregatorServer, err :=createAggregatorServer(aggregatorConfig,
      kubeAPIServer.GenericAPIServer, apiExtensionsServer.Informers)
    if err !=nil {
      …
      return nil, err
    }

    return aggregatorServer, nil
}
```

1. 建立並運行配置

上述程式首先將前序環節得到的 Server 運行參數 completedOptions 轉為 Server 運行配置（Config），其實這兩者是同樣資訊的不同表述形式：Option 使用者，準確地說被用於對應命令列中導向的標識，接收使用者的輸入，而 Config 則面向程式會被「餵」給 Server 以讓其按照配置行事。由 Option 到 Config 的轉換是透過在要點①處呼叫 CreateKubeAPIServerConfig() 函數完成的，它有以下 3 個產物。

（1）kubeAPIServerConfig：API Server 的運行配置，主要用於建構主 Server，也服務於鏈中所有的 Server。

3 API Server

（2）serviceResolver：將用於選取一個 Service API 實例的位址，從而使用該 Service 提供的服務。由於聚合 Server 是透過 Service 在叢集內暴露的，所以聚合器需要它獲取聚合 Server 的位址。

（3）pluginInitializer：認證控制外掛程式的初始化器。

2. 建立擴充 Server

用得到的 kubeAPIServerConfig 製作擴充 Server 的運行配置，這透過在要點②處呼叫 createAPIExtensionsConfig() 函數完成。在程式中擴充 Server 被稱為 Extension Server，但筆者注意到在 Kubernetes 官方文件中並沒有堅持這種命名，很多時候 Extension Server 一詞被用來指代聚合 Server，文件和程式命名的不一致容易造成混亂。本書中，筆者選擇使用擴充 Server 來避免混淆。

現在，有了擴充 Server 的運行配置，程式在要點③處呼叫 createAPIExtensionsServer() 函數製作了一個擴充 Server 的實例。需要注意的是，在 Server 鏈上擴充 Server 的下一環被設置為一個 Not Found 響應器，也將它稱為 NotFound Server，它成為整個鏈條的最後一環。讀者可以簡單地把它理解成一個永遠傳回 404 的請求回應函數：只要一個請求最後流到這裡了，那一定會得到一種狀態為 404 的回應。

3. 建立主 Server

開始建立 Server 鏈的另一環：主 Server。要點④處呼叫 createKubeAPIServer() 函數正是這個目的。這種方法除了接收主 Server 的運行配置 kubeAPIServerConfig 作為輸入外，還接收了其下游 Server，即擴充 Server 實例。在內部組裝環節，主 Server 會把擴充 Server 提供的請求回應處理器放到處理鏈的下一環，把自己無法回應的請求都轉給它。

4. 建立聚合器

最後，需要製作鏈頭 Server 聚合器。首先生成 Server 運行配置，然後製作 Server 實例，而在製作實例時，又接收了主 Server，將來作為 Server 鏈的下一環。最終聚合器被作為 CreateServerChain 的結果返給呼叫者。

3.4 API Server 的建立與啟動

本節透過講解 CreateServerChain() 函數清晰地展示了一條 Server 鏈是如何一環一環建構出來的，有兩點值得注意：

（1）如果考慮聚合 Server，則不是一條「鏈」，而是以聚合器為根的一棵樹，其中一個分支是聚合器 → 主 Server → 擴充 Server → NotFound Server；而另一個分支是聚合器 → 聚合 Server。一個請求不是經過分支一，就是經過分支二。

（2）嚴格地說鏈上的不是一個個 Server，而是一個個 HTTP 請求回應函數。主 Server、擴充 Server 和 NotFound Server 只是「貢獻」出了自己的請求處理器，讓它們形成鏈條。

3.4.4 總結與展望

CreateServerChain() 函數執行完畢，傳回一個聚合器為頭的 Server 鏈給 Run() 函數後，Run() 函數會繼續呼叫該聚合器的 Run() 方法將其啟動，整個 API Server 的建立與啟動完畢。整個過程如圖 3-7 所示。

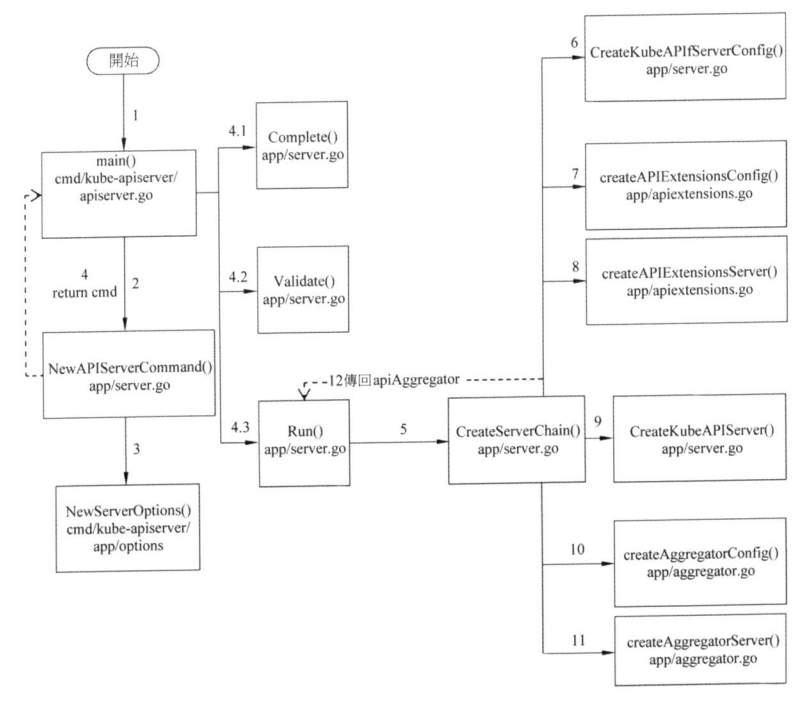

▲ 圖 3-7 API Server 啟動過程

3 API Server

毋庸置疑，啟動過程的介紹省略了一些重要內容。首先，暫時擱置了函數 CreateServerChain() 中建立擴充 Server、主 Server 和聚合器實例的 3 個函數：createAPIExtensionServer()、createKubeAPIServer()、createAggregatorServer()。這 3 種方法的內容都非常重要，但目前不了解其具體內容並不影響理解 API Server 的啟動過程，而如果展開，則將讓讀者陷入過多的細節，有悖於先整體後細節的原始程式閱讀理念。在後續相關章節中會逐一解讀它們。

其次，本章也沒有提及 API 的 RESTful 端點是被如何註冊到 API Server 的，這部分內容同樣極為重要，因為 API Server 存在的目的就是提供這些端點供叢集內外各方呼叫，這部分內容的剖析留待介紹完 Kubernetes API 後，講解 Generic Server 時再進行。

最後，Run() 函數會執行得到的鏈頭（聚合器）所具有的 PrepareRun() 和 Run() 兩種方法，從而最終完成啟動，本章並沒有細講這一部分，它們將在聚合器一章被解析。

3.5 本章小結

本章意在引領讀者進入 API Server 原始程式閱讀之門。從學習 Kubernetes 專案程式組織開始，了解了各個與 API Server 緊密相關的目錄，將會為後續理解整個系統節省大量時間。Kubernetes 專案原始程式量過大，在查閱時可根據專案目錄結構快速定位到相關部分。本章還介紹了 Cobra 框架，從而開啟了了解 Kubernetes 可執行檔如何建構的大門。最後，本章引入了 API Server 的整體結構，指出整個 API Server 由多個子 Server 複合而成並介紹了各個子 Server 的主要作用。在此基礎上，本章從 API Server 可執行檔的主函數開始，帶領讀者學習了整個 Server 的建立和啟動過程，闡明了子 Server 在何處建立及如何建立。本章的介紹偏重整體和巨觀，子 Server 相關細節留到後續章節介紹。本章為進一步了解 Server 的運作開了好頭。

接下來，在更深一步探索 API Server 機制之前，先講解 API Server 內維護的核心內容——Kubernetes API。

Kubernetes API

　　API Server 以符合 REST(Representational State Transfer) 原則的形式對外提供服務。REST 是一種網路應用系統結構設計原則，對伺服器端提供 API 的方式進行規約，從而標準化使用者端與服務進行互動行為。REST 表現為一系列指導原則而非實施細則。REST 的主要原則如下。

4 Kubernetes API

1. 一致的互動介面

　　REST 要求使用者端與伺服器端以一種統一的格式互動，也就是說資源的對外暴露形式要統一。在這種格式下，使用者端可以用伺服器端能理解的形式指明操作的所有細節：針對誰、操作的資訊和進行什麼操作。當底層協定是 HTTP 時，針對「什麼操作」RESTful 服務一般用 HTTP 定義的方法來指定，這包括 GET、POST、PATCH、DELETE 等，而服務方同樣以預先定義的格式向請求方傳回回應結果，其中同時包含對資源進行下一步操作時需用的資訊，例如資源建立操作的回應中會含有新資源的 ID。

2. 無狀態互動

　　使用者端與伺服器端的互動完全是沒有狀態的，伺服器端不會記得一次互動的上下文，需要使用者端在新請求中完全給定。無狀態互動便利了後端服務的伸縮。

3. 分層式結構

　　伺服器端以分層的架構架設，下層可依賴上層，但反之不然。由此產生層級間的獨立帶來靈活性。在分層式結構下，一般各層都以負載平衡器或伺服器端反向代理服務作為入口，這強制使用者端不能假設與固定的伺服器相綁定，使在不影響使用者端的情況下，對服務進行伸縮成為可能。

　　「資源」一詞正是由 REST 所定義的：由伺服器端提供，使用者端消費的事物統稱為資源，例如透過網路傳遞的圖片、文字、應用程式等。這個定義足夠寬泛，以至於任何網路上傳遞的資訊都隸屬其中。

　　符合 REST 架構原則的 Web 服務稱為 RESTful 服務。API Server 就是這樣一組服務的提供者，它的這群組服務是使用者端操作 Kubernetes API 資源的介面。技術上這些服務表現為 Server 上的端點（Endpoint）集合，每個 API 都向該集合中貢獻形式類似的一組端點。由於 RESTful 服務對外暴露的形式是統一的，所以使用者端使用這些端點時所使用的 URL 和請求參數有規律可循。

4.1 Kubernetes API 原始程式碼

本節聚焦 Kubernetes API 的技術形態，講解 Kubernetes 程式中如何表現這一事物。為了便於讀者理解，本節選 Deployment 這一常用的 API 來做範例。Deployment 資源的定義檔案如下：

```
apiVersion: apps/v1
kind: Deployment
metadata:
    name: nginx-deployment
    labels:
        app: nginx
spec:
    replicas: 3
    selector:
        matchLabels:
            app: nginx
    template:
        metadata:
            labels:
                app: nginx
        spec:
            containers:
            -name: nginx
              image: nginx:1.14.2
              ports:
              -containerPort: 80
```

由於資源定義檔案用於描述 API 實例，所以其內容反映了 API 的部分屬性。一個 API 至少有以下屬性或屬性集合。

（1）apiVersion: 由 API 所在的組和版本組成，中間加斜線分割。

（2）kind：API 種類。它和 apiVersion 一起舉出了 API 的 GVK 資訊，GVK 精確地確定了 API，確定了其技術類型。這一點在原始程式的 Scheme 部分有印證：Scheme 內部維護了 GVK 和用於承載 API 的 Go 基座結構的映射關係。

4 Kubernetes API

（3）metadata：API 的中繼資料，主要是名稱、標籤、注解（Annotation）等。

（4）spec：對目標狀態期望的描述，例如這裡我們指定希望有 3 個副本同時運行。

一般來講，資源定義檔案並不會使用 API 的所有屬性，所以上述屬性（或屬性集合）不是全部，例如描述一個實例當前狀態的 status 屬性集合就不在列。可以透過 kubectl 提供的 describe 命令來獲得完整的資源屬性：使用上述資源定義檔案在 API Server 上建立出 Deployment 後，針對建立出的 Deployment 運行 describe 命令查看如圖 4-1 所示的資訊。

```
jackyzhang@ThinkPad:~$ kubectl describe deployment nginx-deployment
Name:                   nginx-deployment
Namespace:              default
CreationTimestamp:      Thu, 18 May 2023 13:12:37 +0800
Labels:                 app=nginx
Annotations:            deployment.kubernetes.io/revision: 1
Selector:               app=nginx
Replicas:               3 desired | 3 updated | 3 total | 3 available | 0 unavailable
StrategyType:           RollingUpdate
MinReadySeconds:        0
RollingUpdateStrategy:  25% max unavailable, 25% max surge
Pod Template:
  Labels:  app=nginx
  Containers:
   nginx:
    Image:        nginx:1.14.2
    Port:         80/TCP
    Host Port:    0/TCP
    Environment:  <none>
    Mounts:       <none>
  Volumes:        <none>
Conditions:
  Type           Status  Reason
  ----           ------  ------
  Available      True    MinimumReplicasAvailable
  Progressing    True    NewReplicaSetAvailable
OldReplicaSets:  <none>
NewReplicaSet:   nginx-deployment-7fb96c846b (3/3 replicas created)
Events:
  Type    Reason             Age    From                   Message
  ----    ------             ----   ----                   -------
  Normal  ScalingReplicaSet  2m15s  deployment-controller  Scaled up replica set nginx-deployment-7fb96c846b to 3
```

▲ 圖 4-1 Deployment 詳情

透過資源定義檔案和 describe 命令，讀者確實看到了不少 API 屬性，但也只是系統顯示的那一部分，依然不完全，其實，可以透過程式獲取 Deployment 所具有的所有屬性，這是更為精確的。在進入程式前，先要認識 API 實例的內外部版本。

4.1.1 內部版本和外部版本

API 是以組（Group）為單位的，按照版本進行演化，一般來講，組的演化過程是這樣的：最開始是 alpha 版，如 v1alpha1，然後是 beta 版，如 v1beta1、v1beta2；最後是正式版本 v1，如此延續。Deployment 所在的 apps 組就經過了這樣一個過程：

$$v1beta1 \rightarrow v1beta2 \rightarrow v1$$

Deployment 在最早的 v1beta1 中就被引入了，在後續版本中也一直存在，那麼這裡就有個問題：使用者基於舊版本 Deployment 撰寫的資源定義檔案是否能被新版本 API Server 正確地理解呢？答案是肯定的，這是如何實現的呢？

支援向後相容的關鍵是在接到舊版本資訊後，能把它轉為新版本及具有反向轉換的能力，從而達成每個版本之間都能互相轉化的狀態。一種笨辦法如圖 4-2 所示，在各個版本之間進行兩兩轉換，如果有 3 個版本就會有 6 段轉換邏輯，分別是 1 到 2、1 到 3、2 到 3，以及逆向過程。推而廣之，如果有 N 個版本，則轉換關係將是個網狀的結構，數量級是 N 的平方，規模很大。

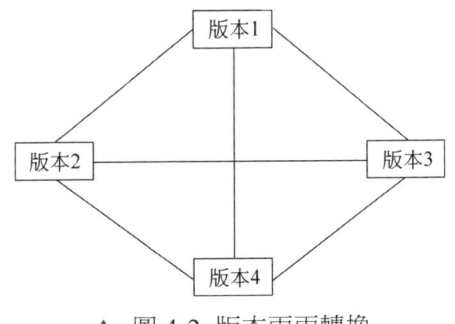

▲ 圖 4-2 版本兩兩轉換

Kubernetes 引入了內部版本和外部版本來簡化轉換過程。內部版本只在 Kubernetes 程式的內部使用，業務邏輯程式是基於內部版本撰寫的。內部版本始終只有一個，不需要版本編號。在每個新 Kubernetes 的發佈版本中，許多 API

4 Kubernetes API

的內部版本都會被更新，從而能同時承載該 API 在舊版本中已有的屬性和在新版本中加入的屬性，而外部版本是為 API Server 的消費者準備的，一個 API 會有多個外部版本，分別對應 API 組在演化過程中出現的各個版本：v1beta1、v1beta2、v1 等。與內部版本不同，一個外部版本是固定的，後續版本的發佈不會影響前序版本的定義。

API Server 及控制器的程式始終基於內部版本撰寫，而從使用者處接收的 API 實例資訊一定是基於某個外部版本的——可能是最新外部版本，也可能是比較老的，所以程式首先把接收的 API 實例從外部版本轉為內部版本，然後才進行處理。處理完畢後，再轉化成使用者期望的外部版本作為回應結果輸出給使用者端。版本之間的轉換關係如圖 4-3 所示。不難看出，系統內不會在兩個外部版本之間直接進行轉換，而是透過內部版本這個橋樑間接地進行轉換，原本網狀的轉換關係被化為星型，轉換邏輯數量大大減少。

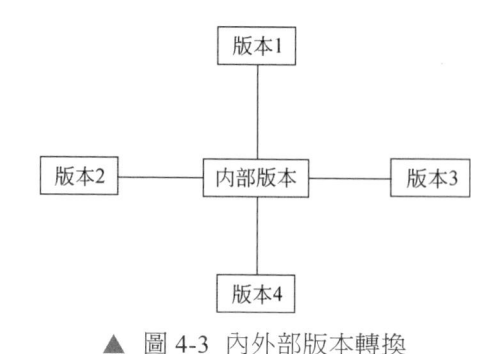

▲ 圖 4-3 內外部版本轉換

再進一步，看程式上內外部版本的技術類型。由於始終只有一個，API 的內部版本只需一個 Go 結構就可以表示了。以 Deployment 為例，其內部版本的 Go 結構的定義如下：

```
// 程式 4-1 pkg/apis/apps/types.go
type Deployment struct {
    metav1.TypeMeta
    //+optional
    metav1.ObjectMeta

    // 期望的說明
```

```
    //+optional
    Spec DeploymentSpec

    // 最新觀測到的狀態
    //+optional
    Status DeploymentStatus
}
```

而外部版本則不然，需要由多個 Go 結構表示，每個結構都與該外部版本的 G(roup)、V(ersion) 和 K(ind) ——對應（這個對應關係會反映在 Scheme 中），由於 G 和 K 都不會變化，所以實際上一個 API 的外部類型的 Go 結構由 V（版本）確定。用上面 Deployment 實例來講，由於它的資源定義檔案舉出的屬性 apiVersion 指出其版本是 v1，所以會有個 Go 結構表示該版本下的 Deployment，程式如下：

```
// 程式 4-2 staging/src/k8s.io/api/apps/v1/types.go
type Deployment struct {
    metav1.TypeMeta `json:",inline"`
    ...
    //+optional
    metav1.ObjectMeta `json:"metadata,omitempty"
                       protobuf:"bytes,1,opt,name=metadata"`

    // 期望的說明
    //+optional
    Spec DeploymentSpec `json:"spec,omitempty"
                         protobuf:"bytes,2,opt,name=spec"`

    // 最新觀測到的狀態
    //+optional
    DeploymentStatus `json:"status,omitempty"
                      protobuf:"bytes,3,opt,name=status"`
}
```

注意這個 types.go 所在的套件名稱是 v1，不難猜測，v1beta1 版本的 Deployment 基座結構一定被定義在 staging/src/k8s.io/api/apps/v1beta1/types.go 檔案中，的確如此，讀者可自行驗證。

4.1.2 API 的屬性

具有了內外部版本的知識，現在可以更進一步，從程式上查閱一個 API 的屬性。本節依舊以 Development 為例。

先看最貼近使用者的外部類型。資源定義檔案內容決定於外部類型基座結構欄位。上述程式 4-2 展示了 Deployment 的 v1 版本的基座結構，其名稱也是 Deployment，在它的定義中所含的欄位很有代表性，每個 API 資源類型的結構基本具有以下欄位。

1. 透過內嵌 TypeMeta 結構獲得其欄位

根據 Go 結構巢狀結構的規則，TypeMeta 的欄位會被直接「傳遞」給 Deployment 結構，於是 APIVersion 和 Kind 兩個 TypeMeta 的欄位就被放到了 Deployment 結構上。讀者是不是對這兩個屬性名稱眼熟？對了，它們與資源定義檔案中的 apiVersion 和 kind 對應。程式執行時期 Deployment 結構實例會用這兩個欄位承接資源檔中的 apiVersion 和 kind 資訊。

2. 透過內嵌 ObjectMeta 結構獲得其欄位

類似 TypeMeta 結構的情況，Deployment 透過內嵌 ObjectMeta 結構獲取了它的所有欄位。ObjectMeta 的欄位均是用來表示一個 Deployment 實例自身資訊的，典型的有以下幾個。

（1）Name：API 實例的名稱。

（2）UID：唯一標識。

（3）NameSpace：所隸屬的命名空間。

（4）Annotations：實例上的注解。注解不同於普通標籤，它不會被用於實例查詢操作。

（5）Labels：實例上的標籤。

（6）Finalizers：一組字串組成的陣列，當系統刪除一個 API 實例時會要求這個陣列為空，否則不刪除，等待下次控制迴圈再檢查。這為外界影響一個實例的銷毀提供了途徑。

3. Spec

使用者對系統最終狀態的期望，它是對接資源定義檔案內容的重要欄位。1.4 節講宣告式 API 的時候說過，Kubernetes 會根據使用者期望不斷地調整內部狀態，直到滿足使用者期望。使用者是透過資源定義檔案描述期望的，資源定義檔案最終又被載入到 Go 結構實例中供控制器使用，期望內容會被放到這個 Spec 欄位中。

4. Status

上述 Spec 承載了使用者描述的期望狀態，那實例的當前狀態放到哪裡呢？答案是 Status 欄位。

每個 API 結構都會有名為 Spec 和 Status 的欄位，但不同 API 中的 Spec 與 Status 的 Go 類型不相同，因為每個資源都會有獨特的屬性。要查看 Deployment 的 Spec 都有什麼子欄位，只需到程式中找到 Spec 的類型 DeploymentSpec 一探究竟。本節不再一個一個介紹其各個欄位，它們為 Deployment 特有，並不具備一般意義，程式如下：

```go
// 程式 4-3 staging/src/k8s.io/api/apps/v1/types.go
type DeploymentSpec struct {
    ...
    //+optional
    Replicas *int32 `json:"replicas,omitempty"
            protobuf:"varint,1,opt,name=replicas"`
        ...
    Selector *metav1.LabelSelector `json:"selector"
            protobuf:"bytes,2,opt,name=selector"`
        ...
    Template v1.PodTemplateSpec `json:"template"
              protobuf:"bytes,3,opt,name=template"`
        ...
```

Kubernetes API

```
    //+optional
    //+patchStrategy=retainKeys
    Strategy DeploymentStrategy `json:"strategy,omitempty"
        patchStrategy:"retainKeys" protobuf:"bytes,4,opt,name=strategy"`
        ...
    optional
    MinReadySeconds int32 `json:"minReadySeconds,omitempty"
                :"varint,5,opt,name=minReadySeconds"`
        ...

    //+optional
    RevisionHistoryLimit *int32 `json:"revisionHistoryLimit,omitempty"
                protobuf:"varint,6,opt,name=revisionHistoryLimit"`
        ...
    //+optional
        Paused bool `json:"paused,omitempty"
        protobuf:"varint,7,opt,name=paused"`
        ...
    ProgressDeadlineSeconds *int32 `json: "progressDeadlineSeconds,
        omitempty" protobuf: "varint,9,opt,name=progressDeadlineSeconds"`
}
```

不難發現，資源定義檔案中的 Spec 下定義的屬性和 DeploymentSpec 結構的欄位有著明顯的對應關係，例如 replicas 對應 Replicas，而且這種對應關係已經被結構屬性後面的注解明確地標識出來了，來看 Replicas 的注解：

```
Replicas *int32 `json:"replicas,omitempty" protobuf:
        "varint,1,opt,name=replicas"`
```

上述注解翻譯一下含義是：Replicas 這個欄位對應 JSON 格式下的 replicas 屬性，或 protobuf 格式下的 replicas 屬性。使用者一般使用 YAML 檔案表述資源定義檔案，但在程式等級 YAML 格式的資訊會被轉為 JSON 格式，再由 JSON 格式直接向 Go 結構實例轉換，要知道 Go 是天然支援 JSON 與其資料結構進行相互轉換的。

Status 屬性也類似，Deployment 結構的 Status 類型是 DeploymentStatus。Status 用於承載一個 Deployment 實例的當前狀態資訊，當使用者呼叫 kubectl 的 describe 命令查看 API 實例的詳細資訊時，Status 屬性也包含在其中。對於 Deployment 來講，它的狀態資訊包括總副本數量、可用 / 不可用副本的數量、就緒副本數量、條件（conditions）資訊。這裡「條件」是一組用於衡量 Deployment 實例是否正常的標準。DeploymentStatus 在 v1 版本下的程式如下：

```go
// 程式 4-4 staging/src/k8s.io/api/apps/v1/types.go
type DeploymentStatus struct {
    //deployment 控制器觀測到的生成
    //+optional
    ObservedGeneration int64 `json:"observedGeneration, omitempty"
    protobuf: "varint,1,opt,name=observedGeneration"`

    // 本 deployment 所擁有的未結束 Pod 的總數
    //+optional
    Replicas int32 `json:"replicas,omitempty"
        protobuf:"varint,2,opt,name=replicas"`

    // 本 deployment 所擁有的未結束的具有期望 template spec 的 pod 總數
    //+optional
    UpdatedReplicas int32 `json:"updatedReplicas,omitempty"
      protobuf:"varint,3,opt,name=updatedReplicas"`

    // 本 deployment 所擁有的具有 Ready 條件的 Pod 總數
    //+optional
    ReadyReplicas int32 `json:"readyReplicas,omitempty"
      protobuf:"varint,7,opt,name=readyReplicas"`

    // 本 deployment 所擁有的可用 Pod( 在 minReadySeconds 內就緒 ) 總數
    //+optional
    AvailableReplicas int32 `json:"availableReplicas,omitempty"
         protobuf:"varint,4,opt,name=availableReplicas"`

    // 本 deployment 所擁有的暫不可用的 Pod 總數。也就是本 deployment 還需啟動的 Pod 數量
    // 未可用既可能是由於建立了還不就緒 , 也可能是沒建立
    //+optional
```

```
    UnavailableReplicas int32 `json:"unavailableReplicas,omitempty"
        protobuf:"varint,5,opt,name=unavailableReplicas"`

    // 代表對本 deployment 狀態的最近一次觀測結果
    //+patchMergeKey=type
    //+patchStrategy=merge
    Conditions []DeploymentCondition `json:"conditions,omitempty"
        patchStrategy:"merge" patchMergeKey:"type"
        protobuf:"bytes,6,rep,name=conditions"`

    // 本 deployment 所發生的衝突計數。Deployment 控制器用它來建立
    // 建立 replicaset 時的防衝突機制
    //+optional
    CollisionCount *int32 `json:"collisionCount,omitempty"
        protobuf:"varint,8,opt,name=collisionCount"`
}
```

再來看內部類型。一個 API 的內部版本始終只有一個結構，但這個結構的屬性卻是不斷變化的，隨著版本的不斷更新而更新，因為一個 API 所具有的屬性可能會在不同版本中變更。一般來講，內部版本的結構和最高版本外部類型的結構相似度最高，畢竟廢棄已有屬性的情況不是很多，更多的是在 API 上增加屬性。Deployment 內部版本的 Go 基座結構如下：

```
// 程式 4-5 pkg/apis/apps/types.go
type Deployment struct {
    metav1.TypeMeta
    optional
    metav1.ObjectMeta

    // 本 Deployment 期望狀態的說明
    //+optional
    Spec DeploymentSpec

    // 本 Deployment 狀態的最近觀測結果
    //+optional
    Status DeploymentStatus
}
```

這和 v1 版的基座結構十分類似，最明顯的區別是這個結構的屬性沒有帶注解，因為根本沒有把資訊從 YAML 向 JSON 進而再向內部版本結構實例轉化的需求。除此之外還有個隱含的不同：欄位 Spec 和外部版本欄位 Spec 的類型只是名稱相同，但屬於不同的結構；屬性 Status 也一樣。內部版本 Spec 的類型是 DeploymentSpec，定義在 pkg/apis/apps 套件下，而外部版本的卻不是。

4.1.3 API 的方法與函數

以上講解了 API 的基座結構定義程式，接下來介紹與 API 緊密相關的方法與函數。它們有的直接被定義在 API 基座結構上，有的則單獨存在。如果參考內建 API，則每個 API 必須具有以下幾類方法。

1. 深複製相關方法（DeepCopy）

API 的內外部版本都需要具有這組方法，它會對當前 API 實例進行一次深複製，從而得到一個新實例。在控制器中，當需要控制迴圈處理請求佇列中的請求時，需從本地快取取出待處理的實例做一次深複製，把改變放在新實例上而不改變老實例，最後用新實例更新快取和 ETCD，這避免了破壞快取機制。Deployment 的深複製方法的實現程式如下：

```go
// 程式 4-6 pkg/apis/apps/zz_generated_deepcopy.go
func (in *Deployment) DeepCopyInto(out *Deployment) {
    *out =*in
    out.TypeMeta =in.TypeMeta
    in.ObjectMeta.DeepCopyInto(&out.ObjectMeta)
    in.Spec.DeepCopyInto(&out.Spec)
    in.Status.DeepCopyInto(&out.Status)
    return
}

//DeepCopy 是一個自動生成的深複製方法，它將接收器深複製生成新 Deployment
func (in *Deployment) DeepCopy() *Deployment {
    if in ==nil {
        return nil
    }
```

```go
    out :=new(Deployment)
    in.DeepCopyInto(out)
    return out
}

//DeepCopyObject 是一個自動生成的深複製方法,它將接收器深複製生成 runtime.Object
func (in *Deployment) DeepCopyObject() runtime.Object {
    if c :=in.DeepCopy(); c !=nil {
        return c
    }
    return nil
}
```

在上述程式中共有 3 種方法,它們都是提供在 Deployment 結構指標上[1]。DeepCopyInto() 方法把當前實例複製到指定實例中;DeepCopy() 方法則新建立實例,然後呼叫 DeepCopyInto() 方法;DeepCopyObject() 方法和前者相比,只是傳回數值型態不同。

2. 類型轉換相關函數(Converter)

以修改 API 資源為例,系統接收的使用者請求是針對一個 API 資源的,目標在請求中以某個外部版本表示,而系統內程式是針對內部版本進行撰寫的,這就需要將請求中的資源從外部版本轉為內部版本;反之,當系統要給使用者端回應時,又需要把內部版本轉為使用者端需要的外部版本。這組 Converter 函數負責這些工作。Deployment 的 v1 版與內部版本互相轉換的實現程式如下:

```go
// 程式 4-7 pkg/apis/apps/v1/coversion.go
func Convert_apps_DeploymentSpec_To_v1_DeploymentSpec(in *apps.
DeploymentSpec, out *appsv1.DeploymentSpec, s conversion.Scope) error {
    if err :=autoConvert_apps_DeploymentSpec_To_v1_DeploymentSpec(
            in, out, s); err !=nil {
        return err
    }
```

---

[1] 在 Kubernetes 原始程式實際使用該方法時,與在結構上直接定義方法的區別並不明顯,讀者不必糾結。

```go
        return nil
}
func Convert_v1_Deployment_To_apps_Deployment(in *appsv1.Deployment, out *apps.Deployment, s conversion.Scope) error {
    if err :=autoConvert_v1_Deployment_To_apps_Deployment(
            in, out, s); err !=nil {
        return err
    }

    // 將廢除的 rollbackTo 欄位複製到 annotation 上
    //TODO: 刪除 extensions/v1beta1 和 apps/v1beta1 後也刪除它
    if revision :=in.Annotations[appsv1.DeprecatedRollbackTo];
            revision !="" {
        if revision64, err :=strconv.ParseInt(revision, 10, 64);
                err !=nil {
            return fmt.Errorf("failed to parse annotation[%s]=%s as int64: %v", appsv1.DeprecatedRollbackTo, revision, err)
        } else {
            out.Spec.RollbackTo =new(apps.RollbackConfig)
            out.Spec.RollbackTo.Revision =revision64
        }
        out.Annotations =deepCopyStringMap(out.Annotations)
        delete(out.Annotations, appsv1.DeprecatedRollbackTo)
    } else {
        out.Spec.RollbackTo =nil
    }

    return nil
}

func Convert_apps_Deployment_To_v1_Deployment(in *apps.Deployment, out *appsv1.Deployment, s conversion.Scope) error {
    if err :=autoConvert_apps_Deployment_To_v1_Deployment(in, out, s);
            err !=nil {
        return err
    }

    out.Annotations =deepCopyStringMap(out.Annotations)

    // 將廢除的 rollbackTo 欄位複製到 annotation 上
```

4　Kubernetes API

```
    //TODO: 刪除 extensions/v1beta1 和 apps/v1beta1 後也刪除它
    if in.Spec.RollbackTo !=nil {
        if out.Annotations ==nil {
            out.Annotations =make(map[string]string)
        }
        out.Annotations[appsv1.DeprecatedRollbackTo] =
            strconv.FormatInt(in.Spec.RollbackTo.Revision, 10)
    } else {
        delete(out.Annotations, appsv1.DeprecatedRollbackTo)
    }
    return nil
}
```

　　上述程式包含兩個函數，代表兩個方向的轉換，內容雖多，但每種方法都只做兩件事情：第一件，呼叫函數 autoConvert_v1_Deployment_To_apps_Deployment() 或函數 autoConvert_apps_Deployment_To_v1_Deployment()，執行實際的轉換；第二件，對轉換結果進行一些調整。被呼叫的兩個函數完成實際轉換操作，程式如下：

```
// 程式 4-8 pkg/apis/apps/v1/zz_generated_conversion.go
func autoConvert_v1_Deployment_To_apps_Deployment(in *v1.Deployment, out
*apps.Deployment, s conversion.Scope) error {
    out.ObjectMeta =in.ObjectMeta
    if err :=Convert_v1_DeploymentSpec_To_apps_DeploymentSpec(
            &in.Spec, &out.Spec, s); err !=nil {
        return err
    }
    if err :=Convert_v1_DeploymentStatus_To_apps_DeploymentStatus(
            &in.Status, &out.Status, s); err !=nil{
        return err
    }
    return nil
}

func autoConvert_apps_Deployment_To_v1_Deployment(in *apps.Deployment,
    out *v1.Deployment, s conversion.Scope) error {
    out.ObjectMeta =in.ObjectMeta
```

```
    if err :=Convert_apps_DeploymentSpec_To_v1_DeploymentSpec(
    &in.Spec, &out.Spec, s); err !=nil {
        return err
    }
    if err :=Convert_apps_DeploymentStatus_To_v1_DeploymentStatus(
    &in.Status, &out.Status, s); err !=nil {
        return err
    }
    return nil
}
```

上述兩個函數繼續呼叫 Deployment 基座結構欄位對應的轉換函數，逐一轉換 Spec 和 Status 子資源，這樣逐層遞進地完成全部資訊的轉換。原始程式查詢線索已經舉出，細節留給有興趣的讀者自行查閱。

注意：這些 Converter 函數不是外部版本結構的方法，而是獨立存在於 v1 這個 Go 套件下的函數。方法需要接收者，而函數並不需要。

3. 預設值設置（Default）

顧名思義，預設值設置函數為新建立出的 API 實例賦預設值。依然以 Deployment 為例，它的 v1 版本的 Default 函數的實現程式如下：

```
// 程式 4-9 pkg/apis/app/v1/zz_generated_defaults.go
func SetObjectDefaults_Deployment(in *v1.Deployment) {
    SetDefaults_Deployment(in)
    corev1.SetDefaults_PodSpec(&in.Spec.Template.Spec)
    for i :=range in.Spec.Template.Spec.Volumes {
        a :=&in.Spec.Template.Spec.Volumes[i]
        corev1.SetDefaults_Volume(a)
        if a.VolumeSource.HostPath !=nil {
            corev1.SetDefaults_HostPathVolumeSource(
                            a.VolumeSource.HostPath)
        }
        if a.VolumeSource.Secret !=nil {
            corev1.SetDefaults_SecretVolumeSource(
                            a.VolumeSource.Secret)
```

```
    }
    if a.VolumeSource.ISCSI !=nil{
        corev1.SetDefaults_ISCSIVolumeSource(a.VolumeSource.ISCSI)
    }
    if a.VolumeSource.RBD !=nil {
        corev1.SetDefaults_RBDVolumeSource(a.VolumeSource.RBD)
    }
    if a.VolumeSource.DownwardAPI !=nil {
        corev1.SetDefaults_DownwardAPIVolumeSource(
                            a.VolumeSource.DownwardAPI)
          for j :=range a.VolumeSource.DownwardAPI.Items {
            b :=&a.VolumeSource.DownwardAPI.Items[j]
            if b.FieldRef !=nil {
                corev1.SetDefaults_ObjectFieldSelector(b.FieldRef)
            }
        }
    }
    if a.VolumeSource.ConfigMap !=nil {
        corev1.SetDefaults_ConfigMapVolumeSource(
                            a.VolumeSource.ConfigMap)
    }
    if a.VolumeSource.AzureDisk !=nil {
        corev1.SetDefaults_AzureDiskVolumeSource(
                            a.VolumeSource.AzureDisk)
    }
...
```

上述方法非常長，限於篇幅這裡只截取最開始的一部分。它的第 1 行先呼叫了同套件下的 SetDefaults_Deployment 方法，該方法是由開發人員手動撰寫的（難道當前這種方法不是手寫的？的確不是，它是自動生成的，4.4 節將講解程式的生成），對一些屬性的預設值進行人為設定。

以上就是各個 API 基座結構相關的重要方法、函數及它們的實現。觀察全部內建 API，這些方法總的程式量還是很可觀的，手工寫起來工作量巨大而且容易出錯。仔細對比各個 API 的同類方法的實現，發現內容大同小異，十分有規律，這就給電腦自動生成部分程式提供了條件。細心的讀者已經發現，以上介紹的幾段原始程式碼所在原始檔案的名稱均是以 zz_generated_ 開頭的，所有這樣的檔案，其內容均是程式生成工具的產物，開發人員不用（也不能）進行修改就可以使用。只有當生成的程式不能滿足需要時，才需手動加入自有邏輯，上述程式 4-9 所在的 conversion.go 包含的就是這類程式。4.4 節將單獨介紹 Kubernetes 程式生成原理。

本節完整地介紹了 API 的基座結構的定義和主要方法、函數的實現，以及它們呈現出 API 種類的技術形態，實際並不是非常複雜。

4.1.4 API 定義與實現的約定

為了統一不同 API 的定義方式，Kubernetes 專案制定了一些規約。4.1.2 節的內容已經將部分規約表現出來了，本節在此基礎上提煉總結，同時查漏補缺並對重要內容介紹。了解這些規約對理解系統設計很有幫助，這也是定義客製化 API 的必備知識。

1. 物件類型 API 的要求

物件類型 API 的實例會獨立儲存於 ETCD，它們也是系統中 API 集合的主體。在定義其 Go 基座結構時，必須具有以下欄位。

1）metadata 欄位

metadata 欄位用於表示 API 實例中繼資料，其下必須有子欄位 namespace、name 和 uid。namespace 提供了一種資源隔離的軟機制，是 Kubernetes 系統內實現多租戶的基礎。具有 namespace 屬性並不代表一定要給 API 實例的 namespace 屬性賦值，有些資源就是跨 namespace 的；name 屬性是必需的，每個 API 實例在一個 namespace 內不能同該 API 種類的其他實例名稱相同，但不同 API 種類的實例之間名稱相同是允許的；uid 屬性由系統生成並賦予 API 實例，將作為該 API 實例在叢集內的唯一標識。

metadata 下還應該具有以下子屬性：resourceVersion、generation、creationTimestamp、deletionTimestamp、labels 和 annotations。前 3 個屬性是由系統維護的，使用者不必處理；labels 和 annotations 是由系統和使用者共同維護的，在

定義 API 資源定義檔案時，使用者可以舉出期望的 labels 和 annotations，而系統也會根據處理需要額外增加。labels 會被用於資源的查詢與選取，而 annotations 則被程式主要用於內部處理。

2）Spec 和 Status 欄位

　　Kubernetes API 需要分離對期望狀態的描述和當前狀態的描述：期望狀態存放於 Spec 中，而當前狀態存放在 Status 中。Spec 的部分由人和系統[1]共同維護，使用者會在資源定義檔案中舉出自己的期望，而系統會在請求接收與處理過程中進行補全甚至修改，而 Status 則顯示該 API 實例有關的最新系統狀態，它的資訊可能同 API 實例一起存在 ETCD 中，也可能在需要該資訊時進行即時抓取以確保最新狀態。API Server 的程式邏輯確保使用者不能直接更新資源的 Status 內容，例如透過 PUT 操作不能更改目標資源實例的 Status 內容，在實踐篇撰寫聚合 Server 中的客製化 API 時會看到如何實現。

　　Status 中的 Conditions 被用來簡化消費端對當前物件的狀態理解。例如 Deployment 的 Available Condition 實際上綜合考慮了 readyReplicas 和 replicas 欄位的內容而舉出的。在定義 Status 結構時，Conditions 應被作為其頂層子欄位。

2. 可選屬性和必備屬性

　　在定義 API 的基座結構時，用程式注解指明可選屬性（指該欄位上可以沒有值）和必備屬性（該屬性上必須有值）是必要的，將會指導程式的正常生成工作。定義可選欄位時應保持：

（1）該欄位的 Go 類型應該是指標類型。

（2）當 Server 處理 POST 和 PUT 請求時，應不依賴可選欄位值。

---

[1] 主要是 API 的控制器。

4.1 Kubernetes API 原始程式碼

（3）當定義基座結構時，可選欄位的欄位標籤應該含有 omitempty[①]，這樣 Go 和 JSON、Protobuf 做資料轉換時也允許該欄位為空。

而處理必備欄位時則正好相反：

（1）該欄位的 Go 類型非指標。

（2）Server 不接受請求中缺失該屬性的值。

（3）該欄位的欄位標籤不能包含 omitempty。

定義中設置可選和必備比較簡單，只要在屬性定義的上方加 //+optional 或 //+required 注解。

```
// 程式 4-10 可選與必選注解
type StatefulSet struct {
    metav1.TypeMeta
    //+optional
    metav1.ObjectMeta

    // 定義本 SS 中 Pods 的期望標識
    //+optional
    Spec StatefulSetSpec

    // 本 SS 中 Pods 的當前狀態。這個欄位中的資訊相對特定時間視窗有可能是過時的
    //+optional
    Status StatefulSetStatus
}
```

3. API 實例的預設值設定

Kubernetes 希望 API 撰寫者明確為 API 的各個欄位設置預設值，不歡迎籠統地規定「……沒有提及的欄位具有某個預設的值或行為」。明確設定預設值的好處包括以下幾點。

[①] 結構欄位標籤被用於資訊在 Go 結構與 JSON 等格式之間進行轉換。

4-21

4 Kubernetes API

（1）預設值可以隨著版本的演化而演化，在新版本啟用新預設值不影響系統對舊版本物件的預設值設置。

（2）系統獲得的 API 實例的屬性值是使用者明確指定的，而那些由於各種原因沒有值的屬性就真的是系統可以自行決定的。系統不必擔心例外，這會簡化程式邏輯。

預設值特別適合那些邏輯上必須並且絕大部分情況其設定值固定的欄位。設定預設值主要有兩種手段，其一是靜態指定，其二是透過認證控制機制動態設定。

1）靜態指定

每個版本都強制寫入這些預設值，只要在 API 屬性的定義之上加「//+default=」註解就可以了。這樣的強制寫入也可以有簡單邏輯：根據其他一些欄位來決定當前屬性的值。只是這樣需要程式處理額外的複雜性，因為當更新了被依賴的屬性時，同時需要更新當前屬性。4.4.1 節將講解的 Defaulter 程式生成器簡化了靜態指定預設值的編碼工作。

2）透過認證控制機制設定預設值

靜態指定預設值是比較死板的。舉個例子，PersistentVolumeClaim（PVC）的 Storage Class 屬性邏輯上必須是一個 Storage Class API 實例，並且絕大多數 PVC 的建立者會選用叢集管理員所做的全域設定，即管理員指定什麼這個 PVC 實例就用什麼。這時靜態指定預設值就無法勝任了，因為管理員的設定並非固定或有章可循。這時認證控制機制就派上用場了。該機制是系統在處理使用者請求時呼叫的一些外掛程式，每個外掛程式都實現對請求所含 API 實例資訊的修改和 / 或驗證，可以透過修改介面進行預設值的設定[1]。

---

[1]實際上，在 controller-runtime 函數庫中，「修改」對應的 Go 介面至今還叫 defaulter。

4. 併發處理

　　API 的撰寫者在撰寫控制器時需要牢記以下事實：系統中的 API 實例可能被多個請求併發觸達，Kubernetes 將採用樂觀鎖的機制協調併發處理。4.1.4 節展示了 API 的 metadata 欄位，看到它有一個子欄位 resourceVersion，它由系統維護，每個到達 API Server 的請求都會帶有目標資源的版本資訊，標明這次操作是基於哪個版本進行的，Server 在前置處理請求時會進行一次檢查，如果當前該資源的 resourceVersion 高於請求中指明的，則拒絕請求，傳回 HTTP 409。對於建立操作，由於不涉及併發問題，所以不必指明 resourceVersion，而對於更改操作，resourceVersion 是需要的，使用者端可以從前序互動中獲得 API 實例資訊，包括 resourceVersion。如果多個修改請求同時透過預檢查，則在修改資料庫時還可能出現版本衝突問題，開發者需要合理處理。

4.2 內建 API

　　整個 API Server 都是在圍繞 API 運作。一方面，使用者的需求全部被表述為 API 實例；另一方面，API Server 自己也以 API 實例來儲存內部資訊，它的運作機制也被設計成相依 API 實例。那麼 API 種類是否豐富，是否足夠滿足各方面的需求就很重要了。

　　API Server 已經建構好了許多的 API，稱為內建 API，絕大部分功能需求能被這些 API 種類所滿足。內建 API 以功能為準則被劃分為不同的組，以 1.27 版為例，除了 4.3 節將介紹的核心 API 組外，所有內建群組見表 4-1。

4 Kubernetes API

▼ 表 4-1 除核心 API 外內建 API

API 組	API 種類範例	功能描述
abac.authorization.kubernetes.io	Policy	基於屬性的存取控制
admissionregistration.k8s.io	ValidatingWebhookConfiguration MutatingWebhookConfiguration	認證控制器機制
apidiscovery.k8s.io	APIGroupDiscovery APIVersionDiscovery APIResourceDiscovery	支援建構 API 的註冊與發現機制
internal.apiserver.k8s.io	StorageVersion StorageVersionList	API Server 內部使用的一些 API
apps	Stateful-Set Deployment	建構使用者應用的許多 API
authentication.k8s.io	TokenReview TokenRequest	與登入鑑權相關的幾個 API
authorization.k8s.io	SubjectAccessReview	實現委派鑑權需要的 API
autoscaling	Scale	系統自伸縮，從而合理地利用資源
batch	CronJob Job	批次處理，作業
certificates.k8s.io	CertificateSigningRequest ClusterTrustBundle	API Server 的證書管理相關
coordination.k8s.io	Lease	資源的分配與回收
" " 空字串（套件名稱是 core）	Pod Service Volume	核心 API 種類，整個系統的基礎性 API，並且歷史最為悠久。程式中常被稱為遺留（Legacy）APId

4-24

（續表）

API 組	API 種類範例	功能描述
iscovery.k8s.io	Endpoint EndpointSlice	伺服器端點用到的 API 種類，主要是 Endpoint
events.k8s.io	Event EventList	Event API
extensions		較古老的組，但其中內容大多已經被分撥到其他組，最終將退役
flowcontrol.apiserver.k8s.io	FlowSchema Subject	實現 API 重要性分級和存取公平性時需要的 API
imagepolicy.k8s.io	ImageReview	檢查 Pod 的鏡像
networking.k8s.io	NetworkPolicy Ingress	容器網路管理，以及服務暴露等，內容不多
node.k8s.io		與叢集節點管理相關的幾個 API 種類，但內容不多
policy	Eviction PodSecurityPolicy	與 Pod 管理規則相關的 API，例如先佔機制、安全規則等
rbac.authorization.k8s.io	Role RoleBinding ClusterRole	基於角色的與許可權管理相關的 API
resource.k8s.io	ResourceClass	一個比較新的組，用於動態地分配資源，目前還在 Alpha 階段
scheduling.k8s.io	PriorityClass	內容較少，只包含 Pod 的 Priority Class 的 API
storage.k8s.io	StorageClass	與儲存相關的一些 API

4 Kubernetes API

讀者可能已經發現了，以上很多 API 組名稱是以 k8s.io 或 kubernetes.io 為尾碼的，這並非偶然，而是一種命名規約，也會出現不符合該規約的命名，那屬於歷史遺留問題。在以上這些組中，有兩個特別巨大的組，也就是其所包含的 API 種類非常多的組： 一個是 core 組，另一個是 apps 組。core 組將在 4.3 節單獨講解，apps 組是使用者使用最多的組，它包含在叢集中部署應用程式時使用的各種 API，例如 Deployment，建議讀者精讀此部分程式。選一些 API 的程式精讀也可為第三篇建構聚合 Server 擴充打下良好基礎。可按照以下指引定位內建 API 的程式：

（1）內部版本的定義。位於套件 pkg/apis，每個 API 組在該套件下有一個子套件，通常內部版本定義於該子套件下的 types.go 檔案中。API 的內部版本的程式有可能會隨著新 Kubernetes 版本的發佈而被調整，從而被增強，這和外部版本不同，已發佈的外部版本的程式一般不大變，除非對 Bug 進行修復。

（2）外部版本的定義。位於套件 staging/src/k8s.io/api，內建 API 的外部版本被取出到 staging 中，作為單獨程式庫發佈，便於在許多使用者端程式中重複使用。每個 API 組在該套件下有一個子套件；每個版本會在該子套件下又有一個子套件，外部版本的定義就位於此。

（3）控制器邏輯。位於套件 pkg/controller。除了 API 的定義，每個 API 的業務邏輯包含在各自控制器的控制迴圈中，每個 API 組對應一個子套件，可以在其中找到相關內建 API 的控制器程式。

控制器程式揭示了系統根據各個 API 實例執行操作的邏輯，很值得閱讀。每個控制器的程式框架都十分類似，一旦掌握了框架，將一通百通。本書第 6 ～ 8 章在講解各個子 Server 程式時會選典型的有關控制器進行程式剖析，將會極大地加深讀者理解 Kubernetes 系統的深度。

4.3 核心 API

本節邀請讀者先來一次時光之旅，回到 Kubernetes 1.0.0 版，一覽當時的專案結構。借助 git 命令十分容易做到，只需在專案的根目錄下運行：

```
git checkout v1.0.0
```

　　用 IDE 開啟專案，讀者會發現目錄結構和 1.27 版有許多不同之處，本節聚焦在內建 API 種類相關程式。「咦，pkg/apis 這個套件哪裡去了？」的確，那時還沒有 apis 這個套件，社區還沒有繁榮到今天這樣有如此之多的 API。雖沒有 pkg/apis 套件，但 pkg/api 這個套件已經存在了，其頂層內容如圖 4-4 所示，該套件下已有 types.go 原始檔案和似乎以版本編號為名稱的子套件。彼時的 pkg/api 套件舉足輕重，地位相當於後來的 pkg/apis，包含了所有 API 的定義，內部版本和外部版本也都在裡面。

```
∨ pkg
  > admission
  ∨ api
    > endpoints
    > errors
    > latest
    > meta
    > registered
    > resource
    > rest
    > testapi
    > testing
    > v1
    > v1beta3
    > validation
    ∞ context_test.go
    ∞ context.go
    ∞ conversion_test.go
    ∞ conversion.go
    ∞ copy_test.go
    ∞ deep_copy_generated.go
    ∞ deep_copy_test.go
    ∞ doc.go
    ∞ generate_test.go
    ∞ generate.go
    ∞ helpers_test.go
    ∞ helpers.go
    ∞ meta_test.go
    ∞ meta.go
    {} node_example.json
    {} pod_example.json
    ∞ ref_test.go
    ∞ ref.go
    ∞ register.go
    {} replication_controller_example.json
    ∞ requestcontext.go
    ∞ resource_helpers_test.go
    ∞ resource_helpers.go
    ∞ serialization_test.go
    ∞ types.go
    ∞ unversioned.go
```

▲ 圖 4-4　v1.0.0 中的 API

4 Kubernetes API

當時都有哪些內建 API 呢?開啟 pkg/api/types.go 檔案,根據 4.2 節知識,這個檔案應該是 API 內部版本的定義原始檔案,查看後便知。裡面的 API 種類如下。

- Pod
- PodList
- PodStatusResult
- PodTemplate
- PodTemplateList
- ReplicationControllerList
- ReplicationController
- ServiceList
- Service
- NodeList
- Node
- Status
- Endpoints
- EndpointsList
- Binding
- Event
- EventList
- List
- LimitRange
- LimitRangeList
- ResourceQuota

4.3 核心 API

- ResourceQuotaList
- Namespace
- NamespaceList
- ServiceAccount
- ServiceAccountList
- Secret
- SecretList
- PersistentVolume
- PersistentVolumeList
- PersistentVolumeClaim
- PersistentVolumeClaimList
- DeleteOptions
- ListOptions
- PodLogOptions
- PodExecOptions
- PodProxyOptions
- ComponentStatus
- ComponentStatusList
- SerializedReference
- RangeAllocation

讀者可以對比這個列表和 1.27 版本的 pkg/apis/core 中定義的內建 API 種類，對比後就會發現，後者基本可以覆蓋前者。也就是說，隨著程式的不斷重構，最初版本中元老級的 API 種類都被轉入 pkg/apis/core 套件中。core 中文意為核心，故稱這個 API 組為核心 API 組，稱這個組裡的 API 為核心 API。Kubernetes

Kubernetes API

原始程式碼中很多地方也以遺留 API（legacy API）來稱呼它們，這只是該 API 組的不同稱呼。

對於應用廣泛的軟體進行重構是很頭痛的事情，因為要相容已有的使用情況。核心 API 出現最早，用例已經遍佈天下，如果修改其使用方式（API\參數等），則影響巨大，難以被接受，這造成了核心 API 的一些與眾不同之處。核心 API 與其他內建 API 具有以下不同：

（1）組的名稱很特殊，其他內建 API 組的名稱大多以 k8s.io 或 kubernetes.io 結尾，即使不帶這尾碼也會有個名稱，但核心 API 組特立獨行，它的名稱是「」（空字串），沒有名稱就是它的名稱。

（2）資源的 URI 組成模式不同。普通內建 API 的資源 URI 具有這種模式：

```
/apis/<API 組 >/< 版本 >/namespaces/< 命名空間 >/< 資源 >
```

而核心 API 的資源 URI 模式稍有不同，是這樣的：

```
/api/< 版本 >/namespaces/< 命名空間 >/< 資源 >
```

區別在於：其他 API 以 apis 為首碼，而核心 API 是 api；其他 API 包含組名稱，而核心組沒有。

（3）資源定義檔案中的 apiVersion 內容不同。由於組名稱是空字串，所以在定義核心 API 資源時，apiVersion 這一屬性直接就是 v1，是不帶 API 組的。

4.4 程式生成

Go 語言缺少物件導向語言的繼承機制。類別、繼承帶來的好處是可以在上層類別中實現通用的演算法、操作、框架等，它們會直接被子類別繼承，這為程式重複使用提供了不少便利。Go 語言沒有這麼好用的機制，Kubernetes 怎麼處理程式重複使用呢？筆者認為它給的答案非常簡單粗暴：把邏輯重複寫很多遍，只是每次重複都由機器完成。這就是本節將討論的程式生成。

4.4 程式生成

4.1.3 節介紹了 API 實例的深複製（DeepCopy）、內外部版本的轉換（Converter）和預設值的設定（Defaulter），這些操作的程式邏輯在各個 API 之間基本相同，它們位於名稱以 zz_generated 為首碼的檔案中，也都是程式生成的產物，讀者可以透過比較不同 API 的 zz_generated_xxx.go 原始檔案進行相似性驗證。在 Kubernetes 中程式生成主要服務以下場景：

（1）為 API 基座結構增加深複製、版本轉換和預設值設置函數或方法。

（2）為 API 生成 client-go 程式。client-go 套件單獨發佈，是使用者端和 API Server 互動的基礎函數庫，內建 API 的外部版本定義也會包含在其中。

首先生成 Clientset。為使用者端程式提供一組操作 API 實例的程式設計介面，它們負責從 API Server 即時獲取目標 API 實例，當然建立、修改等也沒問題。所有互動細節使用者端不必關心。

然後生成 Informer。使用者端從 API Server 獲知 API 實例變更的高效機制，API Server 允許使用者端對某個 API 種類狀態變化進行 WATCH 操作，使用者端利用 Informer 來對接 API Server 進行狀態觀測。Informer 內建了快取機制，它的存在將大大降低 API Server 的負擔。Informer 存在於以上的 client-go 套件中，主要用於控制器的程式。

最後會生成 Lister，其作用類似 Informer，可以從 API Server 獲取某類資源的實例清單，但內部沒有快取，比 Informer 簡單，適用簡單場景。同樣地，Lister 也存在於 client-go 套件中。

（3）為 API 的註冊生成程式。API Server 的登錄檔機制要求每個 API 組都將自己的 API 種類註冊到登錄檔中，這部分程式也可以自動生成。

（4）為 API 種類生成 OpenAPI 的服務定義檔案。每個 API 資源都會以端點形式暴露於 API Server，其格式符合 OpenAPI 規範，這就需要服務定義。

4.4.1 程式生成工作原理

Kubernetes 的程式生成基於函數庫 code-generator。這是一個 Kubernetes 專案下的子函數庫，算是專案的副產品，而 code-generator 的程式生成能力最終源於另外一個基礎函數庫：gengo，而 gengo 也是 Kubernetes 專案的副產品，最初就是為了解決 Kubernetes 中大量重複程式撰寫的問題而創立的。gengo 專案可以服務於 Kubernetes 之外的開發——理論上說所有 Go 專案都在它的服務範圍之內，而 code-generator 基於 gengo，為 Kubernetes API Server 的開發、聚合 Server 的開發及 CustomResourceDefinition 的開發進行功能訂製。本書立足於講解 Kubernetes 原始程式，所以只關注 code-generator 函數庫而不會深入 gengo 函數庫。code-generator 原始程式位於 staging/src/k8s.io/code-generator 套件中。

code-generator 為 Kubernetes 制定了一系列注解，注解需要以程式註釋的方式放置在目標程式的上方，code-generator 在執行時期對目標原始程式碼進行掃描[1]，找到這些注解，進而進行相應的程式生成，最後把生成結果輸出到目的檔案夾。一個注解是具有以下格式的註釋敘述：

```
//+<tag name>=<value>
//+<tag name>
```

舉例來說，//+groupName=admission.k8s.io 和 //+k8s:deepcopy-gen=package。注解又有全域和局部之分。

1. 全域注解

全域注解是放置在套件等級並對整個套件起作用的注解。它們被放在一個套件的定義敘述——也就是 package 敘述之上。Go 推薦將套件定義於 doc.go 檔案中，這便於為該套件提供註釋文件等。Kubernetes 遵從了這一建議，所以可以在 Kubernetes 原始程式中的各個 doc.go 檔案內找到這些全域注解。舉例來講，

---

[1] 使用者可以透過呼叫 code-generator 的 Shell 指令稿「generate-groups.sh」來啟動它。

4.4 程式生成

每個 API 種類的基座結構都需要實現 runtime.Object 介面，只需在套件定義敘述上增加以下全域注解就可以確保這一點：

```
// 程式 4-11 pkg/apis/apps/doc.go
//+k8s:deepcopy-gen=package        // 要點①

package apps //import "k8s.io/kubernetes/pkg/apis/apps"
```

有了要點①處的注解，對於 apps 內的每種類型定義，code-generator 都會去生成 DeepCopy 系列方法，同時 code-generator 也提供了其他注解，以便從套件中剔除不需要生成這系列方法的類型。主要的全域注解及它們的作用見表 4-2。

▼ 表 4-2 主要的全域注解及作用

序號	標籤	作用
1	//+k8s:deepcopy-gen=\<value\>	為內外部版本生成 DeepCopy 系列方法。作為全域注解使用時，value 可以是 package（為套件內所有類型都生成 DeepCopy 系列方法）或 false（不生成）
2	//+k8s:conversion-gen=\<value\>	指導生成 API 內外部版本的轉換程式。當 value 為 false 時，不生成；當 value 為一個套件的路徑時，代表內部版本的類型定義所在的套件
3	//+k8s:conversion-gen-external-types=\<value\>	同樣指導生成 API 內外部版本的轉化程式。它的 value 是外部版本的類型定義所在的套件，一般等於外部版本的 types.go 檔案所在的目錄；這個注解可以省略，預設就在當前 doc.go 檔案所在的套件
4	//+k8s:defaulter-gen=\<value\>	當這個注解出現在 package 之上時，value 將代表一個欄位名稱，例如 TypeMeta；如果一個結構內包含以其為名稱的欄位，則為這個結構生成預設值生成器
5	//+groupName=\<value\>	指定 API 的組名稱，組名稱在生成 Lister 和 Informer 程式時會用到
6	//+k8s:openapi-gen=true	為當前套件生成 OpenAPI 服務定義檔案

2. 局部注解

　　局部注解放置在類型 / 欄位定義處，一般是在定義內外部類型的 **types.go** 檔案中。局部注解的作用域只限於其下方的一種類型 / 欄位，影響針對它們的程式生成。它的主要作用是讓目標類型 / 欄位擺脫全域注解的設置，所以會看到大部分局部標籤與全域標籤名稱相同。常見的局部注解及作用見表 4-3。

▼ 表 4-3 常見的局部注解及作用

序號	標籤	作用
1	//+k8s:deepcopy-gen=true|false	當這個標籤出現在某個內部類型定義之上時，value 可以是 true 或 false，代表是否為該類型生成 DeepCopy 系列方法
2	//+k8s:conversion-gen=true|false	當這個標籤出現在某種類型定義之上或結構內某個欄位定義之上時，value 可以是 true 或 false，代表是否為該類型 / 欄位生成內外部版本轉換程式
3	//+k8s:defaulter-gen=true|false	當這個標籤出現在類型之上時，value 將是 true 或 false，代表是否為結構生成預設值生成器
4	//+k8s:openapi-gen=false	當這個標籤放在一種類型定義上方時，代表不為該類型生成 OpenAPI 服務定義檔案
5	//+genclient //+genclient:nonNamespaced //+genclient:noStatus //+genclient:noVerbs //+genclient:skipVerbs=\<verbs\> //+genclient:onlyVerbs=\<verbs\> //+genclient:method=<...>	這系列標籤用於控制生成 client-go 內程式，包括 Clientset、Lister 和 Informer。這裡面出現的 verbs 的合法值包括 create、get、update、delete、updateStatus、deleteCollection、patch、apply、applyStatus、list 和 watch，其中，verb 'list' 將觸發 Lister 的生成；verb 'list' 和 'watch' 將觸發 Informer 的生成

4.4 程式生成

由於 code-generator 的目標場景限於 Kubernetes 生態系統，比較小眾化，所以可以獲取的使用文件很有限，接下來對重要的程式生成器的使用方式進行講解，這對進行聚合 API Server 的開發很有幫助。

3. Conversion 程式生成器

Conversion 生成器用於生成 API 內外部版本的轉換程式。生成的程式可以把一個以內部版本資料結構表示的資源實例轉為外部版本資料結構的實例，以及反向轉換。為了完成這項任務，Conversion 程式生成器需要 3 個輸入資訊：

（1）一組包含內部版本類型定義的套件。

（2）一個包含目標外部版本類型定義的套件。

（3）生成程式的存放地，也是一個套件。

Conversion 如何得到執行時期所需要的 3 個輸入參數呢？依靠注解。對於第 1 個輸入參數——內部版本定義所在套件，透過以下全域注解來舉出：

```
//+k8s:conversion-gen=<內部版本類型定義的匯入路徑>
```

除此之外，程式生成程式的命令列參數 'base-peer-dirs' 和 'extra-peer-dirs' 指定的相對路徑也會被掃描尋找內部版本。對於第 2 個輸入參數——外部版本定義所在套件，同樣透過全域注解舉出，形式如下：

```
//+k8s:conversion-gen-external-types=<外部版本類型定義的 import 路徑>
```

這個標籤是可以省略的，預設外部類型定義在第 1 個標籤所在的套件。如果希望排除某些類型，則可以在其定義之上加以下標籤：

```
//+k8s:conversion-gen=false
```

第 3 個參數——生成程式的目標套件，需要透過命令列參數給定，預設放置在外部版本定義所在的套件。

Conversion 程式生成器在執行時期會比較參數指定的各套件內發現的內部版本類型名稱和外部版本類型名稱，為名稱一致的內外部類型生成命名格式以下的兩個轉換函數：

```
autoConvert_<pkg1>_<type>_To_<pkg2>_<type>
```

這兩個函數分別做兩個方向的轉換：由內向外和由外向內各一個。生成工具會遞迴地完成兩種類型之間資訊的轉化；如果來源和目標的類型是單一資料型態，不是結構，則比較二者類型是否匹配，如果匹配，則生成資訊 copy 程式，否則生成失敗；如果二者類型為複合類型，如結構，則過程如圖 4-5 所示。

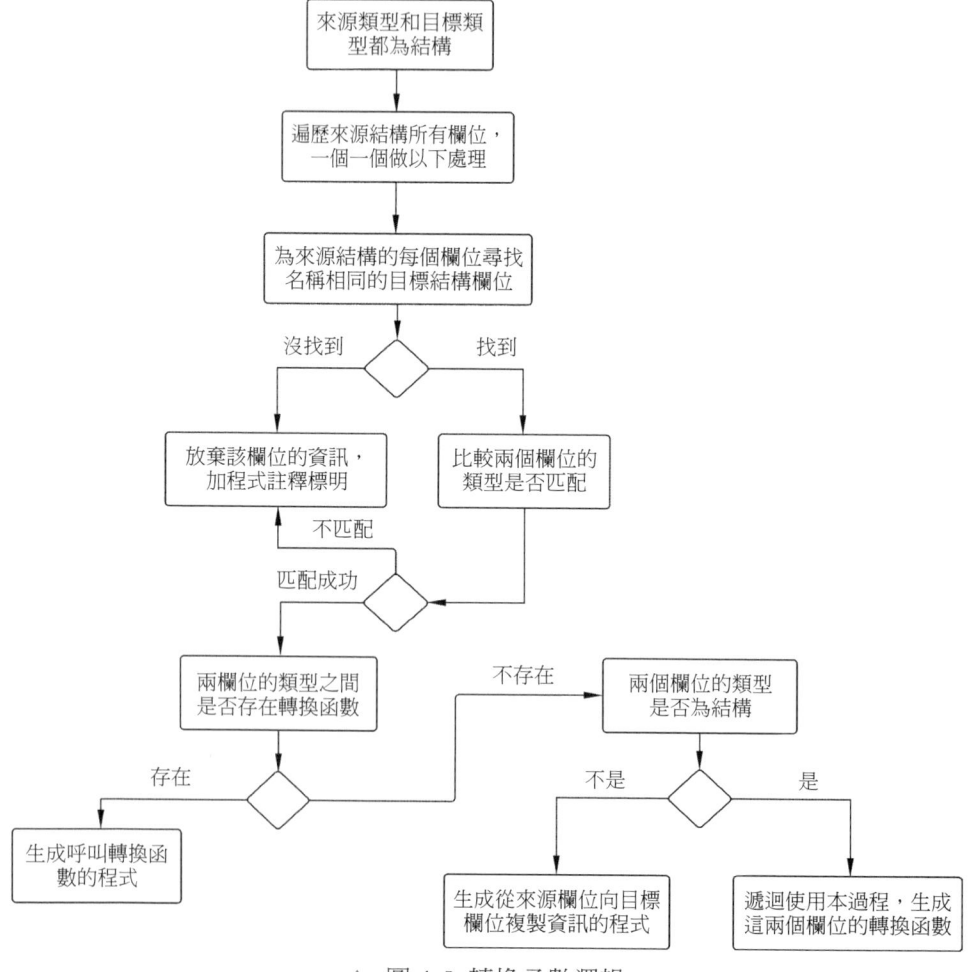

▲ 圖 4-5 轉換函數邏輯

4.4 程式生成

　　與 autoConvert 函數「搭配」，工具還生成了兩個名稱以 Convert 為首碼的函數，它們的命名模式為

```
Convert_<pkg1>_<type>_To_<pkg2>_<type>
```

　　這兩個函數很有用處：開發人員只要在運行程式生成器前，在目標套件下手工建立名稱相同的 Convert 方法，就可以阻止程式生成器生成它們，這使開發人員可以注入自有的轉換邏輯。很多時候這是必要的，因為很多時候程式生成器並不能正確地處理兩個複雜類型的轉換工作。

　　除了上述 autoConvert 和 Convert 方法，程式生成器還會生成把 Convert 方法向登錄檔（Scheme）註冊的方法，名稱為 RegisterConversions()。登錄檔需要這個資訊，當系統需要進行轉換時才能從登錄檔中找到正確的方法進行呼叫。

　　為了方便專案人員工作，在 Kubernetes 專案下的 hack/update-codegen.sh 檔案中定義了如何呼叫各個程式生成器的 Shell 指令稿，這給了讀者學習如何呼叫程式生成器的參考，其中呼叫 Conversion 生成器的程式如下：

```
// 程式 4-12 hack/update-codegen.sh
./hack/run-in-gopath.sh "${gen_conversion_bin}" \\
    --v "${KUBE_VERBOSE}" \\
    --logtostderr \\
    -h "${BOILERPLATE_FILENAME}" \\
    -O "${output_base}" \\
    $(printf -- " --extra-peer-dirs %s" "${extra_peer_pkgs[@]}") \\
    $(printf -- " --extra-dirs %s" "${tag_pkgs[@]}") \\
    $(printf -- " -i %s" "${tag_pkgs[@]}") \\
    "$@"

if [[ "${DBG_CODEGEN}" ==1 ]]; then
    kube::log::status "Generated conversion code"
fi
```

4. DeepCopy 生成器

Go 語言有一個很棒的特性：一種類型的定義和以該類型為接收器的方法定義可以處於不同的原始檔案中。這和 Java 語言不同，靈活性更高。DeepCopy 生成器利用了這個特性。這個生成器可以為指定的套件內的所有類型生成一系列深複製方法，當然也可以單獨為某種類型生成，只要在合適的地方加注解即可。

在程式生成過程中，如果目標類型已經具有這一系列方法，則生成的程式直接呼叫它；如果沒有，生成器則試著生成基於直接賦值的 copy 實現；如果直接賦值不能做到深複製，則生成器會按照自己的邏輯舉出一個實現。生成的程式會被放在目標類型所在的套件下。

啟用 DeepCopy 生成器比較簡單，只需在套件的 package 敘述的上方加以下標籤：

```
//+k8s:deepcopy=package
```

生成器會預設為這個套件內所有類型生成 DeepCopy 系列方法；可以在某個具體類型定義的上方加以下注解來將其排除在外：

```
//+k8s:deepcopy=false
```

同理，當沒有在套件等級啟用該生成器時，可以透過在某個具體類型定義的上方加以下注解，來為該類型生成 DeepCopy：

```
//+k8s:deepcopy=true
```

Kubernetes 原始程式中也常常見到以下注解，它的作用是為被修飾的類型生成一個名為 DeepCopy< 介面名稱 >() 的方法，這裡介面名稱就是注解中等號後所指定的介面名稱。

```
//+k8s:deepcopy-gen:interfaces=k8s.io/apimachinery/pkg/runtime.Object
```

該方法的傳回數值型態將是注解所指定的介面類別型。標籤中可以指定多種類型，用逗點分隔開，這時生成器會為每個介面生成一個如上的深複製方法。這類方法內部實現以下邏輯：先直接呼叫 DeepCopy()，然後把得到的結果直接傳回。DeepCopy() 方法得到的副本類型與來源實例的類型相同，那麼該副本能被當作目標介面類別型傳回的前提是：來源實例類型實現了傳回值介面，所以注解上的介面並不能隨意指定，一定要確保被修飾的類型實現了它。

DeepCopy 生成器的生成結果是一個單獨檔案，所有生成的深複製方法均在其中。這一過程中沒有改動類型定義檔案，從而不必擔心其破壞原來的程式。

5. Defaulter 生成器

當一個 API 的外部類型物件被建立出來後，其各個屬性（也就是類型結構的欄位）還都是初始值，即各自類型的零值，可以為它們賦予預設值，這就是 Defaulter 系列方法的作用。相對於前兩種程式生成器，Defaulter 生成器稍有不同。

首先，需要使用全域注解，指出目標套件中哪些結構需要設置預設值，例如在 Kubernetes 專案中常見以下標籤：

```
//+k8s:defaulter-gen=TypeMeta
```

上述注解告訴 Defaulter 生成器：請掃描當前套件，找到那些有欄位 TypeMeta 的結構，為該結構生成填充預設值的方法。就這個例子而言，API 基座結構都會內嵌結構 metav1.TypeMeta，那麼它們都會有以 TypeMeta 為名稱的欄位，於是當前套件下所有 API 的基座結構都將是 Defaulter 生成器服務的物件。除了可以使用全域注解圈定候選結構，還可以直接在候選結構上設置這個注解：

```
//+k8s:defaulter-gen=true
```

然後需要一個一個撰寫 SetDefaults_<候選結構類型名稱> 的函數，在其中對期望設置預設值的欄位撰寫值填充程式。這部分程式一定是人工撰寫的，不然機器無法知道需要用什麼作為那些欄位的預設值。Defaulter 程式生成器執行

Kubernetes API

時期,將一個一個審查候選結構,查看套件中能否找到 SetDefaults_< 結構名稱 >() 函數,如果能,則為它生成一個 SetObjectDefaults_< 結構名稱 >() 方法。這種方法:

(1)第 1 步會去呼叫找到的 SetDefaults_< 結構名稱 >() 函數。

(2)接下來生成器會檢查目標結構所有欄位的類型(如果該欄位也是結構,則逐層遞迴檢驗並處理之),如果某個子孫欄位的類型存在一個 SetDefaults_< 類型名稱 >() 函數與之對應,就生成程式去呼叫該函數,從而完成對該子孫欄位的預設值設定。

以 v1 apps/Deployment 資源類型為例,開發人員為其手工撰寫了 SetDefault_Deployment() 函數,其中為 Spec.Strategy, Spec.Replicas 等幾個子孫欄位設置了預設值。函數的程式如下:

```
// 程式 4-13 pkg/apis/apps/v1/defaults.go
func SetDefaults_Deployment(obj *appsv1.Deployment) {
// 如果 Replicas 欄位空 , 則將預設值設為 1
    if obj.Spec.Replicas ==nil {
        obj.Spec.Replicas =new(int32)
        *obj.Spec.Replicas =1
    }
    strategy :=&obj.Spec.Strategy
    // 將 DeploymentStrategyType 的預設值設置為 RollingUpdate
    if strategy.Type =="" {
        strategy.Type =appsv1.RollingUpdateDeploymentStrategyType
    }
    if strategy.Type ==appsv1.RollingUpdateDeploymentStrategyType {
        if strategy.RollingUpdate ==nil {
            rollingUpdate :=appsv1.RollingUpdateDeployment{}
            strategy.RollingUpdate =&rollingUpdate
        }
        if strategy.RollingUpdate.MaxUnavailable ==nil {
            // 將 MaxUnavailable 預設值設置為 25%
            maxUnavailable :=intstr.FromString("25%")
            strategy.RollingUpdate.MaxUnavailable =&maxUnavailable
        }
```

```
        if strategy.RollingUpdate.MaxSurge ==nil {
            // 將 MaxSurge 預設值設置為 25%
            maxSurge :=intstr.FromString("25%")
            strategy.RollingUpdate.MaxSurge =&maxSurge
        }
    }
    if obj.Spec.RevisionHistoryLimit ==nil {
            obj.Spec.RevisionHistoryLimit =new(int32)
            *obj.Spec.RevisionHistoryLimit =10
    }
    if obj.Spec.ProgressDeadlineSeconds ==nil {
        obj. Spec.ProgressDeadlineSeconds =new(int32)
        *obj.Spec.ProgressDeadlineSeconds =600
    }
}
```

上述函數只為 Deployment 基座結構的部分欄位設置了預設值，但除此之外還有大量其他子孫欄位，Defaulter 生成器都會去檢查它們的類型，最終發現有以下後代欄位（Volumes、InitContainers、Containers、EphemeralContainers 或其後代欄位）的類型具有相應的 SetDefaults_<類型名稱> 函數，於是生成器會生成呼叫這些函數的程式。以下程式的每個 for 迴圈中都是對一個子孫欄位 SetDefaults 函數的呼叫，為了節省篇幅，這裡省略了 for 迴圈本體內的程式。

```
// 程式 4-14 pkg/apis/apps/v1/zz_generated.defaults.go
func SetObjectDefaults_Deployment(in *v1.Deployment) {
    SetDefaults_Deployment(in)
    corev1.SetDefaults_PodSpec(&in.Spec.Template.Spec)
    for i :=range in.Spec.Template.Spec.Volumes { ...
    }
    for i :=range in.Spec.Template.Spec.InitContainers { ...
    }
    for i :=range in.Spec.Template.Spec.Containers { ...
    }
    for i :=range in.Spec.Template.Spec.EphemeralContainers { ...
    }
    corev1.SetDefaults_ResourceList(&in.Spec.Template.Spec.Overhead)
}
```

6. client-go 程式生成器

client-go 是 Kubernetes 專案的子專案，原始程式碼源於 Kubernetes 專案，但以單獨程式庫發佈。它被廣泛用於建構與 Kubernetes API Server 互動的使用者端，例如 kubectl 命令列工具。使用者端也包含運行於工作節點但需要和 API Server 互動的程式，例如 Kubelet、Kube Proxy、聚合 Server 等，可見 client-go 的應用十分廣泛。

為了理解 client-go 的作用，先看使用者端與 API Server 的互動過程，這一過程如圖 4-6 所示。API Server 透過端點對外暴露其內的 API 資源，使用者端利用這些端點對資源進行 CRUD 等操作。一個 Web Server 端點接收的請求和發送的響應都是格式化的內容，對於 API Server，是以 JSON 或 Protobuf 表述的訊息。以 JSON 為例，當用 HTTP GET 向一個資源的端點發出請求讀取一個 API 資源時，Server 內部會把該資源的資訊從 ETCD 讀進記憶體，以 Go 結構實例表示，然後透過 Go 語言的序列化機制把該實例轉換成 JSON 字串，發回給使用者端。

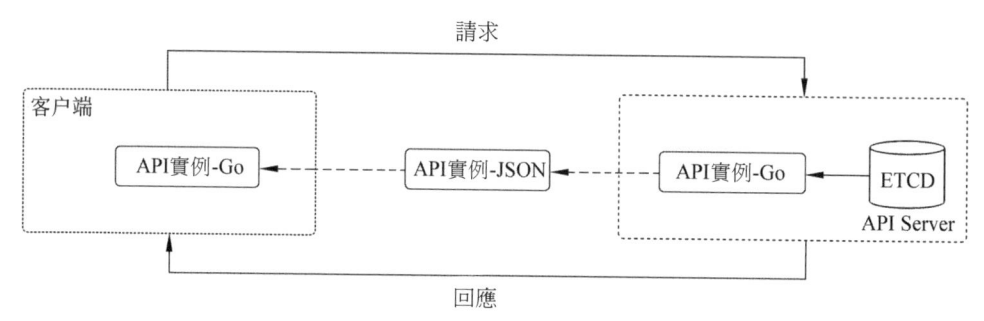

▲ 圖 4-6 請求過程中 API 實例在格式間轉換

使用者端程式獲得回應結果後是無法直接處理的，需要再轉為使用者端所用程式語言的資料結構，如果是由 Go 語言撰寫的使用者端，就再轉換回 Go 結構實例。問題來了：

4.4 程式生成

（1）使用者端程式需要知道該資源的 Go 基座結構定義，否則轉換無從談起。這可以透過 Kubernetes 的另一個函數庫——staging/src/k8s.io/api 來獲得。

（2）從傳回結果向 Go 結構實例的轉換及連帶的處理比較煩瑣，使用者端程式設計師可以自己實現，但難保不出錯，而這正是 client-go 可以解決的問題。

client-go 按照 API 組和版本，將操作內建 API 的介面組織到一個 client 內，可透過它在 Go 程式內直接呼叫這些資源。client 遮罩了格式轉換及連帶操作的複雜性。例如 apps 組有 v1beta1、v1beta2、v1 共 3 個版本，client-go 包含 3 個 client 與之對應。clientset 是在 client 的基礎上定義出來的，它聚合了某個 Kubernetes 版本所包含的所有 client，clientset 的初始化需要 API Server 連接資訊，從而對接 API Server 完成使用者需要的 CRUD 操作。

client-go 沒有止步於此，在最佳化與 API Server 互動上做了更多工作。首先，提供 API 資源的 Lister，它的作用是從 Server 批次獲取資源；其次，考慮到許多控制器程式利用 watch 操作從 API Server 獲取資源即時資訊的需求非常大，而 watch 會造成許多長時連接，如果處理不妥，則會拖垮 Server，client-go 又提供了 Informer，其內利用快取機制化解這一風險。由此可見，client-go 極大地降低了使用者端程式的開發成本。

從程式結構來看，Lister 和 Informer 比較相似，本節透過 Lister 來講解。展開 Listers 套件，不難發現其子套件對應所有 API 組，讀者可以對比 pkg/apis 套件的內容。Listers 套件下的程式都在為一件事情服務：幫助使用者從 API Server 拉取某一資源的所有或部分實例。針對每個 API 的外部版本 client-go 都包含程式來做列表拉取，可以在對應的 API 組和外部版本目錄下找到這些程式。用 v1 版的 Deployment 來舉例，如圖 4-7 所示，其原始程式碼位於 staging/src/k8s.io/client-go/listers/apps/v1/deployment.go。

▲ 圖 4-7　lister 套件內容

Deployment 的 client 提供了兩個介面供使用者端程式使用。

（1）DeploymentNamespaceLister 介面：提供了 List() 和 Get() 兩種方法，用於獲取某個命名空間內的 Deployment 實例。

（2）DeploymentLister 介面：提供了 List() 方法，具有過濾能力，只傳回所有符合條件的 Deployment；還提供一個 Deployments() 方法，用於傳回 DeploymentNamespaceLister 物件，該物件用於在單一命名空間內獲取 Deployment 實例。

如果開啟另一個 API 資源的 Lister，例如 core/pod.go，則可發現其核心內容和 Deployment 的 Lister 如出一轍，具有類似的兩個 Lister 介面，各個介面內的方法也類似。

（1）PodNamespaceLister 介面：提供了 List() 和 Get() 兩種方法，用於獲取某個命名空間內的 Pod。

（2）PodLister 介面：提供了 List() 方法，用於篩選所有符合條件的 Pod；提供了一個 Pods() 方法，用於傳回 PodNamespaceLister 實例，該物件用於在單一命名空間內查詢 Deployment。

實際上，上述 clientset、lister 和 informer 對於每個 API 資源來講程式結構都極為類似，適合用程式生成來降低開發工作量。code-generator 中提供了與之對應的 3 種程式生成器：clientset-gen、lister-gen 和 informer-gen，並且這 3 個程式生成器共用一系列注解。當需要把某個內建 API 的某一外部版本加入 clientset 中時，只需在該 API 種類的基座結構的上方加以下注解：

```
//+genclient
```

這樣，clientset 程式生成器就會實現以下幾種操作。

（1）在 clientset 結構中為該 API 組的該外部版本生成欄位，稱為 client。client 將作為存取該 API 資源的入口。原始程式位於 staging/src/k8s.io/client-go/kubernetes/clientset.go。

4.4 程式生成

（2）同時生成上述 client 的實現，完成對相應資源的 CRUD 等操作。原始程式位於 staging/src/k8s.io/client-go/kubernetes/typed 套件下。

由於上述 CRUD 操作涉及透過端點和 Server 互動，而端點的 URL 結構受資源是否有命名空間影響，所以若這個資源是與命名空間無關的，則需額外加以下注解：

```
//+genclient:nonNamespaced
```

對一個 API 資源可以做的所有操作（也稱為 verb）包括 create、update、updateStatus、delete、deleteCollection、get、list、watch、patch、apply 和 applyStatus，程式生成器支援為它們生成實現方法。可以透過以下注解來限定或排除某些操作：

```
//+genclient:onlyVerbs=<...>
//+genclient:skipVerbs=<...>
```

在這些操作中 updateStatus 和 applyStatus 比較特殊，它們是針對 API 資源的 Status 子資源的，但有時一個 API 資源沒有 Status 子資源，為這兩個 verb 生成程式沒有意義，對於這種情況可以透過以下標籤阻止程式生成：

```
//+genclient:noStatus
```

list 和 watch 操作蘊含著比較豐富的內容。首先，如果 client-gen 程式生成器在注解上發現它們在列，則會為相應的 client 生成 List 方法和 Watch 方法，它們一個用於從 API Server 拉取一列資源，另一個用於和 API Server 建立長時連接，不斷地獲取目標資源的最新狀態。由於這兩種方法是不帶本地快取的，所以每次呼叫都會對 Server 發出請求。

lister-gen 程式生成器和 informer-gen 程式生成器是 client-go 生成器的輔助工具，當它們執行時期會掃描 genclient 標籤出現在哪些資源類型定義上，哪些包含了 list 和 watch 操作：lister-gen 為支援 list 的 API 外部版本生成上述的 List 介面等程式，參見本節前文；informer-gen 會為支援 list 和 watch 的 API 外部版

4 Kubernetes API

本生成 Informer 程式。Informer 引入快取機制以減輕 API Server 負擔，最佳化了與 API Server 的互動，當然難免引入程式設計時的複雜度，特別是開發人員要格外小心對資源的修改，不應直接影響快取中的資源實例。

除了以上標準的 verb，client-gen 程式生成器還支援自訂的非標準操作，例如在原始程式中經常會看到以下標籤：

```
//+genclient:method=GetScale,verb=get,subresource=scale,result=k8s.io/api/autoscaling/v1.Scale
```

上述標籤定義了一個非標準操作，向 API Server 發送 GET 請求，獲取當前 API 資源實例的 Scale 子資源，並要求為該操作生成的方法名為 GetScale()。最終生成的 client-go 程式可參考 v1 app/StatefulSet：

```
// 程式 4-15
//staging/src/k8s.io/client-go/kubernetes/typed/apps/v1/statefulset.go

//GetScale 方法獲取 statefulSet 的 autoscalingv1.Scale 實例並傳回，或傳回錯誤
func (c *statefulSets) GetScale(ctx context.Context, statefulSetName string,
options metav1.GetOptions) (result *autoscalingv1.Scale, err error) {
    result =&autoscalingv1.Scale{}
    err =c.client.Get().
        Namespace(c.ns).
        Resource("statefulsets").
        Name(statefulSetName).
        SubResource("scale").
        VersionedParams(&options, scheme.ParameterCodec).
        Do(ctx).
        Into(result)
    return
}
```

4.4.2 程式生成範例

4.4.1 節介紹了程式生成原理，詳細介紹了重要的程式生成器。為了加深讀者的理解，本節選取 apps 這個 API 組和其下的 Deployment API 為例，看為程式生成設置的注解、程式生成的產出和干預程式生成的機會。

1. DeepCopy

API 的基座結構需要 DeepCopy 相關方法。對於內部版本，在套件 pkg/apis/apps/doc.go 檔案中加全域注解：

```
// 程式 4-16 pkg/apis/apps/doc.go
//+k8s:deepcopy-gen=package

package apps
```

對於 API 的基座結構，還需要傳回數值型態為 runtime.Object 的 DeepCopy 方法，需要在這類結構上加以下注解，以 Deployment 為例：

```
// 程式 4-17 pkg/apis/apps/types.go
//Deployment 提供對 Pods 和 ReplicaSets 更新的宣告
type Deployment struct {
    metav1.TypeMeta
    //+optional
    metav1.ObjectMeta

    // 描述本 Deployment 期望的行為
    //+optional
    Spec DeploymentSpec

    // 本 Deployment 的最新狀態
    //+optional
    Status DeploymentStatus
}
```

在上述程式中注解促使一個 Go 原始檔案被生成，位於 pkg/apis/apps/zz_generated.deepcopy.go，內含 DeepCopy 相關的原始程式碼。

對於外部版本，DeepCopy 同樣需要。注解的設置和內部版本並沒有不同。唯一需要注意的是，外部版本的類型定義是作為單獨程式庫發佈的，在 pkg/apis/apps/<版本編號>下無法找到它們的原始程式，要到 staging/src/k8s.io/api/apps/<版本編號>下，注解分別加在其內的 doc.go 和 types.go 檔案中，所生成的程式也被放置在其下。

4-47

Kubernetes API

2. Conversion

API 的內外部版本之間轉換是必需的，本節以外部版本 v1 和內部版本的轉為例說明。在 v1 的套件定義檔案 pkg/apis/apps/v1/doc.go 中有 conversion 相關的兩個注解：

```
// 程式 4-18 pkg/apis/apps/v1/doc.go
//+k8s:conversion-gen=k8s.io/kubernetes/pkg/apis/apps
//+k8s:conversion-gen-external-types=k8s.io/api/apps/v1
//+k8s:defaulter-gen=TypeMeta
//+k8s:defaulter-gen-input=k8s.io/api/apps/v1

package v1 //import "k8s.io/kubernetes/pkg/apis/apps/v1"
```

雖然內外部版本的轉換是兩個方向的，但注解設置只需在外部版本的套件上進行。

由於自動生成無法完全實現 Deployment 版本之間的轉換，所以需要手動在 pkg/apps/v1/conversion.go 下增加程式，程式如下（略過反向轉換方法）：

```
// 程式 4-19 pkg/apis/apps/v1/conversion.go
func Convert_apps_Deployment_To_v1_Deployment(in *apps.Deployment,
                out *appsv1.Deployment, s conversion.Scope) error {
    if err :=autoConvert_apps_Deployment_To_v1_Deployment(in, out, s);
                                                        err !=nil {
        return err
    }

    out.Annotations =deepCopyStringMap(out.Annotations)
    // 由於後續會改，所以深複製

    //…
    if in.Spec.RollbackTo !=nil {
        if out.Annotations ==nil {
            out.Annotations =make(map[string]string)
        }
        out.Annotations[appsv1.DeprecatedRollbackTo] =
            strconv.FormatInt(in.Spec.RollbackTo.Revision, 10)
```

```
    } else {
        delete(out.Annotations, appsv1.DeprecatedRollbackTo)
    }
    return nil
}
```

這個 Convert 函數將被所生成的程式呼叫。自動生成的程式將被放入原始檔案 pkg/apis/apps/v1/zz_generated.conversion.go 中。

3. Defaulter

由於預設值程式生成只需對外部版本進行，所以全域注解被設置在 pkg/apis/apps/v1/doc.go 檔案中。如程式 4-18 所示，它圈定所有具有 TypeMeta 欄位的頂層結構，為它們生成預設值設置方法。為了注入自有邏輯，在 pkg/apis/apps/v1/defaults.go 檔案中開發人員為基座結構撰寫了 SetDefaults_<類型>() 方法，所生成的程式位於 pkg/apis/apps/v1/zz_generated.defaults.go。

4. client-go 相關程式

只有 API 的外部版本具有 client-go 相關的程式，所以相應注解會被設置在外部版本的基座結構類型的定義上，由 4.4.1 節介紹可知，Clientset、Lister 和 Informer 全部是局部注解。針對 apps/v1 的 Deployment，其類型定義所在原始檔案為 staging/src/k8s.io/api/apps/v1/types.go，注解部分程式如下：

```
// 程式 4-20 staging/src/k8s.io/api/apps/v1/types.go

//+genclient
//+genclient:method=GetScale,verb=get,subresource=scale, result=k8s.io/api/autoscaling/v1.Scale
//+genclient:method=UpdateScale,verb=update,subresource=scale, input=k8s.io/api/autoscaling/v1.Scale, result=k8s.io/api/autoscaling/v1.Scale
//+genclient:method=ApplyScale,verb=apply,subresource=scale, input=k8s.io/api/autoscaling/v1.Scale, result=k8s.io/api/autoscaling/v1.Scale

//+k8s:deepcopy-gen:interfaces=k8s.io/apimachinery/pkg/runtime.Object
//…
type Deployment struct {
```

```
    metav1.TypeMeta 'json:",inline"'
    //…
    //+optional
    metav1.ObjectMeta 'json:"metadata,omitempty" protobuf: "bytes,1, opt, name=metadata"'

    //…
    //+optional
    Spec DeploymentSpec 'json:"spec,omitempty" protobuf: "bytes,2, opt, name=spec"'

    //…
    //+optional
    Status DeploymentStatus 'json:"status,omitempty" protobuf: "bytes,3, opt, name=status"'
}
```

生成的 client-go 程式存放在 staging/src/k8s.io/client-go 下，作為 client-go 函數庫的組成部分獨立發佈。

4.4.3 觸發程式生成

code-generator 專案提供了諸多程式生成器，每個都以一個可執行檔的形式存在，例如 defaulter 生成器對應的可執行檔名為 defaulter-gen，將被置於 $GOPATH/bin 下。編譯 Kubernetes 系統前要確保程式生成已經完畢，否則一定會失敗。成功生成程式需要滿足以下條件：

（1）所有程式生成器的可執行檔都已經置於 $GOPATH/bin 下。

（2）要確保呼叫各個生成器時所使用的參數都正確。

由於生成器數量較多，手動滿足上述條件比較煩瑣，並且對於 CI 工具來講，手動執行上述步驟是行不通的。於是，Kubernetes 專案在 hack 目錄下提供了指令稿 update-codegen.sh，可直接完成所有與程式生成相應的工作。

4.4 程式生成

該指令稿代為執行上述兩步：它先確保程式生成器的可執行檔已經存在，否則自動使用 go 命令編譯 code-generator 並安裝——將可執行檔放入 $GOPATH/bin，然後組織參數對各個程式生成器進行呼叫。呼叫 Informer 生成器的核心程式如下：

```
// 程式 4-21 hack/update-codegen.sh
function codegen::informers() {
    GO111MODULE=on GOPROXY=off go install \
        k8s.io/code-generator/cmd/informer-gen

    local informergen
    informergen=$(kube::util::find-binary "informer-gen")

    local ext_apis=()
    kube::util::read-array ext_apis <<(
        cd "${KUBE_ROOT}/staging/src"
        git_find -z ':(glob)k8s.io/api/**/types.go' \
            | xargs -0 -n1 dirname \
            | sort -u)

    kube::log::status "Generating informer code for ${#ext_apis[@]} targets"
    if [[ "${DBG_CODEGEN}" ==1 ]]; then
        kube::log::status "DBG: running ${informergen} for:"
        for api in "${ext_apis[@]}"; do
            kube::log::status "DBG: $api"
        done
    fi

    git_grep -l --null \
        -e '^//Code generated by informer-gen. DO NOT EDIT.$' \
        -- \
        ':(glob)staging/src/k8s.io/client-go/**/*.go' \
        | xargs -0 rm -f

    "${informergen}" \
        --go-header-file "${BOILERPLATE_FILENAME}" \
        --output-base "${KUBE_ROOT}/vendor" \
        --output-package "k8s.io/client-go/informers" \
        --single-directory \
```

4-51

4 Kubernetes API

```
        --versioned-clientset-package k8s.io/client-go/kubernetes \
        --listers-package k8s.io/client-go/listers \
        $(printf -- " --input-dirs %s" "${ext_apis[@]}") \
        "$@"

    if [[ "${DBG_CODEGEN}" ==1 ]]; then
        kube::log::status "Generated informer code"
    fi
}
```

每當 API 資源類型被修改後，開發人員都需要呼叫該指令稿重新進行程式生成工作。如果不確定是否需要重新生成，則可以運行 hack/verify-codegen.sh 指令稿來檢驗改動，當改動需要重新生成程式時，這個指令稿的輸出會提示。

4.5 本章小結

本章聚焦 API Server 所服務的核心物件——Kubernetes API，這是理解 Server 原始程式的基礎性章節。本章首先剖析了 API 具有的屬性，深入到其 Go 結構找出完整屬性集合，並探究它們的由來，其間也介紹了 API 內外部版本，看到了二者的不同定位，然後講解了內建 API 及其子集——核心 API。內建 API 不僅是 Kubernetes 為雲端原生應用保駕護航的核心能力，也是開發客製化 API 的良好參考。最後詳細剖析了 API 程式生成原理，並以 v1 版 apps/Deployment 為例展示了如何增加註解，從而進行程式生成，這也是透過聚合 Server 引入客製化 API 的必備知識。

從第 5 章開始，本書將用幾章的篇幅解析 API Server 的設計與實現，詳盡說明其各方面。

Generic Server

　　API Server 內部由四類子 Server 組成，分別是主 Server、擴充 Server、聚合器和聚合 Server，從實現角度看，子 Server 的建構高度同質化，包括但不限於：

（1）都需要 Web Server 的基本功能，如通訊埠監聽、安全連接機制等。

（2）將所負責的 API 以 RESTful 形式對外暴露。

（3）提供加載和暴露 Kubernetes API 的統一介面。

（4）請求的過濾、許可權檢查和認證控制。

　　為了避免重複造輪子，Kubernetes 專案為所有子 Server 開發了統一基座——Generic Server 來集中提供通用能力。本章將抽絲剝繭，講解 Generic Server 的設計與實現。

5 Generic Server

5.1 Go 語言實現 Web Server

Generic Server 首先是一個 Web Server，在 Go 語言中建構 Web Server 用到的全部相依均在套件 net.http 中。一個基礎 Web Server 的程式如下：

```go
func main(){
    company :=employees{"Jacky": 40, "Tom": 35}
    mux :=http.NewServeMux()
    mux.Handle("/employees", http.HandlerFunc(company.allEmployees))
    mux.Handle("/age", http.HandlerFunc(company.age)) // 要點①
    Log.Fatal(http.ListenAndServe("localhost:8000", mux))
}

type employees map[string]int

func (company employees) allEmployees(w http.ResponseWriter,
                            req *http.Request) {
    for name, age :=range company {
        fmt.Fprintf(w, "%s: %s\\n", name, age)
    }
}

func (company employees) age(w http.ResponseWriter, req *http.Request) {
    item :=req.url.Query().Get("name")
    age, ok :=company[item]
    if !ok {
        w.WriteHeader(http.StatusNotFound)
        fmt.Fprintf(w, "no such people in company: %q\\n", item)
        return
    }
    fmt.Fprintf(w, "%s\\n", age)
}
```

這個簡單的 Server 揭示了撰寫一個 Web Server 所需要的主要組件。

（1）http 套件：這個套件提供了通訊埠監聽等底層服務，有它的輔助，製作一個 Web Server 只需呼叫名為 ListenAndServe() 的方法。

5.1 Go 語言實現 Web Server

（2）Handler：一個名為 Handler 的物件會被 http 套件中的程式用來接收所有請求並呼叫目標函數，去回應請求。之所以被稱為 Handler，是因為它實現了 http.Handler 介面，該介面定義了 ServeHTTP() 方法，在 Generic Server 原始程式中將常常看到它。在以上範例程式中，變數 mux 就是這個 Handler。在呼叫 http.ListenAndServe 方法時，mux 被作為實際參數交給啟動的 Server。後續到來的請求都被交給它，http 套件透過呼叫 mux 的 ServeHTTP() 方法完成請求轉交。

（3）請求處理函數：這個是使用者實現的函數，名稱任取，但參數類型需要固定，範例中的 allEmployees() 方法和 age() 方法都是請求處理函數。請求處理函數會被上述 Handler 呼叫，正是在這些函數中，一個請求最終得到回應。

一個簡單的 Web Server 透過以上 3 個組件便可建構出來。當 Server 變得複雜時一個潛在問題便會突顯出來：http.ListenAndServe() 方法只接收了一個 Handler 物件，所有請求都將轉交於它，當 Server 對外提供許多服務時，單一 Handler 的內部邏輯有迅速膨脹失控的風險。為了管控這一風險，ServerMux（也就是範例中的變數 mux 物件具有的類型）被應用上來，ServerMux 是 http 套件提供的請求分發器。

ServerMux 是一個 Handler，同樣實現 http.Handler 介面，所以它就能被作為實際參數呼叫 http.ListenAndServe() 方法，但 ServerMux 這個 Handler 比較特殊，它只做請求的分發而不含回應邏輯。ServerMux 握有 URL 模式與其 Handler 的映射關係，分發的過程是將符合一個 URL 模式的請求路由到相應 Handler 的過程。範例程式中在要點①處呼叫 mux.Handle() 方法就是在 mux 內建構 URL 到下層 Handler 的映射關係。

這裡讀者可自行解答一個問題：上述程式在要點①處呼叫了方法 http.HandlerFunc() 將另一種方法 company.age() 包裝成介面 http.Handler 的實例，使它有資格成為方法 http.ListenAndServe() 的實際參數，http.HandlerFunc() 方法是怎麼做到這一點的呢？答案在其原始程式中。

以上 Web Server 是極度簡化後的結果，沒有考慮支援 TLS、沒有控制 Http Header、沒有逾時設置等，這樣的 Server 直接用於生產顯然不行。事實也的確

5 Generic Server

如此,Go 語言提供了功能更加完整的選擇:http.Server 結構。需要強調的是,http.Server 最終仍是依靠與 http.ListenAndServe() 方法同根同源的其他方法來建構出 Web Server,它最大的價值在於提供了更簡便的 Server 配置方式。同時,Handler 和 ServerMux 在 http.Server 中的作用照舊。http.Server 提供了豐富的配置選項,該結構的關鍵欄位如下:

```go
// 程式 5-1 net/http/server.go
type Server struct {
    Addr string
    Handler Handler
    DisableGeneralOptionsHandler bool
    TLSConfig *tls.Config
    ReadTimeout time.Duration
    ReadHeaderTimeout time.Duration
    WriteTimeout time.Duration
    IdleTimeout time.Duration
    MaxHeaderBytes int
    TLSNextProto map[string]func(*Server, *tls.Conn, Handler)
    ConnState func(net.Conn, ConnState)
    ErrorLog *log.Logger
    BaseContext func(net.Listener) context.Context
    ConnContext func(ctx context.Context, c net.Conn) context.Context
    inShutdown atomic.Bool
    disableKeepAlives atomic.Bool
    nextProtoOnce    sync.Once
    nextProtoErr     error

    mu        sync.Mutex
    listeners  map[*net.Listener]struct{}
    activeConn map[*conn]struct{}
    onShutdown []func()

    listenerGroup sync.WaitGroup
}
```

http.Server 結構的 Handler 欄位在實踐中會接收一個 ServerMux 轉發器,這和上述簡單的 Web Server 是一致的。當使用 http.Server 時,首先需要宣告該結構變數並給該變數的各個欄位賦值，然後只需呼叫變數的 Serve（）方法便可完成啟動。Kubernetes 的 Generic Server 正是如此建構起來的，變數宣告部分的程式如下：

```go
// 程式 5-2 staging/k8s.io/apiserver/pkg/server/secure_serving.go
secureServer :=&http.Server{
    Addr:              s.Listener.Addr().String(),
    Handler:           handler,
    MaxHeaderBytes:    1 <<20,
    TLSConfig:         tlsConfig,

    IdleTimeout:       90 * time.Second,
    ReadHeaderTimeout: 32 * time.Second,
}
```

變數 secureServer 被作為參數呼叫另一種方法方法[1]，在該方法內，secureServer 實例的 Serve() 方法被呼叫，從而啟動 Server，程式如下：

```go
// 程式 5-3 staging/k8s.io/apiserver/pkg/server/secure_serving.go
go func() {
    defer utilruntime.HandleCrash()
    defer close(listenerStoppedCh)

    var listener net.Listener
    listener =tcpKeepAliveListener{ln}
    if server.TLSConfig !=nil {
        listener =tls.NewListener(listener, server.TLSConfig)
    }

    err :=server.Serve(listener) // 啟動 Server

    msg :=fmt.Sprintf("Stopped listening on %s", ln.Addr().String())
    select {
    case <-stopCh:
        klog.Info(msg)
    default:
```

---

[1] 名為 RunServer，secureServer 對應的形式參數名稱為 server。

```
        panic(fmt.Sprintf("%s due to error: %v", msg, err))
    }
}()
```

為了簡化以便於理解，以上兩個程式部分沒有包含 TLS，以及 HTTP2.0 等相關設置環節，感興趣的讀者可以將 secure_serving.go 作為入口進行查閱。

5.2 go-restful

5.2.1 go-restful 簡介

API Server 可以採用 RESTful 的形式對外提供服務，它用 JSON 為資訊表述格式，以 HTTP 的 POST、PUT、DELETE、GET 和 PATCH 等方法來分別表示建立、全量修改、刪除、讀取和部分修改等操作。為了支援 RESTful，在 Web Server 的基礎能力之上，Generic Server 借助額外框架來建構相關的能力。在 Java 世界裡，VMware 的 Spring Web 框架包含了這部分能力，而在 Go 的世界裡也有框架做這件事情，Kubernetes 選擇了 go-restful。為了全面地理解 API Server 的 RESTful 能力，讀者需要認識一下 go-restful。

go-restful 函數庫為開發者建構支援 RESTful 的 Web 應用提供了開箱即用的能力，包括但不限於以下幾種：

（1）對服務請求進行路由能力。粒度細到可以根據路徑參數映射到回應函數。

（2）路由器可配置，路由演算法更出眾。

（3）強大的請求物件（Request）API，可以從 JSON/XML 解析為結構實例並獲取其中的路徑參數、一般參數和請求標頭等資訊。

（4）方便的回應物件（Response）API，序列化結果到 JSON/XML 並支援客製化格式、設置回應標頭等。

（5）請求處理的攔截能力。可在處理流程中以加 Filter 的形式截留處理請求。

（6）提供 Container，以此來匯集多個 Web Service，它扮演了 ServerMux 的角色。

（7）跨來源資源分享（CORS）的能力。

（8）支援 OpenAPI。

（9）自動攔截恐慌（Panic），形成 HTTP 500 傳回。

（10）將錯誤映射到 HTTP 404/405/406/415。

（11）可配置的 log/trace。

5.2.2 go-restful 中的核心概念

go-restful 是簡單好用的框架，如果讀者有網路應用程式設計經驗，則很快便可參悟其工作原理。它有很少的幾個核心概念：Container、Web Service 和 Route，圍繞著它們，go-restful 建構了主體功能。go-restful 核心概念及其相互關係如圖 5-1 所示。

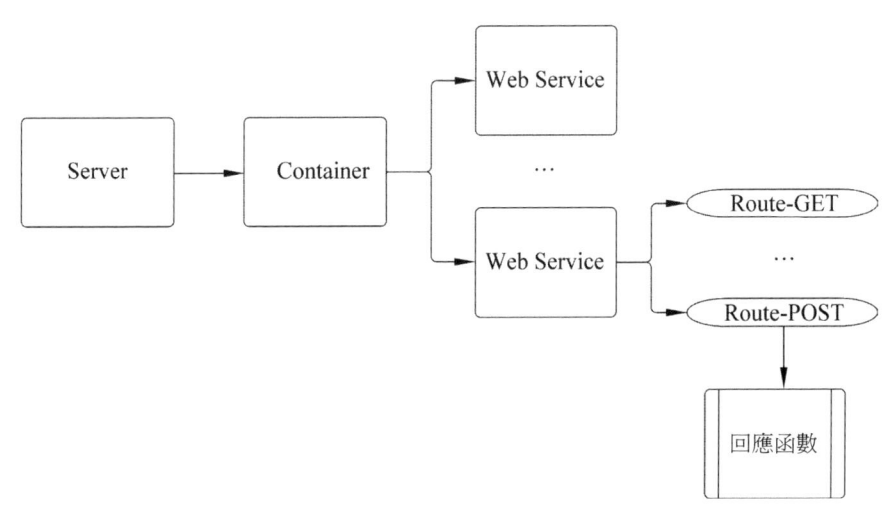

▲ 圖 5-1　go-restful 核心概念及其相互關係

5 Generic Server

1. Web Service

一個 Web 服務是伺服器暴露給外部的存取入口，在 RESTful 背景下，一個 Web 服務代表一個資源。它具有一個端點，即一個 URL，對該類資源的增、刪、改、查均透過該端點進行。例如以 RESTful 形式暴露一個 Web 服務，用於操作「使用者」這一資源，這個 Web 服務的端點便可以是：

```
employeedb/user
```

如果該服務暴露於域名 https://www.< 我的域名 >.com/ 下，則透過類似以下 HTTP 請求可以建立一個叫作 jacky 的使用者：

```
$curl -X POST -H "Content-Type: application/json" -d  '{"name": "jacky", "department": "HR"}' https://www.< 我的域名 >.com/employeedb/user
```

在 go-restful 中，代表一個 Web Service 的變數具有類型 WebService 結構。

2. Container

go-restful 中的 Container 位於 Web 服務的上面一層，是 Web 服務的容器。一個 Web Server 當然不只提供一種資源，所以需要一個機制把 Web 服務組織起來並暴露出去，這就是 Container 的責任。從另一個角度講更容易理解其作用，讀者是否還記得 ServerMux？

Container 也實現了 http.Handler 介面，它將扮演請求轉發器的角色，如程式 5-4 所示。

```
// 程式 5-4 Container 實現了 http.Handler 介面
func (c *Container) ServeHTTP(httpWriter http.ResponseWriter, httpRequest *http.Request) {
    // 如果對內容的 encoding 被禁止，則跳過這一步
    if !c.contentEncodingEnabled {
        c.ServeMux.ServeHTTP(httpWriter, httpRequest)
        return
    }
    // 內容 encoding 被啟用了
```

5.2 go-restful

```
    // 如果 httpWriter 已經是 CompressingResponseWriter 類型，則跳過這一步
    if _, ok :=httpWriter.(*CompressingResponseWriter); ok {
        c.ServeMux.ServeHTTP(httpWriter, httpRequest)
        return
    }

    writer :=httpWriter
    //CompressingResponseWriter 在所有操作完成後需要被關閉
    defer func() {
        if compressWriter, ok :=writer.(*CompressingResponseWriter); ok {
            compressWriter.Close()
        }
    }()

    doCompress , encoding :=wantsCompressedResponse(httpRequest, httpWriter)
    if doCompress {
        var err error
        writer, err =NewCompressingResponseWriter(httpWriter, encoding)
        if err !=nil {
            log.Print("unable to install compressor: ", err)
            httpWriter.WriteHeader(http.StatusInternalServerError)
            return
        }
    }

    c.ServeMux.ServeHTTP(writer, httpRequest)
}
```

　　Container 具有 Add 方法，透過它可以一個一個把 Web 服務實例納入 Container 的轉發服務範圍，後續這個 Container 實例將被作為 Hanlder 交給 http. Server 實例，這樣所有請求都會交由該 Container 去分發。

3. Route

　　路徑（Route）位於 Web 服務的下面一層，從程式上看每個 WebService 結構變數都會包含一個或多個 Route，每個 Route 負責將一類針對資源的操作請求路由到正確的回應函數。Route 上會有幾個關鍵資訊：

（1）做什麼操作（HTTP 方法所代表）。

（2）有沒有參數？如果有，則其值是什麼。

（3）由哪個函數來回應針對該資源的該類操作。

至於對哪種資源操作，這個已經由 Route 所屬的 Web Service 決定了。

5.2.3 使用 go-restful

有了上述概念就可以建構支援 RESTful 的 Web Server 了。下面這段範例程式建立了一個 RESTful 服務，對應上述「使用者」端點的例子，程式如下：

```
func main() {
    ws :=new(restful.WebService)
    ws.
        Path("/user").
        Consumes(restful.MIME_XML, restful.MIME_JSON).
        Produces(restful.MIME_JSON, restful.MIME_XML)
    ws.Route(ws.GET("{user-id}").To(findUser))
    container :=restful.NewContainer()
    container.Add(ws)
    server :=&http.Server{Addr: ":8080", Handler: container}
    log.Fatal(server.ListenAndServe())
}

func findUser(req *restful.Request, resp *restful.Response) {
    io.WriteString(resp, "hello, there is only one user -Jacky")
}
```

上述程式先建立一個 Web 服務實例，指明端點為 /user，然後為它增加一個 Route，把針對某個使用者 id 的 GET 請求路由到函數 findUser()；接下來建立 Container，容納以上 Web 服務；最後以該 Container 為 Handler 建構 http.Server 並啟動它。這樣一個支援 RESTful 服務的 Web Server 就建構完成了。

5.3 OpenAPI

5.3.1 什麼是 OpenAPI

　　OpenAPI 是一個 HTTP 程式設計介面描述規範，要解決的問題是兼顧人類讀取與機器讀取可理解，以統一格式準確地描述基於 HTTP 的服務介面。服務的生產者為了讓使用者正確地進行消費，一般會附加文件去描述如何對服務進行呼叫，描述一般涵蓋 API 的名稱、參數列表及其類型、傳回數值型態和意義等。傳統式描述由人撰寫文件供開發者閱讀，這種形式的描述既不精確也容易過時，不利於使用。

　　機器讀取可理解是圍繞 API 進行各種自動化的前提。以自動化測試領域為例，針對一個即將發佈的 API 需要完整地進行測試，測試用例越多越有利，僅依靠手工建構測試用例工作量可想而知。對於一個 API 來講，如果給定輸入，則其輸出是一定的，並且每個輸入的邊界值深受資料型態影響，可以根據類型推算出來；如此一來，如果工具能夠讀懂一個 API 的輸入和輸出類型，則讓工具生成邊界值測試用例和主場景測試用例就是可行的。

　　機器讀取可理解的另一個典型應用場景是生成供人類閱讀的 API 文件。文件品質的高低取決於更新的頻度，如果不能及時地將最新情況更新上去，則再優美的文件也是價值寥寥的。相比於文件撰寫，開發人員更注重程式的撰寫。借助機器讀取的 API 描述，可以根據預製格式範本生成供人閱讀的文件，這種生成不需要耗費人力，只需作為專案打包的一部分，透過指令稿自動生成內容。

　　OpenAPI 不是第 1 個 RESTful API 描述解決方案，但是最成功的，這歸功於它的簡單輕便。OpenAPI 主張，針對一個 Web 應用提供的服務介面，應以 YAML/JSON 格式撰寫一份規格說明書，並且該說明書是一份自包含的文件，即不需要借助外部資訊就能理解內部內容。採用 YAML/JSON 格式使機器和人都可以閱讀，並且文件相對於 XML 等其他格式稍小。OpenAPI v3 文件的重要元素見表 5-1。

▼ 表 5-1 OpenAPI v3 文件的重要元素

#	名稱	作用
1	（空）	最頂層節點，在 JSON 格式下代表定義於最外層的 Object，符號上就是一對大括號，其內包含直接屬性，稱為子節點
2	openapi	頂層節點的直接子節點，指明使用的 OpenAPI 版本編號。目前大版本有兩個，即 v2 和 v3，小版本許多
3	info	頂層節點的直接子節點，舉出文件的一些元屬性，例如標題、作者等
4	paths	頂層節點的直接子節點，舉出了各個 RESTful 服務的端點、操作及輸入輸出參數等，非常重要
5	components	頂層節點的直接子節點，用於定義可重複使用的資訊。例如在 paths 內定義的各個端點會用到相同的參數，可以放在這裡定義一次，多處重複使用

其中資訊量最大且最重要的節點是 paths，每個 RESTful 服務都會在 paths 中有一筆描述資訊，除了服務路徑資訊，同時舉出了服務支援的 HTTP 方法、輸入輸出參數及其類型、輸出 HTTP 狀態值等。

5.3.2 Kubernetes 使用 OpenAPI 規格說明

早在 v1.5 中 Kubernetes 就開始使用 OpenAPI v2 嚴謹描述 Kubernetes API Server 中所有內建 API 的端點了。從 v1.23 開始，在支援 v2 的同時引入了 OpenAPI v3，在 v1.24 版中對 v3 的支援到達 beta 狀態[1]，並最終在 v1.27 中 GA 正式發佈。本書所基於的 Kubernetes 版本恰是 v1.27，開啟其原始程式碼，導航到 api/openapi-spec/v3 目錄，可以看到其內有一系列 JSON 檔案，它們是 API 端點的 OpenAPI 規格說明文件。Kubernetes 將全部 API 端點按照 API Group 和 Version 分組提供規範描述，每個 API Group 和 Version 有一份規格說明，部分檔案如圖 5-2 所示。

---

[1] 預設可用，不必手動開啟 feature gate。

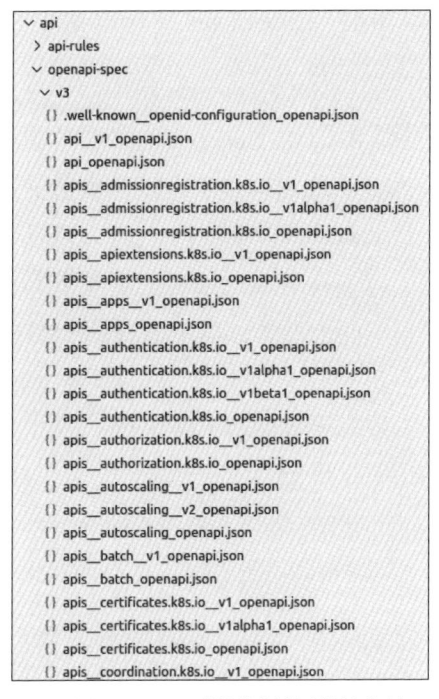

```
v api
  > api-rules
  v openapi-spec
    v v3
      {} .well-known__openid-configuration_openapi.json
      {} api__v1_openapi.json
      {} api_openapi.json
      {} apis__admissionregistration.k8s.io__v1_openapi.json
      {} apis__admissionregistration.k8s.io__v1alpha1_openapi.json
      {} apis__admissionregistration.k8s.io_openapi.json
      {} apis__apiextensions.k8s.io__v1_openapi.json
      {} apis__apiextensions.k8s.io_openapi.json
      {} apis__apps__v1_openapi.json
      {} apis__apps_openapi.json
      {} apis__authentication.k8s.io__v1_openapi.json
      {} apis__authentication.k8s.io__v1alpha1_openapi.json
      {} apis__authentication.k8s.io__v1beta1_openapi.json
      {} apis__authentication.k8s.io_openapi.json
      {} apis__authorization.k8s.io__v1_openapi.json
      {} apis__authorization.k8s.io_openapi.json
      {} apis__autoscaling__v1_openapi.json
      {} apis__autoscaling__v2_openapi.json
      {} apis__autoscaling_openapi.json
      {} apis__batch__v1_openapi.json
      {} apis__batch_openapi.json
      {} apis__certificates.k8s.io__v1_openapi.json
      {} apis__certificates.k8s.io__v1alpha1_openapi.json
      {} apis__certificates.k8s.io_openapi.json
      {} apis__coordination.k8s.io__v1_openapi.json
```

▲ 圖 5-2 API 端點規格說明文件

注意：用 OpenAPI 描述的並非 Kubernetes API，而是它們的端點。基於 OpenAPI 規格說明文件，使用者端可以向它們發起 GET、POST 等 HTTP 請求。

使用者可以透過存取以下端點來向 API Server 索取叢集提供的 OpenAPI 規格說明文檔。

（1）/openapi/v2：獲取 v2 版本的文件。

（2）/openapi/v3：獲取 v3 版本的文件。由於在 v3 中 Kubernetes 以多個檔案的形式對 API 端點進行描述，所以會有多個檔案。這一端點將傳回所有檔案的獲取位址。

Generic Server

　　沒有無緣無故的愛和恨，Kubernetes 為什麼擁抱 OpenAPI？利用 OpenAPI，Kubernetes 達到了以下目的：

　　（1）為開發人員自動生成 API Server 端點文件。雖然基於機器讀取可理解的 OpenAPI 描述文件，程式已經可以自主做很多事情了，但人始終是決策者，為開發人員提供文件，從而幫助其理解 API 的能力和使用方式是必要的，問題是如何高效準確地撰寫。有 Java 經驗的讀者一定知道 Javadoc 這一機制：透過在類別、方法上加特定格式的註釋就可以生成 HTML 格式的程式文件。輔以一些格式定義，基於 OpenAPI 描述文件也可以生成針對 API Server 端點的 HTML 檔案，供人閱讀。技術上這完全行得通，畢竟 OpenAPI 文件中已經具有了完備的 API 端點資訊。Kubernetes 這麼做了，為 v1.27 版生成的端點描述文件發佈在 https://kubernetes.io/docs/reference/generated/kubernetes-api/v1.27/。同時，Kubernetes 開放了工具，以便幫助使用者在本地自助建構這些 HTML 檔案[1]。

　　（2）支援資料一致性驗證。Kubernetes 官網上描述了一個很有說服力的例子，在 v1.8 之前，如果使用者在定義一個 Deployment 時錯誤地將 replicas 拼寫為 replica，則可能產生災難性後果。因為 ReplicaSet 控制器將使用預設的 replicas 值（預設為 1）去調整 Pod 的數量。可想而知，目標服務極有可能因此下線。這個問題的解決是改進使用者端程式，讓它下載 API Server 所有端點的 OpenAPI 規格說明，在將每個請求發送至 API Server 前，均須用規格說明驗證使用者提交的請求，如果驗證失敗，則停止發送。這很有效，在 OpenAPI 描述文件內，針對請求的參數有準確的描述。以 apps/v1 為例，其下 API 端點規格說明中關於 Deployment 的端點的描述如圖 5-3 所示。

---

[1] 步驟參見 https://kubernetes.io/zh-cn/docs/contribute/generate-ref-docs/kubernetes-api/。

```
8698          "/apis/apps/v1/namespaces/{namespace}/deployments": {
8699 >          "delete": { ⋯
8855            },
8856 >          "get": { ⋯
8995            },
8996 >          "parameters": [ ⋯
9016            ],
9017            "post": {
9018              "description": "create a Deployment",
9019              "operationId": "createAppsV1NamespacedDeployment",
9020 >            "parameters": [ ⋯
9048              ],
9049              "requestBody": {
9050                "content": {
9051                  "*/*": {
9052                    "schema": {
9053                      "$ref": "#/components/schemas/io.k8s.api.apps.v1.Deployment"
9054                    }
9055                  }
9056                }
9057              },
9058 >            "responses": { ⋯
9122              },
9123              "tags": [
9124                "apps_v1"
9125              ],
9126              "x-kubernetes-action": "post",
9127              "x-kubernetes-group-version-kind": {
9128                "group": "apps",
9129                "kind": "Deployment",
9130                "version": "v1"
9131              }
9132            }
```

▲ 圖 5-3 apps/v1 下端點描述文件節選

注意它的 requestBody 內的 Schema 資訊 #/components/schemas/io.k8s.api.apps.v1.Deployment，該 Schema 定義可以在規格說明的 components 節點下找到，它完整地描述了 Deployment 的 v1 外部版本具有的屬性，如圖 5-4 所示。

Generic Server

```
366      "io.k8s.api.apps.v1.Deployment": {
367        "description": "Deployment enables declarative updates for Pods and ReplicaSets.",
368        "properties": {
369          "apiVersion": {
370            "description": "APIVersion defines the versioned schema of this representation of
371            "type": "string"
372          },
373          "kind": {
374            "description": "Kind is a string value representing the REST resource this object
375            "type": "string"
376          },
377          "metadata": {
378            "allOf": [
379              {
380                "$ref": "#/components/schemas/io.k8s.apimachinery.pkg.apis.meta.v1.ObjectMeta
381              }
382            ],
383            "default": {},
384            "description": "Standard object's metadata. More info: https://git.k8s.io/communi
385          },
386          "spec": {
387            "allOf": [
388              {
389                "$ref": "#/components/schemas/io.k8s.api.apps.v1.DeploymentSpec"
390              }
391            ],
392            "default": {},
393            "description": "Specification of the desired behavior of the Deployment."
394          },
395          "status": {
396            "allOf": [
397              {
398                "$ref": "#/components/schemas/io.k8s.api.apps.v1.DeploymentStatus"
399              }
400            ],
401            "default": {},
402            "description": "Most recently observed status of the Deployment."
403          }
404        },
405        "type": "object",
406        "x-kubernetes-group-version-kind": [
407          {
408            "group": "apps",
409            "kind": "Deployment",
410            "version": "v1"
411          }
412        ]
413      },
```

▲ 圖 5-4 apps/v1/Deployment 的 OpenAPI 描述

有如此精確的資訊在手，使用者端便可勝任許多驗證。獲取 OpenAPI 描述檔案的工作也被簡化了，使用者端可以借助 client-go 工具函數庫提供的 client 完成。

5.3.3 生成 API OpenAPI 規格說明

用 OpenAPI 規範精確地描述 REST API 也是有代價的：工作量大，並且不容有錯。API Server 提供那麼多 API 資源，有如此之多的端點，手工為它們撰寫 OpenAPI 服務規格說明不可接受。解決辦法是透過程式生成來自動生成。生成與消費的過程如圖 5-5 所示。

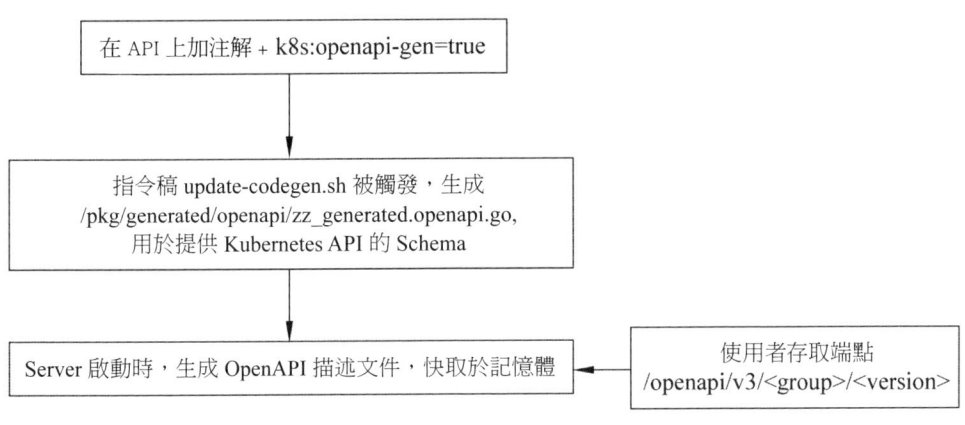

```
在 API 上加注解 + k8s:openapi-gen=true
              ↓
指令稿 update-codegen.sh 被觸發，生成
/pkg/generated/openapi/zz_generated.openapi.go,
用於提供 Kubernetes API 的 Schema
              ↓
Server 啟動時，生成 OpenAPI 描述文件，快取於記憶體  ←  使用者存取端點
                                                        /openapi/v3/<group>/<version>
```

▲ 圖 5-5 生成與使用 API 端點的 OpenAPI 描述文件

1. 加注解

開啟任意一個 Kubernetes API 組的外部類型定義套件，找到其內的 doc.go 檔案，例如 staging/src/k8s.io/api/apps/v1/doc.go，會看到以下注解：

```
// 程式 5-5 staging/src/k8s.io/api/apps/v1/doc.go
//+k8s:deepcopy-gen=package
//+k8s:protobuf-gen=package
//+k8s:openapi-gen=true// 要點①

package v1 //import "k8s.io/api/apps/v1"
```

程式中要點①處的注解標明需要為本套件下定義的所有類型生成符合 OpenAPI 的描述，稱為 Kubernetes API 的 Schema。這些類型描述將被用於在 OpenAPI 規格說明中定義 API 端點的參數。讀者可查看關於 Deployment 的 Schema 截圖 5-4。

2. 執行生成

注解只是標明哪些 Go 類型需要生成 OpenAPI 內的 Schema，而真正的生成需要觸發，並且要在將 API Server 編譯為可執行檔前進行。指令稿 update-codegen.sh 包含了觸發 OpenAPI Schema 的程式生成。最終結果是在專案的 /pkg/generated/openapi/v3 下生成一個巨大的檔案 zz_generated.openapi.go，該檔案內含用於為每個內建 API 基座結構生成 OpenAPI Schema 的函數，呼叫這些函數就可以獲得對應內建 API 基座結構的 Schema。apps/v1 Deployment 的 Schema 生成方法的程式如下：

```go
// 程式 5-6 /pkg/generated/openapi/v3/zz_generated.openapi.go
func schema_k8sio_api_apps_v1_Deployment(ref common.ReferenceCallback) common.OpenAPIDefinition {
    return common.OpenAPIDefinition{
        Schema: spec.Schema{
            SchemaProps: spec.SchemaProps{
                Description: "Deployment enables ...",
                Type:        []string{"object"},
                Properties: map[string]spec.Schema{
                    "kind": {
                        SchemaProps: spec.SchemaProps{
                            Description: "Kind is a string ...",
                            Type:        []string{"string"},
                            Format:      "",
                        },
                    },
                    "apiVersion": {
                        SchemaProps: spec.SchemaProps{
                            Description: "APIVersion defines ...",
                            Type:        []string{"string"},
                            Format:      "",
                        },
                    },
                    "metadata": {
                        SchemaProps: spec.SchemaProps{
                            Description: "Standard object'...",
```

```
                        Default: map[string]interface{}{},
                        Ref:     ref("k8s.io/apimachinery/
                                pkg/apis/meta/v1.ObjectMeta"),
                    },
                },
                "spec": {
                    SchemaProps: spec.SchemaProps{
                        Description: "Specification of …",
                        Default:     map[string]interface{}{},
                        Ref:         ref("k8s.io/api/apps/
                                    v1.DeploymentSpec"),
                    },
                },
                "status": {
                    SchemaProps: spec.SchemaProps{
                        Description: "Most recently …",
                        Default:     map[string]interface{}{},
                        Ref:         ref("k8s.io/api/apps/
                                    v1.DeploymentStatus"),
                    },
                },
            },
        },
    },
    Dependencies: []string{
        "k8s.io/api/apps/v1.DeploymentSpec",
        "k8s.io/api/apps/v1.DeploymentStatus",
        "k8s.io/apimachinery/pkg/apis/meta/v1.ObjectMeta"
    },
}
```

3. 啟動時生成並快取

經過前面兩步，獲取了 Kubernetes API 在 OpenAPI 規格說明文檔中的 Schema，但 Server 上還並不存在各 API 端點的 OpenAPI 規格說明文檔。啟動時，Server 會根據已向其註冊的端點（go-restful 中的 Web Service）和上述 Schema 資訊，在記憶體中為每個 API 版本內的所有端點生成對應的 OpenAPI 規格說

5　Generic Server

明文檔，並快取於記憶體中，等待使用者端存取請求的到來。5.3.4 節將介紹 Generic Server 生成該文件的過程。

從 API Server 獲取一個 API 組的某個版本下所有 API 端點規格描述文件可以存取 /openapi/v3/apis/<group>/<version> 或 openapi/v3/api/<version>。

5.3.4　Generic Server 與 OpenAPI

端點 /openapi/v3 的定義及回應都是在 Generic Server 中實現的。由於主 Server、擴充 Server、聚合器和聚合 Server 都是在 Generic Server 之上建構出來的，所以它們會自動繼承回應 /openapi/v3 這種能力[1]。接下來講解 Generic Server 這部分實現細節。

3.4 節介紹了 API Sever 的啟動過程，總共分三步：製作 Server 鏈；呼叫 Server 鏈頭的啟動準備函數；最後啟動，其中第 2 步調用啟動準備函數實際上是呼叫名為 PrepareRun() 的方法，它會觸發對其底座 Generic Server 的名稱相同方法的呼叫，鏈頭 Server（聚合器）會呼叫到 Generic Server 的這種方法來完成自己的啟動準備工作，程式如下：

```
// 程式 5-7 staging/src/k8s.io/apiserver/pkg/server/genericapiserver.go
func (s *GenericAPIServer) PrepareRun() preparedGenericAPIServer {
    s.delegationTarget.PrepareRun()

    if s.openAPIConfig !=nil && !s.skipOpenAPIInstallation {
        s.OpenAPIVersionedService, s.StaticOpenAPISpec =routes.OpenAPI{
            Config: s.openAPIConfig,
        }.InstallV2(s.Handler.GoRestfulContainer,
                    s.Handler.NonGoRestfulMux)
    }
    // 要點①
    if s.openAPIV3Config !=nil && !s.skipOpenAPIInstallation {
        if utilfeature.DefaultFeatureGate.Enabled(features.OpenAPIV3) {
```

---

[1] 聚合器會遮罩使用者端對子 Server 的 openapi/v3 端點的直接存取，在 8.2.3 節中將講解。

5.3 OpenAPI

```
            s.OpenAPIV3VersionedService =routes.OpenAPI{
                Config: s.openAPIV3Config,
            }.InstallV3(s.Handler.GoRestfulContainer,
                        s.Handler.NonGoRestfulMux)
        }
    }

    s.installHealthz()
    s.installLivez()

    // 一旦關機指令便會被觸發，readiness 應該開始傳回否定結果
    readinessStopCh :=s.lifecycleSignals.ShutdownInitiated.Signaled()
    err :=s.addReadyzShutdownCheck(readinessStopCh)
    if err !=nil {
        klog.Errorf("Failed to install readyz shutdown check %s", err)
    }
    s.installReadyz()

    return preparedGenericAPIServer{s}
}
```

看上述程式中要點①處的 if 敘述，經過簡單判斷後呼叫了 InstallV3() 這種方法[1]，它就是註冊 /openapi/v3 端點的地方，該方法做以下兩件事情：

（1）把 openapi 的存取端點設置為 /openapi/v3，並連結請求處理分發器，這個分發器實際上就是當呼叫本方法時傳入的第 2 個參數：s.Handler.NonGo-RestfulMux。

（2）為每個 group/version 內 API 的端點生成 openapi v3 規格說明文檔。當呼叫 InstallV3() 時給第 1 個形參的實際參數是 s.Handler.GoRestfulContainer 物件，這個物件代表 go-restful 中的 Container，每個 gourp/version 都已經在其上註冊了 Route，基於這些 Route 中的資訊就知道需要為哪些端點生成 openapi 規格說明了。

---

① InstallV3() 的原始程式位於 staging/k8s.io/apiserver/pkg/server/routes/openapi.go。

5.4 Scheme 機制

軟體工程的一大課題是解耦。經典設計模式中舉出了 23 種模式，它們中的一大部分是在解耦。解耦的一種手段是引入中間層，2005 年前後，隨著 WebService 的流行，業界特別熱衷於建立中介軟體，中介軟體本質上是在多個異質系統之外引入中間層，借助它打通所有系統，從而既獲得異質系統帶來的技術靈活性，也得到系統協作帶來的功能豐富性。

API Server 可以分為 API 和 Server 兩部分來看待：

（1）Server 的主要目標是提供一個以 go-restful 為基礎的 Web 伺服器，在設計與實現時不會受 API 的結構影響，每個 API 在 Server 看來都是一組端點、一組 Route，Server 提供方法把 API 轉為 WebService 和 Route。

（2）API 可以視作資訊的容器，是使用者向 Server 提交資訊的載體。它專注在自己具有的屬性、屬性預設值、各個版本之間的轉換方式等，而不應該受下層 Server 的設計影響。對 API Server 能力的擴充主要是指不斷引入新的 API，讓 API Server 服務的範圍得到擴充，如果說每次引入新的 API 都需要對 Server 本身的程式進行改動，則這種設計顯然是不太理想的。

二者的獨立促成了兩方面的靈活性：第一，設計時不互相影響；第二，擴充時各自可變，但這要求深度解耦 API 和 Server，Scheme 是 Kubernetes 達到這一目的重要工具。Scheme 技術上由一個 Go 結構代表，程式如下：

```go
// 程式 5-8 staging/k8s.io/apimachinery/pkg/runtime/scheme.go
type Scheme struct {

    //API 的 GVK 向基座結構的映射
    gvkToType map[schema.GroupVersionKind]reflect.Type

    //API 的 Go 實例向 GVK 的映射，也就是 gvkToType 的逆向資訊
    // 注意作為 index 的 reflect.Type 物件不能是指標，要用實例
    typeToGVK map[reflect.Type][]schema.GroupVersionKind

    // 在版本轉換時 (ConvertToVersion() 方法 ) 不必進行轉化的 GVK。地位相當於內部版本
```

```
unversionedTypes map[reflect.Type]schema.GroupVersionKind

// 可建立於任何 API 組和版本下的 API
unversionedKinds map[string]reflect.Type

// 將 GVK 映射到用於將其 label 轉為內部版本的函數。該 map 的 key 為外部版本 GVK
fieldLabelConversionFuncs map[schema.GroupVersionKind]FieldLabelConversionFunc

// 將一個 Go 物件映射到它的預設值設置函數。作為 map 的 key，Go 物件不可以為指標
defaulterFuncs map[reflect.Type]func(interface{})

// 存放所有的版本轉換函數，包含預設的轉換行為
converter *conversion.Converter

// 將一個 API 組映射到一個該組具有的版本列表，這個列表是按重要性排過序的
versionPriority map[string][]string

// 用於儲存註冊過程中各個版本出現的順序
observedVersions []schema.GroupVersion

// 登錄檔名稱，排錯時有用。如果不指定，則預設用 NewScheme() 方法呼叫堆疊作為其名稱
schemeName string
}
```

5.4.1 登錄檔的內容

登錄檔（Scheme）有「方案」和「策劃」的意思，甚至還有「陰謀」的含義，筆者覺得這些都不恰如其分，本書將它稱為登錄檔。程式 5-8 展示了其所有內容，其中主要部分有以下幾點。

1. GVK 到 API 的 Go 基座結構的正反向映射

組、版本和種類（GVK）刻畫了一個 API，而該 API 技術上又對應一個 Go 結構，稱為基座結構，所以 GVK 和 Go 結構之間有一對一的關係，該關係以 map 資料結構儲存在登錄檔中。map 的鍵和值是 GVK 和 Go 結構，而技術上可以透過反射獲取 Go 結構的中繼資料，類型為 reflect.Type，這一中繼資料完全代

表該結構，所以 map 的鍵和值將分別是 GVK 和類型為 reflect.Type 的物件。登錄檔中存在兩個 map，分別對應兩個方向的映射：其一從 GVK 到 reflect.Type，其二從 reflect.Type 到 GVK。該對應關係有何用處呢？試想一個使用者端對 API Server 發起建立 apps/v1/Deployment 的請求，API Server 從 HTTP 請求中只可以得到目標 API 的 GVK，系統需要一個解碼過程：把 HTTP 請求中目標 API 物件資訊放入該 API 的 Go 結構實例中，那麼就必須能從 GVK 建立出該結構實例，這時由 GVK 到 reflect.Type 的映射就非常關鍵了。

2. API 的 Go 基座結構到其預設值設置函數的映射

第 4 章在講解程式生成時詳細討論了預設值函數的生成過程，為了在需要時能找到一個 API 的預設值設置函數，並避免強制寫入，系統把它們記錄在登錄檔中的 map 中，該 map 的鍵值是 API 的 Go 基座結構，它可以從 GVK 映射而來，而值就是它的預設值設置函數[①]。

3. API 內外部版本轉換函數

類似預設值設置函數，版本之間的轉換函數也需要儲存在登錄檔中。儲存映射的資料結構沒再使用 map，而是用 apimachinery 函數庫中的 conversion.Converter 結構包裝了一下，不過最終的作用相同。

4. 各 API 組內各個版本的重要性排名

隨著時間的演進，一個組下可能出現多個版本，那麼在處理過程中，當出現版本不明確時如何決定使用哪個版本呢？這可以透過設定各個版本的優先順序別來確定。

注意：當用命令 kubectl api-resources 獲取當前 Server 具有的所有資源時，只列出優先順序最高的版本。

---

① 同 JavaScript 類似，Go 語言中函數 / 方法可以被當物件使用。

以上便是登錄檔的主要內容。在這個中間層的作用下，當 Web Server 接收了服務時，它不必懂目標 API 的技術細節，更不用把 API 的程式強制寫入到自己的邏輯當中：當需要把 HTTP 請求中傳入的 JSON 解碼為 Go 結構時，透過登錄檔找到正確的 Go 結構類型；在進行回應前，把請求中的 API 實例從使用者端使用的外部版本轉為內部版本，轉換函數同樣透過登錄檔找到。這樣的解耦使 API 和 Web Server 之間相對獨立，各自演化。一個新的內建 API 的引入，技術上只需以下步驟。

（1）實現 API 的各種介面。

（2）把該 API 對應的 RESTful 服務註冊到 Web Server。

（3）最後將該 API 註冊到登錄檔。

過程中不涉及 Web Server 程式的改動，但讀者應注意，API Server 不支援動態匯入內建 API，需要在 Server 啟動時決定是否支援，如果需變動，則需要重新啟動 Server。

5.4.2 登錄檔的建構

登錄檔內容的填入是在 Server 啟動過程中完成的，後續執行時期不會更改。整個程式設計非常優雅，表現了 Go 語言優良的特性。該過程對每個 Go 開發者都有啟發，這一節將詳細介紹。

1. 建構者（Builder）模式

登錄檔的填充遵循了建構者模式，經典建構者模式的角色關係如圖 5-6 所示。先講解該設計模式，熟悉的讀者可跳過本節。

Generic Server

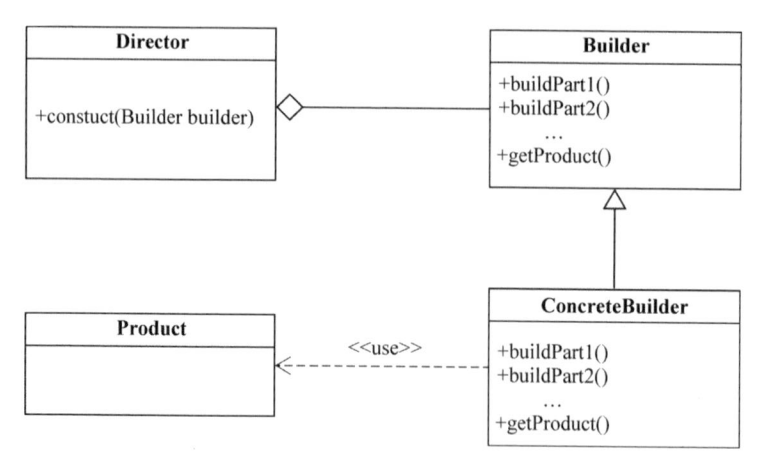

```
         Director                              Builder
+constuct(Builder builder) ◇——————    +buildPart1()
                                      +buildPart2()
                                      ...
                                      +getProduct()
                                           △
                                           │
                                           │
         Product                      ConcreteBuilder
                  <<use>>  ┄┄┄┄┄┄┄   +buildPart1()
                                      +buildPart2()
                                      ...
                                      +getProduct()
```

▲ 圖 5-6 經典建構者模式

該模式中有4個角色，其中產品（Product）在本模式中沒有邏輯，不必細說，ConcreteBuilder是Builder這個抽象角色的具體實現，所以二者扮演著同一角色。Director 和 Builder 各有責任。

（1）Director：透過定義產品零組件決定規格。例如同品牌同版本的手機，儲存大小不同造就出不同的產品，市場售價也會不同。Director 決定了最終產品包含哪些零組件及規格，但它不負責具體的加工過程。

（2）Builder 和 ConcreteBuilder：負責把產品零組件組合成產品，掌握組合流程。Director 決定給什麼樣的零件，Builder 負責把它們按照正確的方式組裝起來。圖 5-6 沒有反映出 Builder 的建構要求，一般來講，在建構一個 Builder 時，需要給足建立一個產品的必備零組件，不能少掉哪個，否則 Builder 肯定不能工作，而那些可選零組件會透過 Builder 暴露的方法去指定。

Builder 一般會定義方法 Build() 或 GetProduct()，從而獲取生產出的產品。以上就是經典設計模式中的建造者模式，不難理解。

注意：實踐中該經典模式演化出了簡化版本，感興趣的讀者可以查詢在 Java 中簡化模式是怎樣的，或查詢 Java Spring 框架中許多的 Builder 的原始程式碼，其中大部分是簡化版本。

2. 登錄檔的 Builder

　　SchemeBuilder 扮演了建構者模式中的 Builder 角色。程式語言不同，對同一種模式的實現手法也就不同，Go 語言是一種非物件導向的語言，其必然有獨特的手法，正所謂模式是死的，人是活的。

```go
// 程式 5-9 staging/k8s.io/apimachinery/pkg/runtime/scheme_builder.go
package runtime

type SchemeBuilder []func(*Scheme) error

//AddToScheme 用入參 scheme 去呼叫 SchemeBuilder 內的函數
// 如果傳回 error，則表明至少一個呼叫失敗了
func (sb *SchemeBuilder) AddToScheme(s *Scheme) error {
    for _, f :=range *sb {
        if err :=f(s); err !=nil {
            return err
        }
    }
    return nil
}

// 將一組 scheme 建構函數加入 SchemeBuilder 列表中
func (sb *SchemeBuilder) Register(funcs ...func(*Scheme) error) {
    for _, f :=range funcs {
        *sb =append(*sb, f)
    }
}

//NewSchemeBuilder 為你呼叫註冊函數
func NewSchemeBuilder(funcs ...func(*Scheme) error) SchemeBuilder {
    var sb SchemeBuilder
    sb.Register(funcs...)
    return sb
}
```

Generic Server

　　以上程式定義了 SchemeBuilder，一共有 48 行，做了兩件事情：第一，定義類型 SchemeBuilder；第二，為該類型加方法。SchemeBuilder 被定義為一個陣列，方法的陣列，在 Go 語言中方法是可以被當作變數使用的。這個陣列裡的方法的簽名有要求：只能有一個輸入參數，其類型為 Scheme 的引用；傳回數值型態為 error，只有在出錯時傳回值才為非 nil。在 Go 語言中，任何類型都可以作為方法的接收器，這很像為該類型增加方法，而在物件導向語言中，有類別 / 介面才能有方法，這也算 Go 語言的特色了。上述程式為 SchemeBuilder 陣列定義了 3 種方法。

　　（1）NewSchemeBuilder() 方法：Builder 的工廠方法，透過它獲取一個 Builder 實例。設計模式中的 Builder 建構函數接收那些必需的零組件，所以這種方法提供了一個輸入參數：可以放入 SchemeBuilder 陣列的函數。讀者可能猜到了，SchemeBuilder 使用的「零組件」都是以函數形式存在的。

　　（2）Register() 方法：把可選零組件放入 SchemeBuilder 陣列中。同樣地，這裡的「零組件」是函數。

　　（3）AddToScheme() 方法：用零組件建構出產品———一個 Scheme 實例。它相當於經典模式中 Builder 的 GetProduct 方法：當零組件都給全了，呼叫這種方法，用這些零組件填充本方法的傳入參數，從而得到完整的 Scheme 實例，其內部實現很簡潔，是對 SchemeBuilder 陣列內儲存的「零組件」進行遍歷，如上所述它們是一個個函數，遍歷它們能幹什麼？自然是呼叫，以本方法獲得的實際參數 Scheme 作為入參去呼叫這些函數，而這些函數內部會把自己掌握的資訊交給該 Scheme 實例，完成 Scheme 實例的建構。

3. 登錄檔的 Director-register.go

　　有了 Builder，接下來看模式中的 Director 是怎麼實現的。模式中的 Director 會決定給什麼「零組件」，前面看到 SchemeBuilder 接收的零組件是以 Scheme 指標為形式參數的函數，那麼在 Director 中我們就應該能看到這些函數。

　　在 Kubernetes 的 Scheme 建構中 Director 有多個，每個 API Group 的每個內部版本和全部外部版本各有一個 Director，這和模式中 Director 的定位是吻合

5.4 Scheme 機制

的：每個 API 版本中的 API 邏輯上都是不同的，所以不能共用同一個。在 API Server 的實現中，這個角色由不同的 register.go 檔案來承擔。讀者可能不太習慣由一個檔案來承擔設計模式中角色的做法，由於 Go 語言沒有類別，所以檔案也被用來提供一定的程式組織功能。

以 apps 組中內部版本的 register.go 檔案為例，一窺究竟，程式如下：

```go
// 程式 5-10 pkg/apis/apps/register.go
var (
    // 登錄檔 Builder
    SchemeBuilder =runtime.NewSchemeBuilder(addKnownTypes)    // 要點①
    // 在本套件上暴露 Builder 的 AddToScheme() 方法
    AddToScheme =SchemeBuilder.AddToScheme                    // 要點④
)

// 本 package 內用的組名稱
const GroupName ="apps"

//SchemeGroupVersion 是註冊這些物件時使用的組和版本
var SchemeGroupVersion =schema.GroupVersion{Group: GroupName, Version:
runtime.APIVersionInternal}

// 由 API 種類獲取 GroupKind
func Kind(kind string) schema.GroupKind {
    return SchemeGroupVersion.WithKind(kind).GroupKind()
}

// 由 Resource 獲取一個 GroupResource
func Resource(resource string) schema.GroupResource {
    return SchemeGroupVersion.WithResource(resource).GroupResource()
}

// 將一列類型增加到給定的登錄檔內
func addKnownTypes(scheme *runtime.Scheme) error {           // 要點②
    //…
    scheme.AddKnownTypes(SchemeGroupVersion,
            &DaemonSet{},                                     // 要點③
            &DaemonSetList{},
            &Deployment{},
```

5-29

```
                &DeploymentList{},
                &DeploymentRollback{},
                &autoscaling.Scale{},
                &StatefulSet{},
                &StatefulSetList{},
                &ControllerRevision{},
                &ControllerRevisionList{},
                &ReplicaSet{},
                &ReplicaSetList{},
        )
        return nil
}
```

關注上述程式要點①處 SchemeBuilder 類型實例的建構和要點②處的 addKnownTypes() 方法。Builder 實例的獲取借助前面介紹的 NewScheme-Builder() 方法，它的唯一形參類型是 Scheme 指標，在 register.go 檔案中在呼叫該方法時使用的實際參數是 addKnownTypes() 方法，這種方法把當前這個 API Group 中的所有 API 都交給目標 Scheme 實例：這裡目標 Scheme 實例是透過參數傳進來的，Group 中的 API 則是以它們的 Go 結構實例表示的，見要點③及其下方的程式。

Scheme 類型的 AddKnownTypes() 方法會填充登錄檔中 GVK 和 API 基座結構的雙向映射表。程式 5-10 中已經看到 register.go 檔案中的 addKnownTypes() 方法被交給了 Builder，當 Builder 的 AddToScheme 方法被呼叫時，它就會被呼叫。Scheme 類型的 AddKnowTypes() 方法的原始程式碼如下：

```
// 程式 5-11 staging/k8s.io/apimachinery/pkg/runtime/scheme.go
func (s *Scheme) AddKnownTypes(gv schema.GroupVersion, types ...Object) {
    s.addObservedVersion(gv)
    for _, obj :=range types {
        t :=reflect.TypeOf(obj)
        if t.Kind() !=reflect.Pointer {
            panic("All types must be pointers to structs.")
        }
        t =t.Elem()
```

```
            s.AddKnownTypeWithName(gv.WithKind(t.Name()), obj)
    }
}
```

總結一下：只要 Builder 的 AddToScheme 方法被呼叫，當前 API Group 的內部版本 API 與 GVK 映射關係就會被填充到目標 Scheme 實例中。

其次，關注前面的程式 5-10 要點④。這一行把剛剛獲得的 Builder 實例的 AddToScheme() 方法暴露為當前套件（在本例中就是套件 apps）上的名稱相同方法 AddToScheme()，這樣專案內其他程式就可以透過呼叫 apps 套件下的 AddToScheme() 方法間接地觸發 Builder 填充一個給定的 Scheme 實例。這很重要，因為到目前為止，前面的所有工作只是為某 API 版本製作一個 Builder 的實例，並沒有真正去填充某個 Scheme，甚至連目標 Scheme 實例是誰都不知道，需要後期透過 apps.AddToScheme() 方法的呼叫觸發對某個 Scheme 的填充。

上述範例程式的 register.go 對應的是內部版本，對於 apps 這個 group 來講原始程式位於 pkg/apis/apps/register.go，而外部版本 register.go 極為類似，不同的是它位於 staging/src/k8s.io/api/apps/v1/register.go 檔案中。

下面還是以 apps 組為例，探究預設值設置函數和版本轉換函數是如何被註冊進登錄檔的。這次選取外部版本 apps/v1 來講解。外部版本在 pkg/apis/apps/v1 下有一個 register.go，部分程式如下：

```
// 程式 5-12 pkg/apis/apps/v1/register.go
var (
    localSchemeBuilder =&appsv1.SchemeBuilder
    AddToScheme =localSchemeBuilder.AddToScheme
)

func init() {
    // 這裡只註冊人工撰寫的預設值函數，自動生成的已經由被生成的程式註冊
    // 如此分開的好處是即使程式生成沒有進行，這部分編譯還是會成功的
    localSchemeBuilder.Register(addDefaultingFuncs)
}
```

Generic Server

在 v1 這個套件的初始化過程中，呼叫了 Builder 方法的 Register() 方法，向 Builder 增加了 addDefaultingFuncs() 方法，讀者應該能猜到這種方法的功用，它將向登錄檔中增加預設值設置函數。當 v1 版本對應的 Builder 被觸發時，v1 版本的預設值設置方法將被註冊進目標 Scheme 實例。

Converter 又是在哪裡被註冊進登錄檔的呢？實際上和 addDefaultingFuncs 一樣，在套件 v1 的初始化過程中，同樣透過 Register() 方法交給 Builder，只不過這部分原始程式不在 v1/register.go 檔案中而是在 v1/zz_generated.conversion.go 檔案中，程式如下：

```
// 程式 5-13 pkg/apis/apps/v1/zz_generated.conversion.go
func init() {
    localSchemeBuilder.Register(RegisterConversions)          // 要點①
}
```

程式 5-12 和程式 5-13 雖然不在同一原始檔案中，但它們都隸屬於套件 v1。v1 在被引用時所有的套件初始化——init() 函數都會被呼叫，包括 v1/register.go 檔案中的 init() 和 v1/zz_generated.conversion.go 檔案中的 init() 函數，而這次，把 Conversion 的註冊函數交給了 Builder，見程式 5-13 的要點①處。

登錄檔有 4 個主要資訊，到此已經找到了其中 3 個的注入地，分別為 GVK 與 API 基座結構映射關係、預設值設置方法和內外部版本轉換函數。至於最後一個主要資訊「API Group 內各版本的重要等級」，馬上展開講解其註冊地。

4. 觸發登錄檔的建構

經過上述程式準備工作，每個 API Group 的每個內外部版本都有了一個被 Director 設置好的 Builder，並且該 Builder 的產品建構觸發方法 AddToScheme() 被暴露到該版本對應的 Go 套件上，萬事俱備，就等觸發建構了，但從解耦角度看還有待解決的問題：Builder 是暴露在各個版本的套件上的，如果要呼叫它們，則必須匯入這些版本的套件，外部觸發程式豈不是要與這些套件硬綁定？

為了處理好這個問題，在每個 API Group 下都建立了一個 install/install.go 檔案，專案裡其他程式只要匯入了一個 API Group 套件的 install 子套件，就會

5.4 Scheme 機制

觸發該 API Group 下各個版本對應的 Scheme Builder，把資訊填入一個全部 API Group 共用的 Scheme 實例，還是用 apps 這個 Group 舉例，程式如下：

```
// 程式 5-14 pkg/apis/apps/install/install.go
func init() {
    Install(legacyscheme.Scheme)
}

//Install 會註冊 API 組，並向 Scheme 中增加組內類型
func Install(scheme *runtime.Scheme) {
    utilruntime.Must(apps.AddToScheme(scheme))
    utilruntime.Must(v1beta1.AddToScheme(scheme))
    utilruntime.Must(v1beta2.AddToScheme(scheme))
    utilruntime.Must(v1.AddToScheme(scheme))
    utilruntime.Must(scheme.SetVersionPriority(v1.SchemeGroupVersion,
v1beta2.SchemeGroupVersion, v1beta1.SchemeGroupVersion))
}
```

install 套件的初始化方法 init() 會呼叫 Install 方法，該方法會一個一個呼叫每個版本所暴露出的 AddToScheme 方法，把各個版本下的 API 資訊填寫入指定的登錄檔：pkg/api/legacyscheme.go 檔案中定義的名為 Scheme、類型為 runtime.Scheme 的變數。除此以外，Install 方法還設置了這個 Group 下所有版本的優先順序，這也是登錄檔中的資訊，算上前序介紹的 3 個主要內容，已找到了登錄檔全部 4 個主要資訊的注入點。

現在，每個內建 API Group 都提供了一種方便觸發 Builder 工作的方式：匯入該 Group 的 Install 子套件即可。登錄檔建構的實際觸發是在 API Server 啟動時完成的，一經建構，執行時期不再對其更改，過程如圖 5-7 所示。

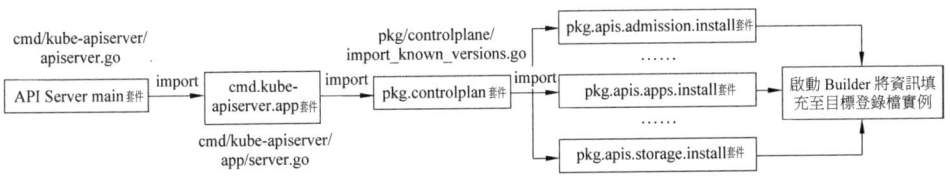

▲ 圖 5-7 API Server 啟動自動觸發內建 API 向登錄檔註冊資訊

5-33

5 Generic Server

　　API Server 的應用程式從 main 套件內程式開始運行，第一件事情就是匯入相依的套件，這最終觸發了登錄檔的填充。就如它的名稱所揭示的一樣，圖 5-7 中提及的 pkg/controlplane/import_known_versions.go 檔案唯一的目的就是觸發內建 API 向登錄檔的註冊，讀者可以查看其內容進行驗證。

　　用套件的匯入觸發登錄檔資訊的填充非常隱蔽，以至於足以讓絕大多數不了解 Kubernetes 專案的開發人員茫然，而建構登錄檔並不是這種手法唯一的應用場景。筆者對這種手法持保留意見，感覺是犧牲過多的可讀性去獲取一點點程式簡潔，實屬得不償失。

　　至此，本章完整地講解了 API Server 登錄檔的建立過程，花費了不少篇幅在這裡，首先是由於登錄檔內資訊在 Server 運行的過程中常被引用；其次它是專案內各個 register.go 檔案、install.go 檔案的建立目的，掌握了它就掌握了專案結構的重要部分；最後透過理解這部分原始程式碼，體會到了 Go 語言的一些特性如何被應用，例如怎麼實現建構者模式、如何利用套件匯入去做事情。這些特性在 Kubernetes 專案內被廣泛應用。

▍5.5　Generic Server 的建構

　　本節聚焦 Generic Server 的建立過程，各個 Server 的元件如何被組裝起來是重點。Generic Server 有幾大核心能力。

　　（1）請求過濾機制：一個請求在抵達目標處理邏輯之前，要經過一組通用的處理篩檢程式，從而完成限流、登入鑑權等必要處理。

　　（2）Server 鏈：兩個 Generic Server 實例可以相互連接，將上游 Server 處理不了的請求傳遞給下游繼續處理，即形成 Server Chain 的能力。第 3 章所述 API Server 內部的 Server 鏈正是在各個子 Server 的基座 Generic Server 的基礎上建構的。

（3）裝配 Kubernetes API：在 Generic Server 的原始程式中看不到任何具體的 Kubernetes API，這是其上層 Server 執行時期注入進來的，Generic Server 提供了將 API 注入 Server 並進行裝配的介面方法。

Server 的建立過程包含了請求過濾機制和 Server 鏈，而 API 的注入與裝配較重要，將在 5.7 節專門介紹。

注意：由於 Generic Server 是主 Server、擴充 Server、聚合器和聚合 Server 的底座，所以它的建構過程也是以上三類 Server 的建構過程的一部分，這部分內容值得重視。

5.5.1 準備 Server 運行配置

獲得 Server 運行配置（Config）是建立 Server 實例的前提。Generic Server 不會獨立地運行，而是作為各子 Server 的底座，所以它的運行配置均來自使用它的各子 Server。

原始檔案 config.go 中定義的 NewConfig() 函數是 Generic Server 運行配置的工廠函數，它會傳回一個推薦配置實例。子 Server 會呼叫它來建立其底座 Generic Server 運行配置實例，首先進行資訊填充，然後用它建立出底座 Generic Server。填充所用資訊來自多個來源，包括使用者命令列輸入的參數、命令列參數預設值和子 Server 專有調整。資訊流的大致方向為由啟動參數流轉至運行選項（Option），再由運行選項到 Config。

（1）從命令列參數到 Option 這一過程在 3.4 節已講解。主要步驟為首先由使用者輸入命令列參數值，它們是利用 Cobra 定義出的標識（flag），然後這些標識被轉為 Option 結構實例；接著該 Option 實例會用自己的 Validate() 方法驗證自身內容。

（2）資訊由 Option 流轉至 Config 則由各個子 Server 主導，中間會增加子 Server 需要的專有調整，例如改變 Generic Server 的某些運行配置值和增加子 Server 專有運行配置項，在 6.1.2 節、7.2.2 節和 8.2.2 節中將介紹。具體實施上，Option 的 Apply() 方法被用來將資訊轉移至 Config 結構實例。

5.5.2 建立 Server 實例

Generic Server 的建立程式位於原始檔案 staging/src/k8s.io/apiserver/pkg/server/config.go 檔案中。無論上層的 Server 是主、擴充或其他，其底層的 Generic Server 都是透過兩次方法呼叫得到的：首先呼叫 Config 結構實例的 Complete() 方法得到 CompletedConfig 結構實例，然後呼叫它的 New() 方法得到 Generic Server。這種兩步走製作 Server 實例的過程很有代表性。主 Server、擴充 Server 及聚合 Server 實例的建立過程如出一轍：它們各自具有 Config、CompletedConfig 結構，對應結構上也會有 Complete() 方法和 New() 方法，在獲取各自實例時經歷上述兩步調用。當上層 Server 的 Complete() 和 New() 方法執行時會呼叫其底座 Generic Server 的 Complete() 和 New() 方法。Generic Server 實例的建立過程如圖 5-8 所示。

```
           Config 結構
              │
   透過呼叫其 Complete() 方法得到
              │
              ▼
       CompletedConfig 結構
              │
     透過呼叫其 New() 方法得到
              │
              ▼
       GenericAPIServer 結構
```

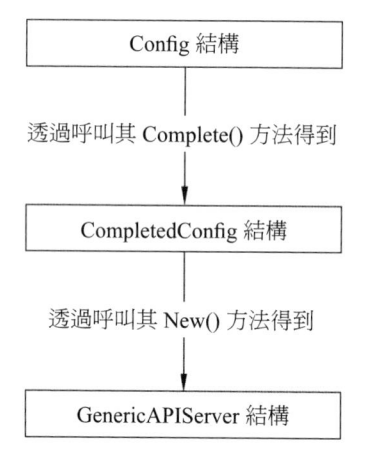

▲ 圖 5-8 Generic Server 實例的建立

各步的具體工作內容如下：

（1）Config 結構實例是這個過程的源頭。可由原始檔案 config.go 中定義的 NewConfig() 方法得到一個 Generic Server 的空 Config 實例，使用前要對其內容進行填充。Config 中資訊的源頭是 API Server 的啟動命令參數，資訊由啟動參數流轉至運行選項（Option），再由運行選項到 Config。

5.5 Generic Server 的建構

（2）Config 的 Complete() 方法的作用是對參數設定進行查漏補缺。在 Generic Server 這個層面，它檢查並完善了 Server 的 IP 和通訊埠設置，以及登入鑑權的參數。Complete() 方法最終製作了一個 CompletedConfig 結構實例並以此作為結果傳回。

（3）而 CompletedConfig 結構的 New() 方法將正式開始一個 Generic Server 實例的建立。本節透過講解 Server 核心能力的建構過程來詳解這一方法。New() 方法簽名部分的程式如下：

```
// 程式 5-15 Generic Server 實例的建構方法節選
//New() 將創造一個內部組合了所傳入 Server 處理鏈的新 Server 實例
// 所傳入 Server 不能為 nil。Name 參數用於在 log 中標示這個 Server
func (c completedConfig) New(name string, delegationTarget DelegationTarget)
(*GenericAPIServer, error) {
    if c.Serializer ==nil {
        return nil, fmt.Errorf("Genericapiserver.New() called with
            config.Serializer ==nil")
    }
    if c.LoopbackClientConfig ==nil {
        return nil, fmt.Errorf("Genericapiserver.New() called with
            config.LoopbackClientConfig ==nil")
    }
    if c.EquivalentResourceRegistry ==nil {
        return nil, fmt.Errorf("Genericapiserver.New() called with
            config.EquivalentResourceRegistry ==nil")
    }
    // 要點①
    handlerChainBuilder :=func(handler http.Handler) http.Handler {
        return c.BuildHandlerChainFunc(handler, c.Config)
    }

    var DebugSocket *routes.DebugSocket
    if c.DebugSocketPath !="" {
        DebugSocket =routes.NewDebugSocket(c.DebugSocketPath)
    }
    // 要點②
    apiServerHandler :=NewAPIServerHandler(name, c.Serializer,
```

```
            handlerChainBuilder, delegationTarget.UnprotectedHandler())
    ...
```

New() 方法將主要完成兩個任務：首先，製作請求處理鏈，包含增加請求篩檢程式和建構 Server 鏈，然後設置 Server 的啟動後和關閉前的鉤子函數，在 Server 啟動後和關閉前，這些鉤子函數將被一個一個執行。

5.5.3 建構請求處理鏈

關注程式 5-15 的要點①和要點②。要點①製作了一個處理鏈 Builder，是一個名為 handerChainBuilder 的函數，這個 Builder 的實際作用是為處理鏈加上各種請求篩檢程式；要點②處利用這個 Builder 作為參數之一呼叫方法 NewAPIServerHandler()，生成了 apiServerHandler 這一變數，它將成為 Server 的請求處理者，本節後續會分析它的生成過程。

1. 請求過濾機制

首先講解請求篩檢程式（Filter）。大多數用過其他 Web Server 的開發人員應該對 Web 伺服器的篩檢程式機制不陌生，以 Tomcat 為例，它的管理員透過配置，讓伺服器接收到請求後對請求內容舉出回應前對將要發出的回應內容進行處理。這些處理一般不需要去理解請求或回應的業務含義，而是一般的跨業務的處理。例如請求的篩選過濾、CSRF、CORS 等安全方面、日誌記錄方面等。篩檢程式一般有多個，它們相互連接而形成篩檢程式鏈，置放在一個 HTTP 請求處理過程的最前或最後端。

Kubernetes Generic Server 同樣設有請求過濾機制，也提供了一組請求篩檢程式，用於把請求交給處理器之前做前置處理工作。請求到達 Server 後立即進入過濾鏈，這一過程甚至早於請求中所包含的 Kubernetes API 實例被解碼為 Go 結構實例，因為請求篩檢程式不需要理解業務邏輯。下面透過分析程式講解這條篩檢程式鏈的建構過程。

5.5 Generic Server 的建構

透過程式 5-15 的要點①可以看到，handerChainBuilder() 函數內部依靠 CompletedConfig 的 BuildHandlerChainFunc 欄位（類型為函數）去給 http.Handler 類型的入參加篩檢程式。追溯類型為 CompletedConfig 的變數 c 的出處，最終可以找到 BuildHandlerChainFunc 的賦予地，即位於上述 config.go 檔案的 NewConfig() 方法，程式如下：

```go
// 程式 5-16 staging/src/k8s.io/apiserver/pkg/server/config.go
return &Config{
    Serializer:                  codecs,
    BuildHandlerChainFunc:       DefaultBuildHandlerChain, // 要點①
    NonLongRunningRequestWaitGroup:
        new(utilwaitgroup.SafeWaitGroup),
    WatchRequestWaitGroup:
        &utilwaitgroup.RateLimitedSafeWaitGroup{},
    LegacyAPIGroupPrefixes:
        sets.NewString(DefaultLegacyAPIPrefix),
    DisabledPostStartHooks:      sets.NewString(),
    PostStartHooks:              map[string]PostStartHookConfigEntry{},
    HealthzChecks:               append([]healthz.HealthChecker{},
        defaultHealthChecks...),
    ReadyzChecks:                append([]healthz.HealthChecker{},
        defaultHealthChecks...),
    LivezChecks:                 append([]healthz.HealthChecker{},
        defaultHealthChecks...),
    EnableIndex:true,
    EnableDiscovery:             true,
    EnableProfiling:             true,
    DebugSocketPath:             "",
    EnableMetrics:               true,
    MaxRequestsInFlight:         400,
    MaxMutatingRequestsInFlight: 200,
    RequestTimeout:              time.Duration(60) * time.Second,
    MinRequestTimeout:           1800,
    LivezGracePeriod:            time.Duration(0),
    ShutdownDelayDuration:       time.Duration(0),
    ...
    JSONPatchMaxCopyBytes: int64(3 * 1024 * 1024),
```

5-39

5 Generic Server

```
    ...
    MaxRequestBodyBytes: int64(3 * 1024 * 1024),
    ...
    LongRunningFunc:
        genericfilters.BasicLongRunningRequestCheck(
            sets.NewString("watch"), sets.NewString()),
    lifecycleSignals:          lifecycleSignals,
    StorageObjectCountTracker:
        flowcontrolrequest.NewStorageObjectCountTracker(),
    ShutdownWatchTerminationGracePeriod: time.Duration(0),

    APIServerID:            id,
    StorageVersionManager: storageversion.NewDefaultManager(),
    TracerProvider:         tracing.NewNoopTracerProvider(),
}
```

由上述程式要點①可見，Generic Server 預設會用自身的 DefaultBuildHandlerChain() 方法作為篩檢程式增加函數，將一組篩檢程式加入 Server 的請求處理器上。在建構上層 Server（例如聚合器）時，可以透過改變 Config 的該欄位值來改變這一行為，不過實踐中 Generic Server 所提供的所有請求篩檢程式都被核心 API Server 保留使用了，它們足夠底層和通用。方法 DefaultBuildHandlerChain() 中為請求處理增加的篩檢程式見表 5-2。

▼ 表 5-2 DefaultBuildHandlerChain() 所增加的篩檢程式

#	增加篩檢	程式作用
1	genericapifilters.WithAuthorization	許可權
2	genericfilters.WithMaxInFlightLimit	流量控制
3	genericapifilters.WithImpersonation	冒名請求
4	genericapifilters.WithAudit	稽核
5	genericapifilters.WithFailedAuthenticationAudit	稽核 - 登入失敗
6	genericapifilters.WithAuthentication	登入
7	genericfilters.WithCORS	跨域資源貢獻

5.5 Generic Server 的建構

（續表）

#	增加篩檢	程式作用
8	genericfilters.WithTimeoutForNonLongRunningRequests	逾時時對使用者端的回應
9	genericapifilters.WithRequestDeadline	設置處理時限
10	genericfilters.WithWaitGroup	將請求加入 wait group
11	genericfilters.WithWatchTerminationDuringShutdown	當設置了優雅關閉時長時，在系統關閉期間觀測系統狀態
12	genericfilters.WithProbabilisticGoaway	HTTP2 模式下適時發送 GOAWAY 請求
13	genericapifilters.WithWarningRecorder	向 Header 中增加 Warning
14	genericapifilters.WithCacheControl	設置 cache-control 請求標頭
15	genericfilters.WithHSTS	啟用 HTTP 嚴格傳輸安全
16	genericfilters.WithRetryAfter	關機訊號發出並過了延遲期，拒絕連結
17	genericfilters.WithHTTPLogging	將請求記錄到日誌中
18	genericapifilters.WithTracing	為支援在分散式 API Server 中追蹤請求而設置
19	genericapifilters.WithLatencyTrackers	用於記錄請求在 API Server 各個元件間的延遲
20	genericapifilters.WithRequestInfo	將一個 RequestInfo 實例放到 context 中
21	genericapifilters.WithRequestReceivedTimestamp	用於增加請求到達 API Server 的時間戳記
22	genericapifilters.WithMuxAndDiscoveryCompleteServer	還沒完全啟動就收到請求，在 context 中放入特殊標識，從而傳回特定 HTTP Status code
23	genericfilters.WithPanicRecovery	異常發生時記錄日誌並試圖恢復，但 http.ErrAbortHandler 不可恢復
24	genericapifilters.WithAuditInit	建立 Audit context

5 Generic Server

由 5.1 節知道,一個 HTTP 請求最終會被交由處理器去回應,處理器類型需要實現 http.Handler 介面,該介面定義唯一方法,其簽名為 ServeHTTP(w HttpRequestWriter, r *Request)。以上這些 WithXXX 方法是如何把篩檢程式加到處理器回應之前的呢?透過 WithAuthorization() 的原始程式來一探究竟。

```go
// 程式 5-17 staging/k8s.io/apiserver/pkg/endpoints/filters/authorization.go
//WithAuthorizationCheck 將阻攔未透過鑑權的請求,透過的請求將被轉交處理器
func WithAuthorization(handler http.Handler, a authorizer.Authorizer,
                    s runtime.NegotiatedSerializer) http.Handler {
    if a ==nil {
        klog.Warning("Authorization is disabled")
        return handler
    }
    return http.HandlerFunc(
        func(w http.ResponseWriter, req *http.Request) {// 要點①
            ctx :=req.Context()
        attributes, err :=GetAuthorizerAttributes(ctx)
        if err !=nil {
            responsewriters.InternalError(w, req, err)
            return
        }
        authorized, reason, err :=a.Authorize(ctx, attributes)
        //…
        if authorized ==authorizer.DecisionAllow { // 要點②
            audit.AddAuditAnnotations(ctx,
                decisionAnnotationKey, decisionAllow,
                reasonAnnotationKey, reason)
            handler.ServeHTTP(w, req)
            return
        }
        if err !=nil {
            audit.AddAuditAnnotation(ctx, reasonAnnotationKey,
                reasonError)
            responsewriters.InternalError(w, req, err)
            return
        }

        klog.V(4).InfoS("Forbidden", "URI", req.RequestURI,
```

```
            "reason", reason)
        audit.AddAuditAnnotations(ctx,
            decisionAnnotationKey, decisionForbid,
            reasonAnnotationKey, reason)
        responsewriters.Forbidden(ctx, attributes, w, req, reason, s)
    })
}
```

  WithXXX() 方法均會以原始請求處理器物件作為入參，WithAuthorization() 也一樣，該參數在上述程式中名為 handler。所謂加鑑權篩檢程式，就是設法確保在 handler 的 ServeHTTP() 方法被呼叫前，先檢查請求是否能透過許可權驗證，如果失敗，則馬上結束請求過程，而只有通過了才會把請求交給原始 handler，即呼叫它的 ServeHTTP() 去處理請求。

  WithAuthorization() 傳回了一種類型為 http.HandlerFunc 的實例，這個實例由要點①處的匿名函數透過類型轉換得來，為何一定要轉為該類型呢？類型 http.HandlerFunc 的作用是把名稱任意但形式參數為 (w ResponseWriter, r *Request) 的方法重新命名為 ServeHTTP() 方法，並保持形參不變，可見，經過這樣的類型轉換傳回的物件將符合 http.Handler 介面，可以作為請求處理器，這表示 WithAuthorization() 的傳回結果可以作為下一個 WithXXX() 方法的 handler 形參的實際參數，這確保過濾鏈條的生成技術上可行。綜上所述，WithAuthorization() 方法接收一個 http.Handler 實例，對它進行包裝，最後傳回包裝後的結果，結果類型同樣為 http.Handler。

  程式 5-17 中要點①處的匿名函數就是包裝結果，它會在原始請求處理器前進行鑑權，透過後將請求交給原始處理器。要點②處程式進行了驗證許可權，如果驗證通過，則把請求交給原始 handler，而如果驗證失敗，則直接將錯誤程式傳回給使用者端。

  以上這種「包裝」方法利用了設計模式中的裝飾器模式。當所有這些篩檢程式都被裝飾到原始處理器之上後，將得到一個結構如圖 5-9 所示且形如洋蔥的新請求處理器。

5 Generic Server

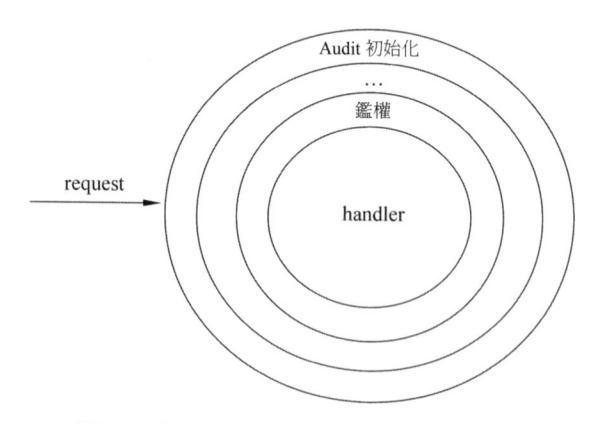

```
                    Audit 初始化
                       ...
                       鑑權

request →              handler
```

▲ 圖 5-9 加入篩檢程式後的 HTTP 請求處理器

將焦點切回 CompletedConfig 的 New() 方法，以上看到它建構了 handerChainBuilder 變數，後續當以原始請求處理器為參數去呼叫這個 Builder 時，原始處理器會被包裹一個個請求篩檢程式，而這個 Builder 何時被呼叫呢？就在程式 5-15 要點②處方法 NewAPIServerHandler() 內完成，接下來剖析它的程式邏輯。

2. 建構 Server 鏈

New() 方法的最終會為 Server 製造出一個 HTTP 請求處理器，這個處理器需要掛有上述準備的篩檢程式，還要能把自身無法處理的請求轉交給請求委派處理器——也就是其入參 delegationTarget。在核心 API Server 的建構過程中，該入參的實際參數是當前子 Server 的下游子 Server。正是請求的傳遞處理使所有子 Server 邏輯上形成一條鏈，即本書所講的 Server 鏈。它實際上是一條請求處理鏈，請求從一端流向另一端，直到找到可處理的 Server。

Server 鏈是在程式 5-15 要點②處對 NewAPIServerHandler() 方法的呼叫中完成的，該方法是理解 Server 鏈的關鍵，將分步講解，程式如下：

```
// 程式 5-18 staging/src/k8s.io/apiserver/pkg/server/handler.go
func NewAPIServerHandler(name string, s runtime.NegotiatedSerializer,
handlerChainBuilder HandlerChainBuilderFn, notFoundHandler http.Handler)
*APIServerHandler {
    nonGoRestfulMux :=mux.NewPathRecorderMux(name)
```

5.5 Generic Server 的建構

```go
    if notFoundHandler !=nil {
        nonGoRestfulMux.NotFoundHandler(notFoundHandler)          // 要點①
    }

    gorestfulContainer :=restful.NewContainer()                   // 要點②
    gorestfulContainer.ServeMux =http.NewServeMux()
    //e.g. for proxy/{kind}/{name}/{*}
    gorestfulContainer.Router(restful.CurlyRouter{})
        gorestfulContainer.RecoverHandler(
            func(panicReason interface{}, httpWriter http.ResponseWriter) {
                logStackOnRecover(s, panicReason, httpWriter)
            })
    gorestfulContainer.ServiceErrorHandler(
        func(serviceErr restful.ServiceError,
            request *restful.Request, response *restful.Response) {
            serviceErrorHandler(s, serviceErr, request, response)
        })

    director :=director{                                          // 要點③
        name:               name,
        goRestfulContainer: gorestfulContainer,
        nonGoRestfulMux:    nonGoRestfulMux,
    }

    return &APIServerHandler{
        FullHandlerChain:   handlerChainBuilder(director),
        GoRestfulContainer: gorestfulContainer,
        NonGoRestfulMux:    nonGoRestfulMux,
        Director:           director,
    }
}
```

1）呼叫 **NewAPIServerHandler()** 函數使用的實際參數

在 New() 中對 NewAPIServerHandler() 函數呼叫時，最後一個形參 notFoundHandler 的實際參數是 delegationTarget.UnprotectedHandler：

Generic Server

（1）Generic Server 基座結構的 delegationTarget 欄位稱為請求委派處理器，代表當前 Server 無法處理一個請求時該由哪個處理器去接替處理。一個 API Server 子 Server 在建構自己的底座 Generic Server 時會予以指定，參見 3.4.3 節對 CreateServerChain() 函數的講解。用核心 API Server 來講，主 Server 的下一子 Server 為擴充 Server，擴充 Server 的下一個是 NotFound Server。

（2）而 delegationTraget 的 UnprotectedHandler 欄位代表未加過濾兩筆的請求處理器。在第 3）點中會講到。

2）NewAPIServerHandler() 建構 Server 鏈

程式 5-18 要點①處，NewAPIServerHandler() 方法的形參 notFoundHandler 被交給 nonGoRestfulMux 變數。就如其名稱所揭示的，該變數代表一個請求處理分發器，會被作為當前 Server 請求分發器的一部分。當前 Server 不含該請求的處理器時，請求會被交由 nonGoRestfulMux 去分發，最終轉至 notFoundHandler。透過對 HTTP 請求的接力處理，各個 Server 形成了鏈。

3）建構 Kubernetes API 端點的請求分發器

要點②處 NewAPIServerHandler() 建構了一個 go-restful 中的 Container，名為 gorestfulContainer，用於為 Kubernetes API 對外暴露 RESTful 服務。目前這個 Container 還是空的，沒有任何服務，在 5.7 節會詳細地講解內建 Kubernetes API 是如何被載入進去的，從而形成 go-restful 中的 WebService；除了 go-restful 框架內的服務，Server 也會在 go-restful 系統之外提供非服務，這是由之前建構的 nonGoRestfulMux 來提供的。

gorestfulContainer 和 nonGoRestfulMux 是兩個請求分發器，還需要一個分發器在它們之間進行請求分發才行。這就是程式 5-18 中要點③處 director 變數的作用：gorestfulContainer 和 nonGoRestfulMux 被放入 director 結構實例中，director 會判斷一個請求到底該由誰來處理並將請求交給它。director 是一個非常重要的變數，由於它是不包含篩檢程式的 HTTP 請求處理器，所以有些場合下也被稱為 UnprotectedHandler，上文提及的 delegationTarget.UnprotectedHandler 實際上就是 Server 鏈上下一個 Server 的 director。

3. 完成請求處理鏈的建構

NewAPIServerHandler 的最終傳回值是一個 APIServerHandler 結構實例，它就是 Generic Server 的請求處理鏈。該實例有以下幾個重要的屬性。

（1）FullHandlerChain：這個屬性的值是以 director 為實際參數並透過呼叫前序所製作的 handlerChainBuilder() 函數來獲得的。director 之所以有資格作為該方法呼叫的實際參數，是因為該結構也實現了 http.Hander 介面，是一個合法的 Http 請求處理器。前面已經分析過 handlerChainBuilder 的內部邏輯，它將為 director 增加過濾鏈。

（2）GoRestfulContainer：就是剛剛講過的變數 gorestfulContainer，它是一個 RESTful Container，也就是請求轉發器，也是一個合法的請求處理器。Kubernetes API 將被註冊進 GoRestfulContainer，形成其 Web Service。同時也包含 logs 和 OpenID 相關的端點。

（3）NonGoRestfulMux：值為剛剛講過的 nonGoRestfulMux，負責分發非 go-restful 負責處理的請求。

（4）Director：值為前面製作的 director 變數。

APIServerHandler 結構實例就是當前 Server 對 HTTP 請求的處理器，準確地說它是一個請求分發器：雖然它實現了 http.Handler 介面，但並不處理請求，而是分發給 FullHandlerChain（最終交給 GoRestfulContainer）和 NonGoRestfulMux（其中一條路徑是轉交請求委派處理器）去處理。感興趣的讀者可以查看這個結構的原始程式，了解其實現 http.Handler 介面的細節。根據程式 5-15 要點②，被傳回的 APIServerHandler 結構實例在 New() 方法中被存入變數 apiServerHandler，在 New() 方法製作的 Generic Server 實例的後續步驟中，apiServerHandler 被賦予基座結構的 handler 欄位，被用於回應 HTTP 請求[1]。

---

[1] 實際上該屬性命名為分發器可能更恰當。

5.5.4 增加啟動和關閉鉤子函數

大型伺服器的啟動和關閉是嚴肅和複雜的過程，需要遵循一定順序並要做好狀態檢驗，步步為營。Generic Server 是 Kubernetes 的通用伺服器，被作為子 Server 的底座，它不可能涵蓋所有上層伺服器在啟動後和關閉前這兩個階段的所有考量，這時就需要提供鉤子機制，讓上層伺服器將啟動和關閉邏輯注入 Generic Server 的啟動與關閉流程中。在建構 Generic Server 的 New() 方法的後半部分，來自 3 個來源的鉤子函數被放入兩組中，在兩個不同的時點運行。三個來源包括 Server 鏈中的下一個 Server、Server 運行配置資訊（CompletedConfig）和 Generic Server 自身定義；兩個執行時期點指：伺服器啟動後運行 PostStartHooks 和伺服器關閉前運行 PreShutdownHooks。Generic Server 的 PostStartHooks 包含以下幾部分。

（1）Server 鏈中下一個 Server 的 PostStartHooks。

（2）Server 運行配置資訊中定義的 PostStartHooks。

（3）自訂的 generic-apiserver-start-informers。

（4）自訂的 priority-and-fairness-config-consumer。

（5）自訂的 priority-and-fairness-filter。

（6）自訂的 max-in-flight-filter。

（7）自訂的 storage-object-count-tracker-hook。

而 PreShutdownHooks 包含 Server 鏈中下一個 Server 所具有的 PreShutdownHooks。為了節省篇幅不再展開介紹這些鉤子，感興趣的讀者可以自行查閱。

至此，CompletedConfig 的 New() 方法製作並傳回了一個 GenericeAPIServer 結構實例，待其啟動方法被呼叫後，它將最終支撐起整個 API Server，5.6 節將展開介紹其啟動過程。

5.6 Generic Server 的啟動

啟動以上得到的 Generic Server 實例分兩個階段完成：準備階段和啟動階段。

5.6.1 啟動準備

顧名思義，準備階段做一些準備工作，例如必要的參數調整。Generic Server 的準備階段工作是由 GenericAPIServer 結構的 PrepareRun() 方法實現的，它的實現包含以下內容：

（1）觸發它的請求委派處理器的 PrepareRun()。在 API Server 的實現中，請求委派處理器也是一個 Generic Server，參見程式 3-5 中的 CreateServerChain() 函數。

（2）安裝 OpenAPI 的端點。這在 5.3.4 節介紹 OpenAPI 時講過了。

（3）安裝健康檢測端點、Server 運轉檢測端點和 Server 就緒檢測端點。這 3 個端點同樣由 Server 實例中 handler 欄位代表的請求處理器處理——精確地說是該處理器中的 NonGoRestfulMux 處理器回應的。

最終 PrepareRun() 方法傳回一種類型為 preparedGenericAPIServer 的新 Server 實例。該類型是以小寫字母開頭的，所以只有套件內可見，外部不可見，它提供了一個 Run() 方法，用於進行第二階段：Server 的啟動，接下來展開介紹 preparedGenericAPIServer.Run() 方法邏輯。以上 PrepareRun() 方法的原始程式碼位於 staging/src/k8s.io/apiserver/pkg/server/genericapiserver.go 檔案中。

5.6.2 啟動

像 Kubernetes API Server 這樣的 Web 應用啟動，絕不單單是在目標通訊埠上開啟監聽這麼簡單。如果在開啟過程中就接收到了使用者端請求該怎麼處理？伺服器憑證在哪裡，怎麼配置給伺服器？此外，雖然是在啟動 Server，但 preparedGenericAPIServer.Run() 方法的內部實現的一大部分是在安排 Server 停

5 Generic Server

機時的掃尾工作。由於 Go 語言內建的 http.Server 所提供的關機鉤子機制不完善，不給開發者優雅善後的機會，所以需要自行安排。Run() 方法內部做了這麼幾件事情：

（1）與請求篩檢程式配合，拒絕 Server 就續前到來的請求，將錯誤程式 503 傳回給使用者端，而非 404。

（2）安排伺服器停機時的善後事項。

（3）配置並啟動 HTTP 服務。把技術參數應用到伺服器並啟動之。

1. 配置並啟動 HTTP 服務

如果考慮安全證書的使用和對 HTTP2 的支援，則 Generic Server 技術上還是有些複雜性的，http 套件已提供了便捷的工具，用於建構一個 Web 伺服器，啟動時對伺服器進行配置就成為關鍵。HTTP 服務的啟動過程如圖 5-10 所示，圖中 tlsconfig.go 和 secure_serving.go 是原始檔案，http.Server 是基礎 Go 套件，其他 3 個物件是類型，讀者不難在專案內透過搜索定位它們。

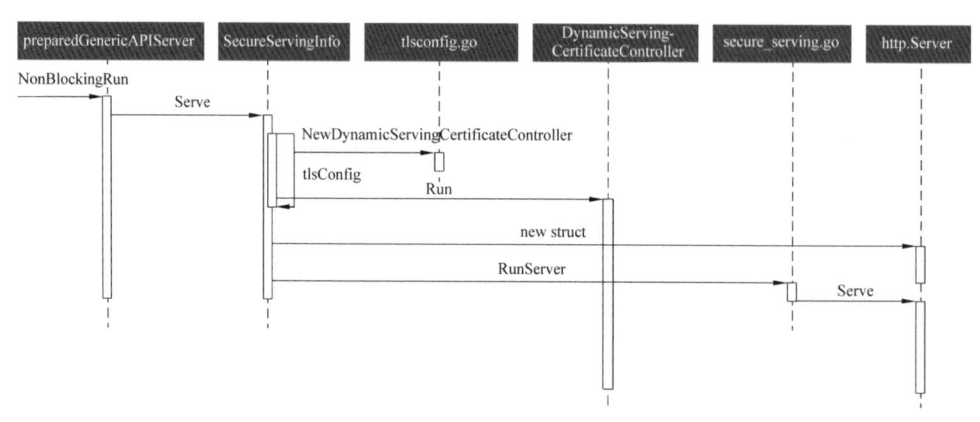

▲ 圖 5-10　HTTP 服務啟動時序圖

Generic Server HTTP 服務的啟動是由 preparedGenericAPIServer.Run() 方法中的以下敘述觸發的：

5.6 Generic Server 的啟動

```
// 程式 staging/src/k8s.io/apiserver/pkg/server/genericapiserver.go
stoppedCh, listenerStoppedCh, err :=s.NonBlockingRun(
            stopHttpServerCh, shutdownTimeout)
if err !=nil {
    return err
}
```

這裡變數 s 的類型是 preparedGenericAPIServer，它的 NonBlockingRun() 方法包裝了 HTTP 服務的啟動邏輯，由於這部分比較複雜，所以用單獨方法把這層邏輯套件起來，切割出來增加了程式的可讀性。名稱以 NonBlock 為首碼，標識所啟動的 HTTP 服務被運行在一個單獨的程式碼協同中，對 NonBlockingRun 的呼叫會立刻得到傳回而不會阻塞當前處理程序。值的注意的是，Server 啟動後運行的鉤子函數組 PostStartHooks 也是在這一方法中被觸發運行的。以 NonBlockingRun() 方法作為入口按圖索驥，閱讀這部分原始程式不困難，本節展開講解以下要點。

1）TLS 證書的處理

Server 是由結構 SecureServingInfo 建立並啟動起來的，證書相關資訊也儲存在該結構上，具體來講有 3 個與證書相關的欄位，分別如下。

（1）Cert：為 HTTPS 所準備的伺服器憑證和私密金鑰，是建立 HTTPS 連接時發給使用者端的證書。當 API Server 啟動時，可以透過參數 tls-cert-file 和 tls-private-key 指定證書檔案和私密金鑰檔案的路徑。

（2）SNICerts：作用和以上 Cert 欄位包含的證書一樣，不過適用於單一 IP 部署了多個 Web 服務的場景。一個請求到達伺服器後，伺服器需要決定用哪個 Web 服務的證書進行互動，決定的依據就是 SNICerts，它是個域名和證書的映射表。當 API Server 啟動時，可以透過參數 tls-sni-cert-key 來給定一個文字檔，該檔案包含多個域名、證書和私密金鑰的三元組，例如該檔案的一行可以是以下內容：

```
foo.crt, foo.key: *.foo.com, foo.com
```

（3）ClientCA：API Server 和它的使用者端之間透過 mTLS 進行互動，這個過程用一種不嚴謹但易理解的方式描述為除了 HTTPS 中的使用者端對伺服器的驗證過程外，還附加一個反向的伺服器對使用者端進行驗證。在 HTTPS 的握手過程中，使用者端需要能夠驗證伺服器發來的證書的合法性，從而認證伺服器；那麼在 mTLS 過程中，伺服器也要能夠認證各個使用者端的證書，這就需要服務器具有使用者端證書簽發機構的證書，這存放在 ClientCA 中。在 API Server 啟動過程中，參數 client-ca-file 用來指定從哪裡讀取這些證書。

一個技術細節：http.Server 能消費的證書資訊需要透過 crypto 函數庫的 tls 套件所提供的 Config 結構實例提供，而以上 3 份證書資訊包含在 SecureServingInfo 結構中，需要把它們再包裝，合併為一個 Config 實例後交給 Server。

如果每個到來的連接請求都需要去讀取這些檔案、進行必要的格式轉換、進而建構 Config 實例，則系統效率定會大大降低，所以在 Server 啟動時會根據以上證書資訊建構好一個 Config 實例，之後 Server 便可直接從這個實例中獲取資訊。看起來很美好，但為了提高安全等級，API Server 中的證書需要定時刷新，每次刷新都需要更新 Server 所使用的 Config 實例，這就有些煩瑣了，如何破解？答案要到原始程式中尋找。SecureServingInfo 中的 tlsconfig() 方法集中負責證書的配置，它將揭示應對方案。

tlsconfig() 方法的實現中涉及兩個相互協作的控制器，它們由兩個 Go 基座結構實現：定義於 staging/k8s.io/apiserver/pkg/server/dynamiccertificates/dynamic_cafile_content.go 的 DynamicFileCAContent 和 staging/k8s.io/apiserver/pkg/server/dynamiccertificates/tlsconfig.go 檔案中定義的 DynamicServingCertificateController。

（1）結構 DynamicFileCAContent 實現的控制器可以監控一個證書檔案，一旦檔案發生變化就會向這個控制器的處理佇列中加一筆記錄。在它的下一個控制迴圈中，所有當前控制器的觀察者（Listener）就會被通知變化的發生。DynamicFileCAContent 保有一個觀察者佇列，實際執行時期，這個佇列的內容

5.6 Generic Server 的啟動

只有一個 DynamicServingCertificateController 結構的實例。所謂通知觀察者，就是向觀察者控制器的工作佇列中插入一筆記錄，供它們的控制迴圈去消費。

（2）結構 DynamicServingCertificateController 實現的控制器負責更新 Generic Server 所使用的 Config 實例，如果它的控制器佇列中出現項目，就代表有證書檔案被更新，需要針對新證書重新生成 Config 實例。

方法 tlsconfig() 建構了 4 個控制器實例，其中 3 個是 DynamicFileCAContent 控制器實例，分別對應 SecureServingInfo 結構的 Cert、SNICerts 和 ClientCA 欄位，透過這 3 個控制器實例去監控三類證書的變化；還有一個 DynamicServingCertificateController 控制器實例，負責在證書變動時更新 Server 可用的證書資訊。它們之間的協作關係如圖 5-11 所示。

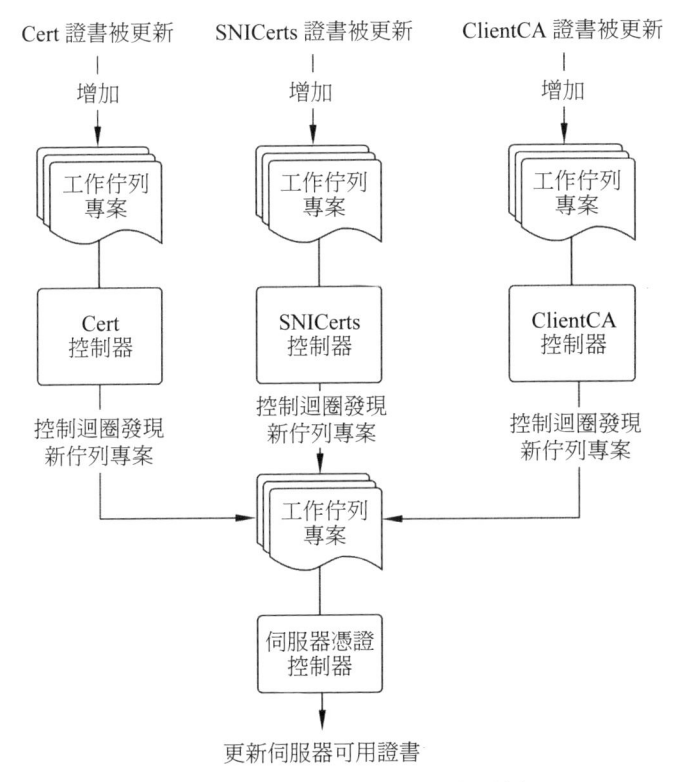

▲ 圖 5-11 證書之間的協作關係

5 Generic Server

控制器模式不僅被用來建構 Kubernetes 的資源變更監控，也被用在如上的證書更新監控中，這給每個開發人員以啟示：模式要活學活用，萬萬不可作繭自縛。我想這也是讀原始程式的目的，即學習成熟應用的優良設計，然後應用到實際工作中。

2）關於 HTTP2 的設置

HTTP2 的實現細節非必要不必了解，但讀者需要知道在 Go 語言中讓一個 Web Server 支援 HTTP2 只需對 http.Server 做額外配置就可以了。在 Generic Server 中，如果使用者啟用了 HTTP2 服務，則相關配置就會被加到 Server 上，這是在 SecureServingInfo 的 Serve() 方法中完成的，程式如下：

```
// 程式 5-19 向 Server 中增加 HTTP2 服務的配置
http2Options :=&http2.Server{
    IdleTimeout: 90 * time.Second, //…
}

// 將單流快取和 framesize 從 1MB 縮小一些能滿足大部分 POST 請求
http2Options.MaxUploadBufferPerStream =resourceBody99Percentile
http2Options.MaxReadFrameSize =resourceBody99Percentile

//…
if s.HTTP2MaxStreamsPerConnection >0 {
    http2Options.MaxConcurrentStreams =
        uint32(s.HTTP2MaxStreamsPerConnection)
} else {
    http2Options.MaxConcurrentStreams =250
}

// 增加連結的快取大小，從而應對指定的流併發數量
http2Options.MaxUploadBufferPerConnection =
    http2Options.MaxUploadBufferPerStream *
        int32(http2Options.MaxConcurrentStreams)

if !s.DisableHTTP2 {
    // 在 Server 上應用這些配置
    if err :=http2.ConfigureServer(secureServer, http2Options);
                                        err !=nil {
```

```
        return nil, nil, fmt.Errorf("error configuring http2: %v", err)
    }
}
```

3）非阻塞運行 HTTP 服務

在啟動時序圖中我們看到 sercure_serving.go 檔案中有種方法 RunServer() 被呼叫，這是最終啟動 HTTP 服務的地方，程式如下：

```
// 程式 5-20 staging/k8s.io/apiserver/pkg/server/secure_serving.go
go func() {
    defer utilruntime.HandleCrash()
    defer close(listenerStoppedCh)

    var listener net.Listener
    listener =tcpKeepAliveListener{ln}
    if server.TLSConfig !=nil {
        listener =tls.NewListener(listener, server.TLSConfig)
    }

    err :=server.Serve(listener) // 要點①

    msg :=fmt.Sprintf("Stopped listening on %s", ln.Addr().String())
    select {
    case <-stopCh:
        klog.Info(msg)
    default:
        panic(fmt.Sprintf("%s due to error: %v", msg, err))
    }
}()
```

對 http.Server.Serve() 方法的呼叫位於上述程式要點①處，該敘述是被包含在外層程式碼協同中運行的，結果就是 server.Serve 會阻塞該程式碼協同，卻不會阻塞當前處理程序，達到了非阻塞的效果。

2. Server 停機流程

當停機指令發出時，無法預測伺服器正處在什麼微觀狀態。舉例來說，它有未處理完畢的請求嗎？有客戶端正在透過 watch 命令觀測 API 實例嗎？即使不知道，也不能武斷猜測。Generic Server 制定了 Server 的生命週期狀態，每種狀態都具有一個 Go 管道（Channel），用於向外界發出狀態轉換資訊。這些生命週期狀態的存在，使優雅管理 Generic Server 成為可能，包括停機時能按部就班地完成善後處理。

程式 5-21 舉出了所有生命週期狀態的定義，一共有 8 個，前 6 個在停機時會歷經，後兩個在啟動時出現。

```
// 程式 5-21 staging/k8s.io/apiserver/pkg/server/lifecycle_signals.go
type lifecycleSignals struct {
    // 該事件發生代表 API Server 關機訊號已發出
    // 主程式的 stopCh 管道收到 Kill 訊號並因此被關閉會觸發這個訊號
    ShutdownInitiated lifecycleSignal

    // 如果該事件發生，則代表從收到 ShutdownInitialed 後已經過
    //ShutdownDelayDuration 這麼長的時間。ShutdownDelayDuration 的存在
    // 使 API Server 可以延遲退出
    AfterShutdownDelayDuration lifecycleSignal

    // 如果該事件發生，則代表所有註冊的關閉鉤子函數均執行完畢
    PreShutdownHooksStopped lifecycleSignal

    // 如果該事件發生，則代表 Server 不再接收任何新請求
    // 從此新請求得到 error 作為回應結果
    NotAcceptingNewRequest lifecycleSignal

    // 如果該事件發生，則代表待處理的請求都已經處理完成
    // 它被用來關閉 audit 後端的訊號
    InFlightRequestsDrained lifecycleSignal

    // 如果該事件發生，則代表停止監聽底層 socket
    HTTPServerStoppedListening lifecycleSignal

    // 如果該事件發生，則代表 readyz 端點首次傳回成功
```

5.6 Generic Server 的啟動

```
    HasBeenReady lifecycleSignal

    // 如果該事件發生，則代表所有 HTTP paths 已經被安裝成功
    // 它存在的意義在於，避免在一個 path 安裝成功前就對其存取，從而得到 HTTP 404 的回饋
    // 其由實現 Generic Server 實現
    MuxAndDiscoveryComplete lifecycleSignal
}
```

啟動狀態較少，第 1 個是啟動完成進入正常運轉的標識，即狀態 HasBeenReady 的達成；第 2 個是載入所有伺服器端點的過程[1]，這一過程完成的標識是狀態 MuxAndDiscoveryComplete 的達成。

而停機涉及的狀態轉換就比較多了。體面地收場更能反映系統的強大，這麼多的狀態本身就反映出開發人員對該過程周密的安排。關機時系統狀態轉換如圖 5-12 所示。狀態的轉換是 preparedGenericAPIServer.Run() 方法的重要部分。

注意：圖 5-12 假設伺服器開啟了所有可選開關，例如 ShutdownSendRetryAfter 開關、AuditBackend 開關等都被開啟了。

圖 5-12 顯示，狀態流轉間善後操作穿插其中都完成了，非常優雅。總結一下這些操作主要包括以下步驟。

（1）等待設置的秒數再停機，這是留給 Server 的「優雅退出時間」。

（2）呼叫 PreShutdownHooks 裡設置的停機鉤子函數。

（3）等待已收到的使用者端請求全部處理完成。

（4）通知 http Server，關閉對通訊埠的監聽。

---

[1] 也就是所有 Kubernetes API 都載入完畢，它們的 RESTful 端點都準備就緒了。

Generic Server

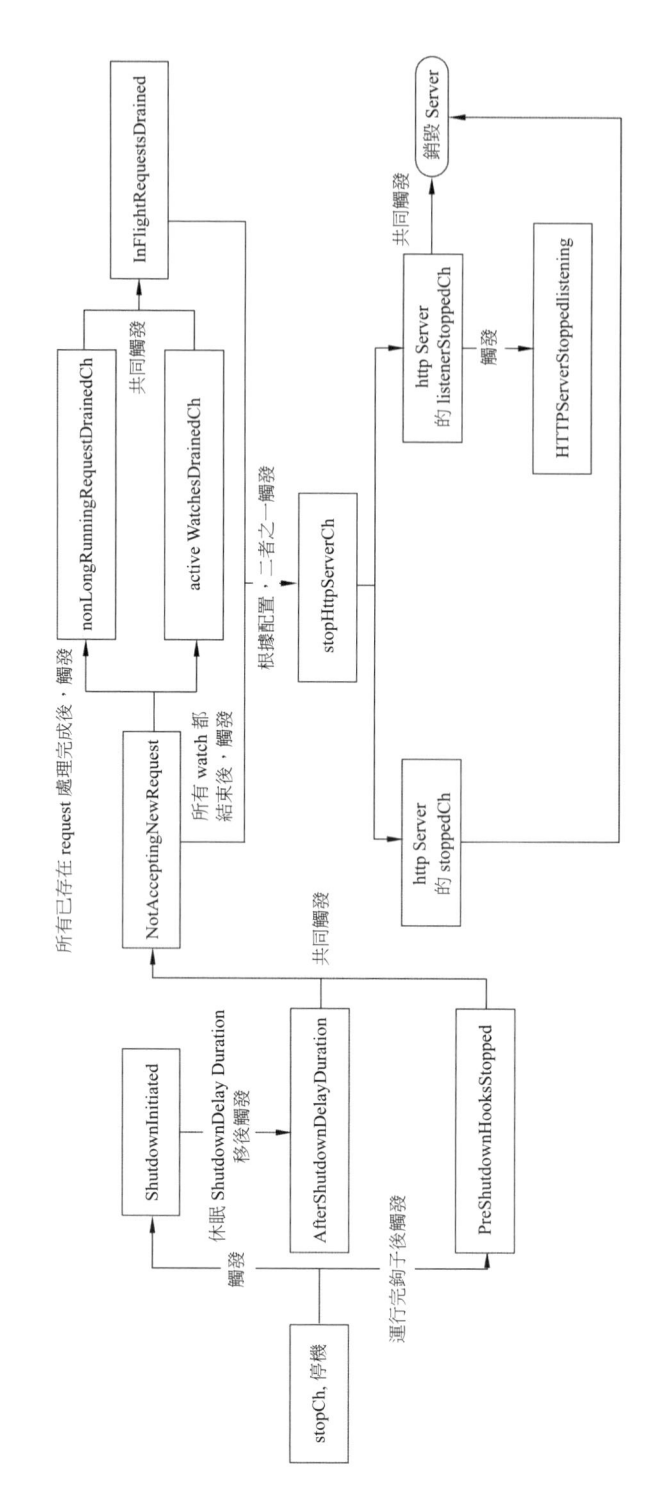

▲ 圖 5-12 Generic Server 停機狀態流轉

5.6 Generic Server 的啟動

preparedGenericAPIServer 的 Run() 方法一經運行就不會終止，直到收到停機指令，而當指令到來時，伴隨著狀態的切換，上述操作開始執行。這些狀態切換及操作的執行有的串列執行，更多的是並存執行，圖 5-12 將這點展示得很清楚。先解釋一下技術上如何定義生命週期狀態的相互關係，以及如何進行狀態切換，並執行伴隨切換的操作。每個生命週期狀態都具有類型 lifecycleSignal，它的定義如下：

```go
// 程式 5-22 Server 生命週期狀態都基於一個管道
type lifecycleSignal interface {
    //Signal 發出事件，指出這個生命週期事件已經發生了
    //Signal 具有冪等性 (idempotent)，當訊號到來時它立即觸發等待在
    // 該事件上的 gorountine
    Signal()

    // 傳回一個管道，該管道在其等待的事件發生時被關閉
    Signaled() <-chan struct{}

    // 生命週期狀態訊號的名稱
    Name() string
}
```

在 Go 語言中實現並行推薦的方式是借助程式碼協同（go routine），Run() 方法就是這麼做的。在它內部啟動了許多程式碼協同，它們定義了生命週期狀態之間的轉換關係，也實現了轉換時需要執行的操作，這一過程可以簡述為當進入 A 狀態後——也就是它關注的管道關閉了，程式碼協同進行此時該做的操作，然後程式碼協同關閉狀態 A 持有的管道，從而切換到 B 狀態，等候狀態 B 的程式碼協同會被啟動。來看一個例子：

```go
// 程式 5-23 利用程式碼協同定義生命週期狀態的轉換關係
nonLongRunningRequestDrainedCh :=make(chan struct{})
go func() {                                          // 要點①
    defer close(nonLongRunningRequestDrainedCh)      // 要點③
    defer klog.V(1).Info("[graceful-termination] in-flight …")

    // 等待前序狀態通知自己其處理已完成，進入當前狀態
    <-notAcceptingNewRequestCh.Signaled()
```

5 Generic Server

```
    …
    s.NonLongRunningRequestWaitGroup.Wait()// 要點②
}()
```

上例中要點①處透過 go func() {} 啟動了一個程式碼協同，該程式碼協同先等待 NotAcceptingNewRequest 狀態完成其內部處理，進而轉入當前狀態，一旦達成便在要點②處開始做處於當前狀態應執行的任務——清空已收到的使用者端請求。結束後，要點③ defer 敘述會被執行，關閉管道 nonLongRunningRequestDrainedCh，這會通知等待當前狀態的其他程式碼協同本狀態已經完成，它們可以繼續處理，下面這個程式碼協同就是其中一員，程式如下：

```
// 程式 5-24 另一個程式碼協同的執行條件被觸發
go func() {
    defer klog.V(1).InfoS("[graceful-termin…", "name", drainedCh.Name())
    defer drainedCh.Signal() // 要點①

    <-nonLongRunningRequestDrainedCh
    <-activeWatchesDrainedCh
}()
```

這個例子來自 Generic Server 關機狀態轉化的真實實現，當上述這個程式碼協同也執行完畢後，系統將切換到生命週期的 InFlightRequestsDrained 狀態，這是程式 5-24 的要點①處的執行結果。

5.7 API 的注入與請求回應

5.5.3 節講過 Generic Server 建立了一個 go-restful 中的 Container 實例並放入結構 GenericAPIServer 結構的 Handler 屬性中[1]，用於暴露 Kubernetes API 的 RESTful 服務，但目前這個 Container 還是空的，沒有任何 WebService 註冊其中。

---

[1] 5.5.3 節講解請求處理鏈時提及的變數 gorestfulContainer。

當然，Generic Server 自己也不會有任何的 Kubernetes API 需要註冊，基於它建構的上層 Server 才會有，它需要提供一個介面給上層 Server，用於傳遞 API 進來填充 Container。本節講解這一 API 注入過程，以及為隨之形成的端點設置回應函數的過程。注入完成後在 Generic Server 內部的 go-restful 框架內將建立出如圖 5-13 所示的概念實例。

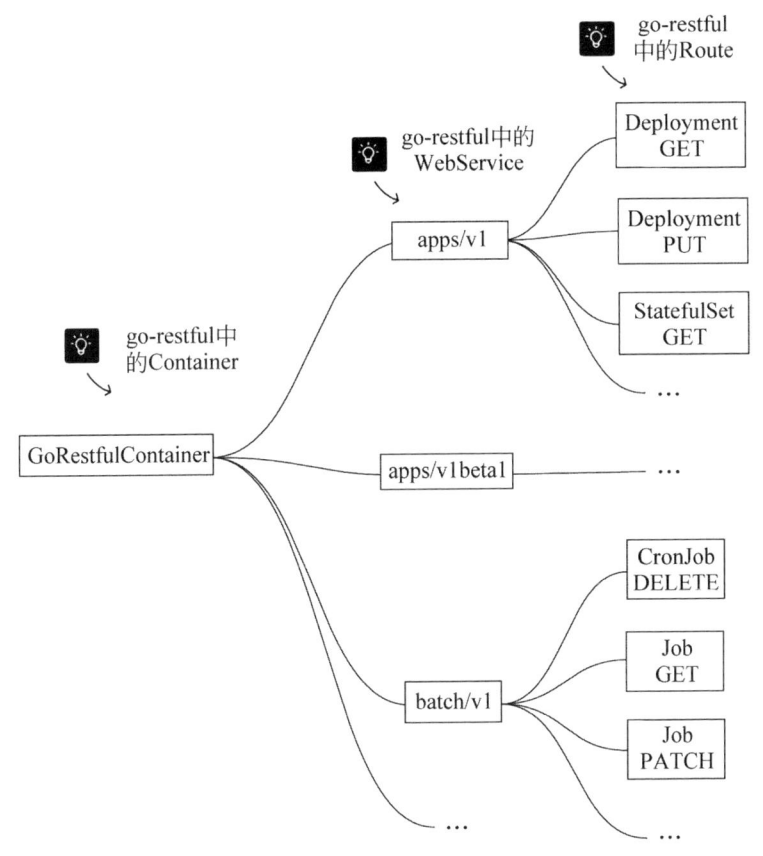

▲ 圖 5-13　API 在 Generic Server 形成的 go-restful 物件

每個 API 組版本將形成一個 go-restful 的 WebService，一個組版本下的所有 GVK 都會成為這個 WebService 的 Route。由於每個 GVK 都可能支援多個操作，如查詢、建立等，所以一個 GVK 完全可能形成多個 Route。

5 Generic Server

5.7.1 注入處理流程

Generic Server 對外提供了 API 注入介面，這些介面又會呼叫內部方法完成注入操作。介面、方法的呼叫過程如圖 5-14 所示。本節將講解這一過程。

```
水道：套件
底線：結構

server:
  GenericAPIServer->InstallAPIGroup  →  GenericAPIServer->InstallAPIGroups
                                                    ↓
                                        GenericAPIServer->installAPIResources
                                        staging/k8s.io/apiserver/pkg/server/genericapiserver.go

endpoints:
                                        APIGroupVersion->InstallREST
                                        staging/k8s.io/apiserver/pkg/endpoints/groupversion.go
                                                    ↓
                                        APIInstaller->Install
                                        為組內每個 GVK 呼叫
                                                    ↓
                                        APIInstaller->registerResourceHandlers
                                        staging/k8s.io/apiserver/pkg/endpoints/installer.go
```

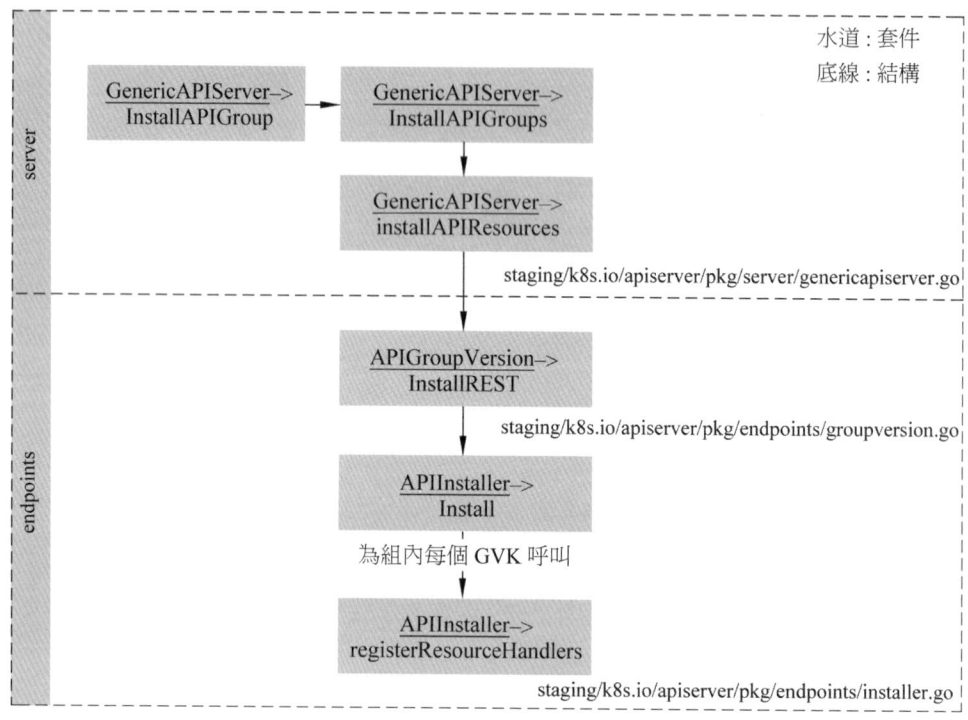

▲ 圖 5-14 Generic Server 註冊 Kubernetes API 的方法呼叫鏈

1. GenericAPIServer.InstallAPIGroups() 方法

Generic Server 提供了兩個同質的介面方法：InstallAPIGroup() 和 InstallAPIGroups() 方法，前者可以註冊一個 API 組，後者可以註冊一組 API 組；前者呼叫後者來完成工作。形式參數對於介面方法來講是比較重要的，InstallAPIGroups() 方法的簽名如下：

```
func(s *GenericAPIServer)
            InstallAPIGroups(apiGroupInfos ...*APIGroupInfo)error
```

5.7 API 的注入與請求回應

上層 Server 在呼叫該方法註冊 API 時，只需提供一個元素為 APIGroupInfo 結構引用的陣列。第 6～8 章在講解 3 個上層 Server 時會介紹它們如何為各自具有的 API 組建構該結構實例並向底座 Generic Server 程式註冊。APIGroupInfo 結構的定義程式如下：

```go
// 程式 5-25 staging/k8s.io/apiserver/pkg/server/genericapiserver.go
type APIGroupInfo struct {
    PrioritizedVersions []schema.GroupVersion
    // 版本、資源和儲存物件的映射
    VersionedResourcesStorageMap map[string]map[string]rest.Storage
    //…
    OptionsExternalVersion *schema.GroupVersion
    //…
    MetaGroupVersion *schema.GroupVersion

    // 登錄檔
    Scheme *runtime.Scheme
    // 轉碼器
    NegotiatedSerializer runtime.NegotiatedSerializer
    // 查詢參數轉換器
    ParameterCodec runtime.ParameterCodec

    // 呼叫 InstallAPIGroups、InstallAPIGroup 和 InstallLegacyAPIGroup 時
    // 生成的 OpenAPI 規格說明文檔
    StaticOpenAPISpec map[string]*spec.Schema
}
```

APIGroupInfo 結構的每個欄位都有其作用，尤其欄位 VersionedResources-StorageMap。這是一個 Map，它是把各個 API 組的版本映射到 rest.Storage 介面類別型的實例，這種實例同時實現了用於回應 HTTP 請求（GET、POST 等）的許多介面，這些介面也被定義在 Storage 介面所在的檔案內。也就是說它們實際包含了請求回應邏輯[1]。在 Kubernetes API 的註冊過程中，GenericAPIServer 結

---

[1] 如果想偵錯一行 kubectl 命令在 Server 端是怎麼執行的，則可到這個 Storage 類型所具有的方法裡設置中斷點。

5-63

5 Generic Server

構的 getAPIGroupVersion() 方法會被呼叫，就是它把 Storage 實例從 Versioned-ResourcesStorageMap 中取出並交給註冊過程去設置端點回應函數。

2. GenericAPIServer.installAPIResources() 方法

上述 InstallAPIGroups() 方法的職責是對接上層 Server，真正去觸發注入的是 installAPIResources() 方法。這是 Generic Server 的私有方法，它用於轉化接收的參數，把上層 Server 舉出的 API Group（APIGroupInfo 結構實例）的各個 Version 分別注入 Generic Server 中。APIGroupInfo 結構的 PrioritizedVersions 欄位包含了該 Group 具有的所有 Version，遍歷之呼叫 endpoints 套件的注入方法 endpoints.APIGroupVersion.InstallREST() 即可。

installAPIResources() 方法根據 APIGroupInfo 實例建構出了多個 APIGroup-Version 結構實例，Group 的每個 Version 有一個實例，如上所述 API 的注入就是以這些 APIGroupVersion 實例為單位逐一進行的，後續方法中將大量使用這一資訊。APIGroupVersion 實例的建構主要由兩個方法完成，程式如下：

```go
// 程式 5-26 staging/k8s.io/apiserver/pkg/server/genericapiserver.go
func (s *GenericAPIServer) getAPIGroupVersion(apiGroupInfo *APIGroupInfo,
groupVersion schema.GroupVersion, apiPrefix string) (*genericapi.
APIGroupVersion, error) {
    storage :=make(map[string]rest.Storage)
    // 要點①
    for k, v :=range apiGroupInfo.VersionedResourcesStorageMap[
        groupVersion.Version] {
        if strings.ToLower(k) !=k {
            return nil, fmt.Errorf("resource names must… not %q", k)
        }
        storage[k] =v
    }
    version :=s.newAPIGroupVersion(apiGroupInfo, groupVersion)
    version.Root =apiPrefix
    version.Storage =storage
    return version, nil
}
```

5.7 API 的注入與請求回應

```
func (s *GenericAPIServer) newAPIGroupVersion(apiGroupInfo *APIGroupInfo, groupVersion
schema.GroupVersion) *genericapi.APIGroupVersion {
    return &genericapi.APIGroupVersion{
        GroupVersion: groupVersion,
        MetaGroupVersion: apiGroupInfo.MetaGroupVersion,

        ParameterCodec:         apiGroupInfo.ParameterCodec,
        Serializer:             apiGroupInfo.NegotiatedSerializer,
        Creater:                apiGroupInfo.Scheme,
        Convertor:              apiGroupInfo.Scheme,
        ConvertabilityChecker:  apiGroupInfo.Scheme,
        UnsafeConvertor:        runtime.UnsafeObjectConvertor(
                                apiGroupInfo.Scheme),
        Defaulter:              apiGroupInfo.Scheme,
        Typer:                  apiGroupInfo.Scheme,
        Namer:                  runtime.Namer(meta.NewAccessor()),

        EquivalentResourceRegistry: s.EquivalentResourceRegistry,

        Admit:s.admissionControl, // 要點②
        MinRequestTimeout: s.minRequestTimeout,
        Authorizer:s.Authorizer,
    }
}
```

上述程式有兩個值得特別關注的資訊：

（1）要點①處從 VersionedResourcesStorageMap 屬性中的 Storage 資訊開始映射，上文已經提及該資訊的重要性。

（2）要點②處把認證控制外掛程式資訊從 Generic Server 的 admissionControl 欄位取出到 APIGroupVersion 實例的 Admit 欄位中，在 5.7.2 節生成 route 回應函數時會使用 Admit 欄位，使針對 Kubernetes API 的 Create、Update、Delete 和 Connect 請求經過這些認證控制器處理。各個 Server 的章節會介紹各自的認證控制外掛程式如何進入 Generic Server 的 admissionControl 欄位。

3. APIGroupVersion.InstallREST() 方法和 APIInstaller.Install() 方法

InstallREST() 和 Install() 兩種方法主要造成拆解細化的作用，為一個 Group Version 生成一個 go-restful 的 WebService 物件。

Install() 方法會拆解一個 Group Version，得到它包含的 GVK 集合並遍歷這個集合，以當前 GVK 為入參呼叫方法 registerResourceHandlers()，為它生成 go-restful 中的 route 物件並綁定好 route 回應函數，最後把 route 交給 Group Version 的 WebService 實例，並將該 WebService 傳回給呼叫者。這裡用到的 registerResourceHandlers() 方法是 5.7.2 節的重點，它造成了非常重要作用。

InstallREST() 方法會呼叫 Install() 獲得 WebService 實例，並把這個 WebService 變數放入 GoRestfulContainer 中，這樣一個 Group Version 向 Generic Server 的注入就完成了。

5.7.2 WebService 及其 Route 生成過程

圖 5-14 中 endpoints 套件中結構 APIInstaller 的 registerResourcehandlers() 方法是魔法所在地，是最終生成 go-restful 的 route 並為其綁定回應函數的地方。這種方法大約有 1000 行程式，可見其任務之繁重。從大的步驟來看，這種方法雖長，但邏輯並不複雜，重要的步驟如圖 5-15 所示。

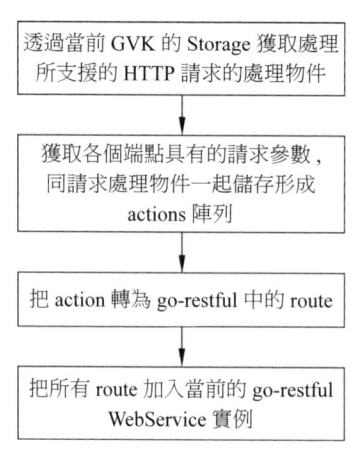

▲ 圖 5-15 registerResourcehandlers() 方法的主要邏輯

5.7 API 的注入與請求回應

圖 5-15 省略了大量細節，例如針對不同作用域（叢集範圍或命名空間範圍）的 API，其 URL 路徑的計算邏輯不同，這些細節留給讀者自行閱讀原始程式。

1. 獲取每個 GVK 支援的端點

如 5.7.1 節所述，APIInstaller.Install() 方法會為每個 GV 生成一個 go-restful WebService 物件，然後用 GVK 的 path 和 storage 作為實際參數呼叫 register-Resourcehandlers() 方法，把該 GV 下所有 GVK 所支援的端點註冊為這個 WebService 下的 route。要達到這個目的首先要搞清楚當前 GVK 支援什麼端點，包括所支援的 HTTP 方法及各種 HTTP 方法對應的處理器是什麼。答案都蘊含在 5.7.1 節中提及的 rest.Storage 介面實例中。registerResourcehandlers() 方法是這麼從 Storage 中獲取以上資訊的，原始程式如下：

```
// 程式 5-27 staging/k8s.io/apiserver/pkg/endpoints/installer.go
// 獲取 storage 物件都支援哪些 verb，也就是 HTTP 方法
creater, isCreater :=storage.(rest.Creater)
namedCreater, isNamedCreater :=storage.(rest.NamedCreater)
lister, isLister :=storage.(rest.Lister)
getter, isGetter :=storage.(rest.Getter)
getterWithOptions, isGetterWithOptions :=storage.(rest.GetterWithOptions)
gracefulDeleter, isGracefulDeleter :=storage.(rest.GracefulDeleter)
collectionDeleter, isCollectionDeleter :=storage.(rest.CollectionDeleter)
updater, isUpdater :=storage.(rest.Updater)
patcher, isPatcher :=storage.(rest.Patcher)
watcher, isWatcher :=storage.(rest.Watcher)
connecter, isConnecter :=storage.(rest.Connecter)
storageMeta, isMetadata :=storage.(rest.StorageMetadata)
storageVersionProvider, isStorageVersionProvider :=
storage.(rest.StorageVersionProvider)
gvAcceptor, _ :=storage.(rest.GroupVersionAcceptor)
if !isMetadata {
    storageMeta =defaultStorageMetadata{}
}

if isNamedCreater {
    isCreater =true
}
```

Generic Server

上述程式試著把當前 GVK 的變數 storage 向 rest 套件下的多個介面做執行時期類型轉換，這些介面就是 HTTP 請求回應物件應具有的類型，包括 Creater、NameCreater、Lister、Getter、Updater、Patcher 等。這樣既獲知了當前 GVK 是否支援某 HTTP 方法，又獲得了該 HTTP 方法的回應物件——經過類型轉換後的 storage 實例。

2. 獲取端點參數

一個 HTTP 端點可能接受不同的 URL 參數，這些參數可以透過問號後跟的名-值對舉出，也可以是 URL 路徑的一部分，在 go-restful 中參數將成為 route 的組成資訊。每個 GVK 所支援的每個 HTTP 方法都有自己所支援的參數，系統需要獲取這些參數，以備製作 route 時之用。以 GET 參數的製作為例，獲取參數的程式如下：

```go
// 程式 5-28 staging/k8s.io/apiserver/pkg/endpoints/installer.go
if isGetterWithOptions {
    getOptions, getSubpath, _ =getterWithOptions.NewGetOptions()
    getOptionsInternalKinds, _, err :=a.group.Typer.ObjectKinds(
                                    getOptions)
    if err !=nil {
        return nil, nil, err
    }
    getOptionsInternalKind =getOptionsInternalKinds[0]

    versionedGetOptions, err =a.group.Creater.New(// 要點①
        a.group.GroupVersion.WithKind(getOptionsInternalKind.Kind))
    if err !=nil {
        versionedGetOptions, err =a.group.Creater.New(
            optionsExternalVersion.WithKind(
                getOptionsInternalKind.Kind))
        if err !=nil {
            return nil, nil, err
        }
    }
    isGetter =true
}
```

5.7 API 的注入與請求回應

這段程式要點①表明,上層 Server 舉出的 APIGroupInfo 實例提供了獲取 GET 參數的方法,因為程式中的 a.group 就來自該實例。

接下來,程式把已經獲得的 HTTP 回應物件和 URL 參數包裝到 action 結構實例中,形成一個 actions 陣列,這麼做並沒有特別的目的,只是方便後續遍歷它,從而建立出 route 陣列,使邏輯更清晰一些。可見域為命名空間時,actions 陣列建構程式如下:

```go
// 程式 staging/k8s.io/apiserver/pkg/endpoints/installer.go
actions =appendIf(actions, action{"LIST", resourcePath,
                resourceParams,namer, false}, isLister)
actions =appendIf(actions, action{"POST", resourcePath,
                resourceParams, namer, false}, isCreater)
actions =appendIf(actions, action{"DELETECOLLECTION", resourcePath,
                resourceParams, namer, false}, isCollectionDeleter)
// 於 v1.11 中廢棄
actions =appendIf(actions, action{"WATCHLIST", "watch/" +resourcePath,
                resourceParams, namer, false}, allowWatchList)

actions =appendIf(actions, action{"GET", itemPath, nameParams,
                namer, false}, isGetter)
if getSubpath {
    actions =appendIf(actions, action{"GET", itemPath +"/{path:*}",
                proxyParams, namer, false}, isGetter)
}
actions =appendIf(actions, action{"PUT", itemPath, nameParams,
                namer, false}, isUpdater)
actions =appendIf(actions, action{"PATCH", itemPath, nameParams,
                namer, false}, isPatcher)
actions =appendIf(actions, action{"DELETE", itemPath, nameParams,
                namer, false}, isGracefulDeleter)
// 於 v1.11 中廢棄
actions =appendIf(actions, action{"WATCH", "watch/" +itemPath,
                nameParams, namer, false}, isWatcher)
actions =appendIf(actions, action{"CONNECT", itemPath, nameParams,
                namer, false}, isConnecter)
actions =appendIf(actions, action{"CONNECT", itemPath +"/{path:*}",
             proxyParams, namer, false}, isConnecter && connectSubpath)
```

3. 生成 go-restful Route 陣列

需要為當前 GVK 的 WebService 建立 route，這項工作是基於上述 actions 陣列來做的，每個 action 都會成為一個 go-restful route 交給 WebService。一個 action 所對應的 HTTP 方法[1]可能會不同，程式用了一個 case 敘述去區分，GET 操作的 route 生成的程式如下：

```
// 程式 5-29 staging/k8s.io/apiserver/pkg/endpoints/installer.go
    case "GET": //Get a resource.
        var handler restful.RouteFunction
        if isGetterWithOptions {
            handler =restfulGetResourceWithOptions(getterWithOptions,
                reqScope, isSubresource)
        } else {
            handler =restfulGetResource(getter, reqScope)
        }

        if needOverride {
            handler =metrics.InstrumentRouteFunc(verbOverrider.
                OverrideMetricsVerb(action.Verb), group, versi......
        } else {
            handler =metrics.InstrumentRouteFunc(action.Verb, group,
                version, resource, subresource, request......
        }
        handler =utilwarning.AddWarningsHandler(handler, warnings)

        doc :="read the specified " +kind
        if isSubresource {
            doc ="read " +subresource +" of the specified " +kind
        }
        route :=ws.GET(action.Path).To(handler).// 要點①
            Doc(doc).
            Param(ws.QueryParameter("pretty", "If 'true',
                then the output is pretty printed.")).
            Operation("read"+namespaced+kind+strings.Title(
```

---

[1] 準確地說是 Kubernetes 所定義的 HTTP verb，除了標準 HTTP 方法外，還有如 CONNECT、LIST 等 Kubernetes 所定義的 verb。

```
                    subresource)+operationSuffix).
            Produces(append(storageMeta.ProducesMIMETypes(action.Verb),
                    mediaTypes...)...).
            Returns(http.StatusOK, "OK", producedObject).
            Writes(producedObject)
        if isGetterWithOptions {
            if err :=AddObjectParams(ws, route, versionedGetOptions);
                                        err !=nil {
                return nil, nil, err
            }
        }
        addParams(route, action.Params)
        routes =append(routes, route)  // 要點②
```

上述程式在要點①處製作了一個 route，它是一個 rest.RouteBuilder 類型的實例，其核心要素是 handler，即請求回應物件，這一資訊在前面第 1 步已經獲得；最後要點②處把該 route 存入 routes 陣列。

4. 將 routes 陣列交給 WebService

這一步相對簡單，遍歷得到的 routes 陣列呼叫 WebService 的方法並把所有 route 加入其中，大功告成，程式如下：

```
// 程式 5-30 staging/src/k8s.io/apiserver/pkg/endpoints/installer.go
for _, route :=range routes {
    route.Metadata(ROUTE_META_GVK, metav1.GroupVersionKind{
                    Group: reqScope.Kind.Group,
                    Version: reqScope.Kind.Version,
                    Kind:reqScope.Kind.Kind,
    })
    route.Metadata(ROUTE_META_ACTION, strings.ToLower(action.Verb))
        ws.Route(route)
}
```

5.7.3 回應對 Kubernetes API 的 HTTP 請求

Kubernetes API 被注入 Generic Server 中形成了 WebService 及 Route，當有 HTTP 請求到來時，Server 根據 URL 最終呼叫到 Route 上的處理器去回應，本節講解處理器的內部工作流程。

1. 請求資料解碼和認證控制

route 上的回應處理器（handler）是如何建構出來的可以揭示它將做什麼工作。以處理對某 Kubernetes API 的 HTTP POST 請求為例，其 handler 設置程式如下：

```go
// 程式 5-31 staging/src/k8s.io/apiserver/pkg/endpoints/installer.go
case "POST": // 建立一個資源
    var handler restful.RouteFunction
    if isNamedCreater {
        handler = restfulCreateNamedResource(namedCreater, reqScope, admit)
    } else {
        // 要點①
        handler = restfulCreateResource(creater, reqScope, admit)
    }
    // 要點②
    handler = metrics.InstrumentRouteFunc(action.Verb, group, version,
            resource, subresource, requestSco......
    handler = utilwarning.AddWarningsHandler(handler, warnings)
    article := GetArticleForNoun(kind, " ")
    doc := "create" + article + kind
    if isSubresource {
        doc = "create " + subresource + " of" + article + kind
    }
    route := ws.POST(action.Path).To(handler).
            Doc(doc).
            Param(ws.QueryParameter("pretty", "If 'true',
                then the output is pretty printed.")).
            Operation("create"+namespaced+kind+strings.Title(
                subresource)+operationSuffix).
            Produces(append(storageMeta.ProducesMIMETypes(action.Verb),
```

5.7 API 的注入與請求回應

```
                        mediaTypes…)…).
            …
            Returns(http.StatusCreated, "Created", producedObject).
            Returns(http.StatusAccepted, "Accepted", producedObject).
            Reads(defaultVersionedObject).
            Writes(producedObject)
    if err :=AddObjectParams(ws, route, versionedCreateOptions);
                                        err !=nil {
        return nil, nil, err
    }
    addParams(route, action.Params)
    routes =append(routes, route)
```

如果以可見性為叢集的資源建立為例，則程式中要點①處的方法 restfulCreateResource() 建構了資源建立 handler[①]。可見性為叢集表示建立出的資源命名空間不相關，相關的情況是完全類似的。在呼叫該方法時使用了 3 個輸入參數。

（1）creater：這是由當前 GVK 的 rest.Storage 實例向 rest.Creater 做動態類型轉換得來的，本質上還是 GVK 的 rest.Storage 實例。

（2）reqScope：提供一些輔助資訊，主要來自 API 注入時使用的 APIGroupInfo。它會有一個 Serializer 欄位，後續被用於把 HTTP 訊息體內的資訊「反序列化」為目標 API 的基座結構實例。

（3）admit：認證控制器集合 (Admission)，認證控制機制是在進入業務邏輯前對請求做的一些修改與驗證，主要是安全方面的控制。

注意：認證控制和請求過濾機制的區別為篩檢程式對所有到來的 HTTP 請求有效，而認證控制只針對目標為 Kubernetes API 的建立、修改、刪除和 Connect 請求；篩檢程式發生在請求內容被反序列化為 Kubernetes API 的 Go 基座結構實例之前，而認證控制器發生在之後。5.8 節將詳細講解認證控制。

[①] 建構出的實際上是一個用於製造請求處理器的工廠函數，不過既然程式中這麼命名了這裡就將其稱為處理器（handler）。

5　Generic Server

在程式的要點②處對該 handler 進行了進一步處理，加入了測量和異常處理，無關大局，而如果繼續深入 restfulCreateResource() 方法的內部，探究 handler 如何處理請求，最終則會定位到 handlers 套件下的 createHandler() 方法，其中含有 handler 的實現。該方法非常長，宣告部分的程式如下：

```go
// 程式 5-32 staging/k8s.io/apiserver/pkg/endpoints/handlers/create.go
func createHandler(r rest.NamedCreater, scope *RequestScope, admit admission.
Interface, includeName bool) http.HandlerFunc {

    return func(w http.ResponseWriter, req *http.Request) {
        ctx :=req.Context()
        // 出於追蹤性能的目的
        ctx, span :=tracing.Start(ctx, "Create", traceFields(req)...)
        defer span.End(500 * time.Millisecond)

        namespace, name, err :=scope.Namer.Name(req)
        if err !=nil {
            if includeName {
                //name was required, return
                scope.err(err, w, req)
                return
            }

        //…
        namespace, err =scope.Namer.Namespace(req)
        if err !=nil {
            scope.err(err, w, req)
            return
        }
    }
}
```

它直接傳回了一個匿名函數，其形式參數（w http.ResponseWriter, req *http.Request）是不是很眼熟？這個匿名函數將來會負責接收 HTTP 請求的 request 和 response 並處理，這是魔法所在地。該匿名方法的內容很多，解讀兩個要點。第一是請求資料解碼，第二是認證控制器的呼叫。

5.7 API 的注入與請求回應

資料解碼是指把 HTTP 請求訊息本體提取出來，轉為目標 GVK 的 Go 基座結構實例，這是一個由字串到 Go 程式變數的過程，是資料解碼執行業務邏輯的前提。如果以建立 API 實例為例，使用者端放在訊息體內的是待建立 API 資源實例的內容，則要先把它轉為 Go 變數才能進行後續處理。在上述匿名函數中，首先根據 HTTP 請求的 MediaType 資訊從當前 GVK 支援的所有序列化器中選出一個適用的，然後利用這個序列化器和 HTTP 請求所使用的 API 版本製造一個解碼器；最後利用這個解碼器從 HTTP 請求本體中得到 GVK 的 Go 實例和 GVK 資訊。解碼和獲取 GVK 資訊的程式如下：

```
// 程式 5-33 staging/k8s.io/apiserver/pkg/endpoints/handlers/create.go
decoder :=scope.Serializer.DecoderToVersion(decodeSerializer,
            scope.HubGroupVersion)
span.AddEvent("About to convert to expected version")
obj, gvk, err :=decoder.Decode(body, &defaultGVK, original)
```

再看如何呼叫認證控制器。認證控制器是外部交給本匿名函數的，可以直接使用。每個認證控制器都有兩個能力：修改（mutate）HTTP 請求舉出的 API 實例資訊；在 ETCD 操作前，驗證（validate）API 實例資訊。每個 HTTP 請求處理器都會分兩個階段呼叫認證控制器的這兩個介面方法，修改操作在前，驗證操作在後。認證控制器提供給使用者了一個有用的擴充點，可以把特殊的需求注入 API Server 內，例如 SideCar 模式中邊車容器就可以在修改階段注入 Pod。在資源建立場景的處理器中，認證控制器的兩個能力是這麼被呼叫的：

```
// 程式 5-34 staging/k8s.io/apiserver/pkg/endpoints/handlers/create.go
span.AddEvent("About to store object in database")
admissionAttributes :=admission.NewAttributesRecord(obj, nil, scope.Kind, namespace,
name, scope.Resource, scope.Sub......
requestFunc :=func() (runtime.Object, error) {
    return r.Create(
        ctx,
        name,
        obj,
        rest.AdmissionToValidateObjectFunc(admit, // 要點①
            admissionAttributes, scope),
        options,
```

5 Generic Server

```
        )
    }
    //…
    dedupOwnerReferencesAndAddWarning(obj, req.Context(), false)
    result, err :=finisher.FinishRequest(ctx,
        func() (runtime.Object, error) {
            if scope.FieldManager !=nil {
                liveObj, err :=scope.Creater.New(scope.Kind)
                if err !=nil {
                    return nil, fmt.Errorf("fai… %v): %v", scope.Kind, err)
                }
                obj =scope.FieldManager.UpdateNoErrors(liveObj,
                    obj, managerOrUserAgent(options.FieldManag……
                admit =fieldmanager.
                    NewManagedFieldsValidatingAdmissionController(admit)
            }
            if mutatingAdmission, ok :=admit.(admission.MutationInterface);
                ok && mutatingAdmission.Handles(admission.Create) {
                // 要點③
                if err :=mutatingAdmission.Admit(ctx,
                    admissionAttributes, scope); err !=nil {
                return nil, err
                }
            }
        //…
        dedupOwnerReferencesAndAddWarning(obj, req.Context(), true)
        result, err :=requestFunc()// 要點②
        …
```

程式中要點①處把認證控制的驗證函數交給 rest.Create 方法，當 Create 被呼叫時就會被啟用，而 Create 是在要點②被真正呼叫的；認證控制器的修改操作是在要點③處被呼叫的。

資料解碼和認證控制相當於運行業務邏輯之前的前置處理，接下來將進入業務邏輯部分，這部分基本會與 ETCD 互動進行資料存取，所以不妨將其稱為資料存取。

2. 資料存取

　　5.7.1 節強調了結構 APIGroupInfo 的欄位 VersionedResourcesStorageMap 很重要，它提供了從一個 GVK 到類型為 rest.Storage 介面的實例的映射，這些 rest.Storage 介面的實例會最終負責完成 HTTP 請求中所要求的操作，也就是回應 C(reate)、R(ead)、U(date)、D(elete) 及 Watch 等 Verb，這表示這些實例要根據自身需要實現部分以下 Verb 相關介面：

（1）rest.Creater 介面。

（2）rest.NamedCreater 介面。

（3）rest.Lister 介面。

（4）rest.Getter 介面。

（5）rest.GetterWithOptions 介面。

（6）rest.GracefulDeleter 介面。

（7）rest.CollectionDeleter 介面。

（8）rest.Updater 介面。

（9）rest.Patcher 介面。

（10）rest.Watcher 介面。

（11）rest.Connecter 介面。

（12）rest.StorageMetadata 介面。

（13）rest.StorageVersionProvider 介面。

（14）rest.GroupVersionAcceptor 介面。

Generic Server

　　針對不同 Kubernetes API 的 HTTP 請求，處理邏輯不同，建立一個 Pod 和建立一個 Deployment 不可能一樣，於是就需要針對不同 Kubernetes API 定義不同結構去實現 rest.Storage 介面和以上 Verb 介面，然後用該類型實例去填充 VersionedResourcesStorageMap。那麼，透過在原始程式碼中查詢所有 rest.Storage 介面的實現者，就應該可以找到所有 API 的 HTTP 請求處理方法了，在 IDE 的幫助下這很容易做到，在當前版本中查詢到的原始檔案如圖 5-16 所示。

```
> storage_apiserver.go  pkg/registry/admissionregistration/rest    4
> storage.go  pkg/registry/apiserverinternal/rest                   2
> storage_apps.go  pkg/registry/apps/rest                           2
> storage_authentication.go  pkg/registry/authentication/rest       6
> rest.go  pkg/registry/authentication/selfsubjectreview            1
> storage_authorization.go  pkg/registry/authorization/rest         2
> storage_autoscaling.go  pkg/registry/autoscaling/rest             8
> storage_batch.go  pkg/registry/batch/rest                         4
> storage_certificates.go  pkg/registry/certificates/rest           4
> storage_coordination.go  pkg/registry/coordination/rest           2
> storage_core.go  pkg/registry/core/rest                           2
> storage_discovery.go  pkg/registry/discovery/rest                 4
> storage_events.go  pkg/registry/events/rest                       4
> storage_flowcontrol.go  pkg/registry/flowcontrol/rest             2
> storage_settings.go  pkg/registry/networking/rest                 4
> runtime_class.go  pkg/registry/node/rest                          4
> storage_policy.go  pkg/registry/policy/rest                       4
> storage_rbac.go  pkg/registry/rbac/rest                           2
> validate.go  pkg/registry/registrytest                            1
> storage_resource.go  pkg/registry/resource/rest                   2
> storage_scheduling.go  pkg/registry/scheduling/rest               2
> storage_storage.go  pkg/registry/storage/rest                     6
> genericapiserver.go  staging/src/k8s.io/apiserver/pkg/server      3
> rest.go  vendor/k8s.io/apiserver/pkg/registry/rest                1
```

▲ 圖 5-16　rest.Storage 介面的實現者

　　為了方便理解，還是以 Deployment 為例，其 rest.Storage 實例的實際類型是以下 REST 結構：

```
// 程式 5-35 pkg/registry/apps/deployment/storage/storage.go
//REST 為 Deployments 資源實現 RESTStorage
type REST struct {
    *genericregistry.Store
}
```

5-78

5.7 API 的注入與請求回應

REST 結構基本上是空的，除了匿名巢狀結構 generic/registry.Store 結構。巢狀結構的結果是它「繼承」了 generic/registry.Store 的所有屬性與方法，原始檔案位於 staging/k8s.io/apiserver/pkg/registry/generic/registry/store.go，內容如圖 5-17（a）、（b）所示。

(a) Store結构体的字段　　　　　　　　(b) Store結构体的方法

▲ 圖 5-17　Store 結構

在圖 5-17（b）所示的方法列表中，Create、Get、Update、Delete、List、Watch 等非常醒目，它們的存在使 generic/registry.Store 結構實現了 rest.Creater、rest.Getter 等介面，能夠去回應對應的 Kubernetes Verb，而 Deployment 透過匿名巢狀結構獲得了這些方法，也具有了同等能力。

注意：generic/registry.Store 被定義於 Generic Server 程式庫內，目的在於讓許多 Kubernetes API 重複使用其方法的實現。Deployment 的 REST 結構匿名巢狀結構它的做法並不是特例，絕大多數內建 Kubernete API 採用這種巢狀結構重複使用了 generic/registry.Store 的 HTTP 回應實現，不同的是各個 GVK 的結構位於不同的套件，名稱大多數為 REST 或 Storage。

5-79

Generic Server

　　以上重複使用極大地減輕了各個 GVK 實現 HTTP 回應邏輯的壓力，但問題是：如果大家都巢狀結構同一個結構並以此重複使用它的方法，則豈不是大家的 HTTP 回應邏輯都一樣了嗎？建立 Pod 和 Deployment 不可能一樣。規避這個問題的方法隱藏在 generic/registry.Store 結構的欄位中，這些欄位絕大多數是擴充點，不同 API 透過給這些擴充點賦予不同的值來控制回應方法的內部操作，比較典型的是 *Strategy 系列屬性：CreateStrategy、DeleteStrategy、UpdateStrategy。

　　策略設計模式在軟體開發中經常被用到，它的作用是抽象出一組類似邏輯中的不同部分，形成策略物件，從而統一剩餘的部分進行重複使用，不同使用場景使用不同的策略物件。generic/registry.Store 中的這群組原則屬性採用的就是這種模式，Pod 會將 Pod 的策略提供到自己的 REST 結構實例上，而 Deployment 會有 Deployment 的策略。

　　最後來總結 Generic Server 如何為 Kubernetes API 提供 Verb 的回應邏輯，如圖 5-18 所示。為了方便展示，圖中以一些核心 API Server 的資源為例，也未考慮命名空間。

5.7 API 的注入與請求回應

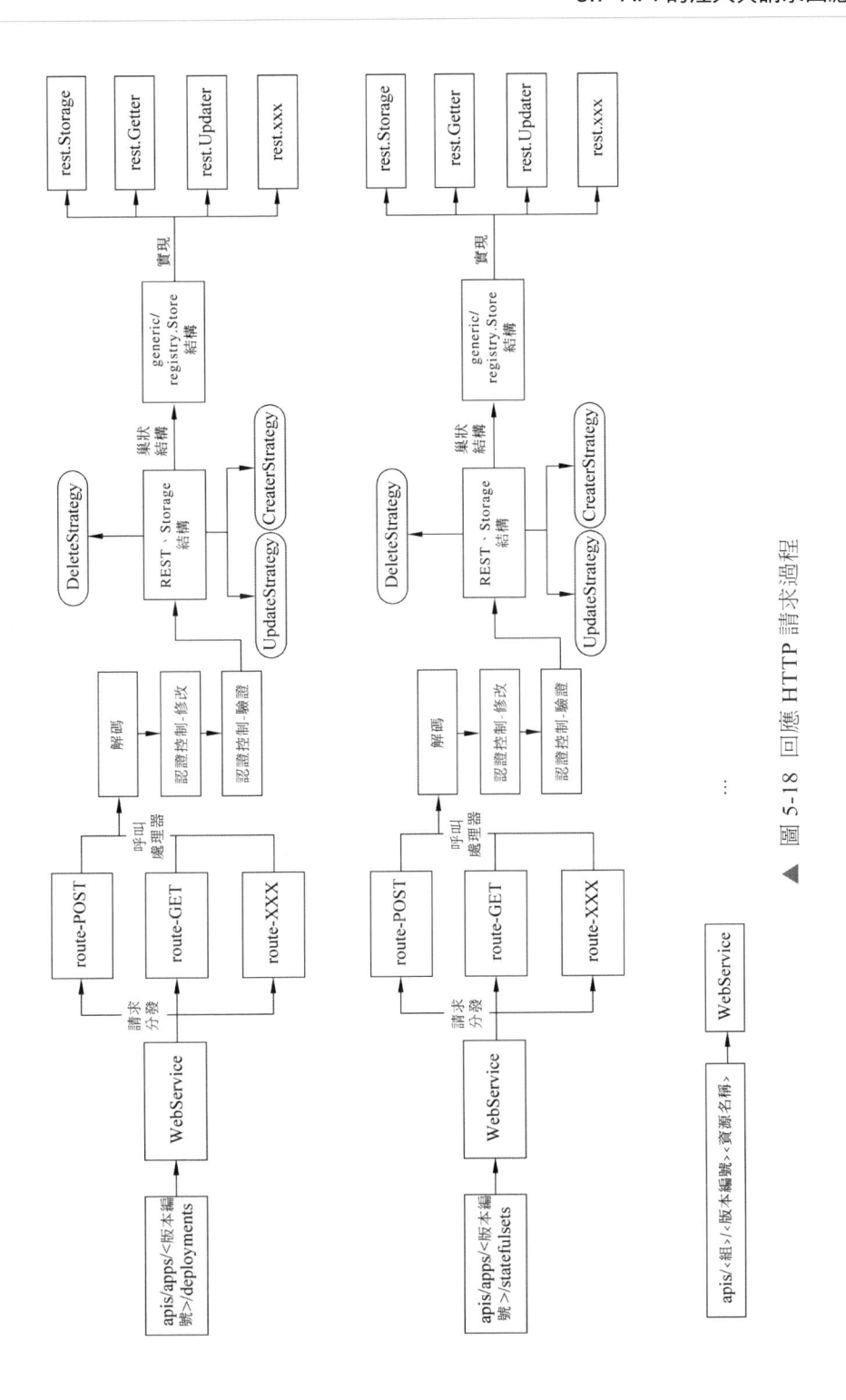

▲ 圖 5-18　回應 HTTP 請求過程

5.8 認證控制機制

安全可以說是當前 IT 系統所需考量的頭等大事，有什麼功能決定了一個產品是否賣得出去，而是否安全決定了這個廠商需不需要倒貼錢。為了更進一步地服務於 Kubernetes 使用者，社區不遺餘力地加固 Kubernetes，並且提供了方便擴充和客製化的安全機制。認證控制的出現就是由安全考量出發的，以便在 API Server 底層建構的可擴充安全機制。

5.8.1 什麼是認證控制

在基於 Kubernetes 架設系統或在其上運行一個應用時，你是否曾有以下需求：

（1）怎麼強制系統內所有 Pod 消耗的資源不超過約定的警戒線？

（2）怎麼保證系統內所有 Pod 都不會使用某個容器鏡像？

（3）如何確保某個 Deployment 具有最高的優先順序？

（4）已知某個 Pod 需要的許可權範圍，如何確保生產環境下它不被錯誤地連結一個許可權很大的 Service Account？

認證控制（Admission Control）是這類問題的理想答案：為了解決上述問題，可以在 API Server 上加認證控制器，在控制器中完成對請求的必要調整和驗證，從而消除安全擔憂。認證控制機制會截獲所有對目標 API 的建立、修改和刪除等請求，交給該認證控制器前置處理。

認證控制是 API Server 接收到 Verb 為建立、修改、刪除和 CONNECT 的 HTTP 請求後，將資源資訊存入 ETCD 前，對請求進行修改和驗證的過程。認證控制在請求處理過程中被觸發的時點如圖 5-19 所示。認證控制機制依靠認證控制器對請求進行修改和檢驗，Kubernetes 內建了近 30 個認證控制器，使用者也可以透過網路鉤子（Webhook）掛載自開發的控制器。

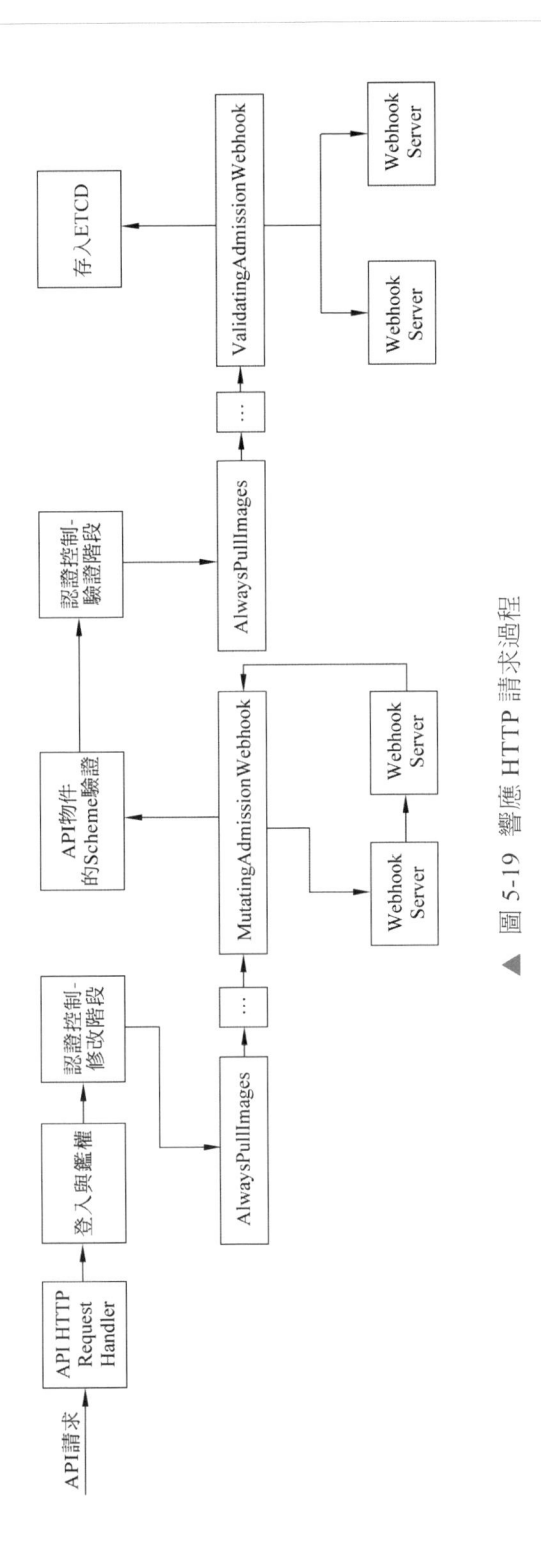

5.8 認證控制機制

▲ 圖 5-19 響應 HTTP 請求過程

5 Generic Server

認證控制機制因安全而被引入，但其作用卻不限於安全領域，在不濫用的前提下，可以利用該機制完成以下類型的任務。

（1）安全檢測：認證控制可以在整個叢集或一個命名空間範圍內落實安全基準線。例如在內建認證控制器中有一個專門用於 Pod 的配置：PodSecurityPolicy 控制器，它會禁止目標容器以 root 運行，並可以確保容器的 root 檔案系統的掛載模式為唯讀。

（2）配置管控：認證控制還是落實各種規約的好地方。應用系統一般會有些建構要求，例如每個 Pod 都需要宣告資源限制，以及都需要打好某個特定標籤等。這就像紀律，需要有機制確保紀律被遵守。在 API Server 中認證控制就常常被用來集中打標籤（label）和注解（annotation）。

值得注意的是，認證控制只針對建立、刪除、修改和 Connect 請求，其中對 Connect 請求的支援是最近版本才加入的，而對於讀取類請求（Get、Watch、List）認證控制不加干預，對於其他客製化的 verb 也不起作用。可以這樣理解：認證控制實際上是「准許資訊進入 ETCD 的控制」。這反映出該機制的局限性，它只能保證資訊被持久化到系統時安全規則被遵守，一旦進入，後續其被使用時將不再受認證控制的約束。這種職責範圍非常清晰的設計不失為一種明智之舉，在使用該機制時（特別是借助 Webhook 建立動態認證規則時），應該繼承這種思想，不濫用認證控制。

整個認證控制機制分為兩個階段：修改階段和驗證階段。在修改階段幾乎可以不受限制地修改請求中包含的 API 實例，這是非常強大的存在，借助它可以加強資源使用限制、修改暴露的通訊埠、補全重要資訊，也可以在 Pod 中悄悄注入容器，邊車模式中的邊車往往如此進入 Pod，就像 ISTIO 專案注入網路代理邊車那樣。驗證階段無權修改目標資源，而是從資訊一致性、完備性角度去驗證請求內容的準確性，如果驗證的結果是失敗，則立即將錯誤傳回給使用者端，不再執行後續驗證。這兩個階段先後執行，修改在前，驗證在後[1]。修改階段的認證控制器串列執行，但系統不保證執行順序；驗證階段的控制器並存執行。

---

[1] 如果反過來，則先做的驗證豈不是毫無用處了。

讀者可能無法準確區分篩檢程式與認證控制，感覺二者都發生在請求處理過程中，一件事情似乎既可以在篩檢程式中做，也可以在認證控制中做，那麼有必要明確區分它們嗎？複雜處理分階段執行是個很好的策略，API Server 把冗長的請求處理劃分為 3 部分。

（1）首先為過濾階段：請求首先進入過濾階段，其目的是高效率地做全域性存取控制，典型操作如登入、輸送量控制等。本階段不對請求本體包含的資訊進行深入解析，因為它是普適的，不依賴業務資訊。同時每個到來的請求都需要經過過濾，無論 Verb 是什麼。叢集管理員在啟動 API Server 時可以利用命令列標識啟用或關閉特定篩檢程式。

（2）然後為認證控制階段：建立、修改、刪除和 Connect 類別請求特有，其目的是確保進入系統的資訊是符合規範的，安全方面是主要考量。認證控制的主要輸入是目標 API 實例，透過解碼請求內容得到。管理員在啟動 API Server 時可以利用命令列標識啟用或關閉特定認證控制器。

（3）最後為持久化階段：將資訊存入 ETCD。

請求過濾與認證控制分處前兩個階段，輸入不同，目標也不同。此外，認證控制機制提供給使用者了擴充機制——Webhook 控制器，而篩檢程式機制並沒有這種可能。

5.8.2 認證控制器

認證控制的核心是認證控制器，每個控制器都具有獨到的作用，所有控制器共同支撐起認證控制機制。從外部看，認證控制機制和控制器是一體的，然而從內部看，控制器獨立存在，它們以外掛程式的形式加入整個認證控制機制中，外掛程式化使引入新的控制器變得容易。在 API Server 啟動時，管理員可以利用命令列標識指出啟用哪些認證外掛程式而禁用哪些。舉例來說，以下命令啟動 API Server 的同時開啟兩個控制器：

```
kube-apiserver --enable-admission-plugins=NamespaceLifecycle,LimitRanger …
```

Generic Server

而以下標識則禁用兩個控制器：

```
kube-apiserver --disable-admission-plugins= PodNodeSelector, AlwaysDeny …
```

Kubernetes 已經提供了 34 個開箱即用的認證控制器，上面兩個命令用到的 NamespaceLifecycl、LimitRanger、PodNodeSelector 和 AlwaysDeny 均來自這組控制器。v1.27 中內建的認證控制器見表 5-3。

▼ 表 5-3 內建認證控制器

#	ID	類型	作用
1	AlwaysAdmit	驗證	已廢棄。允許所有 Pod 進入叢集
2	AlwaysDeny	驗證	已廢棄。拒絕所有 Pod 進入叢集
3	AlwaysPullImages	修改、驗證	將 Pod 的鏡像拉取策略修改為始終拉取，否則一旦一個鏡像在一個節點上被拉取成功一次，該節點上所有應用啟動時都始終優先使用該鏡像而不會再去拉取，有時這並不是期望行為，特別是在開發偵錯階段
4	CertificateApproval	驗證	檢驗對 CertificateSigningRequest 的批復是否出自具有批復資格的使用者，即 spec.signerName 所指定的使用者
5	CertificateSigning	驗證	檢驗對 CertificateSigningRequest 的 status.certificate 欄位進行更新操作出自具有批復資格的使用者，即 spec.signerName 所指定的使用者
6	CertificateSubjectRestriction	驗證	檢驗新建立 CSR 的請求，如果 CSR 的 spec.signerName 是 kubernetes.io/kube-apiserver-client，則該 CSR 的 group/organization 不能是 system:masters，避免能建 CSR 的使用者借機自己提升自己的許可權[1]

---

[1] 讀者可搜索 Kubernetes RBAC: How to Avoid Privilege Escalation via Certificate Signing 了解背景。

（續表）

#	ID	類型	作用
7	DefaultIngressClass	修改	觀察 Ingress 的建立請求，如果它沒有指定 Ingress Class，則把該屬性設置為預設 Class
8	DefaultStorageClass	修改	觀察 PersistentVolumeClaim 的建立請求，如果沒有指定 storage class 屬性，則把該屬性設置為預設 Class
9	DefaultTolerationSeconds	修改	將 default-not-ready-toleration-seconds 和 default-unreachable-toler-ation-seconds 兩個命令列標識值應用到 Pod，對 node.kubernetes.io/not-ready:NoExecute 和 node.kubernetes.io/unreach-able:NoExecute 兩個污點的容忍時長進行設置
10	DenyServiceExternalIPs	驗證	不允許 Service 的 externalIPs 欄位有新 IP 加入；不允許新建立的 Service 使用 externalIPs 欄位
11	EventRateLimit	驗證	應對請求儲存 Event 的 HTTP 請求過於密集的情況
12	ExtendedResourceToleration	修改	為保護具有特殊資源的節點會利用污點機制拒絕在其上建立不需要該資源的 Pod。本認證控制器可以為真正需要該資源的 Pod 自動加 Toleration，從而可以在該節點上建立
13	ImagePolicyWebhook	驗證	指定一個後端服務，去檢查 Pod 希望使用的鏡像在當前組織機構內是否允許使用。只有具有注解 *.image-policy.k8s.io/* 的 Pod 才會觸發這個檢測

5 Generic Server

（續表）

#	ID	類型	作用
14	LimitPodHardAntiAffinityTopology	驗證	用於避免一個 Pod 利用反親和性阻止其他 Pod 向一個節點上部署，它禁止一個 Pod 在定義 RequiredDuring-Scheduling 類別反親和性時使用 Topologykey，只能使用 hostname
15	LimitRanger	修改、驗證	配合 LimitRange API 實例，確保去往一個命名空間的請求量不超過標準。也可以用於給沒有宣告資源使用量的 Pod 加上預設的資源量
16	MutatingAdmissionWebhook	修改	是由 Generic Server 提供的動態認證控制機制的一部分，在修改階段呼叫動態認證控制器（Webhooks），從而讓使用者定義的認證控制外掛程式起作用
17	NamespaceAutoProvision	修改	檢查針對一個命名空間內 API 的請求，如果該命名空間不存在，則先建立它
18	NamespaceExists	驗證	確保那些請求中使用的命名空間一定存在，如果不存在，則直接拒絕
19	NamespaceLifecycle	驗證	由 Generic Server 提供，確保： - 不在正被關停的命名空間內建立 API 物件 - 拒絕請求不存在的命名空間 - 阻止刪除系統保留的 3 個命名空間：default、kube-system、kube-public
20	NodeRestriction	驗證	用於限制一個 kubelete 可修改的節點或 Pod 的標籤
21	OwnerReferencesPermissionEnforcement	驗證	只允許具有刪除許可權的使用者修改 metadata.ownerReferences 資訊

（續表）

#	ID	類型	作用
22	PersistentVolumeClaimResize	驗證	不允許調整 PersistentVolumeClaim 所宣告的大小，除非該 PVC 的 StorageClass 明確將 allowVolumeExpansion 設置為 true
23	PersistentVolumeLabel	修改	自動為 PersistentVolumes 加 region 或 zone 標籤。將會有利於確保為 Pod 掛載的 PersistentVolumes 與該 Pod 處於同一區域
24	PodNodeSelector	驗證	讀取命名空間上或全域設置中關於節點選擇器的註解，確保該命名空間中 API 實例會使用這些節點選擇器
25	PodSecurity	驗證	依據目標命名空間定義的 Pod 安全標準和請求的安全上下文，決定一個 Pod 建立請求是否 OK
26	PodTolerationRestriction	修改、驗證	檢查 Pod 的 Toleration 和其所在命名空間的 Toleration 沒有衝突，如果有就拒絕 Pod 的建立和修改；如果沒有就合併命名空間和 Pod 的 Toleration，為 Pod 實例生成新的 Toleration
27	Priority	修改、驗證	根據 priorityClassName 為 Pod 計算生成 priority 屬性值；如果根本沒有設置前者，則拒絕該 Pod 建立和修改請求
28	ResourceQuota	驗證檢驗	請求確保一個命名空間中 ResourceQuota API 實例中的設置起作用，也就是說如果請求的資源導致超限，則拒絕之
29	RuntimeClass	修改、驗證	觀測 Pod 建立請求，根據 Pod 設置的 RuntimeClass 計算 .spec.overhead 並設置；如果請求中 Pod 已經設置了 overhead，則直接拒絕

Generic Server

（續表）

#	ID	類型	作用
30	SecurityContextDeny	驗證	已廢棄。拒絕對 Pod 設置某些 SecurityContext
31	ServiceAccount	修改、驗證	自動向 Pod 中注入 ServiceAccounts
32	StorageObjectUseProtection	修改	向新建立的 PVC 和 PV 中加 kubernetes.io/pvc-protection 或 kubernetes.io/pv-protection finalizer
33	TaintNodesByCondition	修改	目的是為新建立的節點打上 NotReady 和 NoSchedule 污點，從而阻止在該節點完全就緒前向它部署 Pod
34	ValidatingAdmissionPolicy	驗證	由 Generic Server 提供，對請求執行 CEL 驗證
35	ValidatingAdmissionWebhook	驗證	由 Generic Server 提供的動態認證控制機制的一部分，在驗證階段呼叫動態控制器（webhooks）。和 MutatingAdmissionWebhook 類似，提供給使用者擴充點

技術上說，一個認證控制器外掛程式主要涉及如圖 5-20 所示的 3 個介面。

（1）admission.Interface：控制器外掛程式必須實現的介面。

（2）admission.MutationInterface：參與修改階段必須實現的介面，它使本外掛程式成為修改認證控制器。

（3）admission.ValidationInterface：參與驗證階段必須實現的介面，它使本外掛程式成為驗證認證控制器。

上述介面定義的原始檔案為 staging/k8s.io/apiserver/pkg/admission/interfaces.go。

5.8 認證控制機制

```
         <<interface>>
       admission.Interface
   
   +Handles(operation Operation)(bool)
```

```
       <<interface>>                          <<interface>>
   admission.MutationInterface          admission.ValidatIonInterface

+Admit(ctx context.Context, a Attributes,   +Validate(ctx context.Context, a Attributes,
      o ObjectInterfaces)(err error)              o ObjectInterfaces)(err error)
```

▲ 圖 5-20 認證控制器相關介面

以上每個介面都很簡潔，各有一個介面方法。admission.Interface 的 Handles() 方法會接收 Operation 類型的參數，它是一個字串，值可以是 CREATE、UPDATE、DELETE 和 CONNECT。如果 Handles() 的傳回值為 true，則這個外掛程式可以處理該類 HTTP 請求。Handles() 方法會被認證控制機制呼叫以確認該控制器外掛程式是否需要參與當前請求的處理，而介面 admission.MutationInterface 和 admission.ValidationInterface 各自有一種方法去修改或去驗證請求內容，這些方法的入參中有一個類型為 Attributes，該入參會提供目標資源的基本資訊，透過它也可以直接獲取請求中的資源，在大多數場景下基於這些資訊足夠完成認證控制的工作。另一種類型為 ObjectInterfaces 的入參可以從請求中獲取 Defaulter、Converter 這種不太常用的資訊，在處理 CRD 時有可能需要它們。

開發一個內建認證控制器並不難，只要以一個 Go 結構為基座製作一個外掛程式，實現以上 3 個介面，並將其注入認證控制機制中就可以了。作為 Kubernetes 的普通使用者並沒有定義內建認證控制器的機會，需要透過動態認證控制器（Webhooks）注入自己的控制邏輯，但在自開發聚合 Server 的場景中，認證控制器的開發是完全可行並且比較重要的工作，在本書第三篇中，讀者將看到相關開發例子。

5.8.3 動態認證控制

在內建的認證控制器中，有兩個特殊的控制器——MutatingAdmissionWebhook 和 ValidatingAdmissionWebhook。它們本質上各自代表了一系列由使用者自己開發出來的認證控制器，是 Kubernetes 為客戶提供的一種擴充機制。在第三篇中也會包含一個建立動態認證控制器的例子，本節著重介紹其結構和工作原理。

1. 工作原理

一般的認證控制器程式是隨 API Server 原始程式一起編譯打包的，屬於 API Server 可執行檔的一部分，使用者不可能去把自己的控制邏輯以這種方式放入 API Server，而動態認證控制的兩個認證控制器為使用者進行擴充開了口：使用者只需將自己的認證控制邏輯撰寫為獨立運行的網路服務並部署在叢集內或叢集外，透過配置告知上述動態認證控制器如何使用這些服務，這樣就完成了認證機制的擴充。認證控制除了做安全控制，技術上也可以做任何其他控制，這一點透過觀察內建認證控制器也可以體會到，由此可見，動態認證控制實際上為擴充 Kubernetes 開闢了一條重要的通道。

動態認證控制機制涉及一些 Kubernetes API，整個系統並不複雜，如圖 5-21 所示。

圖 5-21 中 Webhook Server 指代使用者自開發的包含認證控制邏輯的 Web 服務。

當動態認證控制器被 API Server 呼叫時，它會把待驗證、待修改的 HTTP 請求內容包裝成一個 AdmissionReview 實例發往 Webhook Server。AdmissionReview 是一個暫態的 Kubernetes API，內部包含目標請求中的關鍵資訊，供 Webhook Server 中的客戶程式做判斷之用，而 Webhook Server 也會以 AdmissionReview 的格式舉出判斷結果。得到結果後，動態認證控制器會把使用者意志反映到針對 HTTP 請求的回應中，認證控制過程結束。

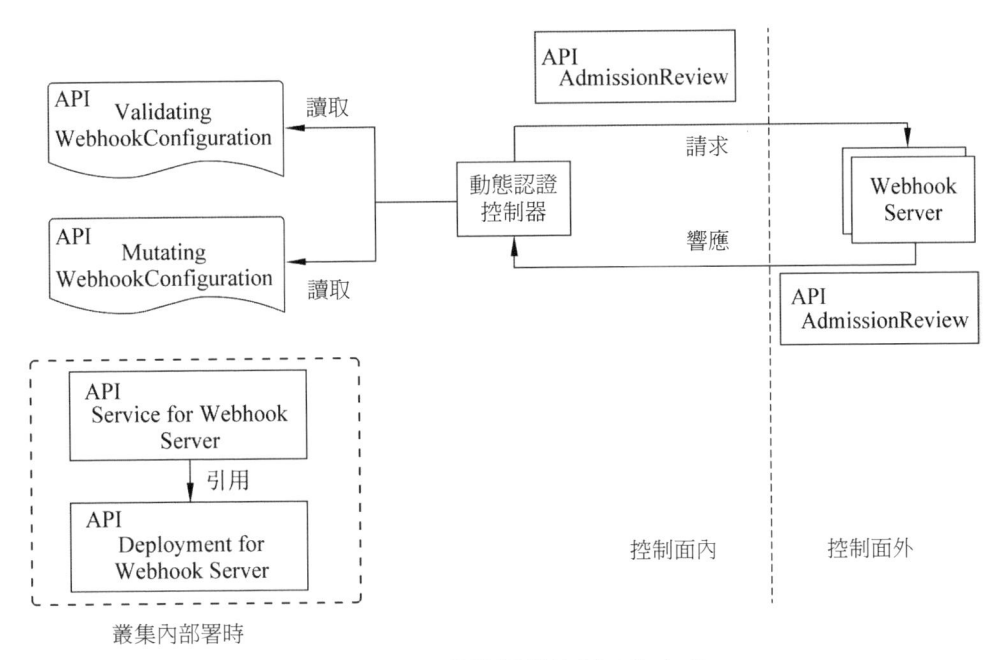

▲ 圖 5-21 動態認證控制工作方式

動態認證機制能呼叫 Webhook Server 的前提如下：

（1）知道它的存在，包括在哪裡、如何呼叫。

（2）知道它能參與修改和驗證的哪個階段。一般的認證控制器外掛程式會實現 admission.Interface 介面，其中 Handles() 方法可以告知認證控制機制當前這個外掛程式是否可以處理一個到來的請求，這樣認證機制可以預先決定要不要在修改和驗證階段呼叫它，但這一套不能直接套用到動態認證控制器上，因為動態認證控制器只起中轉作用。這些問題都由 Webhook Server 的配置資訊回答。有兩個 Kubernetes API 專門用於為動態認證控制器提供配置，它們是 ValidatingWebhookConfiguration 和 MutatingWebhookConfiguration。它們含有以下資訊：

（1）有哪些 Webhook Server 存在，以及名稱是什麼。

（2）Webhook Server 關注的 HTTP 請求匹配規則。規則可以基於 Kubernetes API 的屬性——例如所在組，也可以是靈活的通用表達敘述（CEL）。

（3）Webhook Server 的存取方式。位址可透過 URL 或叢集內的 Service 資源來指定，還可能包含必要的認證設置。

Webhook Server 的部署可以採用叢集內部署，也可放到叢集外。如果部署到叢集內，則可以將該服務包裝成 Deployment 資源，然後透過一個 Service 資源在叢集內暴露它。

2. 建構動態認證器外掛程式

兩類動態認證控制器也是以外掛程式形式存在的，這部分以 Mutating-AdmissionWebhook 為例講解其外掛程式的程式實現，其他內建認證器外掛程式的開發過程與此類似，自然包括 Validating Webhook。關鍵部分的程式如下：

```
// 程式 5-36
//staging/k8s.io/apiserver/pkg/admission/plugin/webhook/mutating/plugin.g//o

const (
    //PluginName 舉出認證控制外掛程式的名稱
    PluginName ="MutatingAdmissionWebhook"
)

// 用於向認證控制機制註冊本外掛程式
func Register(plugins *admission.Plugins) {
    plugins.Register(PluginName,
        func(configFile io.Reader) (admission.Interface, error) {
            plugin, err :=NewMutatingWebhook(configFile)
            if err !=nil {
                return nil, err
            }

            return plugin, nil
    })
}

//Plugin 實現介面 admission.Interface
type Plugin struct {
    *generic.Webhook
}
```

5.8 認證控制機制

```
var _ admission.MutationInterface =&Plugin{}

// 傳回一個動態認證控制外掛程式
func NewMutatingWebhook(configFile io.Reader) (*Plugin, error) {// 要點①
    handler :=admission.NewHandler(admission.Connect,
        admission.Create, admission.Delete, admission.Update)
    p :=&Plugin{}
    var err error
    p.Webhook, err =generic.NewWebhook(handler, configFile,
        configuration.NewMutatingWebhookConfigurationManager,
        newMutatingDispatcher(p)) // 要點②
    if err !=nil {
        return nil, err
    }

    return p, nil
}

// 實現介面 InitializationValidator, 檢驗初始化情況
func (a *Plugin) ValidateInitialization() error {
    if err :=a.Webhook.ValidateInitialization(); err !=nil {
        return err
    }
    return nil
}

// 根據請求屬性做出修改類別認證控制決定
// 要點③
func (a *Plugin) Admit(ctx context.Context, attr admission.Attributes,
                       o admission.ObjectInterfaces) error {
    return a.Webhook.Dispatch(ctx, attr, o)
}
```

由名稱就可以看出，結構 Plugin 將用於代表 MutatingAdmissionWebhook，確實如此，它透過巢狀結構結構 generic.Webhook 獲得了後者的許多方法，其中就包括 admission.MutaionInterface 要求的 Handles() 方法，這使 Plugin 結構有資格成為認證控制外掛程式。

5-95

Generic Server

最上面的 Register 方法是留給外部呼叫的介面，認證控制機制會呼叫它將當前外掛程式加入外掛程式庫。從該方法中可以看到，方法 NewMutatingWebhook() 會負責制作該外掛程式的實例，從要點①處開始，該方法首先定義一個 handler 變數，指明 MutatingAdmissionWebhook 可以處理 Create、Update、Delete 和 Connect 類 HTTP 請求，然後利用 generic.NewWebhook 方法，基於剛才的 handler 和配置資訊——也就是 API Server 中的 MutatingWebhookConfiguration API 實例，以及 newMutatingDispather() 方法的傳回值製作一個 webhook 存入外掛程式的 Webhook 欄位。

要點②處對 newMutatingDispatcher() 方法的呼叫特別重要：它為 Webhook Server 做了一個分發器 Dispatcher。查看要點③處的 Admit 方法邏輯：當有目標 HTTP 請求到來時，認證控制機制會呼叫它進行修改操作，而它直接讓外掛程式 Webhook 欄位把它分發出去，這裡的分發便利用了 Dispatcher。分發器的程式位於 staging/k8s.io/apiserver/pkg/admission/plugin/webhook/mutating/dispatcher.go，複雜程度由其程式長度就能看出。由其原始程式可見，分發操作主要發生在 Dispatch() 和 callAttrMutationHook() 方法，它們一共有 300 行，由於篇幅所限，所以就不在這裡展開其邏輯了，感興趣的讀者可以自行閱讀。

注意：這裡要提一下 MutatingAdmissionWebhook 與 ValidatingAdmissionWebhook 在呼叫其 Webhook Server 時的重要程度不同：ValidatingAdmissionWebhook 使用並行的方式呼叫註冊其上的 Webhook Server，對每個 Webhook Server 的呼叫都在單獨程式碼協同中進行，而 MutatingAdmission-Webhook 採用串列但不保證順序的方式。二者都表現出一種無序性，這是設計有意為之：它要求開發者在寫動態認證控制器邏輯時，不能假設其他控制器已經執行完畢。

對動態認證控制器的介紹到此為止，這節知識為第三篇動手撰寫認證控制器打下堅實的基礎。

5.9 一個 HTTP 請求的處理過程

經過本章的介紹，讀者對 Generic Server 所輸出的能力有了較好的了解，在這一節換一個角度看 Generic Server 的工作方式。一個 Web Server 所有的服務都是透過處理 HTTP 請求實現的，如果從 HTTP 請求出發，觀察它在 Server 內部經歷了哪些流轉和處理過程、各觸及哪些方法，則能更進一步地理解 Generic Server。這一過程如圖 5-22 所示。

Generic Server 提供的端點有多種，最主要的是針對 Kubernetes API 的，它們的相對位址以 apis/（針對具有組的 API）或 api/（針對核心 API）開頭；其次 Server 還提供輔助性的端點供外界查詢，典型的有健康狀況檢查端點 readyz、livez 和 healthz，不過 healthz 端點在新版本中被前面的兩個替代了。

經過簡單轉發後，請求被一個一個交給過濾鏈中的篩檢程式，完成各項基本檢測，包括登入、鑑權、稽核、CORS 防護等。值得留意的是登入和鑑權，它們的觸發地是在篩檢程式中，在第 6 章講解主 Server 時會用到。

請求順利透過篩檢程式後來到一個關鍵的分流時刻：handlers 套件的 director 結構會判斷當前請求是針對 Kubernetes API 的，還是針對其他的。如果是前者，則請求將被轉交 go-restful 的轉發器——GoRestfulContainer；如果是後者，則請求將交給普通轉發器——NonGoRestfulMux。

對於針對系統健康狀況查詢端點的請求，director 會將其流轉給 healthz 套件的 handleRootHealth 方法去處理，請求過程隨之結束。

對於請求 Kubernetes API 的請求，由 handlers 套件下的各個資源處理器去處理。處理過程包含 3 步：

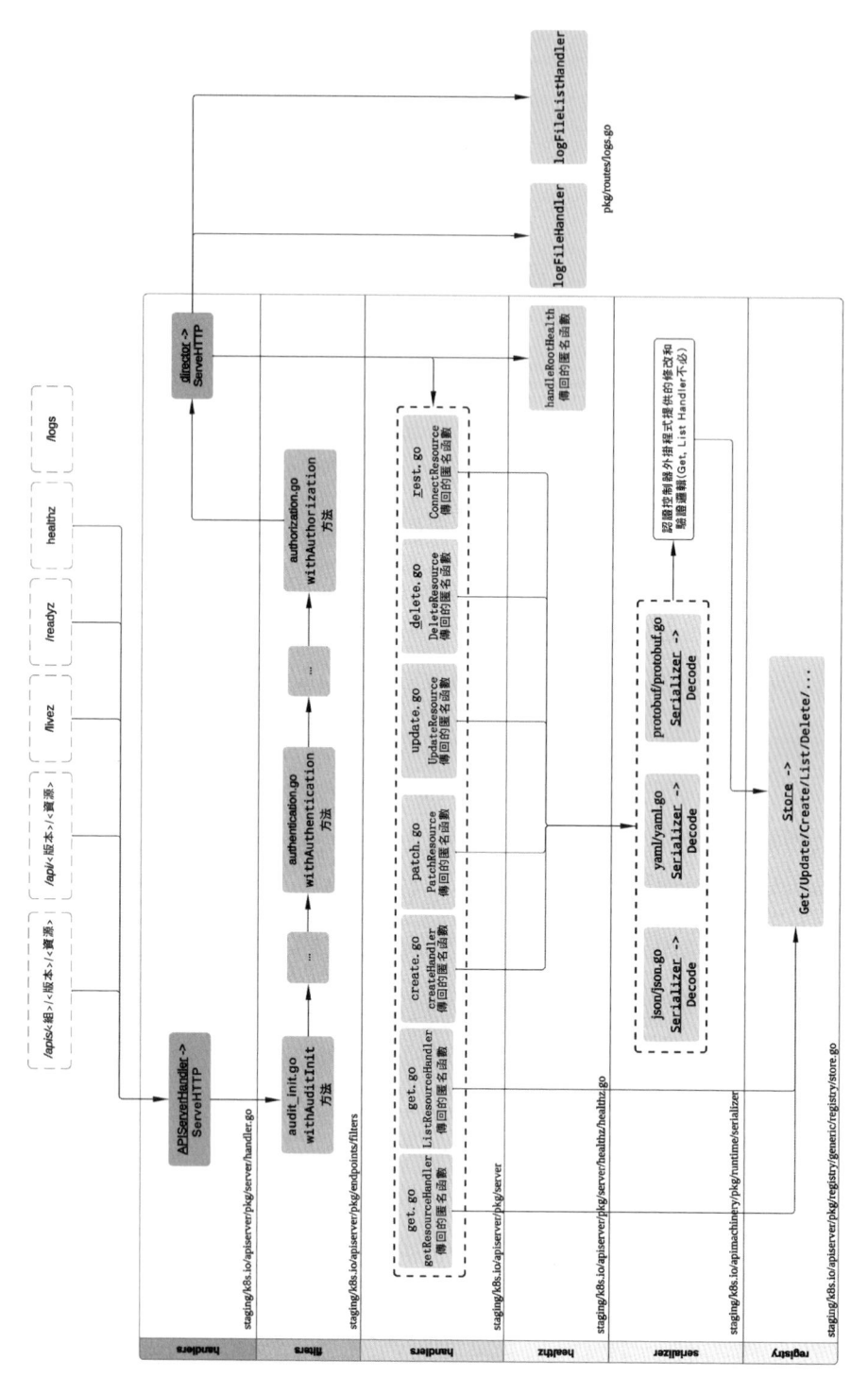

Generic Server

▲ 圖 5-22 Generic Server 內 HTTP 請求流轉

（1）除了 Get 和 List 請求，先解析出請求本體中傳遞過來的 GVK 資訊，形成對應的 Kubernetes API 的 Go 基座結構實例。這是借助序列化器進行的，Generic Server 提供了 3 種解析器應對 3 種格式：JSON 解析器、YAML 解析器和 Protobuf 解析器。

（2）對解析出的 Kubernetes API 實例，一個一個呼叫認證控制器外掛程式的修改邏輯，之後再一個一個呼叫驗證邏輯，完成認證控制的所有處理。

（3）利用 GVK 的 rest.Storage 介面實例，針對請求的 Verb 去進行 CRUD 等操作，結束後請求回應也隨之結束。Generic Server 在 generic/registry 套件中提供了 Store 結構，它實現了 rest.Getter、rest.Updater 等介面，供各個 GVK 在自己的 Storage 結構上去匿名巢狀結構，從而重複使用這些實現。

5.10 本章小結

　　Generic Server 是 Kubernetes API Server 的基礎框架，本章從如何在 Go 語言中建構一個 Web Server 入手，講解了在 Go 語言中建構 Web Server 的基本原理，這部分看似非常基礎，但對後續理解 API Server 的架構有舉足輕重的作用；進一步引入 API Server 所使用的 RESTful 框架——go-restful，在該框架的輔助下為 Web Server 增加 RESTful 能力非常簡單，API Server 中所有 Kubernetes API 都是以 go-restful 定義的 Web Service 對外暴露的，建議讀者多花些時間去查詢和學習該框架；OpenAPI 是 API Server 暴露 Kubernetes API 為端點時所遵循的規範，使用者端也會利用 OpenAPI 的服務規格說明對使用者輸入的請求內容做初始驗證，本章介紹了 Generic Server 如何使用 OpenAPI；接下來登錄檔（Scheme）機制閃亮登場，GVK 實例預設值的設置、內外部版本之間進行轉換等 API Server 特色性的操作都需要向登錄檔登記，5.4 節聚焦登錄檔的內容含義和建構過程，並且進行了全面講解。

　　在完成上述基礎知識的介紹後，本章正式進入 Generic Server 原始程式碼。在 Server 建立部分，請求處理鏈的建構和伺服器啟動與關閉時鉤子函數設置是重點內容，其中包含篩檢程式與 Server 鏈的建構過程。Server 啟動部分講解了

5 Generic Server

幾個複雜的功能，其一是證書的載入和動態更新，它利用了控制器模式，是學習和使用該模式的好例子；其二是停機流程，這裡用了大量的 Go 管道來協調停機時伴隨狀態轉換發生的操作，設計很精巧，然後介紹了 Kubernetes API 向 Generic Server 的注入過程，雖然 Generic Server 自己只是瓶，沒有自己的酒——API，但它需要向上層 Server 提供注入 API 的能力。Server 還需要能向外暴露這些 Kubernetes API，從而接收與處理使用者關於 API 的請求，這部分原理本章也進行了詳細介紹，列出了涉及的檔案、結構和方法。

筆者建議開發人員重視 Generic Server 的內容。從技術上講，Generic Server 囊括了 API Server 的精華，對於在 Go 語言中建構高效、安全、專業的 Web 服務大有裨益。它山之石可以攻錯，在不斷學習與參考中，相信讀者的專案水準會日臻化境。

主 Server

　　主 Server（又稱為 Master Server 或 Master）是 API Server 的核心，它承載了絕大多數使用者導向的內建 Kubernetes API。在核心 API Server 的 Server 鏈中，主 Server 處於聚合器與擴充 Server 之間，起著承上啟下的作用。主 Server 從聚合器接收 HTTP 請求，處理自己所負責的類型，並將不能處理的請求分發至下游的擴充 Server。主 Server 是 Kubernetes 專案中歷史最悠久的控制面部件，擴充 Server、聚合 Server 及聚合器機制的創立都晚於主 Server。主 Server 是 API Server 的精華所在。

6 主 Server

本篇第 3 章介紹了 API Server 的啟動過程，講解了各子 Server 在何處建立及哪部分程式把它們組裝了起來，形成 Server 鏈；第 5 章剖析了各子 Server 如何以 HTTP 請求處理為主線形成 Server 鏈，這些知識為讀者從巨觀描繪了 API Server 的結構。從本章開始將為讀者詳解各子 Server 的內部細節，這些資訊在前序章節有意略過。本章的焦點是主 Server。

6.1 主 Server 的實現

3.4.3 節提到 CreateServerChain() 函數負責建構 Server 鏈，這就需要先建構出各子 Server，透過查看該函數的實現可知主 Server 的建構是在函數 CreateKubeAPIServer() 中完成的。這個函數的內部極為簡潔，只是以形式參數 kubeAPIServerConfig 為起點做了一個鏈式方法呼叫：

```
// 程式 6-1 cmd/kube-apiserver/app/server.go
// 建立並編織出一個可用 APIServer
func CreateKubeAPIServer(kubeAPIServerConfig *controlplane.Config,
            delegateAPIServer genericapiserver.DelegationTarget)
                        (*controlplane.Instance, error) {
    return kubeAPIServerConfig.Complete().New(delegateAPIServer)
}
```

這行程式背後觸發了主 Server 的完整建構過程，本節將從它的起點 kubeAPIServerConfig 講起，詳解這一過程，但在這之前，需要先講解登錄檔（Scheme）的填充過程。

6.1.1 填充登錄檔

登錄檔的填充利用了建構者模式，這在 Generic Server 的章節已經詳細介紹過了，這裡不必贅述，但註冊的觸發程式做得十分隱蔽，不容易發現，在講解每種 Server 時都會再重申一下該 Server 如何填充登錄檔，從而加深讀者的理解。下面講主 Server 如何填充。

6.1 主 Server 的實現

每個內建 Kubernetes API 組都有一個 install.go 檔案,就像它的名稱揭示的一樣,這個 API 組的所有 API 的 GVK 與 Go 基座結構的映射、內外部版本轉換函數等資訊都會由它註冊進給定的登錄檔,而且只要該檔案所在的 Go 套件(一般套件名稱也是 install)被匯入就會自動觸發註冊的執行。apps 組內部版本對應的 install.go 所含的程式如下:

```go
// 程式 6-2 pkg/apis/apps/install/install.go
func init() {
    Install(legacyscheme.Scheme)
}

// 向 scheme 中註冊 apps 組資訊
func Install(scheme *runtime.Scheme) {
    utilruntime.Must(apps.AddToScheme(scheme))
    utilruntime.Must(v1beta1.AddToScheme(scheme))
    utilruntime.Must(v1beta2.AddToScheme(scheme))
    utilruntime.Must(v1.AddToScheme(scheme))
    utilruntime.Must(scheme.SetVersionPriority(v1.SchemeGroupVersion,
        v1beta2.SchemeGroupVersion, v1beta1.SchemeGroupVersion))
}
```

以上程式部分還展示了另外一個細節:apps 組下的 API 是被註冊進 legacyscheme.Scheme 這個登錄檔實例中的。事實上不僅是 apps 組,所有內建 API 組都是被註冊進這個登錄檔實例的。

繼續追問,這些內建 API 組的 install 套件又是何時被匯入的呢?這是一個分兩步走的過程。第 1 步,controlplane 套件會匯入這些 install 套件,程式如下:

```go
// 程式 6-3 pkg/controlplane/import_known_versions.go
17 package controlplane
18
19 import (
20     //These imports are the API groups the API server will support.
21     _ "k8s.io/kubernetes/pkg/apis/admission/install"
22     _ "k8s.io/kubernetes/pkg/apis/admissionregistration/install"
23     _ "k8s.io/kubernetes/pkg/apis/apiserverinternal/install"
24     _ "k8s.io/kubernetes/pkg/apis/apps/install"
```

6 主 Server

```
25    _ "k8s.io/kubernetes/pkg/apis/authentication/install"
26    _ "k8s.io/kubernetes/pkg/apis/authorization/install"
27    _ "k8s.io/kubernetes/pkg/apis/autoscaling/install"
28    _ "k8s.io/kubernetes/pkg/apis/batch/install"
29    _ "k8s.io/kubernetes/pkg/apis/certificates/install"
30    _ "k8s.io/kubernetes/pkg/apis/coordination/install"
31    _ "k8s.io/kubernetes/pkg/apis/core/install"
32    _ "k8s.io/kubernetes/pkg/apis/discovery/install"
33    _ "k8s.io/kubernetes/pkg/apis/events/install"
34    _ "k8s.io/kubernetes/pkg/apis/extensions/install"
35    _ "k8s.io/kubernetes/pkg/apis/flowcontrol/install"
36    _ "k8s.io/kubernetes/pkg/apis/imagepolicy/install"
37    _ "k8s.io/kubernetes/pkg/apis/networking/install"
38    _ "k8s.io/kubernetes/pkg/apis/node/install"
39    _ "k8s.io/kubernetes/pkg/apis/policy/install"
40    _ "k8s.io/kubernetes/pkg/apis/rbac/install"
41    _ "k8s.io/kubernetes/pkg/apis/resource/install"
42    _ "k8s.io/kubernetes/pkg/apis/scheduling/install"
43    _ "k8s.io/kubernetes/pkg/apis/storage/install"
44    )
```

第 2 步，controlplane 套件又會被 API Server 主程式匯入，具體位置為 cmd/kube-apiserver/app/server.go，函數 CreateServerChain() 也在該原始檔案中。由此可見，當 API Server 被命令列呼叫啟動的第一時間，所有主 Server 負責的內建 API 組資訊會被註冊到登錄檔中。

6.1.2 準備 Server 運行配置

回到 CreateKubeAPIServer() 函數的講解。在呼叫它時使用的實際參數——kubeAPIServerConfig 的得來也頗費周折，需要由命令列標識生成 Option[1]，再由 Option 生成 Config，也就是運行配置。使用者輸入的命令列標識值、命令列未被使用標識的預設值都會被映射到一個 Option 結構實例內；在對該實例進行

---

[1] 讀者可回顧 3.4 節介紹的 Server 啟動流程，其中有 Option 的詳細講解。

補全和驗證後，以它為實際參數呼叫函數 CreateKubeAPIServerConfig() 生成主 Server 執行時期配置（Config）結構實例——kubeAPIServerConfig，其類型為 controlplane.Config 的引用。這便是 kubeAPIServerConfig 的由來。

注意：kubeAPIServerConfig 不僅為建立主 Server 實例提供了運行配置，也服務於建立其他子 Server 的過程。

1. 由命令列輸入到 Option 結構

由於命令列標識都需要被映射到 Option 結構，所以可用的命令列標識受 Option 結構欄位的限制。這在程式 6-4 所展示的 Flags() 方法中得以表現，Flags() 方法的部分程式如下：

```go
// 程式 6-4 /cmd/kube-apiserver/app/options/options.go
func (s *ServerRunOptions) Flags() (fss cliflag.NamedFlagSets) {

// 要點①
  s.GenericServerRunOptions.AddUniversalFlags(fss.FlagSet("generic"))
  s.Etcd.AddFlags(fss.FlagSet("etcd"))
  s.SecureServing.AddFlags(fss.FlagSet("secure serving"))
  s.Audit.AddFlags(fss.FlagSet("auditing"))
  s.Features.AddFlags(fss.FlagSet("features"))
  s.Authentication.AddFlags(fss.FlagSet("authentication"))
  s.Authorization.AddFlags(fss.FlagSet("authorization"))
  s.CloudProvider.AddFlags(fss.FlagSet("cloud provider"))
  s.APIEnablement.AddFlags(fss.FlagSet("API enablement"))
  s.EgressSelector.AddFlags(fss.FlagSet("egress selector"))
  s.Admission.AddFlags(fss.FlagSet("admission"))
  s.Metrics.AddFlags(fss.FlagSet("metrics"))
  logsapi.AddFlags(s.Logs, fss.FlagSet("logs"))
  s.Traces.AddFlags(fss.FlagSet("traces"))
  //…
  fs :=fss.FlagSet("misc")
  fs.DurationVar(&s.EventTTL, "event-ttl", s.EventTTL,
                 "Amount of time to retain events.")
  fs.BoolVar(&s.AllowPrivileged, "allow-privileged",…
  …
```

主 Server

如 Flags() 中要點①及其下數行所示,所有命令列標識被分為不同集合,這些集合包括以下幾種。

- generic
- etcd
- secure serving
- auditing
- features
- authentication
- authorization
- cloud provider
- API enablement
- egress selector
- admission
- metrics
- logs
- traces
- misc

這些集合大部分由 Option 具有的欄位生成,這表現了 Option 對可用命令列標識的影響。Flags() 方法的接收器 s 的類型是 ServerRunOptions 結構,它的欄位被各自的 AddFlags() 方法連結到不同命令列標識集合中。正是由於這裡的連結,後續在使用者輸入標識後,Cobra 框架才會自動把輸入的命令列標識值放入 ServerRunOptions 結構實例內。

2. 由 Option 生成 Server 運行配置

主 Server 運行配置分為兩部分:底座 Generic Server 定義的配置和自己擴充出的配置,程式 6-5 展示了它的組成。

6.1 主 Server 的實現

```go
// 程式 6-5  kubernetes/cmd/kube-apiserver/app/server.go
config :=&controlplane.Config{
    GenericConfig: genericConfig,                          // 要點①
    ExtraConfig: controlplane.ExtraConfig{                 // 要點②
        APIResourceConfigSource:    storageFactory.APIResourceConfigSource,
        StorageFactory:             storageFactory,
        EventTTL:                   s.EventTTL,
        KubeletClientConfig:        s.KubeletConfig,
        EnableLogsSupport:          s.EnableLogsHandler,
        ProxyTransport:             proxyTransport,

        ServiceIPRange:             s.PrimaryServiceClusterIPRange,
        APIServerServiceIP:         s.APIServerServiceIP,
        SecondaryServiceIPRange:    s.SecondaryServiceClusterIPRange,

        APIServerServicePort:       443,

        ServiceNodePortRange:       s.ServiceNodePortRange,
        KubernetesServiceNodePort:  s.KubernetesServiceNodePort,

        EndpointReconcilerType:
                reconcilers.Type(s.EndpointReconcilerType),
        MasterCount:                s.MasterCount,

        ServiceAccountIssuer:       s.ServiceAccountIssuer,
        ServiceAccountMaxExpiration: s.ServiceAccountTokenMaxExpiration,
        ExtendExpiration:
                s.Authentication.ServiceAccounts.ExtendExpiration,

        VersionedInformers:         versionedInformers,
    },
}
```

　　生成該運行配置也相應地被分為兩部分：一是為 Generic Server 定義的配置賦值，二是為擴充配置賦值。CreateKubeAPIServerConfig() 函數就是這麼做的。先看擴充配置部分。程式 6-5 要點②下的內容清楚地展示了這類配置項，內容較繁雜但值大部分來自 Option 入參，即變數 s。再說為 Generic Server 運行配置賦值。5.5.1 節介紹過 Generic Server 提供了方法 NewConfig() 來建立自己

6-7

6 主 Server

的運行配置，它從自身出發為各個配置項設置了預設值。對於主 Server 來講，需要調整這些預設值，從而適應主 Server 的要求。調整的內容很豐富，由函數 buildGenericConfig() 完成。限於篇幅，此處不展開介紹該函數，但考慮到這些調整將影響整個核心 API Server，列出其所作的主要調整：

（1）API 版本、API 的啟用與禁止設置。

（2）HTTPS 安全配置。

（3）API Server 功能開關（Feature Gate）的設置。

（4）Egress 設置。

（5）OpenAPI v1 和 v3 配置。

（6）對 ETCD 參數進行調整。

（7）登入和鑑權器的設置。

（8）稽核設置。

（9）認證控制。

（10）啟用認證控制機制。

注意：以上調整十分重要，核心 API Server 與 Generic Server 的不同表現由它們造就。

3. 補全 Server 運行配置

制作主 Server 的第 1 步是補全以上生成的 Server 運行配置——kubeAPI-ServerConfig，它具有的方法 Complete() 可以完成這項工作。在 Option 階段也發生過補全[①]，而 Config 又基於 Option 生成，所以主要資訊應該是完整的，這一步再補全主要有兩個目的：

---

① 參考 3.4.3 節。

6.1 主 Server 的實現

（1）觸發 Generic Server 的 Config 實例的補全操作。在講 Generic Server 的建立時闡述過，它的建立過程也是以補全後的運行配置為基礎的，既然 Generic Server 是主 Server 的底座，那自然需要對 Generic Server 運行配置進行補全。

（2）增加或調整一些主 Server 特有的運行配置。例如 API Server 的 IP 位址，以及其內 Service 可使用的 IP 位址區段（CIDR）。

6.1.3 建立主 Server

補全後的 Server 運行配置結構實例具有建立主 Server 的工廠方法：New()。這一設計十分類似 Generic Server，它的建立也基於補全後的運行配置。本節將 New() 方法的執行分為 3 個步驟，逐一進行講解。主 Server 的建立過程如圖 6-1 所示。

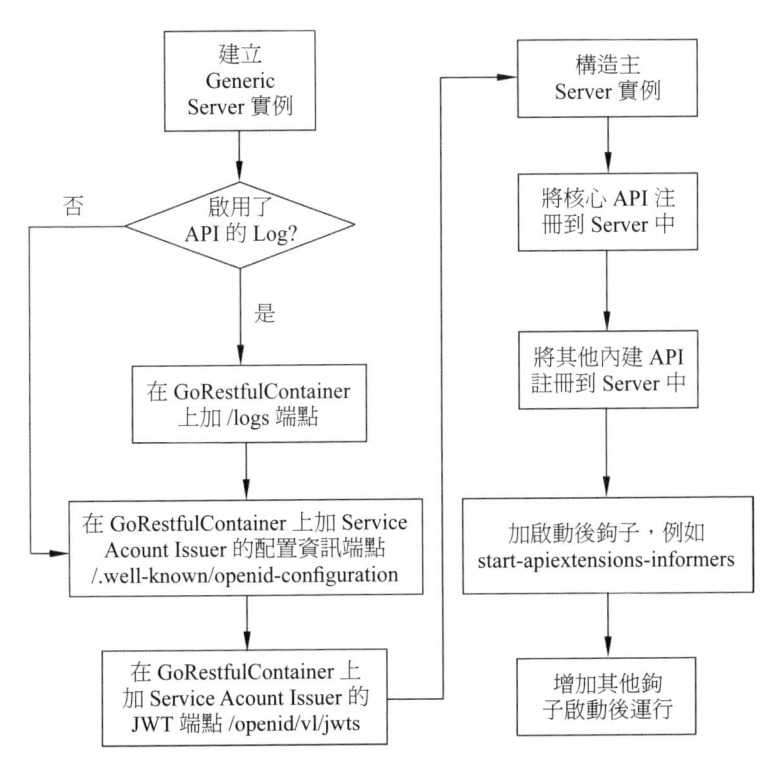

▲ 圖 6-1 主 Server 的建立過程

主 Server

1. 建立實例

首先，建立一個 Generic Server 實例，它提供了 Server 的底層能力，接著向 Generic Server 的 Handler.GoRestfulContainer 屬性加入幾個專用端點。

（1）/logs：透過這個端點可直接獲取 API Server 中 /var/log 目錄下的記錄檔。

（2）/.well-known/openid-configuration：使用者端可以透過該端點取得 OpenID Server 的位址等資訊。當叢集啟用 OpenID 登入認證時，使用者端（例如 kubectl）可以透過這個端點獲取 OpenID Idp 的位址。

（3）/openid/v1/jwts：同樣是當叢集啟用了基於 OpenID 的登入認證時，使用者端透過這個端點獲取 OpenID Idp 提供者的 JSON Web Key 文件，這個文件中包含了 JWT 驗證金鑰。

然後建立一個主 Server 實例，它的類型是 controlplane 套件下的 Instance 結構，該結構含有兩個欄位，一個是 Generic Server 結構實例，另一個是叢集的登入認證方式的資訊，其原始程式碼如下：

```go
// 程式 6-6 pkg/controlplane/instance.go
type Instance struct {
    GenericAPIServer *genericapiserver.GenericAPIServer

    ClusterAuthenticationInfo
                clusterauthenticationtrust.ClusterAuthenticationInfo
}
```

2. 注入 API

主 Server 的 Kubernetes API 分兩批註入底座 Generic Server。

（1）注入核心 API，呼叫 Generic Server 實例的 InstallLegacyAPIGroup() 方法完成。

（2）注入其他內建 API，呼叫 Generic Server 實例的 InstallAPIGroups() 方法完成。

6.1 主 Server 的實現

注入介面的核心輸入參數是 APIGroupInfo 結構的實例或陣列，每個 API Group 有一個該類型實例。API 的注入過程在講解 Generic Server 時介紹過，主 Server 如何建構出該輸入參數是本段的要點。

由於核心 API 都在名為空的 API 組內，所以呼叫 InstallLegacyAPIGroup() 時只需傳入該 Group 的 APIGroupInfo 實例，這個實例的建構時序圖如圖 6-2 所示。

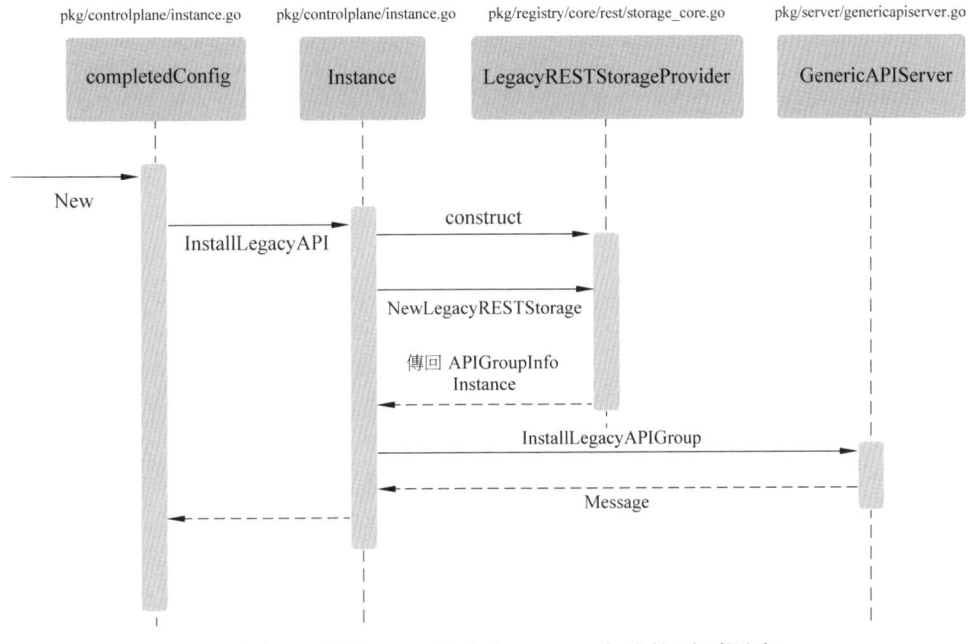

▲ 圖 6-2 核心 API 注入主 Server 方法的呼叫順序

注意：由於 Go 並非物件導向的語言，用標準 UML 描述 Go 程式邏輯很有挑戰。圖 6-2 中的 4 個實體都是結構，它們所在的定義檔案標注在其名稱上方。

圖 6-2 略去大部分和 API 注入無關的方法呼叫，但為了和 Generic Server 中介紹的 API 注入相呼應，圖中保留了呼叫 Generic Server 注入介面的部分。LegacyRESTStorageProvider 結構是核心 API 的 APIGroupInfo 結構實例生成者，其 NewLegacyRESTStorage() 方法負責根據一個核心 API 生成 APIGroupInfo 實例。

主 Server

獲取其他內建 API 的 APIGroupInfo 實例則要複雜一些，因為它們分佈在不同的 API Group 內，若由單一物件為所有 API 生成，則表現出較高耦合性，與現有設計格格不入。於是設計出 RESTStorageProvider 介面（注意不是結構），要求各個 API 自行實現該介面以生成 APIGroupInfo 結構實例，主 Server 程式會一個一個呼叫。這部分內建 API 的注入過程如圖 6-3 所示，其中包含 APIGroupInfo 陣列的建構。除 RESTStorageProvider 是一個介面外，圖中其他實體均為結構。

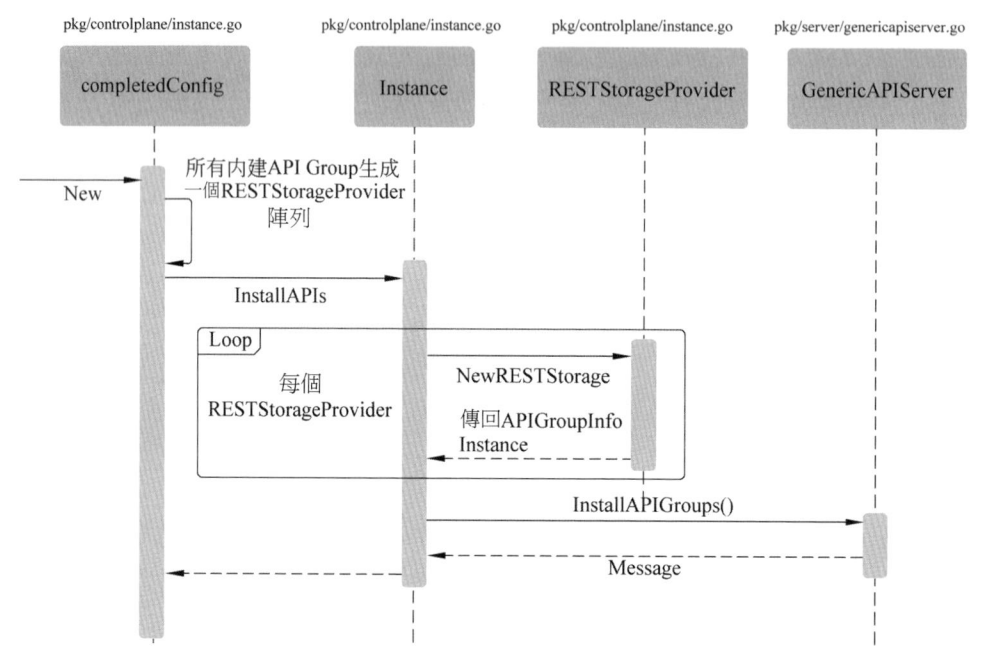

▲ 圖 6-3 非核心內建 API 注入主 Server 方法呼叫時序圖

圖 6-3 中 completedConfig 結構的 New() 方法從各個 API Group 收集 APIGroupInfo 實例生成器，形成元素類型為 RESTStorageProvider 介面的陣列，該介面定義了 NewRESTStorage() 方法，用於獲取一個 API Group 的 APIGroupInfo 實例。Instance 實例負責遍歷該陣列，呼叫元素的 NewREST-Storage() 方法獲取 APIGroupInfo 實例，最後以這組 APIGroupInfo 實例為實際參數呼叫 Generic Server 的 InstallAPIGroups() 方法，完成注入。

3. 設置啟動後運行的鉤子函數

回到 New() 方法的主邏輯。將 API 注入 Generic Server 後，程式開始將一些函數加入啟動後運行的鉤子函數組（PostStartHooks），例如負責啟動一系列處理 CRD 的控制器的名為 start-apiextensions-controllers 的鉤子。PostStartHooks 在 Generic Server 部分已介紹過，Generic Server 自己也會增加許多鉤子進去。

至此，主 Server 實例建構完畢，這個實例將被嵌入以聚合器為頭的 Server 鏈中，等待接收針對內建 API（涵蓋核心 API）和 CRD 的請求，其中 CRD 部分將被轉發至下遊子 Server。

6.2 主 Server 的幾個控制器

主 Server 承載了全部內建 API 實例，它根據使用者端的請求對 API 實例進行增、刪、改、查操作，確保 ETCD 中具有這些 API 實例的最新資訊，這很好，但還不夠。如果要 API 實例所代表的使用者期望落實到系統中，則還需控制器對 API 實例內容進行細化並驅動計畫器等元件調整系統。

注意：控制器的作用舉足輕重。Kubernetes 以容器技術為基礎，應用程式的任務最終透過在節點上運行容器來完成，從 API 實例到節點容器之間有很長的距離需要控制器、計畫器等去橋接。控制器造成的作用是解讀 API 實例內容，將其細化到計畫器、Kube-Proxy 等元件能消費的粒度，它驅動了系統的運轉。以 Deployment 為例，其控制器會由其單一 Deployment 實例衍生出 ReplicaSet 實例；再由 ReplicaSet 控制器接力衍生出 Pod 實例；接下來計畫器消費 Pod，為其選取節點。

主 Server 負責的 API 的控制器絕大部分不運行在 API Server 中，而是由控制器管理器這一可執行程式去執行並管理。本書的重點不在控制器管理器，不會展開介紹它的設計和實現，但為了讓讀者對 API Server 有完整認識，本節選擇幾種重要且常見 API 的控制器原始程式碼進行簡介。

6.2.1 ReplicaSet 控制器

ReplicaSet API 的前身是 ReplicationController，簡稱 RC。雖然名稱中含有 Controller，但它實際上是 API，而非控制器。一個 RC 可以確保任何時刻都有指定數量的 Pod 副本在運行，當然這裡的「任何時刻」是指邏輯上的，現實中無法達到如此細的粒度。可將 RC 比作管家，時刻看管著家中傭人是不是都在正常執行。RC 的定位非常簡單明了，就只負責這些。為了能計數，RC 的 selector 屬性記錄了篩選目標 Pod 用的標籤；為了能建立 Pod，RC 的 template 屬性記錄了 Pod 應具有的屬性；另外一個重要屬性是 replicas，它的值是一個整數，標明需要多少個 Pod 副本。一個 ReplicationController 實例如圖 6-4 所示。

RC 已經被 ReplicaSet（RS）所替代，RS 是 RC 的加強版。為了獲得更多能力，RS 基本不會被單獨使用，總是透過 Deployment API 間接使用它。

1. 控制器的基座結構

ReplicaSet 控制器完全建構在 ReplicaSetController 這個結構上，本書將這類結構稱為基座結構。所有控制器都建立在自己的基座結構上。它的所有欄位如圖 6-5 所示，其中以下幾個較關鍵。

```
apiVersion: v1
kind: ReplicationController
metadata:
  name: nginx
spec:
  replicas: 3
  selector:
    app: nginx
  template:
    metadata:
      name: nginx
      labels:
        app: nginx
    spec:
      containers:
      - name: nginx
        image: nginx
        ports:
        - containerPort: 80
```

▲ 圖 6-4 ReplicationController 實例

```
ReplicaSetController struct{...}
  burstReplicas int
  eventBroadcaster record.EventBroadcaster
  expectations *controller.UIDTrackingControllerExpectations
  GroupVersionKind schema.GroupVersionKind
  kubeClient clientset.Interface
  podControl controller.PodControlInterface
  podLister corelisters.PodLister
  podListerSynced cache.InformerSynced
  queue workqueue.RateLimitingInterface
  rsIndexer cache.Indexer
  rsLister appslisters.ReplicaSetLister
  rsListerSynced cache.InformerSynced
  syncHandler func(ctx context.Context, rsKey string) error
```

▲ 圖 6-5 ReplicaSetController 結構欄位

6.2 主 Server 的幾個控制器

（1）kubeClient：與 API Server 連通，用於獲取 RS 實例和 Pod 實例等。

（2）podControl：操作 Pod 的介面，例如建立、刪除等。

（3）podLister 和 rsLister：從 informer 實例上獲取的存取本地快取中的 Pod 和 ReplicaSet 實例的介面。

（4）syncHandler：其類型是函數，內含控制迴圈所執行的核心邏輯，當 RS 參數變化或底層 Pod 情況有變時，控制迴圈最終會呼叫該方法進行系統調整。

（5）queue：控制器工作佇列，儲存待處理的 RS 實例主鍵。

基座結構上還附加了許多方法，如圖 6-6 所示，其中重要的方法有以下幾種。

```
(*ReplicaSetController).addPod  func(obj interface{})
(*ReplicaSetController).addRS  func(obj interface{})
(*ReplicaSetController).claimPods  func(ctx context.Context, rs *apps.ReplicaSet, selector labels.Selector, filteredPods []*v1.Pod) ([]*v1.Pod, error)
(*ReplicaSetController).deletePod  func(obj interface{})
(*ReplicaSetController).deleteRS  func(obj interface{})
(*ReplicaSetController).enqueueRS  func(rs *apps.ReplicaSet)
(*ReplicaSetController).enqueueRSAfter  func(rs *apps.ReplicaSet, duration time.Duration)
(*ReplicaSetController).getIndirectlyRelatedPods  func(logger klog.Logger, rs *apps.ReplicaSet) ([]*v1.Pod, error)
(*ReplicaSetController).getPodReplicaSets  func(pod *v1.Pod) []*apps.ReplicaSet
(*ReplicaSetController).getReplicaSetsWithSameController  func(logger klog.Logger, rs *apps.ReplicaSet) []*apps.ReplicaSet
(*ReplicaSetController).manageReplicas  func(ctx context.Context, filteredPods []*v1.Pod, rs *apps.ReplicaSet) error
(*ReplicaSetController).processNextWorkItem  func(ctx context.Context) bool
(*ReplicaSetController).resolveControllerRef  func(namespace string, controllerRef *metav1.OwnerReference) *apps.ReplicaSet
(*ReplicaSetController).Run  func(ctx context.Context, workers int)
(*ReplicaSetController).syncReplicaSet  func(ctx context.Context, key string) error
(*ReplicaSetController).updatePod  func(old, cur interface{})
(*ReplicaSetController).updateRS  func(old, cur interface{})
(*ReplicaSetController).worker  func(ctx context.Context)
```

▲ 圖 6-6 RSC 結構方法

（1）Run() 方法：負責啟動控制器。這是控制器暴露給套件外的唯一方法，外部只需在合適的時候呼叫該方法啟動控制器。

（2）worker() 方法：控制器工作的執行者，它不斷地從控制器工作佇列中取出任務進行處理。一個控制器可以在 Run() 中啟動多個程式碼協同運行 worker() 方法以達到並行處理的目的。

（3）processNextWorkItem() 方法：worker() 內部就是一個無窮迴圈，每次迴圈都執行這個方法，該方法驅動 worker() 獲取的每項任務的執行。

（4）syncReplicaSet() 方法：在 Run 中它被賦予 RS 的 syncHandler 欄位所代表的函數，每次有 RS 變動而需要調整 Pod 數量時，控制迴圈就會呼叫這個方法。

（5）manageReplicas() 方法：比較 RS 需要的 Pod 數與實際存在的 Pod 數量，如果不夠就建立新 Pod，如果多出了就停掉一些。

（6）addXXX、deleteXXX 和 updateXXX 方法：當有 RS 實例或由 RS 管理的 Pod 實例發生變動時，檢驗變動是否會觸發對 Pod 數量的調整，如果是，則把受影響的 RS 放入 queue 中。

2. 控制器的執行邏輯

控制器管理器會呼叫控制器基座結構提供的 Run() 方法來一個一個啟動控制器。之後控制器便自行運轉直至控制器管理器關閉。ReplicaSet 控制器的內部運作邏輯如圖 6-7 所示。

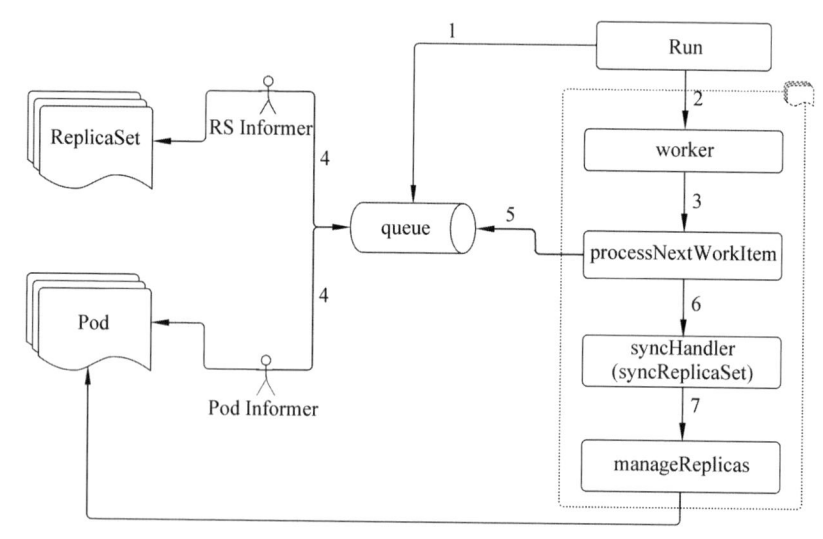

▲ 圖 6-7 ReplicaSet 控制器運作機制

Run() 方法內部會啟動工作佇列 queue，然後啟動多個程式碼協同，每個都運行控制器的 worker() 方法。worker（）方法的內部以無窮迴圈的方式不斷地重複運行 processNextWorkItem() 方法，這個方法每次執行時期會首先檢查佇列中有無 ReplicaSet 實例[①]，一旦有就表示和該 RS 實例相關的 Pod 副本數量已被調整，需要落實到系統。於是它做初步檢查，以確認需要調整系統中 Pod 數量，一旦得到數量便呼叫 manageReplicas() 方法去實際建立或刪除 Pod。

Informer 具有事件機制，當其連結的 API 發生變化時——例如新實例的建立，相應事件將被觸發，事件所連結的回呼函數將被執行。RS Informer 和 Pod Informer 充當了工作佇列內容的生產者角色，RS Informer 事件上的回呼函數會把造成事件的 RS 實例加入佇列，而 Pod Informer 事件上的回呼函數則會首先確定被 Pod 變化影響到的 RS 實例，然後將這個實例放入佇列。

6.2.2 Deployment 控制器

Deployment 是常用的 API，它將 Pod 副本管理工作交給一個 ReplicaSet，自身則提供高層次功能。Deployment 提供給使用者的典型能力有以下幾種。

（1）發佈應用的更新：使用者只需改變 Deployment 實例中的 Pod 屬性，控制器全權負責把修改向系統發佈。如果採用捲動更新策略，則會有新的 ReplicaSet 被建立出來並逐步關停老的 ReplicaSet。

（2）版本回退：當發現新版本有問題時，使用者可以讓 Deployment 回退到前序版本，以及時恢復生產。

（3）系統伸縮：高峰時多啟動 Pod 以應對高負載，低谷時關停部分 Pod 以節省資源。Deployment 借助 Scale 子資源提供這項能力。

[①] 實際佇列中存放 RS 實例 key 資訊，待使用時再根據 key 找到實例。文中這種替代不會影響理解。

主 Server

（4）暫停發佈：當 Deployment 在逐步更新所具有的 Pod 時，使用者可以暫停更新，這為系統管理帶來更多可能性。

這些功能均由 Deployment 控制器主導完成。

1. 控制器的基座結構

與 ReplicaSet 的實現非常類似，Deployment 控制器的實現同樣圍繞一個結構，而且主要的控制器欄位名稱都相同，這大大降低了理解程式的難度。Deployment 控制器結構具有的欄位如圖 6-8 所示。

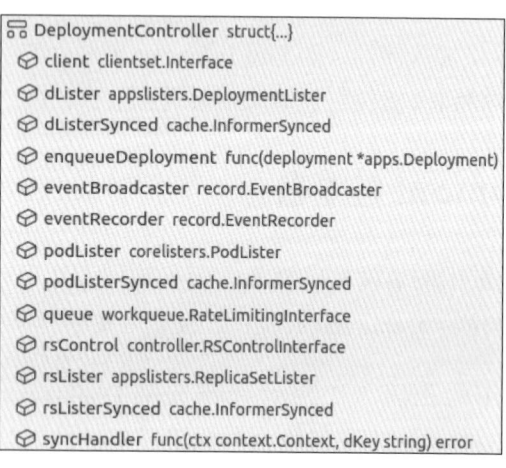

```
DeploymentController struct{...}
    client  clientset.Interface
    dLister  appslisters.DeploymentLister
    dListerSynced  cache.InformerSynced
    enqueueDeployment  func(deployment *apps.Deployment)
    eventBroadcaster  record.EventBroadcaster
    eventRecorder  record.EventRecorder
    podLister  corelisters.PodLister
    podListerSynced  cache.InformerSynced
    queue  workqueue.RateLimitingInterface
    rsControl  controller.RSControlInterface
    rsLister  appslisters.ReplicaSetLister
    rsListerSynced  cache.InformerSynced
    syncHandler  func(ctx context.Context, dKey string) error
```

▲ 圖 6-8 Deployment 控制器結構欄位

（1）queue、syncHandler 和 client 欄位的意義同 ReplicaSet 控制器結構一致。

（2）rsControl：操作 ReplicaSet 實例的介面。一個 Deployment 底層需要一個 ReplicaSet 去管理 Pod 副本。

（3）podLister、rsLister 和 dLister：由不同 informer 建構，是存取 API Server 中 ReplicaSet、Deployment 和 Pod 的工具。

Deployment 控制器結構具有的方法如圖 6-9 所示，其中同樣具有 worker()、processNextWorkItem()、addXXX()、updateXXX()、deleteXXX()，它們的作用完全類似 ReplicaSet 控制器上的相應方法。

6.2 主 Server 的幾個控制器

```
(*DeploymentController).addDeployment  func(logger klog.Logger, obj interface{})
(*DeploymentController).addReplicaSet  func(logger klog.Logger, obj interface{})
(*DeploymentController).deleteDeployment  func(logger klog.Logger, obj interface{})
(*DeploymentController).deletePod  func(logger klog.Logger, obj interface{})
(*DeploymentController).deleteReplicaSet  func(logger klog.Logger, obj interface{})
(*DeploymentController).enqueue  func(deployment *apps.Deployment)
(*DeploymentController).enqueueAfter  func(deployment *apps.Deployment, after time.Duration)
(*DeploymentController).enqueueRateLimited  func(deployment *apps.Deployment)
(*DeploymentController).getDeploymentForPod  func(logger klog.Logger, pod *v1.Pod) *apps.Deployment
(*DeploymentController).getDeploymentsForReplicaSet  func(logger klog.Logger, rs *apps.ReplicaSet) []*apps.Deployment
(*DeploymentController).getPodMapForDeployment  func(d *apps.Deployment, rsList []*apps.ReplicaSet) (map[types.UID][]*v1.Pod, error)
(*DeploymentController).getReplicaSetsForDeployment  func(ctx context.Context, d *apps.Deployment) ([]*apps.ReplicaSet, error)
(*DeploymentController).handleErr  func(ctx context.Context, err error, key interface{})
(*DeploymentController).processNextWorkItem  func(ctx context.Context) bool
(*DeploymentController).resolveControllerRef  func(namespace string, controllerRef *metav1.OwnerReference) *apps.Deployment
(*DeploymentController).Run  func(ctx context.Context, workers int)
(*DeploymentController).syncDeployment  func(ctx context.Context, key string) error
(*DeploymentController).updateDeployment  func(logger klog.Logger, old, cur interface{})
(*DeploymentController).updateReplicaSet  func(logger klog.Logger, old, cur interface{})
(*DeploymentController).worker  func(ctx context.Context)
```

▲ 圖 6-9 Deployment 控制器結構方法

Deployment 在關注自身實例的變化的同時，還需要關注其擁有的 ReplicaSet 實例的變化，二者都會造成相關 Deployment 進入控制迴圈監控的佇列，這就是為什麼既有 add/update/deleteDeployment() 方法，也需要 add/update/deleteReplicaSet() 方法。特別地，如果一個 Deployment 的所有 Pod 都被刪除了，則系統需要重新建立該 Deployment，所以這裡也定義了 deletePod() 方法去關注這個事件，當發生這種情況時把受影響的 Deployment 入佇列，從而觸發重建。

方法 syncDeployment() 是 Deployment 控制器的核心邏輯，當有 Deployment 實例資訊發生了變化而需要對系統進行調整時，這個方法就會被執行。

2. 控制器的執行邏輯

控制器管理器程式透過 Run 方法在多個程式碼協同中分別啟動 worker() 方法，它內部以無窮迴圈的方式呼叫 processNextWorkItem() 方法，這個方法只有在 queue 中有內容時才取出其中的來處理。queue 中含有可能需要調整的 Deployment 實例，其內容來自 3 個 Informer：Deployment Informer、ReplicaSet Informer 和 Pod Informer。這 3 個 Informer 的 Add、Update 和 Delete 事件被綁

6 主 Server

定了回應方法，當事件發生時會先找出受影響的 Deployment 實例，然後放入工作佇列。

Deployment 控制器的運作機制如圖 6-10 所示。

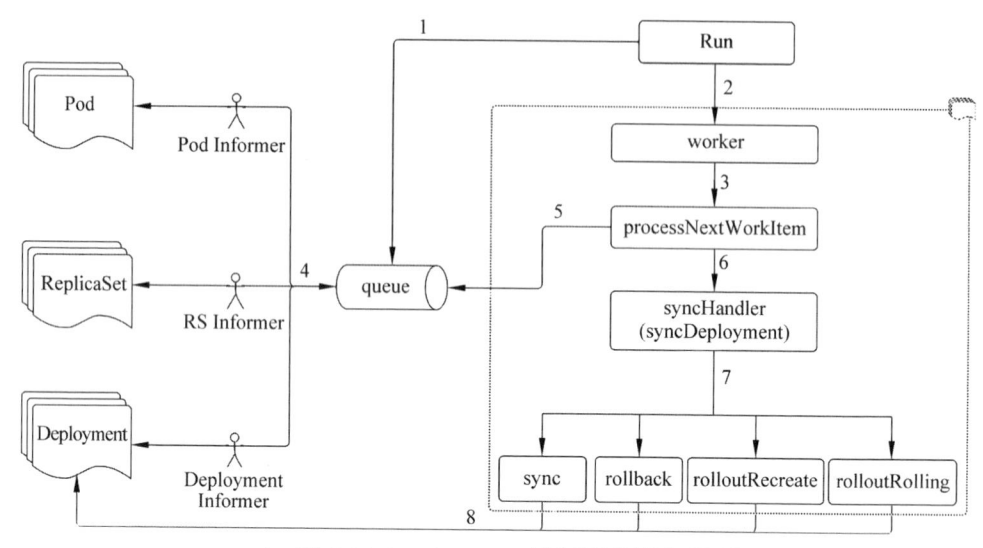

▲ 圖 6-10 Deployment 控制器的運作機制

processNextWorkItem() 獲得需要處理的 Deployment 實例後，需要進一步呼叫 syncDeployment()，該方法在其內部分清實際情況，隨選呼叫下游方法以完成調整。

（1）sync() 方法：如果 Deployment 在發佈時被暫停而現在要繼續執行，或接收到伸縮指令，則需呼叫本方法進行處理。

（2）rollback() 方法：回退到之前的版本。

（3）rolloutRecreate() 方法：以重建的方式更新 Pod。當 Deployment 實例採取「停掉老的 ReplicaSet，然後建立新的」的策略時，這種方法會被啟用。

6.2 主 Server 的幾個控制器

（4）rolloutRolling() 方法：目的同上，當 Deployment 實例採用捲動更新策略時，在逐步關停老 ReplicaSet 上的 Pod 的同時逐步啟動新的 ReplicaSet，這種方法被啟用。

結合 6.2.1 節介紹的 ReplicaSet，綜合來看一個 Deployment 實例被建立出來後，系統內的各個元件是如何協作的。這個過程如圖 6-11 所示。

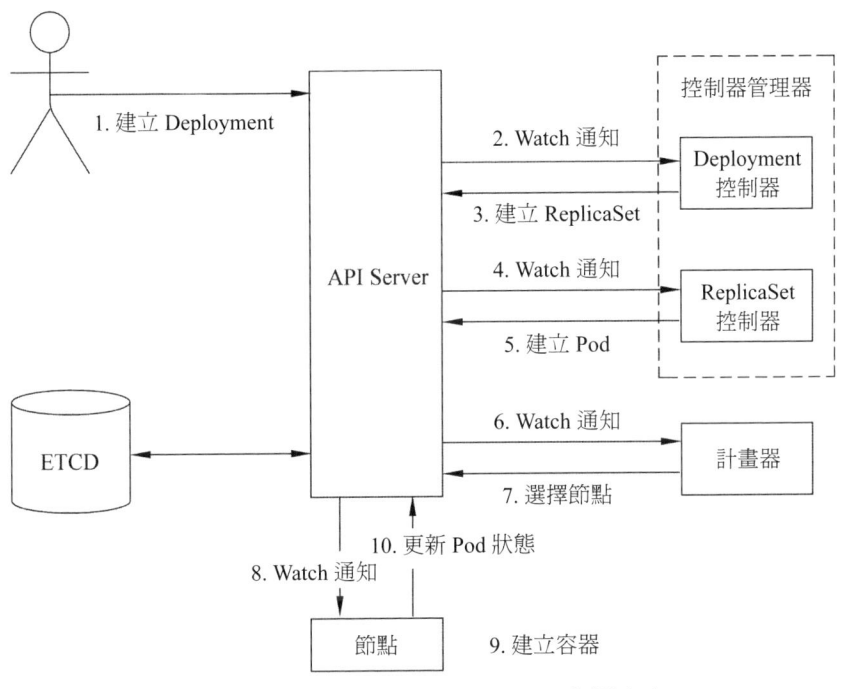

▲ 圖 6-11 系統回應 Deployment 實例建立

6.2.3 StatefulSet 控制器

Deployment 透過 ReplicaSet 建立並管理一組 Pod，它們具有完全相同的參數，彼此可以相互替代，遇有失敗也可以直接用新 Pod 替代。Deployment 非常適用於部署無狀態應用，例如大型 Web 系統經常會設置在最前端的負載平衡服務就適合用 Deployment 來部署，但是並非所有應用都如此，Pod 之間雖然參數

主 Server

相同，但各有不同使命，彼此不可替代的場景也不少。這類應用是一種有狀態應用，它們具有以下特點：

（1）各 Pod 往往利用自有儲存儲存一些自己負責並影響應用程式狀態的資訊。

（2）由於 Pod 之間相互依賴，所以它們的啟動和關閉順序是要固定的。

（3）Pod 的 DNS 標識需要相對固定，以便其他服務與之聯繫。

Kubernetes 設立 StatefulSet（SS）來滿足這類應用的需求。

1. 控制器的基座結構

Go 結構 StatefulSetController 是這個控制器的基座，它承載了控制器的典型屬性和方法。有了前面介紹的控制器知識，會很快判斷出 XXXLister、queue 和 XXXControl 等欄位的作用。實際上相對前面介紹的幾個控制器，StatefulSet 控制器設計被簡化了，它甚至省略了重要欄位：syncHandler，但這不代表 SS 控制器沒有類似其他控制器的 syncHandler，實際上 StatefulSetController 的 sync() 方法替代了 syncHandler 欄位。SS 控制器基座結構的主要欄位如圖 6-12 所示。

```
StatefulSetController struct{...}
  control           StatefulSetControlInterface
  eventBroadcaster  record.EventBroadcaster
  kubeClient        clientset.Interface
  podControl        controller.PodControlInterface
  podLister         corelisters.PodLister
  podListerSynced   cache.InformerSynced
  pvcListerSynced   cache.InformerSynced
  queue             workqueue.RateLimitingInterface
  revListerSynced   cache.InformerSynced
  setLister         appslisters.StatefulSetLister
  setListerSynced   cache.InformerSynced
```

▲ 圖 6-12 StatefulSet 控制器基座結構本體的主要欄位

6.2 主 Server 的幾個控制器

　　StatefulSet 控制器的方法個數同樣較少。worker()、processNextWorkItem() 和 Run() 的作用可參照之前的控制器；StatefulSet 控制器關心 Pod 的變化，addPod()、updatePod() 和 deletePod() 方法被綁定到 Pod Informer 的相應事件上，從而把受影響的 StatefulSet 實例放入工作佇列；除此之外，SS 控制器顯然也關心 StatefulSet 實例自身的變化，方法 enqueueStatefulSet() 被直接綁定到 SS Informer 的相應事件上，把變化的 StatefulSet 實例放入佇列。SS 控制器基座結構的主要方法如圖 6-13 所示。

```
(*StatefulSetController).addPod  func(logger klog.Logger, obj interface{})
(*StatefulSetController).adoptOrphanRevisions  func(ctx context.Context, set *apps.StatefulSet) error
(*StatefulSetController).canAdoptFunc  func(ctx context.Context, set *apps.StatefulSet) func(ctx2 context.Context) error
(*StatefulSetController).deletePod  func(logger klog.Logger, obj interface{})
(*StatefulSetController).enqueueSSAfter  func(ss *apps.StatefulSet, duration time.Duration)
(*StatefulSetController).enqueueStatefulSet  func(obj interface{})
(*StatefulSetController).getPodsForStatefulSet  func(ctx context.Context, set *apps.StatefulSet, selector labels.Selector) ([]*v1.Pod, error)
(*StatefulSetController).getStatefulSetsForPod  func(pod *v1.Pod) []*apps.StatefulSet
(*StatefulSetController).processNextWorkItem  func(ctx context.Context) bool
(*StatefulSetController).resolveControllerRef  func(namespace string, controllerRef *metav1.OwnerReference) *apps.StatefulSet
(*StatefulSetController).Run  func(ctx context.Context, workers int)
(*StatefulSetController).sync  func(ctx context.Context, key string) error
(*StatefulSetController).syncStatefulSet  func(ctx context.Context, set *apps.StatefulSet, pods []*v1.Pod) error
(*StatefulSetController).updatePod  func(logger klog.Logger, old, cur interface{})
(*StatefulSetController).worker  func(ctx context.Context)
```

▲ 圖 6-13 StatefulSet 控制器基座結構的主要方法

2. 控制器的運行邏輯

　　SS 控制器的運行邏輯如圖 6-14 所示。需要特殊說明的只有第 8 步對方法 updateStatefulSet() 的呼叫。syncStatefulSet() 方法會在有 StatefulSet 實例發生變化時被呼叫，但它並不「實操」去改變系統狀態，那是由 defaultStatefulSet Control 結構的 updateStatefulSet() 方法來完成的。StatefulSet 的特殊之處是它的各個 Pod 不能互相替代，啟動和關停時各個 Pod 的順序不能亂，這些都是在 updateStatefulSet() 方法中保證的，感興趣的讀者可自行閱讀。

6 主 Server

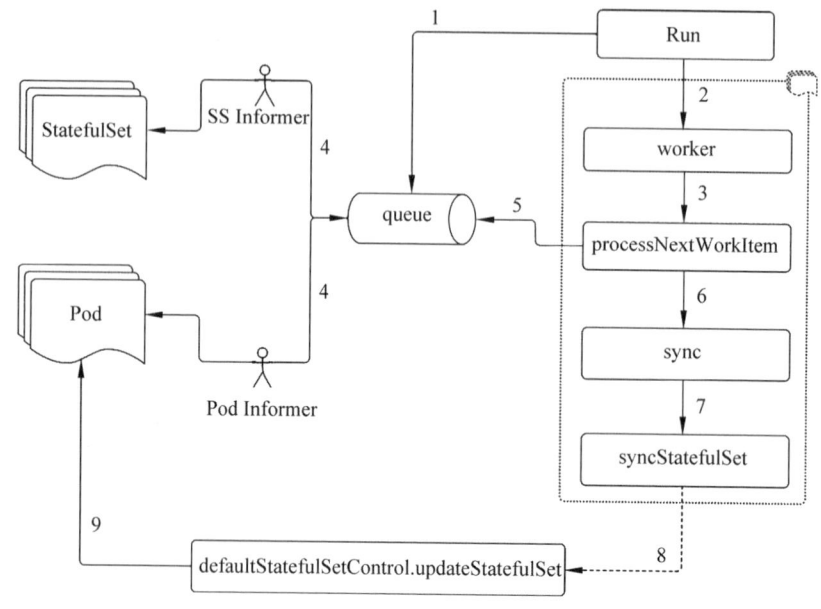

▲ 圖 6-14 StatefulSet 控制器的運行邏輯

6.2.4 Service Account 控制器

顧名思義，Service Account 代表一種帳號的概念，但它不是分配給人用的使用者，而是分配給程式使用。Service Account 提供了一種用於在 Kubernetes 叢集內標識一個實體的 API，各種實體可以使用獲得的 SA 向 API Server 宣告自己的身份，例如 Pod、Kubelet 等系統元件便是如此。Service Account 的典型應用場景如下：

（1）如果一個 Pod 需要和 API Server 互動就要透過 API Server 的登入和鑑權（6.4 節），該 Pod 可以使用一個 SA 實例來完成。

（2）一個 Pod 需要和一個外部服務建立聯繫，該服務已經和 Kubernetes 叢集建立了信任關係，認可叢集內的 SA。這時 SA 機制提供了一個簡易的使用者資料庫。

（3）SA 可以被用來作為私有鏡像庫的使用者。

Service Account 是一種 Kubernetes API，引入新的 SA 實例只需透過資源定義檔案在 API Server 中建立一個 SA 資源就可以了。每個 SA 實例都隸屬某個命名空間，在建立時 SA 將被賦予 default 命名空間，管理員後續可以改變。SA 和另外一種 API ——Secret 有著密切關係。對於一個帳號來講，「密碼」是必不可少的資訊，SA 是借用 Secret API 來管理器密碼的。正是由於關係密切，所以實現 SA 控制器的 Go 套件 serviceaccount 內特別寫了一個控制器，專門處理那些由 SA 使用的 Secret，稱為 Token 控制器。

1. 控制器的基座結構

SA 和 Token 控制器分別基於結構 ServiceAccountsController（SAC）和 TokensController（TC）建構，相比 Deployment 控制器等，它們結構簡單。Token 控制器結構有兩個 queue，分別是 syncSecretQueue 和 syncServiceAccountQueue，前者用於存放變化了的 Secret 實例，而後者用於存放變化了的 SA 實例。SA 的變化會牽扯到 Secret，例如當刪除一個 SA 實例時，和它連結的 Secret 極有可能也要被刪除，但其實這裡完全可以把兩個 queue 合併，只需在 SA 變化而影響 Secret 時先取出受影響的 Secret，然後放入工作佇列就可以了，這種做法在前面介紹的控制器實現中很常見。SA 控制器的結構只有一個 queue，用於存放變化了的命名空間。

注意：與其他控制器不同，SAC 的工作佇列 queue 並非存放其對應的 API——SA，而是存放命名空間。SA 的性質決定了不需要系統針對該類 API 實例做什麼落實工作，唯一要做的 Secret 維護已經被 TC 承擔。轉而將為一個命名空間建立名為 default 的預設 SA 這一任務交給 SAC。

6 主 Server

TC 與 SAC 控制器結構的欄位如圖 6-15 所示。

```
TokensController struct{...}
  client clientset.Interface
  maxRetries int
  rootCA []byte
  secretSynced cache.InformerSynced
  serviceAccounts listersv1.ServiceAccountLister
  serviceAccountSynced cache.InformerSynced
  syncSecretQueue workqueue.RateLimitingInterface
  syncServiceAccountQueue workqueue.RateLimitingInterface
  token serviceaccount.TokenGenerator
  updatedSecrets cache.MutationCache
```

```
ServiceAccountsController struct{...}
  client clientset.Interface
  nsLister corelisters.NamespaceLister
  nsListerSynced cache.InformerSynced
  queue workqueue.RateLimitingInterface
  saLister corelisters.ServiceAccountLister
  saListerSynced cache.InformerSynced
  serviceAccountsToEnsure []v1.ServiceAccount
  syncHandler func(ctx context.Context, key string) error
```

(a) TC 控制器結構體的欄位　　　　　　(b) SAC 控制器結構體的欄位

▲ 圖 6-15　TC 與 SAC 控制器結構的欄位

　　SAC 與 TC 控制器結構的重要方法如圖 6-16 所示。由於需要介入的情況較少，所以 SAC 結構上的方法不多，也精簡了一些無足輕重的方法，如圖 6-16(a) 所示。runWorker() 方法相當於其他控制器中的 worker()；SA 資源內容簡單，需要控制器介入進行處理的情況主要和命名空間有關：

　　（1）命名空間的建立或改變，這時需要檢查是否需要建立一個 default 的 SA 實例給它。

　　（2）命名空間內 default SA 實例被刪除，需要馬上重建一個給它。

　　為了監控到這些事件，方法 serviceAccountDeleted() 被註冊到 SA Informer 的刪除事件上，從而把受影響的命名空間入列；方法 namespaceAdded() 和 namespaceDeleted() 被註冊到命名空間 Informer 的相應事件上，將受影響的命名空間入列。當有命名空間變化而需要控制迴圈去處理時，方法 syncNamespace() 被呼叫。

```
◎ (*ServiceAccountsController).namespaceAdded  func(obj interface{})
◎ (*ServiceAccountsController).namespaceUpdated  func(oldObj interface{}, newObj interface{})
◎ (*ServiceAccountsController).processNextWorkItem  func(ctx context.Context) bool
◎ (*ServiceAccountsController).Run  func(ctx context.Context, workers int)
◎ (*ServiceAccountsController).runWorker  func(ctx context.Context)
◎ (*ServiceAccountsController).serviceAccountDeleted  func(obj interface{})
◎ (*ServiceAccountsController).syncNamespace  func(ctx context.Context, key string) error
```

(a) SAC 控制器結構體方法

```
◎ (*TokensController).deleteToken  func(ns, name string, uid types.UID) (bool, error)
◎ (*TokensController).deleteTokens  func(serviceAccount *v1.ServiceAccount) (bool, error)
◎ (*TokensController).generateTokenIfNeeded  func(logger klog.Logger, serviceAccount *v1.ServiceAccount, cachedSecret *v1.Secret) (bool, error)
◎ (*TokensController).getSecret  func(ns string, name string, uid types.UID, fetchOnCacheMiss bool) (*v1.Secret, error)
◎ (*TokensController).getServiceAccount  func(ns string, name string, uid types.UID, fetchOnCacheMiss bool) (*v1.ServiceAccount, error)
◎ (*TokensController).listTokenSecrets  func(serviceAccount *v1.ServiceAccount) ([]*v1.Secret, error)
◎ (*TokensController).queueSecretSync  func(obj interface{})
◎ (*TokensController).queueSecretUpdateSync  func(oldObj interface{}, newObj interface{})
◎ (*TokensController).queueServiceAccountSync  func(obj interface{})
◎ (*TokensController).queueServiceAccountUpdateSync  func(oldObj interface{}, newObj interface{})
◎ (*TokensController).removeSecretReference  func(saNamespace string, saName string, saUID types.UID, secretName string) error
◎ (*TokensController).retryOrForget  func(logger klog.Logger, queue workqueue.RateLimitingInterface, key interface{}, requeue bool)
◎ (*TokensController).Run  func(ctx context.Context, workers int)
◎ (*TokensController).secretUpdateNeeded  func(secret *v1.Secret) (bool, bool, bool)
◎ (*TokensController).syncSecret  func(ctx context.Context)
◎ (*TokensController).syncServiceAccount  func(ctx context.Context)
```

(b) TC 控制器結構體方法

▲ 圖 6-16 SAC 和 TC 控制器結構的重要方法

Token 控制器要複雜一些，其方法如圖 6-16(b) 所示。它既要關心 SA 實例的變化，也要關心隸屬於 SA 的 Secret 實例的變化。方法 queueServiceAccountSync() 會把新建立的 SA 入列，queueServiceAccountUpdateSync() 把更改的 SA 入列；方法 queueSecretSync() 和 queueSecretUpdateSync() 針對 Secret 做類似的事情。在 Token 控制器上沒有看到控制迴圈方法 worker() 和 processNextWorkItem()，這是由於方法 syncSecret() 和 syncServiceAccount() 被直接放在程式碼協同內進行迴圈呼叫了。這兩種方法會檢查各自佇列，如果有內容，則取出一個處理，剩餘的等待下一個控制迴圈。

主 Server

2. 控制器的運行邏輯

ServiceAccount 控制器的運行邏輯如圖 6-17 所示。和前序介紹的控制器沒有不同之處，由於操作簡單，所以由 syncNamespace() 方法利用 ServiceAccount 的使用者端程式設計介面——SAC 的 client 欄位直接建立 SA。

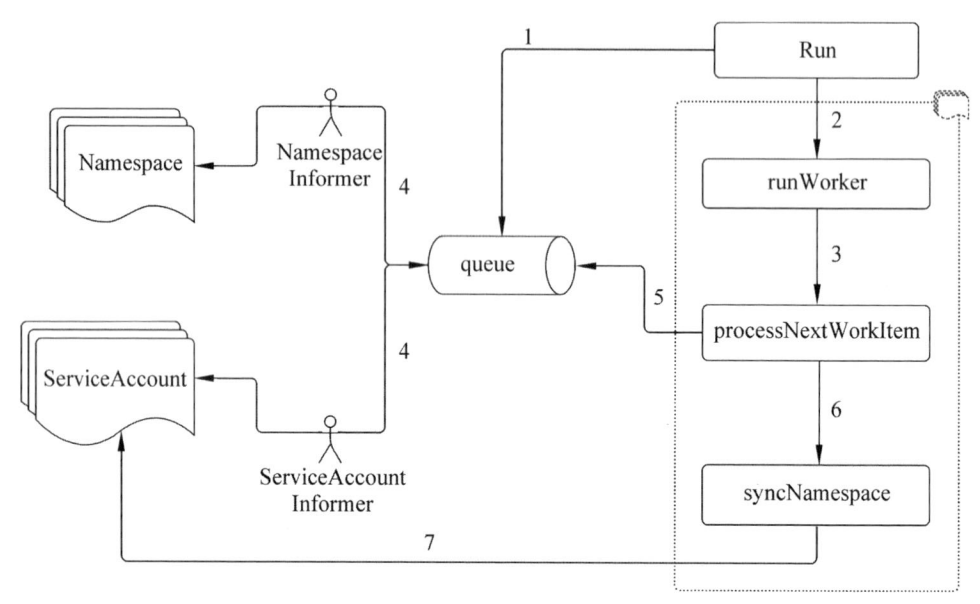

▲ 圖 6-17 ServiceAccount 控制器的運行邏輯

Token 控制器的邏輯和其他控制器有較大不同：如果單看一個控制迴圈，例如 Secret 的控制迴圈，結構被簡化了，因為它省略了 worker()、processNextWorkItem() 方法，syncXXX 方法直接從佇列取目標 API 實例，然後馬上調整目標 API 資源，但如果看整體，則它比其他控制器多了一個控制迴圈，所以整體內容更多。筆者比較喜歡 Token 控制器省略 worker() 和 processNextWorkItem() 的做法，其他控制器的實現應該效仿此法，這會讓程式更好理解，從而使學習曲線更平緩。Token 控制器的運行邏輯如圖 6-18 所示。

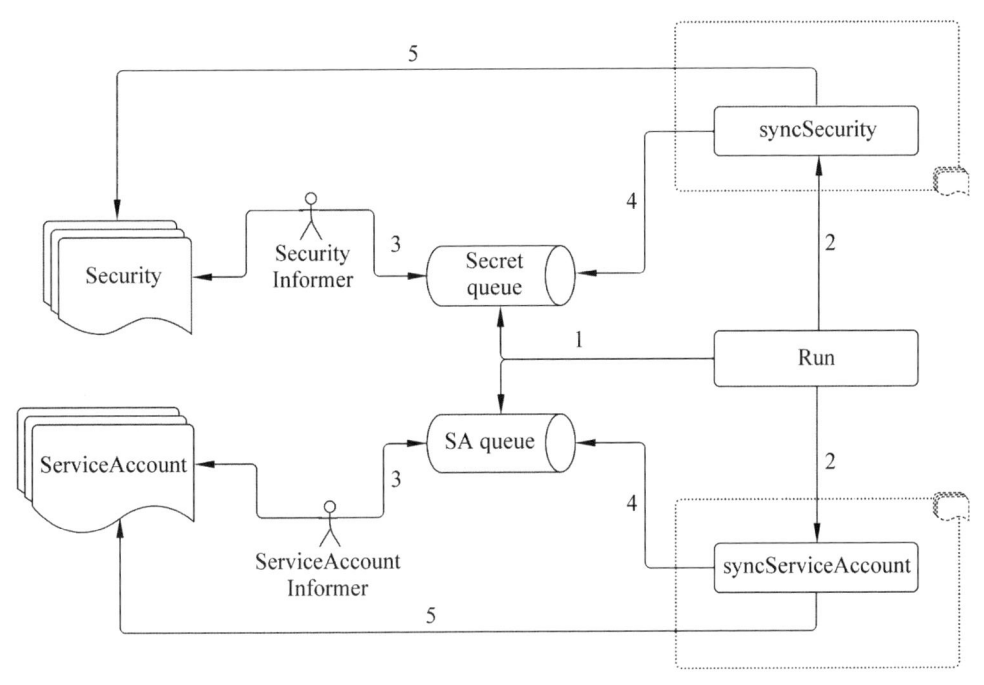

▲ 圖 6-18　Token 控制器的運行邏輯

6.3　主 Server 的認證控制

本節講解主 Server 如何啟用 Generic Server 提供的諸多認證控制器。認證控制機制是由 Generic Server 建構起來的，上層 Server 只需選取控制器並隨選調整參數。

5.7.1 節在介紹 Kubernetes API 向 Generic Server 注入的流程時有以下重要結論：認證控制器由 Generic Server（GenericAPIServer 實例）的 admissionControl 欄位所代表，它會被 Kubernetes API 端點回應函數[1]呼叫，使認證控制機制發揮作用。那麼認證控制器是怎麼進入 GenericAPIServer.admissionControl 屬性就是問題的關鍵了。

---

① 將回應函數連結到 go-restful route 上。

06 主 Server

整理一下主 Server 的處理方式。由 6.1 節可見，主 Server 的建構分為兩個階段：準備 Server 運行參數與建立主 Server 實例。認證控制器是在第 1 個階段準備完畢的，並在第 2 個階段交給其底座 Generic Server。在第 1 個階段準備認證控制相關運行參數時會經歷兩個環節：

（1）第 1 個環節是根據使用者的命令列輸入決定出最終控制器列表，該清單最終會落入選項結構（Option）。

（2）第 2 個環節是根據選項結構中的控制器清單，生成 Server 運行配置中認證控制器清單。

認證控制器相關參數資訊的流向如圖 6-19 所示。

命令列參數 →反映到→ 運行選項 (admission 屬性) →傳遞給→ Server 運行配置 (admissionControl 屬性) →傳遞給→ Generic Server (admissionControl 屬性)

▲ 圖 6-19 認證控制器相關參數的流向

6.3.1 運行選項和命令列參數

在 API Server 啟動的最初階段，一種類型為 ServerRunOptions 結構實例就被建構出來了，將它稱為運行選項，它也是生成命令列可用參數的基礎。建構運行選項的部分程式如下：

```
// 程式 6-7 cmd/kube-apiserver/app/options/options.go
func NewServerRunOptions() *ServerRunOptions {
    s :=ServerRunOptions{
        GenericServerRunOptions: genericoptions.NewServerRunOptions(),
        Etcd: genericoptions.NewEtcdOptions(storagebackend.
            NewDefaultConfig(kubeoptions.DefaultEtcdPathPrefix, nil)),
        SecureServing:    kubeoptions.NewSecureServingOptions(),
        Audit:            genericoptions.NewAuditOptions(),
        Features:         genericoptions.NewFeatureOptions(),
        Admission:        kubeoptions.NewAdmissionOptions(),        // 要點①
        Authentication: kubeoptions.NewBuiltInAuthenticationOptions().
                        WithAll(),
```

6-30

6.3 主 Server 的認證控制

```
        Authorization:    kubeoptions.NewBuiltInAuthorizationOptions(),
        CloudProvider:    kubeoptions.NewCloudProviderOptions(),
        ...
```

要點①處 Admission 欄位由 kubeOptions.NewAdmissionOptions() 方法生成。該方法的工作主要包括以下兩點。

（1）利用 Generic Server 的以下方法建構出認證控制機制選項。該機制由 Generic Server 提供，同時還提供了可用的基本選項。相關程式如下：

```
// 程式 6-8 staging/k8s.io/apiserver/pkg/server/options/admission.go
func NewAdmissionOptions() *AdmissionOptions {
    options :=&AdmissionOptions{
        Plugins:     admission.NewPlugins(), // 要點①
        Decorators: admission.Decorators{admission.DecoratorFunc(
                    admissionmetrics.WithControllerMetrics)},
        // 這個列表中既包含修改外掛程式也包括驗證外掛程式，但系統定會保證先運行修改外掛程式
        // 所以不必擔心它們混合出現在表中
        RecommendedPluginOrder: []string{
            lifecycle.PluginName,
            mutatingwebhook.PluginName,
            validatingadmissionpolicy.Plug…
            ...
        },
        DefaultOffPlugins:     sets.NewString(),
    }
    server.RegisterAllAdmissionPlugins(options.Plugins) // 要點②
    return options
}
```

這裡的 Plugins 欄位將承載所有認證控制外掛程式，包括 Generic Server 預設啟動的和上層 Server 建立並註冊進來的。Generic Server 預設啟用的幾個外掛程式是：NamesapceLifecycle、ValidatingAdmissionWebhook、MutatingAdmissionWebhook 和 ValidatingAdmissionPolicy。透過在要點②處呼叫 RegisterAllAdmissionPlugins() 方法將它們加入 options.Plugins 陣列。

6-31

（2）將其他內建認證控制器都加入以上認證控制機制中，主 Server 後續根據命令列輸入決定啟用哪些。

如此這般，運行選項的 Admission.GenericAdmission.Plugins 屬性中將包含所有內建的認證控制器，但這些認證控制器在啟動時未必都需要啟用，使用者可以透過命令列參數決定啟用哪些，這又是怎麼做到的呢？Admission.GenericAdmission 除了有 Plugins 欄位，還有 EnabledPlugins 和 DisabledPlugins 欄位，它們被綁定到命令列參數 enanled-admission-plugins 和 disabled-admission-plugins。程式會根據 Plugins、EnanledPlugins 和 DisabledPlugins 這 3 個欄位決定啟用的認證控制器。

經過以上方法的運作，運行選項（ServerRunOptions 結構實例）將包含所有認證控制外掛程式及建構認證控制機制所需要的輔助資訊。運行選項會經過補全操作，從而形成類型為 completedServerRunOptions 結構的變數，但這兩個結構的關係是巢狀結構關係，可以認為所具有的欄位一致。

6.3.2 從運行選項到運行配置

運行選項面向使用者輸入，其資訊只有進入 Server 運行配置中才會影響 Server 的啟動與運行。6.1.2 節介紹了如何準備 Server 運行配置——變數 kubeAPIServerConfig，它是方法 CreateServerChain() 所做的第一件事。認證控制資訊也是在這個過程中完成遷移的，遷移過程如圖 6-20 所示。

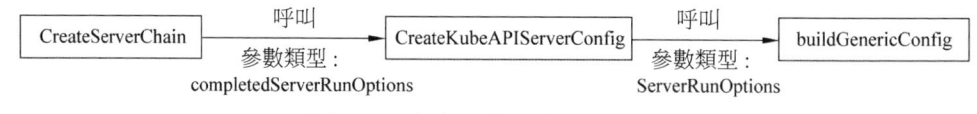

▲ 圖 6-20 命令列參數流遷至運行配置

由圖 6-20 可以看出，最終著手將認證控制機制資訊取出到運行配置的是方法 buildGenericConfig()，其中有關程式碼部分如下：

```
// 程式 6-9 cmd/kube-apiserver/app/server.go
admissionConfig :=&kubeapiserveradmission.Config{
    ExternalInformers:    versionedInformers,
```

6.3 主 Server 的認證控制

```
    LoopbackClientConfig: genericConfig.LoopbackClientConfig,
    CloudConfigFile:       s.CloudProvider.CloudConfigFile,
}
serviceResolver =buildServiceResolver(s.EnableAggregatorRouting,
       genericConfig.LoopbackClientConfig.Host, versionedInformers)
schemaResolver :=resolver.NewDefinitionsSchemaResolver(k8sscheme.Scheme,
       genericConfig.OpenAPIConfig.GetDefinitions)

pluginInitializers, admissionPostStartHook, err =
       admissionConfig.New(proxyTransport,
           genericConfig.EgressSelector, service......)
if err !=nil {
    lastErr =fmt.Errorf("failed to create admission plugin
                        initializer: %v", err)
    return
}

err =s.Admission.ApplyTo(  // 要點①
       genericConfig,
       versionedInformers,
       kubeClientConfig,
       utilfeature.DefaultFeatureGate,
       pluginInitializers...)
if err !=nil {
    lastErr =fmt.Errorf("failed to initialize admission: %v", err)
    return
}
```

　　要點①處變數 s 的類型是 ServerRunOptions，包含 Server 運行選項，其 Admission 欄位包含認證控制資訊，而 ApplyTo() 方法[1]的作用是把呼叫者——也就是 s.Admission 中的某些資訊取出出來後放入某個入參中——這裡是 genericConfig。這表示變數 genericConfig 將擁有認證控制資訊，它將為主 Server 運行配置結構 GenericConfig 欄位提供內容，所以主 Server 運行配置將含有認證控制配置。ApplyTo() 方法還接收名為 pluginInitializers 的變數作為參數，

---

[1] 在 Kubernetes 原始程式中常見名為 ApplyTo() 的方法，它們的目的類似。

6 主 Server

它是含有一組認證外掛程式的資源賦予器,造成初始化認證控制外掛程式的作用。例如一個認證控制外掛程式可以透過實現 WantsCloudConfig 介面宣告需要這項配置,資源賦予器就會把該資訊交給它。

上述 ApplyTo() 方法由 Generic Server 定義與實現,程式如下:

```go
// 程式 6-10 staging/k8s.io/apiserver/pkg/server/options/admission.go
func (a *AdmissionOptions) ApplyTo(
        c *server.Config, informers informers.SharedInformerFactory,
        kubeAPIServerClientConfig *rest.Config,
        features featuregate.FeatureGate,
        pluginInitializers …admission.PluginInitializer,) error {

    if a ==nil {
        return nil
    }

    //Admission 依賴 CoreAPI 去設置 SharedInformerFactory 和 ClientConfig
    if informers ==nil {
        return fmt.Errorf("admission depends on a Kube…")
    }

    pluginNames :=a.enabledPluginNames()

    pluginsConfigProvider, err :=admission.ReadAdmissionConfiguration(
                pluginNames, a.ConfigFile, configScheme)
    if err !=nil {
        return fmt.Errorf("failed to read plugin config: %v", err)
    }

    clientset, err :=kubernetes.NewForConfig(kubeAPIServerClientConfig)
    if err !=nil {
        return err
    }
    dynamicClient, err :=dynamic.NewForConfig(kubeAPIServerClientConfig)
    if err !=nil {
        return err
    }
    genericInitializer :=initializer.New(clientset, dynamicClient,
```

6.3 主 Server 的認證控制

```
        informers, c.Authorization.Authorizer, features, c.DrainedNotify())
    initializersChain :=admission.PluginInitializers{genericInitializer}
    initializersChain =append(initializersChain, pluginInitializers…)
    // 要點①
    admissionChain, err :=a.Plugins.NewFromPlugins(pluginNames,
        pluginsConfigProvider, initializersChain, a.Decorators)
    if err !=nil {
        return err
    }

    c.AdmissionControl =admissionmetrics.WithStepMetrics(admissionChain)
    return nil
}
```

ApplyTo() 方法把運行選項中的 Admission 轉為 Generic Server 運行配置的 AdmissionControl 屬性。程式中要點①處所有被啟用的外掛程式被做成一個鏈，在加裝指標測量器（metrics）後被賦予運行配置的 AdmissionControl 屬性。

要點①處所呼叫的 a.Plugins.NewFromPlugins() 方法會把所有被啟用的認證控制器放入一個陣列，然後把這個陣列用一個結構包裝起來，並讓該包裝結構成為一個標準的認證控制器——實現 admission.Interface、admission.MutationInterface、admission.ValidationInterface 介面。這樣 Server 在呼叫認證控制機制時直接呼叫包裝結構上的介面方法即可，感覺不到是在觸發一系列認證控制器，簡化了呼叫方邏輯。

6.3.3 從運行配置到 Generic Server

現在，Generic Server 和主 Server 的運行配置資訊中都具有了認證控制資訊，放在屬性 AdmissionControl 中，只要這個資訊交到 Generic Server 的實例的 admissionControl 欄位中，Generic Server 就會把它應用到針對 API 的建立、修改、刪除和 Connect 的請求處理中。

每個 Server 的實例都由補全後的運行配置結構生成，對於主 Server 就是 controlplane.CompletedConfig 結構的 New() 方法負責建立；Generic Server 則是

6 主 Server

由 server.CompletedConfig 的 New() 方法[1]負責建立。主 Server 的建構會先行觸發 Generic Server 的建構，這就確保了認證控制機制將被建構。回到 5.5 節介紹的建立 Generic Server 實例的 New() 方法，其中認證控制相關的環節程式如下：

```go
// 程式 6-11 staging/k8s.io/apiserver/pkg/server/config.go
func (c completedConfig) New(name string, delegationTarget DelegationTarget)
(*GenericAPIServer, error) {
    ...
    apiServerHandler := NewAPIServerHandler(name, c.Serializer,
        handlerChainBuilder, delegationTarget.UnprotectedHandler())

    s := &GenericAPIServer{
            discoveryAddresses:          c.DiscoveryAddresses,
            LoopbackClientConfig:        c.LoopbackClientConfig,
            legacyAPIGroupPrefixes:      c.LegacyAPIGroupPrefixes,
            admissionControl:            c.AdmissionControl,        // 要點①
            Serializer:                  c.Serializer,
            AuditBackend:                c.AuditBackend,
            Authorizer:                  c.Authorization.Authorizer,
            delegationTarget:            delegationTarget,
            EquivalentResourceRegistry:  c.EquivalentResourceRegistry,
            NonLongRunningRequestWaitGroup:
                                        c.NonLongRunningRequestWaitGroup,
            WatchRequestWaitGroup:       c.WatchRequestWaitGroup,
            Handler:                     apiServerHandler,
            UnprotectedDebugSocket:      DebugSocket,
    ...
```

在以上程式中，要點①清楚顯示 completedConfig.AdmissionControl 被賦予了 Generic Server 實例的 admissionControl。

---

[1] 這裡沒有表現套件的完整路徑，但它們在專案中的位置不難確定。

注意：雖然本章以主 Server 為背景講解認證控制機制的設置，但建立聚合器、擴充 Server 同樣使用了 kubeAPIServerConfig 中關於 Generic Server 的運行配置，這由 3.4.3 節講解的 CreateServerChain() 函數就可驗證[①]，所以它們的底座 Generic Server 在建構 API 端點處理器時將使用同樣的聚合器。故本節所講過程同樣適用聚合器與擴充 Server 的認證控制建構。

6.4 API Server 的登入驗證機制

登入事關安全，對任何系統來講都是件很嚴肅的事情，對於 Kubernetes 也是一樣的。Kubernetes 制定的目標更高，希望具備適應各種不同登入方案的能力。本節講解 Kubernetes 如何建立登入機制。

6.4.1 API Server 登入驗證基礎

一般來講，一個 IT 系統會建構自己的使用者管理模組，這個模組能夠回答「有哪些使用者」，以及「使用者資訊是什麼」，也會負責使用者登入時對登入憑據進行驗證，然而 Kubernetes 完全沒有這樣一個模組，或說它把這個模組切割了出去，交給其他解決方案去實現了。這樣的設計帶來了靈活性，企業可以根據自己的需要選擇不同的方案。Kubernetes 透過不同方式確保被外部使用者模組認證的合法使用者也會被 Kubernetes 自身認可。

Kubernetes 中的使用者和一般意義上的使用者稍有不同，可以分為兩類。

（1）真人：透過使用者端工具連接 API Server，進行各種操作。可以是叢集的管理員，也可以是使用叢集的開發人員等。

（2）程式：自主和 API Server 連接，根據既定邏輯自動完成任務。例如 Pod、Jenkins 中的作業、Kubelet、Kube-Proxy 等。

---

① 程式 3-5 中的要點②與要點⑤。

6 主 Server

注意：舊版本中還有匿名使用者，但新版本中不再可用，以下討論也不考慮這種使用者。

由於自身沒有使用者資料庫，所以無論是以上哪種使用者，以什麼樣的認證方式透過登入驗證，API Server 必須能根據請求中身份憑證判定出其身份：它是誰，以及使用者名稱及所群組，並且該判定必須是可靠的。

Kubernetes 的使用者認證模組具有一個行為準則：完全相依管理員配置的驗證請求所攜帶的認證憑據的能力，一旦憑據透過驗證，系統會根據其使用者名稱和組資訊確定許可權。至於一個使用者源自哪裡則根本不重要，當然該使用者資料來源一定是 Kubernetes 信任的，這需要管理員做一些配置工作。在底層，Kubernetes 主要依靠兩個技術手段檢驗認證憑據的真偽：數位憑證機制和 JSON Web Tokens（JWT）機制，先來講解這兩個機制。

1. 數位憑證機制

造訪過 HTTPS 網站的讀者都已經使用過數位憑證了，只是絕大部分人不會關心其中的原理。數位憑證解決的是信任問題，常常被用來在網際網路中確認身份。例如支援 HTTPS 協定的網站，它實際上會向存取者（瀏覽器）出示自己的證書來亮明身份，這份證書由公認權威機構簽發；存取者具有該權威機構提供的工具，用來驗證收到證書的真偽，瀏覽器在接收到網站發來的證書後，立即使用該工具進行驗證，如果通過了，則正常存取，如果沒有成功就向使用者發出告警，由使用者決定是否繼續存取。

數位憑證之所以能做身份證明，有賴於以下兩個工具 / 規則。

（1）非對稱加密技術：非對稱加密系統包含一對不同密碼，這對密碼有個特點，用一個加密的資訊只能用另一個解密。在數位憑證系統內，一個主體（例如一個 Web 伺服器，或憑證授權）都會具有這麼一對密碼，它把其中一個留為己用，稱為私密金鑰，而把另一個交給任何需要的人——對方只要需要就可以給他，所以是公開的，稱為公開金鑰。

6.4 API Server 的登入驗證機制

（2）簽名和驗證簽名（驗簽）規則：數位世界裡的簽名和現實世界非常類似，也是對一份文件內容進行確認後，按上自己的手印或簽上自己的名字。假設有這麼一個檔案，裡面記錄了一個網站的域名，以及隸屬組織等資訊，一家權威機構檢閱後確認無誤，接下來如何進行一個簽名，從而讓該機構的學員知道機構是驗證過這份檔案中的資訊的呢？只需簽名加驗簽兩個過程。機構簽名過程如下：把這個檔案內容做一次摘要，也就是把它的內容映射成一段固定長的字串。當然，摘要演算法要確保將內容不同的檔案映射成不同的字串，然後用自己的私密金鑰把這個定長字串做一次加密，得到的結果就是我對這份檔案的簽名。概括地說，簽名＝用私密金鑰加密摘要。簽名的目的是讓這個機構的學員看到帶簽名的檔案後，能確認其內容和該機構看到的一模一樣，怎麼確認？這就是驗簽，過程如下：學員手裡握有機構公開金鑰，它用公開金鑰解密簽名，從而得到機構做的檔案內容摘要，然後自己也用機構使用的摘要演算法對檔案內容做一次摘要，只要這兩個摘要的內容一樣，那麼內容就沒有變化過，所以驗簽＝用公開金鑰解密摘要＋摘要對比。

由此可見，非對稱加密服務於簽名和驗簽過程，而非直接用於互動雙方（例如瀏覽器和網站）對交流內容的加密，這是常常被誤解的一點。非對稱加密過於耗時，不適合應用在對大量互動內容加密的使用場景。

在數位世界裡，以上權威機構被稱為 Certificate Authority (CA)，它特別重要，因為一個普通主體無論如何不能證明自己的內容是真實的，要借助這樣的公認的權威機構做裁決；那份被簽名的檔案實際上是一個主體向 CA 遞交的待認證資訊，包含本主體的標識資訊，稱為 Certificate Signing Request (CSR)，而證書是由 CA 針對一份 CSR 頒發的認證檔案，它是被認證主體的身份證明，其內容包含以下幾點。

（1）被認證主體的資訊，如域名、組織機構名稱、地址等。

（2）被認證主體的公開金鑰。

（3）CA 的簽名。

（4）其他，如 CA 做摘要的雜湊演算法、證書有效期等。

6 主 Server

證書的持有者（例如一個網站，或 Kubernetes 中的使用者）主動提供認證需要的資訊，並提交給 CA，最後獲得證書，從而能夠向 CA 的學員證明自己的身份；「機構的學員」對應的是信任該 CA 的主體，如瀏覽器、作業系統等，它們握有該 CA 自己的身份證書，其中包含 CA 的公開金鑰，而該公開金鑰是 CA 提供的驗簽工具[1]。這一點非常重要：具有並信任上游簽發所用證書，是檢驗下游證書是否合法的前提。在 Kubernetes 中許多配置項都要提供數位憑證，很多是 CA 的證書，目的就是用它們去驗證其他證書的真實性，從而認證該證書的持有者。

2. JSON Web Tokens 機制

JWT 是實現了 RFC7519 規範的資訊傳遞格式。它以 JSON 為基礎資料表述格式，用於在主體之間安全地傳遞重要資訊。在傳遞時，JWT 資訊可以先經過加密處理再傳送，這樣它就可以被用於機密資訊的傳遞了，但現如今它更為廣泛地用於不加密地傳遞小量資訊，最典型的就是微服務間傳遞使用者角色資訊。我們這裡只圍繞不加密的場景討論，在這種使用場景下，JWT 運用簽名機制，保證所傳遞的資訊準確無篡改，但資訊本身只經過 base64 再編碼，算是明文傳遞的。

JWT 規範定義的一份資訊有三部分。

（1）頭部（header）：舉出詮譯資訊，例如簽名涉及的演算法。

（2）酬載（payload）：資訊的主體，例如當前使用者具有的許可權資訊。

（3）簽名（signature）：利用自己的金鑰、頭部進行 base64 編碼的結果、酬載的 base64 編碼結果這 3 個元素及頭部指出的簽名演算法，做出一個簽名。這個簽名的作用和數位憑證中簽名的作用一樣，即都是為確保訊息沒有被篡改。

一個標準的 JWT 形如

xxx.yyyy.zzzz

---

[1] 通常一個作業系統預設安裝好了國際上幾大 CA 的證書，這代表這些 CA 被作業系統信任了，它們所頒發的子證書、由子證書簽發的後代證書都會被作業系統信任。

其中，xxx 是頭部的 base64 編碼結果；yyyy 代表酬載的 base64 編碼結果；zzzz 是簽名資訊。注意，簽名時用到的金鑰可以是非對稱密碼系統中的私密金鑰，驗簽用公開金鑰，也可以是對稱密碼中的單一密碼，既用來簽發又用來驗簽。前者適用於簽名者為非驗簽者的情況，而後者適用於同一主體的不同模組，一個先簽、一個後驗。無論哪種方式，金鑰、私密金鑰的安全性都非常重要，一旦遺失就沒有安全性可言了。

其實從內容上來看，JWT 非常像一張數位憑證，只是在使用場景上二者有所不同，簽名和驗簽過程中 JWT 不涉及基於 CA 的信任鏈，頂多運用到一對非對稱金鑰，這就很輕便了，使用時同樣簡單，這一過程如圖 6-21 所示。

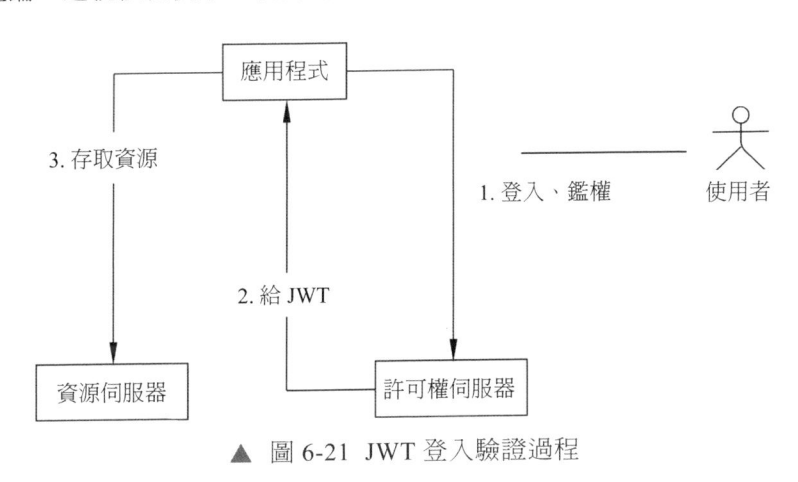

▲ 圖 6-21　JWT 登入驗證過程

在存取資源之前，應用程式要先獲取代表當前使用者許可權的 JWT，這會經過登入和鑑權工作，這一過程可以很複雜，不在 JWT 所管範圍，例如基於 OAuth 2.0、基於 SAML 和基於 OpenID Connect 等，但最終這些機制會產生一個 JWT，代表當前使用者許可權。應用程式會帶著這個許可權去資原始伺服器存取其內容。

站在資原始伺服器的角度看，能夠驗證一個 JWT 出自自己信任的許可權伺服器，並且內容無篡改是關鍵的，怎麼保證？只要有金鑰或公開金鑰，用它能夠順利驗簽，這樣以上兩個要求就都滿足了。也就是說關鍵是要得到驗簽金鑰，在 API Server 的啟動配置中包含這個金鑰項目。

6.4.2 API Server 的登入驗證策略

利用數位憑證和 JWT 規範，輔以一些其他樸素的驗證策略，API Server 提供了多種登入驗證方案。為了給技術實現部分做鋪陳，本節對這些方案進行簡單介紹，更詳細的資訊可以在官方文件中找到。

1. 基於數位憑證的登入驗證策略

1）X509 客戶證書

X509 證書是基於國際電信聯盟的 X509 標準制定的數位憑證，使用非常廣泛，openssl 一類工具對 X509 證書的操作支援也很完善，這助推了它的大面積應用。證書的主要作用是證明身份，這不是和登入場景非常契合嗎？

首先，Kubernetes 系統管理員為每個合法的使用者頒發一張 X509 證書。我們知道在證書簽發時需要用到某個 CA 的私密金鑰，一般叢集自己會生成一個 CA，具有私密金鑰和公開金鑰（證書），可以用它去簽發。使用者證書的頒發也可以由叢集信任的機構去做，這時叢集只要持有 CA 機構的公開金鑰，後續就可以用它對使用者證書進行驗簽了，而公開金鑰一般包含在證書裡，所以叢集只要持有簽發機構的 CA 證書。這個證書可以透過啟動 API Server 時的參數 --client-ca-file 來指定，系統把它存放在 kube-system 命名空間內的名為 extension-apiserver-authentication 的 ConfigMap 中。

當使用者利用使用者端工具登入 API Server 去操作叢集時，使用者先把自己的 X509 證書提交給 API Server 來亮明身份，Server 獲得後遵循驗簽流程，用 CA 證書去驗證客戶證書，如果透過，則在該使用者的後續階段中標注其合法地位，也就不用再次驗證了，直到過期。

X509 證書方式適用於程式、機器和人類使用者，證書的 subject 資訊會被用來代表使用者名稱，organization 資訊被用來標識使用者群組。

2）身份認證代理

身份認證代理方式是為聚合器與聚合 Server 之間互動而特別設計的。API Server 允許使用者自訂聚合 Server 來對其擴充，聚合 Server 和聚合器之間是相互獨立的，可以視為運行在兩台物理伺服器上。一個針對聚合 Server 中資源的存取請求會首先到達聚合器，經過常規的登入過程後，請求內容和登入結果（使用者名稱、使用者群組等資訊）將被轉發給聚合 Server，這時核心 Server 造成的是一個中間代理的作用，但聚合 Server 必須能確認到來的請求是真正的由核心 Server 轉發過來的，而非惡意的第三方。這怎麼做呢？還是依賴數位憑證機制。整個過程如圖 6-22 所示。

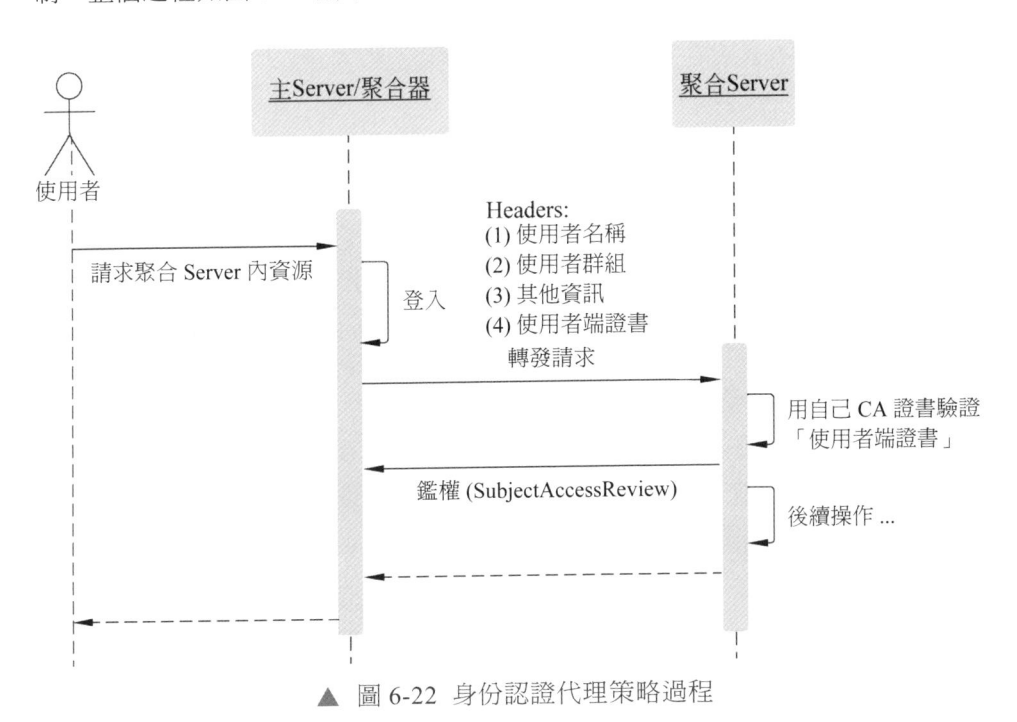

▲ 圖 6-22 身份認證代理策略過程

關鍵點在核心 Server 向聚合 Server 轉發請求時，需要提供一張聚合 Server 可以驗簽的使用者端證書，聚合 Server 在接收到請求後第一時間驗證請求所使用證書是否合法。聚合 Server 驗簽所使用的 CA 及核心 Server 所使用的使用者端證書都是啟動核心 API Server 時透過命令列參數指定的（參數 --requestheader-

6 主 Server

client-ca-file），然後會被系統存入 kube-system 命名空間中的名為 extension-apiserver-authentication 的 ConfigMap 資源中，這個 ConfigMap 也儲存了 X509 使用者端證書的 CA。這裡假設核心 Server 持有的使用者端證書不會洩露，它只儲存在 API Server 的 kube-system 命名空間上，其他人碰不到它。需要提醒的是，嚴格控制 kube-system 命名空間的存取權限，否則沒有安全可言。

這就是身份認證代理策略，雖然它為聚合 Server 而設計，但細想完全可以推廣到一般情況[1]：先把進入 API Server 的請求轉發到一個登入伺服器，完成登入後轉發回 API Server 繼續處理，登入伺服器和 API Server 之間透過 X509 證書進行互信。

關於聚合 Server 會在單獨章節詳細介紹。

2. 基於 JWT 的登入驗證策略

1）服務帳號（ServiceAccount）

X509 證書可服務於人類使用者登入，那麼另一類叢集使用者——程式該借由何種方式來登入呢？答案是服務帳號 ServiceAccount[2]。

ServiceAccount 是種類為 ServiceAccount 的 Kubernetes API，它專門用於為叢集中的程式（例如 Pod 中的）提供登入 API Server 的帳號，一個 ServiceAccount 實例就是一個可登入帳號。每個 ServiceAccount 實例連結一個 Secret 實例，該 Secret 專門用於儲存 ServiceAccount 實例的 JWT 憑證，它是登入時 API Server 驗證的主體。

叢集中所有節點上的 Pod[3] 都可以和 API Server 進行互動，它們之所以能夠透過 API Server 的身份驗證，是由於獲得了某一 ServiceAccount 實例所提供的

---

[1] API Server 並沒有提供一般的方式讓外部 Web Server 與之對接，需要深度訂製或借助聚合器機制。
[2] 技術上，無論人和程式都可以使用對方的認證方式，文中從常用方式角度談。
[3] 嚴格地說，是運行 Pod 中的各種程式。

帳號。該帳號是由節點上的 Kubelet 組件從 API Server 中獲取的，並透過名為 ServiceAccount 的認證控制器以映射卷冊的方式綁定到 Pod 實例上。一個 Pod 相關的資源定義部分如圖 6-23 所示。

```
...
 - name: kube-api-access-<隨機尾碼>
   projected:
     sources:
       - serviceAccountToken:
           path: token # 必須與應用所預期的路徑匹配
```

▲ 圖 6-23　Pod 綁定 ServiceAccount Token

當 Pod 需要請求 API Server 時，它以讀取本地檔案的方式獲得 JWT 權杖，放入 HTTP Header 中，這可以保證它透過登入驗證。

2）OpenID Connect

OpenID Connect 是一種實現了 OAuth 2.0 規範的登入鑑權協定。在 OAuth 2.0 規範下，身份提供者可以獨立於應用服務，這樣一個登入服務可以服務於多個不同的應用。OAuth 2.0 在網際網路生態下應用廣泛，例如常在一些 App 上見到可利用微信帳號登入，這是由於微信背景扮演了 OpenID Connect 協定中的身份提供者角色。OpenID 對 OAuth 2.0 做了一個小擴充：引入了 ID Token，它是身份提供者在完成登入認證後，返給請求者的權杖。這是一個標準的 JWT 權杖，其中含有多種標識使用者身份的資訊。

（1）iss：身份服務提供者。

（2）sub：被認證使用者的標識。

（3）aud：權杖發給誰使用，對應 OAuth 中的 client_id。

（4）exp：過期時間。

6 主Server

API Server 可以消費 OpenID Connect 中身份服務提供者的服務，它從最終的 ID Token 中獲得使用者資訊。很多公司內部有統一的登入伺服器，這時就可以基於 OpenID Connect 協定把已有的登入服務連線 Kubernetes 叢集。API Server 和 OpenID Connect 服務提供者的互動如圖 6-24 所示。

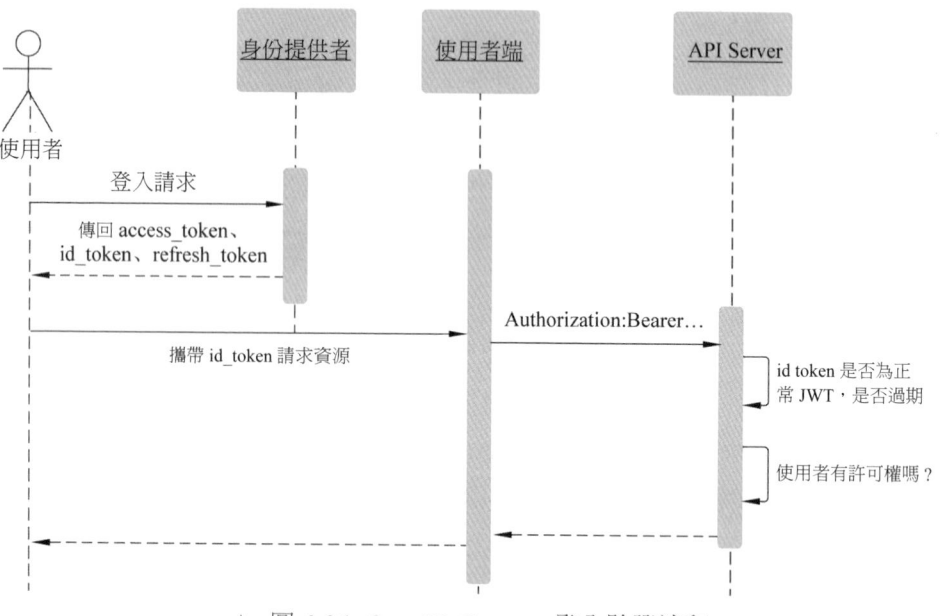

▲ 圖 6-24 OpenID Connect 登入驗證流程

3. 特殊用途的登入驗證策略

接下來這 3 個登入驗證策略不是非常簡單樸素，就是有特殊用途，本段加以簡單介紹。

1）靜態權杖

這是最簡單的一種登入驗證策略：API Server 啟動時透過參數 --token-auth-file 來指定一個 CSV 檔案，其內容包含多行，每行代表一個使用者；每行包含多列，分別是權杖、使用者名稱、ID、組資訊。當使用者端請求 API Server 時，只需在 HTTP 表頭中加入以下項目就可以證明身份。

```
Authorization: Bearer <CSV 中第 1 列的某個 token>
```

6.4 API Server 的登入驗證機制

提供了合法 Authorization 標頭的請求都可以透過登入驗證。

2）啟動引導權杖

這種權杖主要的應用場景是建立新叢集或在叢集中加入新節點。這時新節點的 Kubelet 元件需要連接 API Server 讀取資訊以完成必要的配置，這就需要透過登入認證，而啟動引導權杖就是為這種場景準備的。

一個啟動引導權杖格式滿足這個正規表示法：[a-z0-9]{6}.[a-z0-9]{16}，例如 781292.db7bc3a58fc5f07e，點號前是權杖的 ID，後半部分代表一個密碼。當使用 kubeadm 這一工具把一個新節點加入叢集時，可以透過 token 參數指定啟動引導權杖。

3）Webhook 權杖身份認證

設想以下場景，管理員在配置一個 Kubernetes 叢集，將使用公司內部基於 SAML 協定的登入驗證伺服器進行使用者認證。設計的登入流程為首先使用者透過使用者端——如 kubectl 順利獲取了 SAML 權杖，然後將權杖隨資源請求一起提交給 API Server，最後由 API Server 驗證，但 API Server 顯然無法直接理解該權杖，無法確定使用者的合法性，這時該怎麼處理呢？在這種情況下 API Server 可以向第三方發出解讀取請求，第三方會檢驗權杖，如果合法就傳回該使用者的資訊。第三方對 API Server 來講就是以 Webhook 方式暴露的介面。這種透過呼叫 Webhook 來確定使用者身份的策略就是 Webhook 權杖身份認證。

API Server 對很多權杖協定不可理解，這時 Webhook 權杖身份認證策略就可以被啟用，邀請第三方協助處理。實踐中，第三方往往由簽發權杖的身份伺服器擔當。

以上就是 API Server 所提供的所有登入認證方案。無論採用哪種方案，認證的結果無非就是兩類：合法或非法。對於合法使用者，結果中會包含以下資訊。

（1）使用者名稱：用來辨識使用者的字串，例如使用者的郵寄位址。

（2）使用者 ID：用來辨識最終使用者的字串，具有唯一性。

6 主 Server

（3）使用者群組：一組字串，每個字串都表示一個使用者集合，應用程式可以根據集合來決定一個使用者可進行的操作。例如每個成功登入使用者的組資訊中都會有 system:authenticated，代表這個使用者屬於成功登入這一使用者群組。

（4）附加資訊：一組額外的鍵 - 值對，用來儲存鑑權元件可能需要的資訊。

上述資訊在登入成功後，被附加到請求中供後續處理使用，一般會被放入 HTTP Header 中。

6.4.3 API Server 中建構登入認證機制

Kubernetes 提供了如此豐富的登入驗證策略，那麼它們在登入驗證過程中如何和諧共生呢？API Server 的登入驗證機制基於外掛程式化的思想，將各個策略分別建構成不同的登入外掛程式，在進行驗證時一個一個呼叫，只要有一個登入外掛程式成功認證了請求使用者，則登入成功。

注意：透過與否的準則與認證控制機制不同，認證控制機制下一個請求只要被一個認證控制器拒絕，請求就失敗了，而登入認證則只需在一種方式下成功便透過。

API Server 登入認證機制的建構過程如圖 6-25 所示。從配置資訊流轉上看，與認證控制機制的建構過程十分類似，但它與認證控制機制也有重要不同，登入認證是在篩檢程式中實現的。回顧 Generic Server 的建立過程，在建構請求篩檢程式鏈時有一個名為 Authentication 的篩檢程式，其作用就是提供登入認證服務。篩檢程式在請求剛剛進入 API Server 時會被執行，這的確是登入、鑑權及其他安全保護邏輯理想的觸發時機。

▲ 圖 6-25 登入認證機制建構過程

6.4 API Server 的登入驗證機制

1. 運行選項和命令列參數

API Server 在啟動時的第 1 項工作就是定義一種類型為 ServerRunOptions 的變數，它是後續製作可用命令列參數和 Server 運行配置的資料來源，需要搞清楚這個資料來源中關於登入認證的資訊是怎麼得來的。以 cmd/kube-apiserver/app/server.go 原始檔案中 API Server 啟動命令生成方法 NewAPIServerCommand() 為入口，找到該變數是經以下方法製作並傳回的。

```
// 程式 6-12 cmd/kube-apiserver/app/options/options.go
func NewServerRunOptions() *ServerRunOptions {
    s :=ServerRunOptions{
        GenericServerRunOptions: genericoptions.NewServerRunOptions(),
        Etcd: genericoptions.NewEtcdOptions(storagebackend.
            NewDefaultConfig(kubeoptions.DefaultEtcdPathPrefix, nil)),
        SecureServing:      kubeoptions.NewSecureServingOptions(),
        Audit:              genericoptions.NewAuditOptions(),
        Features:           genericoptions.NewFeatureOptions(),
        Admission:          kubeoptions.NewAdmissionOptions(),
        // 要點①
        Authentication:     kubeoptions.NewBuiltInAuthenticationOptions()
            .WithAll(),
        Authorization:      kubeoptions.NewBuiltInAuthorizationOptions(),
        CloudProvider:      kubeoptions.NewCloudProviderOptions(),
        APIEnablement:      genericoptions.NewAPIEnablementOptions(),
        EgressSelector:     genericoptions.NewEgressSelectorOptions(),
    ...
```

程式 6-12 要點①表明，使用者認證相關選項資料是 NewBuiltInAuthenticationOptions() 方法，以及對其傳回值的 WithAll() 方法呼叫得來的。從技術上說，在這之後還有可能對 Authentication 內資訊做進一步修改，但實際上 Authentication 屬性的內容後續就不會被修改了，只要搞清楚 NewBuiltInAuthenticationOptions() 和 WithAll() 方法，就清楚了登入認證配置從何而來。

```
// 程式 6-13 pkg/kubeapiserver/options/authentication.go
func NewBuiltInAuthenticationOptions() *BuiltInAuthenticationOptions {
    return &BuiltInAuthenticationOptions{
        TokenSuccessCacheTTL: 10 * time.Second,
```

```
        TokenFailureCacheTTL: 0 * time.Second,
    }
}

func (o *BuiltInAuthenticationOptions) WithAll()
                                *BuiltInAuthenticationOptions {
    return o.
        WithAnonymous().
        WithBootstrapToken().
        WithClientCert().
        WithOIDC().
        WithRequestHeader().
        WithServiceAccounts().
        WithTokenFile().
        WithWebHook()
}
```

第 1 個方法建立了一種類型為 BuiltInAuthenticationOptions 結構實例並傳回，第 2 個方法向接收者——也就是第 1 個方法的傳回值增加各種登入認證外掛程式，包括以下幾種策略。

（1）匿名登入認證策略：由 WithAnonymous() 方法加入。

（2）啟動引導認證策略：由 WithBootstrapToken() 方法加入。

（3）X509 證書認證策略：由 WithClientCert() 方法加入。

（4）OpenID Connect 認證策略：由 WithOIDC() 方法加入。

（5）代理認證策略：由 WithRequestHeader() 方法加入。

（6）Service Account 認證策略：由 WithServiceAccounts() 方法加入。

（7）靜態權杖驗認證策略：由 WithTokenFile() 方法加入。

（8）Webhook 驗認證策略：由 WithWebHook() 方法加入。

6.4 API Server 的登入驗證機制

以上就是運行選項中 Authentication 屬性資訊的來源。這一資訊在運行選項的補全階段會被做一個小修改：禁止匿名登入策略。運行選項補全發生在 Complete() 方法中[1]，這裡 Authentication 屬性的 ApplyAuthorization() 方法會被調到，而它只做了一件事情：在一定條件下禁止匿名登入策略，見程式 6-14。

```go
// 程式 6-14 pkg/kubeapiserver/options/authentication.go
func (o *BuiltInAuthenticationOptions) ApplyAuthorization(
                    authorization *BuiltInAuthorizationOptions) {
    if o ==nil || authorization ==nil || o.Anonymous ==nil {
        return
    }

    // 當鑑權模式為 ModeAlwaysAllow 時，禁止匿名使用者登入 AnonymousAuth
    if o.Anonymous.Allow && sets.NewString(authorization.Modes...).
                Has(authzmodes.ModeAlwaysAllow) {
        klog.Warningf("…")
        o.Anonymous.Allow =false
    }
}
```

大多數登入認證外掛程式有自己的配置，例如 OpenID Connect 策略需要設置驗證 JWT 憑據時用到的金鑰或證書，這些配置需要管理員在啟動 API Server 時透過命令列參數設置。另外，透過命令列參數也可以啟用或禁用一些登入認證外掛程式，這些命令列參數都由 ServerRunOptions.Authentication 欄位來承載。該欄位的類型為 BuiltInAuthenticationOptions 結構，具有 AddFlags() 方法，這種方法把所有可用登入外掛程式的命令列參數加入 Cobra 框架中，Cobra 負責把使用者的相關輸入賦值給 ServerRunOptions.Authentication。

2. 從運行選項到運行配置

運行選項結構（ServerRunOptions）命令列，負責組織包含命令列輸入資訊在內導向的所有選項配置資訊，而主 Server 運行配置結構 (controlplan.Config)

---

[1] 在 cmd/kube-apiserver/app/server.go 中。

6 主 Server

Server，選項資訊是它導向的主要資訊來源，輔以一些其他邏輯決定的資訊。登入認證資訊也有一個從運行選項到運行配置轉移的過程。

登入認證機制完全是由 Generic Server 提供的，主 Server 直接把這部分工作交給自己的底座 Generic Server；同理，主 Server 的運行配置結構透過 Generic Server 的運行配置結構（genericapiserver.Config）代持 Authentication 資訊，程式上可看到 controlplan.Config 直接定義了一個屬性 GenericConfig 來嵌入 Generic Server 運行配置。

```
type Config struct {
    GenericConfig *genericapiserver.Config
    ExtraConfig   ExtraConfig
}
```

登入認證策略的運行選項傳遞至運行配置的過程如圖 6-26 所示。

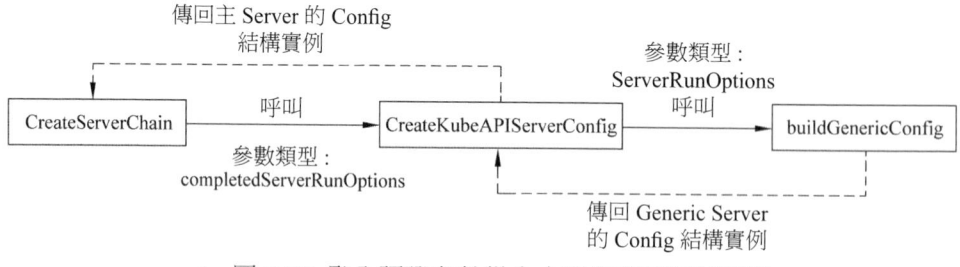

▲ 圖 6-26 登入認證參數從命令列選項到運行配置

登入認證參數從命令列選項到運行參數的轉移過程與認證控制參數的過程如出一轍，這裡重溫一下。方法 buildGenericConfig() 以前續得到的 ServerRunOptions 結構實例為入參，建構一個 Generic Server 的 Config 結構實例；這個 Config 結構實例會成為主 Server 運行配置的一部分——也就是前面看到的 controlplan.Config 結構的 GenericConfig 欄位。

buildGenericConfig() 方法的原始程式碼顯示，ServerRunOptions 中的 Authentication 欄位透過一種方法呼叫傳遞給 Config 結構實例。相關的程式如下：

```
// 程式 6-15 cmd/kube-apiserver/app/server.go
if lastErr =s.Authentication.ApplyTo(
```

6.4 API Server 的登入驗證機制

```
                &genericConfig.Authentication,
                genericConfig.SecureServing,
                genericConfig.EgressSelector,
                genericConfig.OpenAPIConfig,
                genericConfig.OpenAPIV3Config,
                clientgoExternalClient,
                versionedInformers); lastErr !=nil {
        return
}
```

s.Authentication 是已得到的運行選項上的 Authentication，它的 ApplyTo() 方法會把其上資訊交給其第 1 個入參：genericConfig.Authentication，而變數 genericConfig 將作為 buildGenericConfig() 方法的傳回值，成為主 Server 運行配置的一部分。這樣登入驗證資訊便完成從運行選項到運行配置的傳遞。ApplyTo() 方法的內部也很精彩，其內部邏輯如圖 6-27 所示。

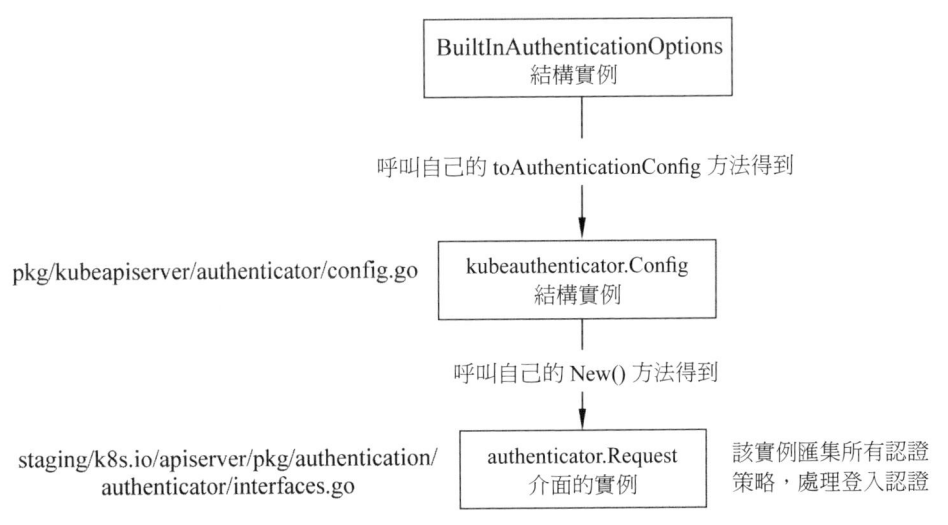

▲ 圖 6-27 s.Authentication.ApplyTo() 方法邏輯

由圖 6-27 可知，ApplyTo() 方法生成了一個 authenticator.Request 介面實例，這個實例非常重要，暫且將其稱為鏈頭。登入驗證策略有很多種，在執行時它們都會起作用，在圖 6-27 中的 New() 方法內，所有這些策略被做成策略鏈條，

6 主 Server

其標頭就是這個鏈頭實例。當有登入認證請求時,直接呼叫鏈頭的 Authenticate.
Request() 方法就可得到結果。Request 介面的定義如下:

```go
// 程式 6-16
//staging/k8s.io/apiserver/pkg/authentication/authenticator/interfaces.go
type Request interface {
    AuthenticateRequest(req *http.Request) (*Response, bool, error)
}
```

這個鏈頭會成為 Generic Server 運行配置的 Authentication.Authenticator
屬性。

3. 從運行配置到 Generic Server 篩檢程式

Generic Server 如何建構請求篩檢程式已經在前文講解過,在此基礎上
理解登入認證器如何成為篩檢程式沒有障礙。回顧前文,篩檢程式的建構在
DefaultBuildHandlerChain() 方法中進行,對它的呼叫是在以下方法中完成的:

```go
// 程式 6-17 staging/k8s.io/apiserver/pkg/server/config.go
func (c completedConfig) New(name string, delegationTarget DelegationTarget)
                            (*GenericAPIServer, error) {
    if c.Serializer ==nil {
        return nil, fmt.Errorf("Genericapiserver.New()…")
    }
    if c.LoopbackClientConfig ==nil {
        return nil, fmt.Errorf("Genericapiserver.New()…")
    }
    if c.EquivalentResourceRegistry ==nil {
        return nil, fmt.Errorf("Genericapiserver.New()…")
    }

    handlerChainBuilder :=func(handler http.Handler) http.Handler {
        return c.BuildHandlerChainFunc(handler, c.Config) // 要點①
    }
    …
```

6-54

6.4 API Server 的登入驗證機制

由於要點①處的 BuildHandlerChainFunc 欄位被賦予方法 DefaultBuild-HandlerChain()，所以實際被呼叫的是後者。注意實際參數：c.Config 就是 Generic Server 的運行配置，由第 2 段可知它的 Authentication.Authenticator 就是認證處理鏈頭。DefaultBuildHandlerChain() 方法建構登入認證處理器的程式如下：

```
// 程式 6-18 staging/k8s.io/apiserver/pkg/server/config.go
failedHandler :=genericapifilters.Unauthorized(c.Serializer)

failedHandler =genericapifilters.WithFailedAuthenticationAudit(
                failedHandler, c.AuditBackend,
                c.AuditPolicyRuleEvaluator)

failedHandler =filterlatency.TrackCompleted(failedHandler)
handler =filterlatency.TrackCompleted(handler)
handler =genericapifilters.WithAuthentication(// 要點①
            handler,
            c.Authentication.Authenticator,
            failedHandler,
            c.Authentication.APIAudiences,
            c.Authentication.RequestHeaderConfig)
handler =filterlatency.TrackStarted(
            handler, c.TracerProvider, "authentication")
```

要點①處呼叫 WithAuthentication() 方法會建構登入認證篩檢程式，這裡它使用的就是運行配置中的認證鏈頭——c.Authentication.Authenticator。由於篇幅所限，所以此處不再深入討論該方法，感興趣的讀者自行查閱。

經過上述步驟，登入認證配置由命令輸入最終作用到啟動的 API Server。

注意：與認證控制機制類似，本節以主 Server 為背景講解登入認證機制的配置，但執行時期主 Server 的底座 Generic Server 並不會被啟動，聚合 Server 的底座 Generic Server 會依據同樣的配置對外提供登入認證服務。

6.5 本章小結

在 Generic Server 知識的基礎上，本章首先講解了主 Server 的建構，其底層會以一個 Generic Server 實例為底座，眾多功能由它提供。主 Server 向底座 Generic Server 注入所有內建 Kubernetes API，這些 API 包含 Kubernetes 核心業務邏輯。雖然不是本書重點，但是本章介紹了幾種內建控制器的設計和實現，控制器與 API 配合，負責細化 API 內容，從而驅動各元件將之落實到系統中。

本章剖析了 Kubernetes 叢集的登入認證，並討論了主 Server 如何引入認證控制器。Kubernetes 最前端的安全控制有 3 個：登入認證、許可權認證和認證控制，本章講解了其中的兩個，剩下的許可權認證從程式實現角度與登入認證十分類似。

7

擴充 Server

　　全世界做企業軟體最成功的公司非德國老牌 ERP 提供商 SAP（思愛普）莫屬，這家已創立 50 多年的公司至今已經紅了 40 多年，連 ERP（Enterprise Resource Planning）這個詞都是它在幾十年前創造的。時至今日常常出現的有趣一幕是：SAP 是什麼公司人們並不知道，但一提 ERP 對方立刻報以「噢，就是它呀」的神情。SAP ERP 成功的一大原因是它找到了功能標準化和可擴充性的平衡點，在不遺失一般性的前提下為企業提供數以千計的擴充點，便於企業針對特有需求進行延伸開發。優良的擴充性成就了 SAP 的品牌，也培育了一個以其產品為核心的生態圈，畢竟獨行快眾行遠，一個繁榮的生態確保了它能歷經半個世紀的風雨，依舊生機盎然。

7 擴充 Server

SAP ERP 的例子揭示了一個道理：可擴充性對一款軟體產品的重要性不容小覷。Kubernetes 作為一個社區驅動的開放原始碼系統，可擴充性必然不會缺席。透過前面幾章的介紹讀者已經看到了 Kubernetes 是以其 API 為核心的，系統內建提供了數十種開箱即用的 API，它們有承擔具體工作負載的，有針對儲存的，有負責批次處理的，很是全面，但這就涵蓋了所有現實中的全部場景嗎？恐怕誰也不敢說。於是兩種擴充 Kubernetes API 的方式被創造出來，這一章聚焦其中一種：Extension Server（也稱擴充 Server）和其所支援的核心 API - CustomResourceDefinition（CRD）。

7.1 CustomResourceDefinition 介紹

讀者先回顧前序章節，思考一個 Kubernetes API 是如何存在及怎樣起作用的。每個 Kubernetes API 都在 API Server 上身為類型存在，本質上定義了該類型的物件可具有的屬性集合；類型由系統定義好，而實例則由使用者隨選建立，建立的方式是借助該 API 對應的 RESTful 端點完成的。在 REST 概念系統內，API 實例又被稱為資源。對於每一 Kubernetes API 種類，系統還需要為其配備控制器，以監控該 API 的實例增、刪、改事件，並根據實例中所指定的資訊對系統進行調整。絕大多數 Kubernetes API 種類的控制器提供在控制器管理器模組中，獨立於 API Server 程式。由此可見，類型的描述和控制器是一個 Kubernetes API 發揮作用的兩個核心要素。如果要定義新的 Kubernetes API，則核心工作是在系統中提供這兩筆資訊。

可不可以直接以建立內建 API 的方式引入新的 Kubernetes API？一個內建 API 的類型本質上由一組 Go 結構定義，這組結構舉出了該 API 類型的實例可以具有的屬性，它們被以 GVK 為「標識」註冊到 API Server 的登錄檔中。如果以類似的方式引入擴充 API，則使用者就需要進行程式開發，並把開發出的類型資訊依照 API Server 登錄檔的要求進行註冊，這太複雜了，只適用於特別熟悉 API Server 內部機制的群眾。更笨拙的是，這種方式必須重新編譯，以便生成 API Server 應用程式，這不是一種可熱抽換的方式，所以效仿內建 API 的建構方式進行 Kubernetes API 的擴充並不是一個好想法。

Kubernetes 採取了一個稍抽象但十分巧妙的方式去支援客製化 API 的引入——CustomResourceDefinition，簡稱 CRD。在 Kubernetes 中，萬事皆為 API，CRD 也只是一個內建 API，只不過它比較特殊：它的每個實例都代表一個客製化 API 類型，針對這個客製化 API 使用者就可以建立 API 實例來表達自己的期望了。說 CRD 抽象也就是源於這裡。

Deployment 與 CRD 的對比如圖 7-1 所示。

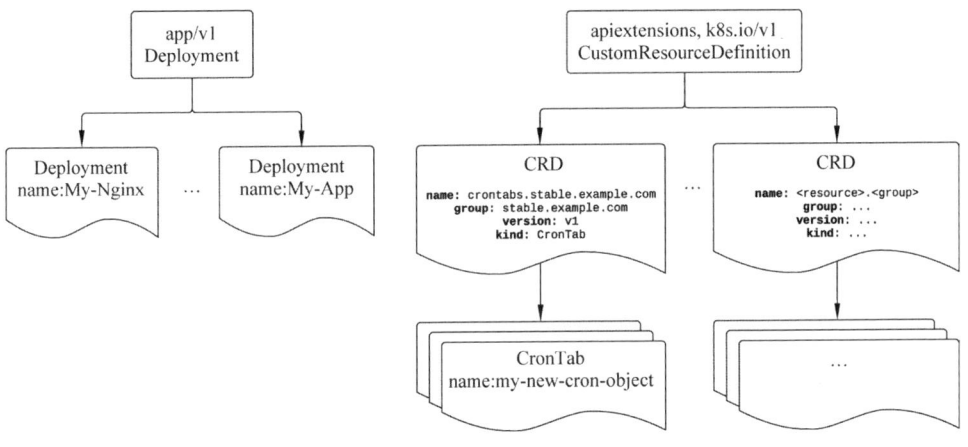

▲ 圖 7-1 Deployment 與 CRD 的對比

圖 7-1 中名為 crontabs.stable.example.com 的 CRD 實例定義了一個 GVK 分別為 stable.example.com、v1、CronTab 的客製化 API，基於這個 API 類型建立出一系列實例，其中有一個名為 my-new-cron-object。然而眾所皆知，Deployment 的實例是不能作為 API 類型用於建立實例的。

注意：CRD 實例與客製化 API 的 GVK 並不是一一對應的關係，由於一個 CRD 內可以定義客製化 API 的多個版本，所以嚴格地說 CRD 可含多個 GVK。

7.1.1 CRD 的屬性

1. 所有頂層屬性

用 API（CRD）去定義 API（客製化 API），聽起來就不簡單。首先了解 CRD 具有的頂層屬性，包括 apiVersion、kind、metadata、spec 和 status。這些

擴充 Server

都是標準的內建 API 屬性，意義明顯，無須過多解釋。再看客製化 API，既然是 Kubernetes API，那麼就需要有 API 該有的資訊，例如 metadata、GVK 和 spec。metadata 中大部分屬性均不用明確定義，系統會自動為客製化 API 增加，而 GVK 和 spec 的內容則要根據規則在 CRD 實例的 spec 中指定。下面是一個 CRD 實例：

```yaml
apiVersion: apiextensions.k8s.io/v1
kind: CustomResourceDefinition
metadata:
    name: crontabs.stable.example.com
spec:
    group: stable.example.com
    versions:
          -name: v1
          served: true
          storage: true
          schema:
              openAPIV3Schema:
                  type: object
                  properties:
                      spec:
                          type: object
                          properties:
                              cronSpec:
                                  type: string
                              image:
                                  type: string
                              replicas:
                                  type: integer
                      status:
                          type: object
                          properties:
                              replicas:
                                  type: integer
                              labelSelector:
                                  type: string
        subresources:
            status: {}
```

```
            scale:
                specReplicasPath: .spec.replicas
                statusReplicasPath: .status.replicas
                labelSelectorPath: .status.labelSelector
    scope: Namespaced
    names:
        plural: crontabs
        singular: crontab
        kind: CronTab
        shortNames:
        -ct
```

需要注意 CRD 的 metadata.name 屬性,它的值有特殊要求,必須符合以下格式:

```
<資源名稱>.<組名稱>
```

由於資源名稱就是 API 名稱的小寫複數,所以格式也可以用 CRD 屬性工作表述為

```
<names.plural>.<group>
```

本例中 crontabs.stable.example.com 實際上是由資源名稱 crontabs 和組名稱 stable.example.com 共同組成的。如果要建立上述定義的客製化 API 的實例,則可以撰寫以下資源定義檔案,透過 kubectl 交給 API Server:

```
kind: CronTab
metadata:
    name: my-new-cron-object
spec:
    cronSpec: "* * * * */5"
    image: my-awesome-cron-image
```

使用體驗與內建 API 毫無區別,使用者根本感受不到自己建立的資源是由 CRD 定義的客製化 API。

2. spec

在所有頂層屬性中，spec 最為重要，客製化 API 就是在這個屬性中定義的，接下來聚焦 CRD 的 spec 屬性。spec 有多個子屬性，它們共同刻畫出客製化 API。

1）spec.group

必有屬性。spec.group 舉出客製化 API 的組名稱，即 GVK 中的 G。當使用者存取客製化 API 的實例時，端點 URL 格式將為 /apis/<group>/…，可見 group 是必不可少的。

2）spec.names

必有屬性。spec.names 確定類型名稱（names.kind，GVK 中的 K）、資源名稱的單數 (names.singular)、複數（names.plural，等於資源名稱）、分類名稱 (names.categories)、資源列表名稱（names.listKind）、資源名稱的簡短名稱 (names.shortNames) 等。

3）spec.scope

必有屬性。spec.scope 指出客製化 API 是叢集等級資源還是命名空間內的資源。合法值是 Cluster 和 Namespaced。

4）spec.versions

必有屬性。spec.versions 內容為一個陣列，舉出該客製化 API 的所有版本。同內建 API 一樣，隨著時間的演進客製化 API 會出現多個可用的版本。版本名稱決定了它在所有版本中的排位。排位將決定 GVK 在客戶呼叫 API 發現介面時得到的傳回清單中的位次。排序規則如下：

（1）遵循 Kubernetes 版本編制命名規則的版本編號排在不遵循該規則的版本之前。

（2）非規則的版本編號按照字典排序。

（3）正式版本（GA）排在非正式版本之前（beta、alpha）。

（4）beta 排在 alpha 之前。

（5）高版本排在低版本之前。

舉例來說，某個 API 的所有版本從高到低排序：v9、v2、v1、v11beta2、v10beta3、v3beta1、v12alpha1、v11alpha2、foo1、foo10。

versions 下還有子屬性，重要的作用有以下幾點。

（1）versions.served: 該版本是否需要透過 REST API 對外暴露。

（2）versions.storage: 該版本是否為在 ETCD 中儲存時使用的版本。所有的版本中只能有一個版本在這個屬性上為 true。

（3）versions.schema: 這個屬性定義了客製化 API 的 spec 有哪些屬性，當建立客製化 API 實例時它的資訊也會被用於驗證內容是否正確。鑑於其重要性，7.1.2 節將單獨介紹其內容。

（4）version.subresources: 客製化 API 也可以有子資源，例如 status 和 scale，7.1.3 節單獨講解。

5）spec.conversion

內建 API 不同版本之間透過程式生成建立內外版本相互轉換的函數，並且程式將被打包在 API Server 可執行檔內，客製化 API 不同版本之間如何轉換呢？就是在 spec.conversion 內進行定義的。conversion.strategy 定義大方向：如果是 None，則將簡單處理，轉換時直接將 apiVersion 值改變至目標版本，其他內容保持不變；如果是 Webhook，則 API Server 在需要進行版本轉換時去呼叫外部鉤子服務，這時 conversion.webhook 中需要含有目標服務的位址。

7.1.2 客製化 API 屬性的定義與驗證

7.1.1 節講解了在 CRD 的 spec 中如何設定客製化 API 的 G、V、K 等屬性，現在讀者可思考一個問題：在 CRD 的 spec 中如何完整、正規地定義客製化 API 的屬性？所謂正規定義在這裡有多層含義：

（1）對屬性數值型態的定義要準確。字串型和數位類型的屬性是不同的。假如有個客製化 API，它的 spec.replica 屬性用於指定需要多少副本，顯然這必須是一個整數，在定義 replica 時需要能夠宣告該屬性值的類型。

（2）屬性的層級結構定義要明確。還是以 spec.replica 為例，既需要定義出客製化 API 具有 spec 屬性和 replica 屬性，也需要明確指出 replica 是 spec 的直接子屬性。

需要一種正規化語言去完成客製化 API 屬性定義的任務。一個正規的定義除了為使用者提供明確的指導，還是進行驗證的依據。電腦能多便利地使用驗證規則取決於定義語言在什麼程度上機器讀取可理解。一個極端是完全使用人類的語言，寫一份翔實的文件去說明客製化 API 有何屬性、結構如何、類型是什麼；另一個極端則是使用電腦可執行的方式去描述，例如客製化 API 的作者撰寫程式去描述規則。這兩個極端都不可取，而是希望有一種折中的方案：既要人類易讀可撰寫，又要易於電腦去執行。讀者是否聯想到了 5.3 節介紹的 OpenAPI？

Kubernetes 選擇了 OpenAPI Schema，該 Schema 完全滿足以上需求。相對於 OpenAPI v2，在屬性規約方面 OpenAPI v3 具有絕對優勢，並且 OpenAPI v3 是 Kubernetes 官方推薦的，所以後文使用 OpenAPI v3 進行講解。5.3 節介紹過 OpenAPI，它能夠以語言獨立的方式完整地描述一個應用 API[1]。應用 API 的重要組成部分是輸入和輸出參數，使用 OpenAPI 的 Schema 就可以對參數進行正規描述，包括其類型和結構。不僅如此，OpenAPI Schema 本質上是一種採用 JSON 格式定義的描述結構化資訊的「元語言」，用它就可以準確地定義客製化

---

[1] 為了和 Kubernetes API 區分，這裡稱為應用 API。

API 所具有的屬性。JSON 文件格式兼顧了人類與電腦雙方的讀取可理解要求：人們可以很快看懂可用的欄位，並使用它們去定義自己的資源屬性；電腦也可以順暢地解析 JSON，極佳地理解元語言舉出的規約，也就能對使用者舉出的資源描述進行驗證。

具體來講，客製化 API 的特有屬性被定義在 CRD 資源的 spec.versions.schema.openAPIV3Schema 節點下。每個 version 都可以有自己的 schema 元素，對本 version 下具有的屬性進行正規描述。畢竟隨著版本的演化的確會有屬性的增加、減少和改變。openAPIV3Schema 下內容可使用的屬性由兩方面因素決定。首先，由 OpenAPI Schema v3 定義了全部屬性，這是個很大的屬性集合，其中部分元素見表 7-1。

▼ 表 7-1 OpenAPI Schema v3 部分元素

#	注解	作用
1	allOf	指定一組子規則，被修飾屬性必須全部滿足
2	anyOf	指定一組子規則，被修飾屬性必須滿足其一
3	default	設置預設值
4	enum	列舉出可能值
5	format	目標所使用的表示規範
6	maxItems	非負整數，定義陣列的最大元素數
7	maxLength	非負整數，定義字串的最大長度
8	maxProperties	非負整數，一個物件能具有的最多屬性數
9	maximum	定義最大值
10	minItems	非負整數，定義陣列的最少元素數
11	minLength	非負整數，定義字串的最小長度
12	minProperties	非負整數，一個物件能具有的最小屬性數
13	imum	定義最小值
14	multipleOf	正整數，被修飾屬性必須是它的整數倍

（續表）

#	注解	作用
15	not	反轉
16	nullable	目標屬性的值可以是 null
17	oneOf	指定一組子規則，被修飾屬性恰好滿足一筆
18	pattern	一個正規表示法
19	properties	指定目標應具有的屬性
20	required	必須指定的屬性
21	title	短名稱
22	type	指定資料型態：null、boolean、object、array、number 或 string
23	uniqueItems	布林值，當值為 true 時，被修飾的屬性（為陣列）不能含有重複元素

其次，並非所有 OpenAPI Schema 定義的屬性在 CRD 中都可用，要參考各版本 Kubernetes 的規定。本書寫作時所針對的版本是 v1.27，這個版本中以下 OpenAPI Schema 元素是不能在定義客製化 API 時使用的：

- definitions
- dependencies
- deprecated
- discriminator
- id
- patternProperties
- readOnly
- writeOnly

7.1 CustomResourceDefinition 介紹

- xml
- $ref

此外，Kubernetes 根據 OpenAPI 的 Schema 擴充規則定義了一些特殊屬性，見表 7-2。

▼ 表 7-2　Kubernetes 擴充 OpenAPI Schema

#	注解	作用
1	x-kubernetes-embedded-resource	被修飾屬性是否代表一個子資源
2	x-kubernetes-list-type	只能是 atomic、set 或 map。指出被修飾屬性為一個清單，配合其他注解使用
3	x-kubernetes-list-map-keys	x-kubernetes-list-type 為 map 時可以使用。指定被修飾屬性的哪個子屬性被用作 map 的鍵
4	x-kubernetes-map-type	進一步描述一種類型為 map 的屬性。當值為 granular 時，屬性值是真實的鍵 - 值對；當值為 atomic 時，屬性值是單一實體
5	x-kubernetes-preserve-unknown-fields	是否儲存未定義的屬性
6	x-kubernetes-validations	用 CEL 運算式語言撰寫的驗證規則表

這些屬性各有功用，其中 x-kubernetes-preserve-unknown-fields 很重要，它控制了是否在 ETCD 中保留客製化 API 實例所含的未定義屬性。雖然透過這種方式正規地定義了客製化 API 的屬性，但 Kubernetes 還是允許客戶在資源定義時使用未定義的屬性，當向 ETCD 儲存一個客製化 API 實例時，可以選擇直接忽略未知屬性而不去儲存它，也可以選擇儲存它。至於選擇何種策略需要透過參數的設定來達成（x-kubernetes-preserve-unknown-fields = false）。不過非常明確，Kubernetes 官方推薦使用 OpenAPI Schema v3 定義所有屬性並忽略所有未知屬性。

7.1.3 啟用 Status 和 Scale 子資源

客製化 API 同樣可以具有 Status 和 Scale 子資源。Status 子資源舉出了當前 API 實例的狀態資訊，在客戶請求一個 API 資源時作為資訊之一傳回，從而反映資源的狀態，而 Scale 子資源主要服務於系統的伸縮。客製化 API 的子資源被定義在 CRD 的 spec.versions.subresources 節點中，注意 subresources 是在每個 spec.versions 中定義的，也就是說不同的 version 都可以單獨地定義自己的子資源。

1. Status 子資源

如果一個客製化 API 需要 status 子資源，則只需把 versions.subresources. status 設置為一個空 JSON 物件「{}」，它的作用就像一個開關。API Server 已經為 status 內容做好了定義，只要開啟這個開關就可以使用了，但一旦開啟，針對客製化 API 資源的 HTTP Put/Post/Patch 請求所包含的 Status 資訊（例如 patch 請求中帶有的修改 Status 的內容）將被忽略；如果要修改 Status，使用者則可以在該客製化 API 端點的 URL 後增加 /status 尾碼，向其發送 PUT 請求，此時所使用的請求本體實際上是該客製化 API 的實例，只是 Server 在回應該請求時完全忽略除 Status 資訊外的其他資訊。

2. Scale 子資源

Scale 子資源存在的目的是實現系統伸縮：用量高峰時提高資源供應，而低谷時減少分配的資源。系統資源主要是以 Pod 為單位組織起來的。Scale 子資源的定義是在節點 version.subresources.scale 下進行的，只要這個屬性出現在 CRD 的 spec 中，Scale 子資源就算啟用了。這時使用者向 /scale 這個端點發送 GET 請求會得到當前客製化資源的 scale 資訊，將會是一個內建 API autoscaling/v1 Scale 的物件。version.subresources.scale 對應一個結構，根據該結構的定義，這個屬性下還可以有 3 個子屬性，程式如下：

7.1 CustomResourceDefinition 介紹

```
// 程式 7-1
//staging/src/k8s.io/apiextensions-apiserver/pkg/apis/apiextensions/types.go
type CustomResourceSubresourceScale struct {
    // 指出 .spec. 下用於定義副本數的屬性的 JSON 路徑，其中要去除數組標識
    SpecReplicasPath string
    // 指出 .status. 下用於記錄副本數的屬性的 JSON 路徑，其中要去除數組標識
    StatusReplicasPath string
    ...
    //+optional
    LabelSelectorPath *string
}
```

7.1.4 版本轉換的 Webhook

一個 CRD 的實例可以定義一個客製化 API 的多個版本，這是在 spec.versions 中進行的，當向 ETCD 儲存資料時一定會以某一固定版本去儲存，當然這個被選定的固定版本也不是一成不變的，當初選定的儲存版本完全有可能後續廢棄，即不再支援。客製化 API 實例在不同版本之間進行相互轉換是無法避免的，例如出於以下原因：

（1）使用者端請求的版本和 ETCD 中儲存的版本不同，包含 Watch 請求所指定的版本不同於 ETCD 中該資源的實際儲存版本的情況。

（2）當修改一個客製化資源時，請求中攜帶的資源資訊版本不同於 ETCD 儲存所用的版本。

（3）更換儲存版本。在某些情況下會觸發已有舊版本資源向新版本轉換。

客製化 API 實例之間進行版本轉換有兩種策略：一是 None 策略（預設策略），二是 Webhook 策略。None 策略幾乎等於什麼也不做，只是把原資源的 apiVersion 從老的版本改成新的版本；而 Webhook 則把轉換規則留給 CRD 的建立者：在建立該 CRD 實例時，指定一個外部服務負責進行版本轉換。

7 擴充 Server

1. 製作版本轉換 Webhook

1）撰寫 Webhook 服務

一個 Webhook 服務是一個可以接收並處理 HTTP 請求的網路服務，它可以運行於叢集內，也可以運行在叢集外。開發者可以用任何自己熟悉的方式在 Go 語言中實現一個網路服務，對它的要求是：第一對外暴露可以接收轉換請求的端點，第二進行轉換操作後按既定格式傳回結果，第三與 API Server 建立信任關係。開發者可以參考 Kubernetes e2e 測試中使用的 webhook[1]建立自己的服務，這可以省去一些編碼工作。Webhook 遵循的一個原則是：在進行轉換工作時，不可以修改除了標籤（labels）和注解（annotations）之外 metadata 內的其他資訊，例如 name、UID 和 namespace 都不可以改，這些資訊一旦修改，API Server 就無法把它們對應回原始資源了。

2）部署 Webhook 服務

如果部署在叢集內，則把它暴露為一個 Service，從而叢集內可見；如果部署在叢集外，則部署方式由開發者決定，最後要確保提供一個可存取的 URL。Webhook 服務證書配置稍微複雜一些，證書的作用是讓 Webhook 能確認請求方（API Server）的身份，這和部署一個認證控制 Webhook 非常類似。

3）配置 CRD 來啟用版本轉換 Webhook

在 CRD 資源定義檔案中，spec.conversion 用來進行 Webhook 的配置，首先把轉換策略設置為 Webhook，然後舉出 Webhook 的技術參數。當 Webhook 運行於叢集內時，它應該被暴露為一個 Service，這時只需將該 Service 設定至 spec.conversion 中；當 Webhook 運行於叢集外時，則需要指出它的 URL。下例針對叢集內的情況：

```
conversion:
    strategy: Webhook
    webhook:
        conversionReviewVersions: ["v1","v1beta1"]
```

---

[1] 位於 /test/images/agnhost/crd-conversion-webhook/main.go。

```
        clientConfig:
            service:
                namespace: default
                name: example-conversion-webhook-server
                path: /crdconvert
            caBundle: "Ci0tLS0tQk...<base64-encoded PEM bundle>...tLS0K"
```

下例針對叢集外的情況：

```
conversion:
    strategy: Webhook
    webhook:
        clientConfig:
            url: "https://my-webhook.example.com:9443/my-webhook-path"
```

2. 使用版本轉換 Webhook

Webhook 部署就緒後，當 API Server 需要做版本轉換時就會呼叫它，整個過程由使用者端行為觸發，由 API Server 向 Webhook 服務發起請求，轉換完成後結果將被傳回 API Server，過程如圖 7-2 所示。

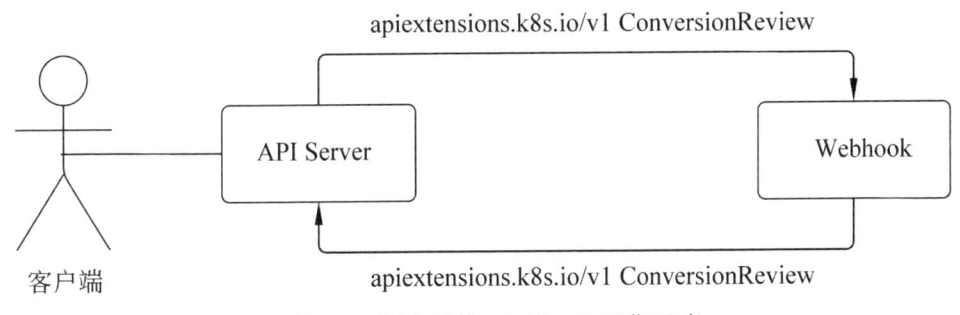

▲ 圖 7-2 版本轉換 Webhook 工作示意

API Server 發往 Webhook 的請求以一個 apiextensions.k8s.io/v1 Conversion-Review API 實例為載體，它的 objects 屬性下含有原版本的客製化資源，而 Webhook 返給 API Server 的轉換結果依然以這種類型的資源實例為載體，由轉換得到的目標版本將被放在 convertedobjects 屬性下。

7 擴充 Server

7.2 擴充 Server 的實現

在介紹了 CRD 的概念及使用方式後，讀者對這一擴充機制有了基本的了解，這為本節打下必要的基礎。本節剖析 CRD 機制的原始程式，講解它是如何建構起來的。與主 Server 相同，擴充 Server 也是以 Generic Server 為底座的，二者的關係如圖 7-3 所示。

```
┌─────────────────────────────────────┐
│           擴充 Server                │
│                                     │
│   API-CRD        客制化 API         │
│─────────────────────────────────────│
│                                     │
│         Generic Server              │
│                                     │
│  RESTful 機制      請求過濾鏈        │
│  登入鑑權機制      認證控制          │
│                                     │
│        基礎 Web Server              │
│                                     │
└─────────────────────────────────────┘
```

▲ 圖 7-3　擴充 Server 內部組件

Generic Server 提供了可重複使用的基礎能力。認證控制、篩檢程式鏈、基於 go-restful 的 RESTful 設施和登入鑑權機制是擴充 Server 特別依賴的。有了堅實的基礎，擴充 Server 只需將與自身業務相關的內容注入其中。API Server 中萬事皆 API，所以它的內容就是擴充與業務相關的 API，這又包含兩部分：一是 CRD；二是 CRD 實例定義出的客製化 API。它們是本節將要介紹的主要內容。

7.2.1 獨立模組

在 v1.27 中，擴充 Server 已經成為獨立模組：k8s.io/apiextensions-api-server，並且完全可以脫離 API Server 作為一個獨立的可執行程式運行。擴充 Server 的主程式如圖 7-4 所示。

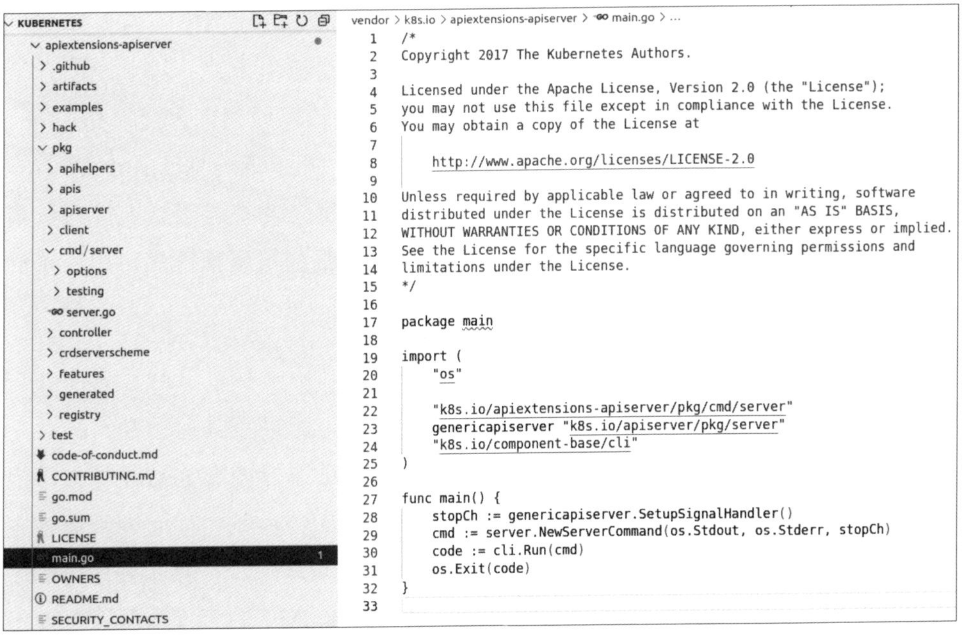
KUBERNETES
apiextensions-apiserver
.github
artifacts
examples
hack
pkg
apihelpers
apis
apiserver
client
cmd / server
options
testing
server.go
controller
crdserverscheme
features
generated
registry
test
code-of-conduct.md
CONTRIBUTING.md
go.mod
go.sum
LICENSE
main.go
OWNERS
README.md
SECURITY_CONTACTS
vendor > k8s.io > apiextensions-apiserver > main.go > ...
1 /*
2 Copyright 2017 The Kubernetes Authors.
3
4 Licensed under the Apache License, Version 2.0 (the "License");
5 you may not use this file except in compliance with the License.
6 You may obtain a copy of the License at
7
8 http://www.apache.org/licenses/LICENSE-2.0
9
10 Unless required by applicable law or agreed to in writing, software
11 distributed under the License is distributed on an "AS IS" BASIS,
12 WITHOUT WARRANTIES OR CONDITIONS OF ANY KIND, either express or implied.
13 See the License for the specific language governing permissions and
14 limitations under the License.
15 */
16
17 package main
18
19 import (
20 "os"
21
22 "k8s.io/apiextensions-apiserver/pkg/cmd/server"
23 genericapiserver "k8s.io/apiserver/pkg/server"
24 "k8s.io/component-base/cli"
25)
26
27 func main() {
28 stopCh := genericapiserver.SetupSignalHandler()
29 cmd := server.NewServerCommand(os.Stdout, os.Stderr, stopCh)
30 code := cli.Run(cmd)
31 os.Exit(code)
32 }
33

▲ 圖 7-4 擴充 Server 專案結構和主函數

上述程式表明，apiextensions-apiserver 這個模組具有一個 main 套件和 main 函數，這保證了它可以成為獨立的可執行檔。main 函數內容與核心 API Server 如出一轍（參見 3.4 節），它也是利用了 Cobra 命令列程式框架接收命令列發來的啟動命令，對 Server 進行啟動。圖 7-4 中第 30 行的方法呼叫 cli.Run() 對啟動命令進行回應，這最終啟動一個 Web 服務。雖然擴充 Server 在 API Server 中並不單獨運行，但是它成為核心 API Server 可執行程式的一部分，具有獨立提供以下功能的能力：

- 登入鑑權
- 認證控制
- 請求過濾鏈
- 有序地啟動和關閉狀態轉換
- 針對 CRD 的 RESTful 服務
- 針對客製化 API 的 RESTful 服務

7 擴充 Server

這與主 Server 非常相似，最大的不同是一個提供內建 API，另一個提供 CRD 與客製化 API。這種相似並非巧合，而是設計上有意為之，第 8 章將介紹的聚合器也是這樣一個基於 Generic Server 建構起來的可以獨立運行的 Server。擴充 Server 的獨立可運行開啟了未來的可能性，在必要的情況下，將擴充 Server 從核心 API Server 程式中切割出來，運行在獨立的基礎設施上這在技術上是可行的。就像將大的單體應用切割為小規模微服務，可獲得高可用、可伸縮等好處。

在本書寫作的時，擴充 Server 在控制面上並非獨立於核心 API Server 運行的，它不需要單獨的請求過濾鏈（包括登入鑑權），而是與其他子 Server 共用一套，這提升了處理效率，但似乎獨立於核心 Server 運行擴充 Server 的大幕已經開啟，這能帶來的優勢是減輕核心 API Server 的工作負載，從而得到更穩定的叢集。要知道 CRD 的數量及客製化 API 實例的數量均取決於叢集使用場景，完全有可能引入巨量客製化 API 實例，將會擠壓核心 API 的可獲資源而影響叢集健康。這一趨勢值得關注。

7.2.2 準備 Server 運行配置

建構擴充 Server 前要先得到其配置資訊，這由 createAPIExtensionsConfig() 函數完成，獲取配置的過程包括以下主要事項：

（1）繼承主 Server 的底座 Generic Server 運行配置資訊。絕大部分均保持與主 Server 相同，例如認證控制。主 Server 運行配置的生成在 6.1.2 節介紹過，這裡不再贅述。

（2）設置 ETCD 資訊，從而讓端點處理器與之連通。

（3）為擴充 Server 中定義的 API 組版本設置轉碼器（coder 和 decoder）。

（4）將 API 在 ETCD 中的儲存版本設定為 v1beta1。

（5）獲取 API 端點所支援的參數。

7.2 擴充 Server 的實現

（6）清空啟動鉤子函數，這些函數在賦值主 Server 配置時獲得，不適用擴充 Server，需清除。

完成上述修改後，createAPIExtensionsConfig() 函數會傳回擴充 Server 運行配置結構的實例，該實例涵蓋了底座 Generic Server 需要的與擴充 Server 特有的配置，程式如下：

```
// 程式 kubernetes/cmd/kube-apiserver/app/apiextensions.go
apiextensionsConfig :=&apiextensionsapiserver.Config{
    GenericConfig: &genericapiserver.RecommendedConfig{
        Config:                genericConfig,
        SharedInformerFactory: externalInformers,
    },
    ExtraConfig: apiextensionsapiserver.ExtraConfig{
        CRDRESTOptionsGetter: crdRESTOptionsGetter,
        MasterCount:          masterCount,
        AuthResolverWrapper:  authResolverWrapper,
        ServiceResolver:      serviceResolver,
    },
}
```

7.2.3 建立擴充 Server

API Server 中的擴充 Server 的建構同樣是在 CreateServerChain() 函數中觸發的，在 Server 鏈中處在主 Server 之後的一環。程式 3-5 中，要點②處基於主 Server 的運行配置建構出擴充 Server 的配置；要點③處利用配置資訊建構出擴充 Server；要點④處則是把該擴充 Server 作為參數去建構主 Server，它將與主 Server 一起組成 Server 鏈中的兩環。CreateServerChain() 函數的程式環環相扣，一氣呵成。

createKubeAPIExtensionsServer() 函數負責建立擴充 Server，它接收兩個參數，一個是上述運行配置資訊，另一個是其在 Server 鏈上的下一個 Server。對於擴充 Server 來講，鏈上的下一個 Server 是只會傳回 HTTP 404 的 NotFound Server。函數內部透過兩個步驟完成 Server 的建立：呼叫運行配置結構的

7 擴充 Server

Complete() 方法完善擴充 Server 配置資訊，將會得到一個 CompletedConfig 結構實例；緊接著呼叫這個實例的 New() 方法去建立擴充 Server。從 CreateServerChain() 方法到 New() 方法的呼叫鏈如圖 7-5 所示，圖中只保留了方法名稱，省去了接收者。

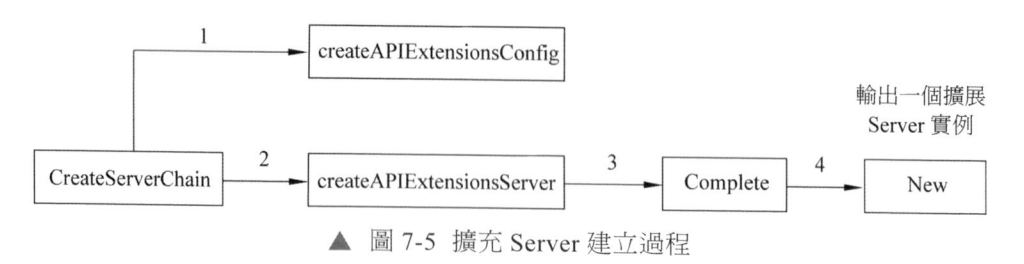

▲ 圖 7-5　擴充 Server 建立過程

New() 方法中的內容非常關鍵，仔細查看其原始程式，它主要完成了 3 項工作。

（1）把 CRD 這個 Kubernetes API 透過 Generic Server 提供的 InstallAPIGroup() 方法注入 Server，從而生成 API 端點。

（2）為透過 CRD 定義出的客製化 API 製作 HTTP 請求回應方法。

（3）透過控制器監聽 CRD 實例的建立，當有新的 CRD 時，更新客製化 API 組等資訊。

中間還穿插完成較瑣碎的事項，例如確保所有 HTTP 端點在準備就緒前使用者端發來的請求得到 HTTP 503 而非 404。本節詳細講解上述 3 項主要工作，但在這之前，和介紹主 Server 時類似，先探究一下擴充 Server 的登錄檔如何填充，這是建立 Server 的必備條件。

1. 準備工作：填充登錄檔

登錄檔在 API Server 程式中的作用很重要，它的填充不可忽略。擴充 Server 的登錄檔填充遵循了與主 Server 類似的過程，其具有的內建 API 組會由 install 套件去註冊組內 API 資訊。由於擴充 Server 只具有一個內建 API 組——

7.2 擴充 Server 的實現

apiextensions，所以註冊過程也被簡化了。apiextensionis 組的 install 套件內只有一個原始檔案 install.go，其原始程式碼如下：

```
// 程式 7-2
//vendor/k8s.io/apiextensions-apiserver/pkg/apis/apiextensions/install/
//install.go
package install

import (
    "k8s.io/apiextensions-apiserver/pkg/apis/apiextensions"
    v1 "k8s.io/apiextensions-apiserver/pkg/apis/apiextensions/v1"
    "k8s.io/apiextensions-apiserver/pkg/apis/apiextensions/v1beta1"
    "k8s.io/apimachinery/pkg/runtime"
    utilruntime "k8s.io/apimachinery/pkg/util/runtime"
)

// 向登錄檔註冊 API 組
func Install(scheme *runtime.Scheme) {
    utilruntime.Must(apiextensions.AddToScheme(scheme))
    utilruntime.Must(v1beta1.AddToScheme(scheme))
    utilruntime.Must(v1.AddToScheme(scheme))
    utilruntime.Must(scheme.SetVersionPriority(v1.SchemeGroupVersion,
                        v1beta1.SchemeGroupVersion))
}
```

它定義了一個 Install() 函數，但沒有像主 Server 的內建 API 組那樣在 install 套件的初始化方法內去呼叫該函數，而是在擴充 Server 的 apiserver 套件初始化函數 init() 中呼叫，程式如下：

```
// 程式 7-3
//vendor/k8s.io/apiextensions-apiserver/pkg/apiserver/apiserver.go
var (
    Scheme =runtime.NewScheme()// 要點①
    Codecs =serializer.NewCodecFactory(Scheme)

    // 如果修改了這部分程式 , 則需確保同時更新 crEncoder
    unversionedVersion =schema.GroupVersion{Group: "", Version: "v1"}
    unversionedTypes =[]runtime.Object{
        &metav1.Status{},
```

7 擴充 Server

```
        &metav1.WatchEvent{},
        &metav1.APIVersions{},
        &metav1.APIGroupList{},
        &metav1.APIGroup{},
        &metav1.APIResourceList{},
    }
)

func init() {
    install.Install(Scheme)  // 要點②

    //…
    metav1.AddToGroupVersion(Scheme,
            schema.GroupVersion{Group: "", Version: "v1"})

    Scheme.AddUnversionedTypes(unversionedVersion, unversionedTypes…)
}
```

上述程式要點②處呼叫了 Install 方法。apiserver 套件也是 New() 方法所在的套件，在套件 init() 函數內進行呼叫以確保 New() 方法被呼叫前登錄檔填充已經完成。同時讀者應注意，擴充 Server 的登錄檔實例是要點①處新建的，這和主 Server 並不是同一個。

2. CRD API 的注入

注入的目的是讓 Generic Server 為內建 API 暴露 RESTful 端點。同樣，註冊是以 API 組為單位進行的，擴充 Server 只需把自己的 API 組包裝成 genericserver.APIGroupInfo 結構實例，以此去呼叫介面方法就可以了。由於擴充 Server 只有一個 API 組 apiextensions，其內也只有一個 API CustomResource-Definition，所以注入過程很簡單，程式如下：

```
// 程式 7-4
//vendor/k8s.io/apiextensions-apiserver/pkg/apiserver/apiserver.go
apiGroupInfo :=genericapiserver.NewDefaultAPIGroupInfo(
        apiextensions.GroupName, Scheme, metav1.ParameterCodec, Codecs)
storage  :=map[string]rest.Storage{}
```

7-22

7.2 擴充 Server 的實現

```
//customresourcedefinitions

if resource :="customresourcedefinitions"; apiResourceConfig.
        ResourceEnabled(v1.SchemeGroupVersion.WithResource(resource)) {

    // 要點①
    customResourceDefinitionStorage, err :=customresourcedefinition.
        NewREST(Scheme, c.GenericConfig.RESTOptionsGetter)
    if err !=nil {
        return nil, err
    }
    storage[resource] =customResourceDefinitionStorage
    storage[resource+"/status"] =customresourcedefinition.NewStatusREST(
            Scheme, customResourceDefinitionStorage)
}
if len(storage) >0 {
    apiGroupInfo.VersionedResourcesStorageMap [v1.
            SchemeGroupVersion.Version] =storage
}
// 要點②
if err :=s.GenericAPIServer.InstallAPIGroup(&apiGroupInfo); err !=nil {
    return nil, err
}
```

　　上述程式首先定義了一個 apiGroupInfo 變數，它根據擴充 Server 資訊建構出來，但其中缺失了 rest.Storage 資訊，每個 API 都依賴它去落實 HTTP 請求所要求的增、刪、改、查操作。要點①處為 CRD 建構了兩個 rest.Storage，其一為 CRD 自身準備，其二為 CRD 的 Status 子資源準備。Status 子資源的 Storage 是複製 CRD 的 Storage 後稍加修改得到的。CRD 的 rest.Storage 實例的實際類型是結構 REST[①]，定義在檔案 vendor/k8s.io/apiextensions-apiserver/pkg/registry/customre-sourcedefinition/etcd.go 中。同樣在這個檔案中，函數 NewREST() 負責生成一個實例。在一個 Storage 中，Create、Update、Delete 等策略是最重要的部分，每種策略都是 REST 結構中的屬性，對於 CRD 的 Storage 來講，同一個 strategy 實例被賦予 4 個 Strategy 屬性，如圖 7-6 所示。

[①] 實際是 REST 指標，但理解上區別不大，本書絕大部分地方不刻意區分。

7 擴充 Server

```
CreateStrategy:      strategy,
UpdateStrategy:      strategy,
DeleteStrategy:      strategy,
ResetFieldsStrategy: strategy,
```

▲ 圖 7-6 CRD Storage 的策略

有了 Storage 資訊，apiGroupInfo 需要的資訊便完善了。要點②處用 apiGroupInfo 變數作為參數呼叫 Generic Server 的 InstallAPIGroup() 方法，完成了 CRD 這個 API 的註冊。

3. 回應對客製化資源的請求

CRD 實例定義出客製化 API，從使用者角度看，客製化 API 和 Kubernetes API 並無不同，使用者同樣可以透過 HTTP 請求去建立其實例。那麼客製化 API 的端點如何製作出來的？內建 API 均可借助 Generic Server 提供的介面完成注入和端點生成工作，客製化 API 可以借用同樣的方式進行嗎？很遺憾，並沒有這麼便利。

客製化 API 相比內建 API 有重要不同。在內建 API 注入 Generic Server 前，它們的相關資訊需要都已被註冊進了登錄檔，例如 GVK、Go 結構等，這些資訊確保了端點可以正確地生成，但客製化 API 不具備這樣的條件，它的結構、屬性的所有資訊都是在 CRD 資源中動態指定的，甚至沒有專門的 Go 結構去對應一個客製化 API。另外，內建 API 並不會動態地在控制面上建立和刪除，例如 apps/v1 Deployment 不可能被一筆命令從系統裡刪除，如果要移除一種 API 種類，則需要重新啟動 API Server，但客製化 API 天然地允許動態地建立和刪除，Generic Server 只有 API 的注入介面，並沒有移除介面。

既然 Generic Server 沒有辦法為客製化 API 準備端點，那麼擴充 Server 只能自力更生了。在 New() 方法中可以找到這部分邏輯。首先以下兩行程式很醒目：

```
// 程式 7-5
//vendor/k8s.io/apiextensions-apiserver/pkg/apiserver/apiserver.go

s.GenericAPIServer.Handler.NonGoRestfulMux.Handle("/apis", crdHandler)
```

7.2 擴充 Server 的實現

```
s.GenericAPIServer.Handler.NonGoRestfulMux.HandlePrefix(
                                    "/apis/", crdHandler)
```

它把路由到 NonGoRestfulMux 的目標端點以「/apis」或以「/apis/」為首碼的請求全部交給變數 crdHandler 去處理。NonGoRestfulMux 和 GoRestfulContainer 欄位已經被反覆提及，後者負責接收並轉發針對 Kubernetes API 的 HTTP 請求，而前者兜底，負責處理所有後者不能處理的請求。兩者有一個技術上的顯著不同：GoRestfulContainer 在 go-restful 框架下建構，而 NonGoRestfulMux 就像它名稱那樣，沒有用 go-restful，能接收它所分發的請求的處理器只需實現 http.Handler 介面，這多少提供了一些靈活性。程式 7-5 顯示，針對客製化資源的請求也會被註冊到 NonGoRestfulMux 上，並且 crdHandler 變數是請求處理器，不難猜到 crdHandler 的類型一定實現了 http.Handler 介面。該變數的建立邏輯可以在 New() 方法中找到，雖然建構它需要大量傳入參數，但作用重大的並不多。接下來聚焦 crdHandler 對 HTTP 請求的回應邏輯，講解系統如何回應客製化 API 的請求。

1）客製化 API 的 HTTP 請求回應

crdHandler 所接收的請求不是針對 /apis，就是針對 /apis/ 開頭的端點，這背後隱藏了以下幾類請求目的。

（1）第一類：獲取擴充 Server 所有的客製化 API 組，此時端點格式為 /apis。

（2）第二類：獲取擴充 Server 中某一客製化 API 組的所有版本，此時端點格式為 /apis/<api 組名稱 >。

（3）第三類：獲取擴充 Server 中某一組版本下客製化 API，此時端點格式為 /apis/<api 組名稱 >/< 版本 >。

（4）第四類：操作擴充 Server 中某一客製化 API 資源，此時端點格式為 /apis/<api 組名稱 >/< 版本 >/…。

7 擴充 Server

注意：對端點 /apis 發送 GET 請求，代表要 Server 傳回所有內建 API 組的資訊，這裡雖讓 crdHandler 回應它，但實際上 crdHandler 是處理不了的，因為它只負責客製化 API，一旦真地接到這個請求，它只能傳回一個 HTTP 404。其實，一般情況下擴充 Server 永遠不會接收到針對 /apis 的請求，這個請求將被第 8 章要介紹的聚合器攔下並處理，當然聚合器是需要擴充 Server 來提供它支援哪些內建 API 組的，第 8 章將看到擴充 Server 如何提供這一資訊。

變數 crdHandler 的類型是個結構，名稱也是 crdHandler，它的 ServeHTTP() 方法舉出了請求的處理邏輯。收到請求後，首先要區分是以上哪類請求：如果是第一類，則會交給 Not Found Handler 去處理；如果是第二類或第三類，則會交由組發現器或版本發現器去處理，下文將介紹；如果是第四類，則將是最複雜的，由 ServeHTTP() 方法自身處理這種情況。HTTP 請求回應的整體過程如圖 7-7 所示。

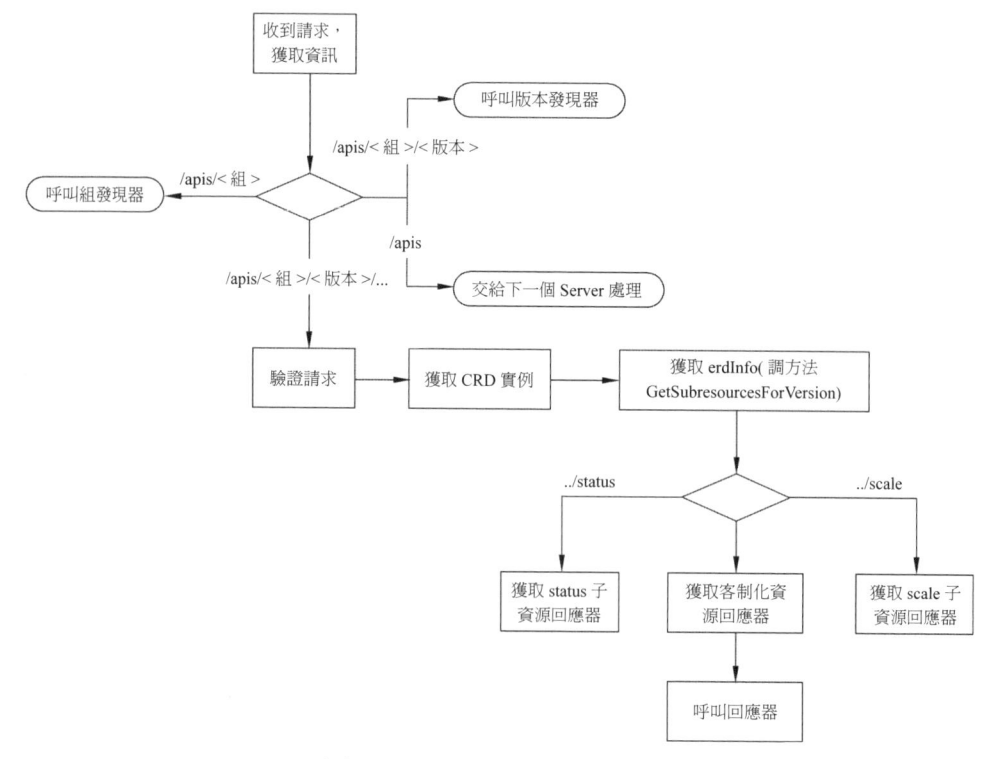

▲ 圖 7-7 HTTP 請求回應的整體過程

7.2 擴充 Server 的實現

下面介紹第四類請求的處理流程。首先要進行一系列驗證工作，這包括以下兩種。

（1）檢驗命名空間。例如目標 API 是不帶命名空間的，而請求中指定了命名空間，那麼直接將請求流轉到下一個 Server 處理。

（2）查看目標 API 是不是有在役的版本。如果所有 spec.versions 下的版本在 served 屬性上全是 false，則這個 API 沒有辦法對外服務。

順利透過所有驗證後，一個請求將被根據目標資源排程給 crdHandler 的 3 種方法處理：針對 status 子資源的請求，交給方法 serveStatus() 所生成的請求回應器處理；針對 scale 子資源的請求，交給 serveScale() 方法生成的請求回應器處理；剩下的就是針對客製化資源的請求，把它們都交給方法 serveResource() 生成的請求回應器，繼續分析這個分支。

回顧一下 Generic Server 中一個 HTTP 請求的回應器是怎麼來的，簡單來講就是 APIGroupInfo 中所包含的 Storage 實例被類型轉換到 rest.Creater 等介面，然後利用它做參數呼叫 handlers.createHandler() 方法[1]，製造出請求處理器。客製化 API 的 HTTP 請求回應器的製作過程完全類似。serveResource() 方法為針對客製化 API 資源的 get、list、watch、create、update、patch、delete 和 deletecollection 請求，用 handlers 套件提供的方法，分別生成請求回應器，程式如下：

```
// 程式 7-6
//vendor/k8s.io/apiextensions-apiserver/pkg/apiserver/customresource_
//handler.go
case "get":
    return handlers.GetResource(storage, requestScope)
case "list":
    forceWatch :=false
    return handlers.ListResource(storage, storage, requestScope,
            forceWatch, r.minRequestTimeout)
case "watch":
```

---

[1] 原始檔案 vendor/k8s.io/apiserver/pkg/endpoints/handlers/create.go。

```go
        forceWatch :=true
        return handlers.ListResource(storage, storage, requestScope,
                forceWatch, r.minRequestTimeout)
    case "create":
        //…
        justCreated :=time.Since(apiextensionshelpers.FindCRDCondition(
            crd, apiextensionsv1.Established).LastTransitionTime.Time)
                <2*time.Second
        if justCreated {
            time.Sleep(2 * time.Second)
        }
        if terminating {
            err :=apierrors.NewMethodNotSupported(
                schema.GroupResource{Group: requestInfo.APIGroup, …
            err.ErrStatus.Message =fmt.Sprintf("%v not allowed while custom
                resource definition is terminating", requestInfo.Verb)
            responsewriters.ErrorNegotiated(err, Codecs,
                schema.GroupVersion{Group: requestInfo.APIGroup, Ve …
            return nil
        }
        return handlers.CreateResource(storage, requestScope, r.admission)
    case "update":
        return handlers.UpdateResource(storage, requestScope, r.admission)
    case "patch":
        return handlers.PatchResource(storage, requestScope,
                r.admission, supportedTypes)
    case "delete":
        allowsOptions :=true
        return handlers.DeleteResource(storage, allowsOptions,
                requestScope, r.admission)
    case "deletecollection":
        checkBody :=true
        return handlers.DeleteCollection(storage, checkBody,
                requestScope, r.admission)
        …
```

7.2 擴充 Server 的實現

在上述程式中，生成每種 handler 時 storage 都是必需的參數，這是一個針對客製化 API 的 rest.Storage 物件。與內建 API 的 Storage 物件一樣，它負責提供 HTTP 請求所需要的操作。rest.Storage 物件是在 crdHandler.ServeHTTP() 方法中透過呼叫 crdHandler.getOrCreateServingInfoFor() 方法獲得的，這種方法會讀取目標 CRD 實例，把它的重要資訊放到一個 crdInfo 結構實例中並傳回，包含了各個版本下該客製化 API 的 storage 資訊，感興趣的讀者可自行查閱原始檔案[①]。

2）回應「組發現」和「版本發現」請求

在 crdHandler.ServeHTTP() 的邏輯中，當目標端點是 /apis/<組> 或 /apis/<組>/<版本> 時，請求會被交由組發現器和版本發現器去處理。

（1）組發現：使用者端想獲取當前 Server 所支援的某個 API 組下的所有版本，可以向端點 /apis/<組> 發 GET 請求，一個組發現器會負責回應這個請求。組發現器的類型為 groupDiscoveryHandler 結構（定義於 New() 方法所在的 apiserver 套件），它具有 ServeHTTP() 方法，實現了 http.Handler 介面。

（2）版本發現：使用者端想獲取當前 Server 所支援的某個 API 組的某一版本內的所有 API 資源及各個資源所支援的操作（get、post、watch…），可以向端點 /apis/<組>/<版本> 發送 GET 請求，一個版本發現器會負責回應這個請求。版本發現器的類型為 versionDiscoveryHandler 結構（同樣定義於 New() 方法所在的 apiserver 套件），它同樣具有 ServeHTTP() 方法，實現了 http.Handler 介面。

如上所述，組發現器和版本發現器均在 New() 方法中建立，並交由 crdHandler 供其使用，New() 中的相關程式如下：

```
// 程式 7-7
//vendor/k8s.io/apiextensions-apiserver/pkg/apiserver/apiserver.go
// 要點①
versionDiscoveryHandler :=&versionDiscoveryHandler{
    discovery: map[schema.GroupVersion]*discovery.APIVersionHandler{},
```

---

① vendor/k8s.io/apiextensions-apiserver/pkg/apiserver/customresource_handler.go。

```
        delegate:delegateHandler,
    }
    // 要點②
    groupDiscoveryHandler :=&groupDiscoveryHandler{
        discovery: map[string]*discovery.APIGroupHandler{},
        delegate:delegateHandler,
    }
    establishingController :=establish.NewEstablishingController(
        s.Informers.Apiextensions().V1().CustomResourceDefinitions(),
            crdClient.ApiextensionsV1())

    crdHandler, err :=NewCustomResourceDefinitionHandler( //要點③
        versionDiscoveryHandler,
        groupDiscoveryHandler,

        s.Informers.Apiextensions().V1().CustomResourceDefinitions(),
        delegateHandler,
        c.ExtraConfig.CRDRESTOptionsGetter,
        c.GenericConfig.AdmissionControl,
        establishingController,
        c.ExtraConfig.ConversionFactory,
        c.ExtraConfig.MasterCount,
        s.GenericAPIServer.Authorizer,
        c.GenericConfig.RequestTimeout,
        time.Duration(c.GenericConfig.MinRequestTimeout)*time.Second,
        apiGroupInfo.StaticOpenAPISpec,
        c.GenericConfig.MaxRequestBodyBytes,
    )
```

要點①與②處所定義的就是版本發現器和組發現器，要點③處它們被作為入參去建構 crdHandler 變數。由程式 7-7 可見，定義之初二者內部的欄位 discovery 都是空 map，但 discovery 欄位是發現器的 ServeHTTP() 方法執行時的資訊來源，內容不能為空，它們的填充是在一個被稱為發現控制器（discoveryController）的控制器中進行的，7.3 節專門講解了擴充 Server 用到的控制器，包括發現控制器。現在假設兩個發現器的 discovery 欄位均已被完全填充。

在組發現器的 discovery 欄位中，鍵用於存放組名稱，而值是一個指標，指向 discovery 套件（vendor/k8s.io/apiextensions-apiserver/pkg/apiserver/customresource_discovery.go）內的 APIGroupHandler 結構實例。APIGroupHandler 結構同樣實現了 http.Handler 介面，可以回應 HTTP 請求。當 discovery 被完全填充後，當前 Server 所支援的客製化 API 組分別與各自對應的 APIGroupHandler 實例配對出現在其中。組發現器的 ServeHTTP() 方法會從這個 map 中找到目標 API 組的 APIGroupHandler 實例，呼叫它的 ServeHTTP() 方法來回應請求，傳回該組下的所有版本。

版本發現器的工作方式與此完全類似，只不過它的 discovery map 的鍵是組與版本，而值是 discovery 套件的 APIVersionHandler 結構實例。讀者可自行查閱實現原始程式。

4. 監聽 CRD 實例建立

在擴充 Server 的建構方法 New() 的後半部分，一系列控制器被建構出來，它們分別如下。

（1）發現控制器：用於填充客製化 API 組和版本發現器的 discovery 屬性，也為服務於聚合器的 resourceManager 填充資訊。

（2）名稱控制器：用於驗證客製化 API 的命名（單數名稱、複數名稱、短名稱和 kind）是否已經在同 API 組下存在了。

（3）非結構化規格控制器：根據 CRD 實例中定義的客製化 API 規格——spec.Scheme 節點所含的內容驗證一個客製化資源的定義是否符合規則。

（4）API 審核控制器：如果要在命名空間 k8s.io、*.k8s.io、kubernetes.io 或 *.kubernetes.io 內建立 CRD，則需要具有名為 api-approved.kubernetes.io 的注解，注解的內容是一個 URL，指向該 CRD 的設計描述頁面，而如果該客製化 API 還沒有被批准，則值必須是一個以 unapproved 開頭的字串。該控制器會把這個資訊反映到 CRD 實例的 status 屬性上。

7 擴充 Server

（5）CRD 清理控制器：當一個 CRD 實例被刪除時，這個控制器會刪除它的所有客製化 API 實例，從而達到徹底清理的目的。

以上就是擴充 Server 涉及的重要控制器，7.3 節專門介紹了它們的實現。New() 方法利用各個控制器的工廠方法分別建立出它們的實例，並在擴充 Server 啟動後運行的名為 start-apiextensions-controllers 的鉤子中去啟動它們。

至此，擴充 Server 的建構過程就完成了，這個實例會在 CreateServerChain() 方法中被嵌入 Server 鏈中，最終成為核心 API Server 的一部分。

7.2.4 啟動擴充 Server

如前所述，擴充 Server 可以被編譯為單獨可執行的應用程式。擴充 Server 啟動程式只有在其獨立執行時期才會執行。程式主函數秉承了 Cobra 設計風格，非常簡單：建立一個命令，然後運行之。擴充 Server 的主函數的程式如下：

```go
// 程式 7-8 vendor/k8s.io/apiextensions-apiserver/main.go
func main() {
    stopCh :=genericapiserver.SetupSignalHandler()
    cmd :=server.NewServerCommand(os.Stdout, os.Stderr, stopCh)
    code :=cli.Run(cmd)
    os.Exit(code)
}
```

在上述程式中，NewServerCommand() 方法所製作的命令物件是關鍵。該方法首先為所生成的命令物件設置可用的命令列標識，以供使用者提供參數。這些參數均來自底層的 Generic Server，包含 3 個方面：

（1）通用標識，來自 ServeRunOptions 結構的 AddUniversalFlags() 方法（vendor/k8s.io/apiserver/pkg/server/options/server_run_options.go）。

（2）推薦標識，來自 RecommendedOptions 結構的 AddFlags() 方法（vendor/k8s.io/apiserver/pkg/server/options/server_run_options.go）。

7.2 擴充 Server 的實現

（3）開啟、關閉 API 的標識，來自 APIEnablementOptions 的 AddFlags() 方法（vendor/k8s.io/apiserver/pkg/server/options/api_enablement.go）。

然後為該命令物件的 RunE 屬性賦予一個匿名函數，它在使用者啟動本程式時會被呼叫，從而將擴充 Server 運行起來，程式如下：

```go
// 程式 7-9 vendor/k8s.io/apiextensions-apiserver/pkg/cmd/server/server.go
cmd :=&cobra.Command{
    Short: "Launch an API extensions API server",
    Long: "Launch an API extensions API server",
    RunE: func(c *cobra.Command, args []string) error {
            if err :=o.Complete(); err !=nil {
                return err
            }
            if err :=o.Validate(); err !=nil {
                return err
            }
            if err :=Run(o, stopCh); err !=nil {
                return err
            }
            return nil
        },
}
```

使用者透過命令列輸入的參數會被 Cobra 轉交到選項結構實例——程式 7-9 的變數 o 中，透過變數 o 該匿名函數在執行時便獲得了包含使用者輸入的所有參數值，在經過 o.Complete() 的補全和 o.Validate() 的驗證後，以變數 o 為一個參數去執行 Run() 函數。Run() 函數的程式如下：

```go
// 程式 7-10 vendor/k8s.io/apiextensions-apiserver/pkg/cmd/server/server.go
func Run(o *options.CustomResourceDefinitionsServerOptions, stopCh <-chan struct{}) error {
    config, err :=o.Config()
    if err !=nil {
        return err
    }

    server, err :=config.Complete().New(
```

7 擴充 Server

```
            genericapiserver.NewEmptyDelegate())
    if err !=nil {
        return err
    }
    return server.GenericAPIServer.PrepareRun().Run(stopCh)
}
```

在上述程式中，Run() 方法分三步將 Server 啟動起來：

（1）由選項結構製作 Server 運行配置結構實例。

（2）對運行配置結構實例進行完善（Complete() 方法）並由此建立擴充 Server 實例，過程就是 7.2.3 節已經講解的 New() 方法。

（3）啟動擴充 Server 的底座 Generic Server，這會啟動一個 Web Server 等待回應請求。

擴充 Server 的程式值得一看的重要原因是，它展示了如何基於 Generic Server 做一個子 Server，程式非常清晰簡明，開發者看得懂。本書第三篇會採取這種方式製作聚合 Server，程式結構極為相似，例如以上的啟動程式的設計想法幾乎可以完全重複使用到聚合 Server 上。

7.3 擴充 Server 中控制器的實現

API Server 的主要作用是承載 Kubernetes API，儲存其定義並容納它們的實例，但這些資訊是無法對系統產生任何影響的，還需要控制器根據這些資訊將系統調整到期望的狀態。擴充 Server 內的 CRD 及客製化 API 都有控制器，它們會持續監聽 CRD 實例的建立、修改和刪除操作，根據最新 API 實例內容開展自己的業務邏輯。

每個控制器均遵從第 1 章所介紹的控制器設計模式，內部結構十分類似，這裡簡單地進行回顧。首先，控制器以一個 Go 結構為核心資料結構，稱為基座結構，該結構內會包含一個工作佇列（queue），用於記錄增、刪、改了的 API

7.3 擴充 Server 中控制器的實現

實例，這些 API 實例會有一種類型為方法的欄位，欄位名稱一般為 syncFn，然後以該結構為接收者定義一系列方法。這些方法有的是控制器用的方法，如 Run() 啟動控制器、runWorker() 啟動控制迴圈、enqueueXXX() 方法用來判斷增、刪、改的發生並將 API 實例放入佇列；而有的代表當前控制器的主邏輯，用於應對 API 實例的增、刪、改操作，可以稱為同步方法，將被賦予控制器結構的 syncFn 欄位。同步方法是一個控制器的核心邏輯。控制器的核心元素如圖 7-8 所示。

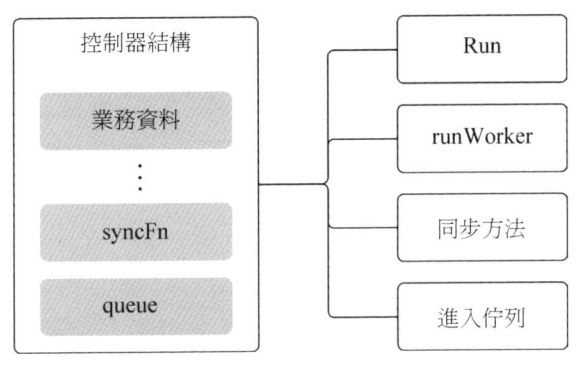

▲ 圖 7-8 控制器的核心元素

7.3.1 發現控制器

7.2.3 節中提到了兩個發現器的 discovery 欄位是必須填充的，這兩個 map 把客製化 API 的組名稱 (或組內版本名稱) 映射到可以舉出組 (或版本) 內容的結構實例。填充它們並不簡單。和 Kubernetes 內建 API 不同，客製化 API 可以是使用者動態建立的，沒有辦法一次性地找出所有客製化 API，而是要在 API Server 中出現新 CRD 或有 CRD 變更發生時採取行動，調整 discovery 屬性的內容。此外，當聚合器（第 8 章將介紹）回應針對端點 /apis 的 GET 請求時會舉出主 Server、擴充 Server 及聚合 Server 所支援的所有 API 組，包括客製化 API 組，所以聚合器也需要及時獲知 CRD 實例的增、改、刪操作。這種執行時期動態調整的操作特別適合用控制器模式實現。擴充 Server 開發了發現控制器來滿足上述需求，發現控制器的基座結構及其方法的程式如下：

擴充 Server

```go
// 程式 7-11
//vendor/k8s.io/apiextensions-apiserver/pkg/apiserver/customresource_
//discovery_controller.go

type DiscoveryController struct {
    versionHandler   *versionDiscoveryHandler
    groupHandler     *groupDiscoveryHandler
    resourceManager  discoveryendpoint.ResourceManager

    crdLister    listers.CustomResourceDefinitionLister
    crdsSynced   cache.InformerSynced

    //To allow injection for testing.
    syncFn func(version schema.GroupVersion) error

    queue workqueue.RateLimitingInterface
}

func (c *DiscoveryController) sync(version schema.GroupVersion) error {
    ...
}
func (c *DiscoveryController) Run(stopCh <-chan struct{},
         synchedCh chan<-struct{}) {
    ...
}
func (c *DiscoveryController) runWorker() {
    ...
}
func (c *DiscoveryController) processNextWorkItem() bool {
    ...
}
func (c *DiscoveryController) enqueue(
         obj *apiextensionsv1.CustomResourceDefinition) {
    ...
}
func (c *DiscoveryController) addCustomResourceDefinition(obj interface{}) {
    ...
}
```

```
func (c *DiscoveryController) updateCustomResourceDefinition(
        oldObj, newObj interface{}) {
    …
}

func (c *DiscoveryController) deleteCustomResourceDefinition(
        obj interface{}) {
    …
}
```

發現控制器基座結構的欄位 versionHandler 和 groupHandler 對應組和版本發現器，發現控制器會填充它們的 discovery 欄位；resourceManager 欄位負責為聚合器提供所有客製化 API 組的資訊；crdLister 用於獲取 API Server 中所有的 CRD 實例；syncFn 是一種方法，每次控制迴圈發現有 CRD 的增、改、刪操作時會執行的主要邏輯就在這裡；queue 是一個佇列，新建立，被修改的 CRD 實例會被放入其中等待在控制迴圈中去處理。工廠函數 NewDiscoveryController() 可以建立一個發現控制器實例，程式如下：

```
// 程式 7-12
//vendor/k8s.io/apiextensions-apiserver/pkg/apiserver/customresource_
//discovery_controller.go
func NewDiscoveryController(
        crdInformer informers.CustomResourceDefinitionInformer,
        versionHandler *versionDiscoveryHandler,
        groupHandler *groupDiscoveryHandler,
        resourceManager discoveryendpoint.ResourceManager,
                                                ) *DiscoveryController {
    c :=&DiscoveryController{
            versionHandler:    versionHandler,
            groupHandler:      groupHandler,
            resourceManager:   resourceManager,
            crdLister:         crdInformer.Lister(),
            crdsSynced:        crdInformer.Informer().HasSynced,

            queue: workqueue.NewNamedRateLimitingQueue(workqueue.
                DefaultControllerRateLimiter(), "DiscoveryController"),
    }
```

7 擴充 Server

```
    crdInformer.Informer().AddEventHandler( // 要點①
        cache.ResourceEventHandlerFuncs{
            AddFunc:    c.addCustomResourceDefinition,
            UpdateFunc: c.updateCustomResourceDefinition,
            DeleteFunc: c.deleteCustomResourceDefinition,
        })

    c.syncFn =c.sync

    return c
}
```

上述程式展示了以下資訊：

（1）組發現器、版本發現器及 resourceManager 欄位都是透過入參賦值的，它們會在控制迴圈中被不斷填充。

（2）crdLister 被賦值為一個由 CRD Informer 所產生的 Lister，Informer 機制是使用者端從 API Server 獲取 API 實例的高效手段。

（3）工作佇列被賦值為一個具有限流功能的佇列，被增、改、刪的 CRD 的實例 Key 都會先被放入其中。佇列的填充實際上是由 crdInformer 進行的，它充當了「生產者」的角色：要點①處的方法呼叫告訴該 Informer，當有增、改、刪操作時分別去呼叫 DiscoverController 的 addCustomResourceDefinition()、updateCustomResourceDefinition() 和 deleteCustomResourceDefition() 方法。

（4）發現控制器的控制迴圈主邏輯方法——欄位 syncFn 被賦值為 DiscoverController.sync() 方法，讀者只要了解清楚了該方法的邏輯就清楚了該控制器的主邏輯。Sync() 方法是工作佇列的「消費者」。

當控制迴圈發現 queue 中有待處理內容時，就會一個一個取出並交給 sync() 方法去處理，sync() 負責填充組發現器、版本發現器和 resourceManager。

7.3.2 名稱控制器

客製化 API 會有名稱，包括單數名稱、複數名稱、短名稱；也會有種類（kind）和 ListKind 資訊。名稱在 CRD 實例內定義，系統需要檢查這些名稱是否在同組內出現衝突。舉例來說，同組、同種類只應出現在單一 CRD 實例中。檢查工作由名稱控制器完成。名稱控制器的基座結構的定義，程式如下：

```go
// 程式 7-13
//vendor/k8s.io/apiextensions-apiserver/pkg/controller/status/naming_
//controller.go
type NamingConditionController struct {
    crdClient client.CustomResourceDefinitionsGetter

    crdLister listers.CustomResourceDefinitionLister

    crdSynced cache.InformerSynced
    //…
    crdMutationCache cache.MutationCache

    // 刪除這個欄位不會影響控制器的建構，但它的存在便於 test 時注入測試用物件
    syncFn func(key string) error

    queue workqueue.RateLimitingInterface
}
```

控制器的檢驗結果需要寫回 API 實例的 Status，這裡 crdClient 屬性用來執行寫回操作。syncFn 屬性被賦值為該結構的 sync() 方法，這種方法的內部邏輯用於比較衝突是否存在，記錄合法的名稱等資訊，並根據衝突狀態設置 CRD 實例的 condition，並寫回 CRD 實例。被寫回 Status 的資訊如圖 7-9 所示。注意，Accepted Names 和 Conditions 中關於名稱的資訊。

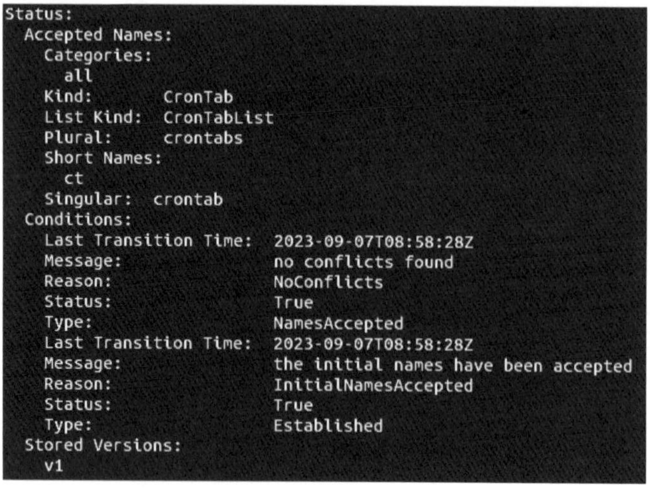

7　擴充 Server

```
Status:
  Accepted Names:
    Categories:
      all
    Kind:         CronTab
    List Kind:    CronTabList
    Plural:       crontabs
    Short Names:
      ct
    Singular:  crontab
  Conditions:
    Last Transition Time:  2023-09-07T08:58:28Z
    Message:               no conflicts found
    Reason:                NoConflicts
    Status:                True
    Type:                  NamesAccepted
    Last Transition Time:  2023-09-07T08:58:28Z
    Message:               the initial names have been accepted
    Reason:                InitialNamesAccepted
    Status:                True
    Type:                  Established
  Stored Versions:
    v1
```

▲ 圖 7-9　CRD 實例的 Status

7.3.3 非結構化規格控制器

CRD 實例會針對其定義的客製化 API 所具有的欄位和屬性進行規格定義，例如類型是整數還是字串，以及長度限制等，而 CRD 實例是使用者使用資源定義檔案寫出來的，對規格的表述是否符合 OpenAPI Schema 的語法定義很有必要驗證。這項任務由非結構化規格控制器來完成。

1. 驗證邏輯

本控制器的核心邏輯自然是如何做規格驗證，其實現在 calculateCondition() 函數（原始程式位於 vendor/k8s.io/apiextensions-apiserver/pkg/controller/nonstructuralschema/nonstructuralschema_controller.go）。該方法接收一個 CRD 作為入參，然後對這個 CRD 中定義的客製化 API 的版本列表進行迴圈，具體如下：

（1）將該版本的 schema 內容（類型為結構 CustomResourceValidation）從當前版本轉為內部版本。

（2）用以內部版本表示的 Schema 製作結構化規格（Structural Schema），結構化規格的類型是 Structural，它的定義位於 vendor/k8s.io/apiextensions-apiserver/pkg/apiserver/schema/structural.go。如果製作結構化規格失敗，則表示 CRD 實例的資源定義檔案違規，不必進行下去，直接傳回錯誤。

（3）針對上一步製作出的結構化規格，呼叫以下方法進行驗證並記錄發現的錯誤，該方法的原始程式碼如下：

```
// 程式 7-14
//vendor/k8s.io/apiextensions-apiserver/pkg/apiserver/schema/validation.go
func ValidateStructural(fldPath *field.Path, s *Structural) field.ErrorList
{
    allErrs :=field.ErrorList{}

    allErrs =append(allErrs, validateStructuralInvariants(s,
                rootLevel, fldPath) …)
    allErrs =append(allErrs,
                validateStructuralCompleteness(s, fldPath) …)

    //…
    sort.Slice(allErrs, func(i, j int) bool {
        return allErrs[i].Error() <allErrs[j].Error()
    })

    return allErrs
}
```

上述迴圈執行完畢後，如果任何一個版本檢驗失敗，該方法就傳回一個 CustomResourceDefinitionCondition 結構實例，其內記錄錯誤情況，而如果沒有失敗發生，則將傳回 nil。

2. sync() 方法

本控制器的 syncFn 欄位被賦值為方法 sync()，它針對 CRD 實例的增、刪、改操作呼叫上述規格驗證邏輯，其內部執行邏輯如下：

7 擴充 Server

（1）取出目標 CRD 實例。

（2）呼叫上述 calculateCondition() 函數，計算驗證結果，得到 CustomResourceDefinitionCondition，這代表 CRD 實例最新的非結構化規格狀態。

（3）獲取 CRD 實例的 Status 中類型是 NonStructuralSchema 的 condition 資訊，這代表之前 CRD 實例的非結構化規格狀態。

（4）比較（2）與（3）的兩種狀態，如果不一致，則更新，使 Status 中類型是 NonStructuralSchema 的 condition 為最新狀態。

7.3.4 API 審核控制器

2019 年，Kubernetes 的 GitHub 倉庫中出現一項提議[1]：社區應該著手在 CRD 領域保護屬於社區的 API 組，這些組不是名為 k9s.io、kubernetes.io，就是以之結尾，符合 *.k8s.io 和 *.kubernetes.io 模式。

保護的方式是這樣的：如果在 CRD 中定義客製化 API 使用的組名稱符合上述模式，則代表要在 Kubernetes 專有組內進行新 API 的建立，這需要經社區審核，作者要在該 API 上透過注解舉出審核透過的 pull request，例如：

```
"api-approved.kubernetes.io": "https://github.com/kubernetes/kubernetes/pull/78458"
```

如果由於某些原因暫時沒有獲批，但依然需要建立，則需要在該注解上使用 unapproved 開頭的文字。API 審核控制器就是針對這筆規則對一個 CRD 實例進行驗證的。驗證的結果會反映到 CRD 實例的 Status 上。

1. 驗證邏輯

理解了本控制器的目的後再看驗證邏輯就很簡單了。如果目標 CRD 實例正在向 Kubernetes 專有組中引入新 API，則獲得該 CRD 實例的注解 api-approved.

---

[1] 原文連結為 https://github.com/kubernetes/enhancements/pull/1111。

kubernetes.io,查看是否符合規範,據此形成 condition 傳回。這正是方法 calculateCondition() 所做的事情,程式如下:

```go
// 程式 7-15
//vendor/k8s.io/apiextensions-apiserver/pkg/controller/apiapproval/
//apiapproval_controller.go
func calculateCondition(crd *apiextensionsv1.CustomResourceDefinition)
                *apiextensionsv1.CustomResourceDefinitionCondition {
    if !apihelpers.IsProtectedCommunityGroup(crd.Spec.Group) {
        return nil
    }

    approvalState, reason :=
            apihelpers.GetAPIApprovalState(crd.Annotations)
    switch approvalState {
    case apihelpers.APIApprovalInvalid:
        return &apiextensionsv1.CustomResourceDefinitionCondition{
            Type:    apiextensionsv1.
                         KubernetesAPIApprovalPolicyConformant,
            Status:  apiextensionsv1.ConditionFalse,
            Reason:  "InvalidAnnotation",
            Message: reason,
        }

    case apihelpers.APIApprovalMissing:
        return &apiextensionsv1.CustomResourceDefinitionCondition{
            Type:    apiextensionsv1.
                         KubernetesAPIApprovalPolicyConformant,
            Status:  apiextensionsv1.ConditionFalse,
            Reason:  "MissingAnnotation",
            Message: reason,
        }
    case apihelpers.APIApproved:
        return &apiextensionsv1.CustomResourceDefinitionCondition{
            Type:    apiextensionsv1.
                         KubernetesAPIApprovalPolicyConformant,
            Status:  apiextensionsv1.ConditionTrue,
            Reason:  "ApprovedAnnotation",
            Message: reason,
```

```
        }
    case apihelpers.APIApprovalBypassed:
        return &apiextensionsv1.CustomResourceDefinitionCondition{
            Type:    apiextensionsv1.
                    KubernetesAPIApprovalPolicyConformant,
            Status:  apiextensionsv1.ConditionFalse,
            Reason:  "UnapprovedAnnotation",
            Message: reason,
        }
    default:
        return &apiextensionsv1.CustomResourceDefinitionCondition{
            Type:    apiextensionsv1.
                    KubernetesAPIApprovalPolicyConformant,
            Status:  apiextensionsv1.ConditionUnknown,
            Reason:  "UnknownAnnotation",
            Message: reason,
        }
    }
}
```

2. sync() 方法

完全類似非結構化規格控制器的 sync() 方法，甚至連計算 condition 的方法都名稱相同，這裡不再贅述。sync() 方法的最終執行結果不是是更新名為 KubernetesAPIApprovalPolicyConformant 的 condition，就是是什麼都不做。

7.3.5 CRD 清理控制器

如果一個 CRD 實例被刪除，則依附其上的客製化資源同樣應該被刪除。本控制器就是做客製化資源的刪除清理的，下面提及的方法均在原始檔案 vendor/k8s.io/apiextensions-apiserver/pkg/controller/finalizer/crd_finalizer.go 中。

1. 刪除客製化資源的邏輯

deleteInstances() 方法包含了客製化資源的刪除邏輯，它的執行過程如下：

（1）找到目標 CRD 實例的所有客製化資源。

（2）以命名空間為單位，一個一個清理其中的目標客製化資源。

（3）以 5s 為間隔檢查清理的狀態，查看是否全部清理完畢，最長等待。

（4）傳回清理狀態，如果有錯，則連同錯誤一起傳回。

本方法傳回一種類型為 CustomResourceDefinitionCondition 的狀態，用於標識刪除結果。

2. sync() 方法

當有 CRD 實例被刪除時，本方法將被呼叫，以此來進行清理操作。它會先呼叫 deleteInstances() 方法，然後把該方法傳回的 condition 寫回被刪除 CRD 實例的 Status 中[①]；接著移除 CRD 實例上的名為 customresourcecleanup.apiextensions.k8s.io 的 Finalizer，確保系統可以刪除 CRD 實例。

7.4 本章小結

本章聚焦擴充 Server。相對於主 Server 及其內建 Kubernetes API，擴充 Server 和它的主要 API——CustomResourceDefinition 並非耳熟能詳，所以本章從 CRD 的定義開始介紹，不僅描述了它的屬性，也介紹了 CRD 定義過程中的主要資訊，這為理解擴充 Server 的程式打下基礎。接著剖析了擴充 Server 的程式實現，重點介紹了 Server 的建構方法 New()。由於有了 Generic Server 和主 Server 的知識，讀者可以極佳地理解 CRD 相關端點是如何暴露出去的，但客製化資源的端點生成及回應過程較複雜，本章對此進行了講解。最後，擴充 Server 的一組控制器對其正常執行起著決定性作用，屬於必講內容，本章基於第 1 章所介紹的控制器模式知識，講解了擴充 Server 的幾大控制器實現。

---

① 在清理完成前 CRD 實例上的 Finalizer 會阻止系統真正刪除它，所以這個實例還在。

MEMO

聚合器和聚合 Server

　　本章將進入核心 API Server 的最後一塊拼圖——聚合器及擴充 API Server 的另一種途徑——聚合 Server。作為 API Server 鏈的標頭，聚合器和 Server 鏈上其他子 Server 一樣，也是以 Generic Server 為底座建構的。

8 聚合器和聚合 Server

8.1 聚合器與聚合 Server 介紹

8.1.1 背景與目的

在引入並在 API Server 上實現了 CRD 後，社區對 API Server 擴充的需求得以釋放，大量的 Kubernetes 解決方案開始使用 CRD 機制制作客製化 API。時至今日這一做法依然是擴充 API Server 的主流方式。也許是 CRD 開啟了人們的想像空間，越來越多的公司、專案和專家期望透過引入 API 來擴充 Kubernetes 的能力，並且漸漸不再滿足 CRD 這種模仿內建 API 的方式，而是希望引入地道的 Kubernetes API。開發者首先想到的是引入新的內建 API。結果是 GitHub 上積壓了大量需要去 Review 的關於新 API 的程式提交，根本沒有足夠的力量及時審核，即使人力不是問題，絕大部分提交也會被拒絕，因為這些期望被引入的 API 並不具備足夠的普遍性。此路不通，需要另尋他途。

2017 年 8 月，一份透過建立聚合 Server 來引入新 API 的增強建議被提了出來，最終這份提議通過了評審並被正式採納。它的核心思想是把原本單體的 API Server 改裝成由多個子 Server 組成的集合，有一點微服務化的意思。該提議提出了兩個目標：

（1）每個 Developer 都可以透過自建子 Server（稱為聚合 Server）的方式來向叢集引入新的客製化 API。

（2）這些新 API 應該無縫擴充內建 API，也就是說它們與內建 API 相比無明顯使用差別。

這一提議最終確立了當今 API Server 的整體架構，如圖 3-5 所示。主 Server、擴充 Server、第三方自主開發的聚合 Server 及將它們連為一體的聚合器共同組成了當今控制面上的 API Server，它們分管不同 API 並提供請求處理器處理來自使用者端的請求。引入聚合器是為了能協調和管理這些子 Server，聚合器造成三方面作用：

（1）提供一個 Kubernetes API，供子 Server 註冊自己所支援的 API。

8.1 聚合器與聚合 Server 介紹

（2）匯集發現資訊（Discovery）。簡單來講就是收集子 Server 所支援的 API Group 和 Version，供外界透過 /apis 端點來直接獲取，這樣當查詢請求到來時[1]就不必去詢問各子 Server 了。發現資訊的典型消費者包括 kubectl 和控制器管理器。用控制器管理器舉例，它需要查詢叢集具有的 API，從而決定哪些控制器需要啟動而哪些不必啟動。

（3）做一個反向代理，把使用者端來的請求轉發到聚合 Server 上。

為了讓每個開發者都可以高效率地建立聚合 Server，Kubernetes 的 Generic Server 函數庫被建構得足夠好用。透過第 5～7 章的介紹，讀者已充分了解了 Generic Server，也明白了主 Server、擴充 Server 如何在其基礎上建構，對 Generic Server 的再使用性應該有了充分認識。每個開發者都可以依樣畫葫蘆，用 Generic Server 建立自己的聚合 Server。從工具的角度來講，Kubernetes 社區也提供了許多鷹架。這方面的成果有很多，例如 Kubernetes SIG 開發的 API Server Builder 就是專業做聚合 Server 開發的。

注意：本書中聚合 Server 指由企業或個人基於 Generic Server 框架開發的子 API Server，用於引入客製化 API；聚合器指處於 API Server 最前端的元件，它負責將使用者端請求直接傳遞至與其同處核心 API Server 的主 Server 和擴充 Server，或透過代理機制轉發至遠端的聚合 Server。一些文件中也採用英文直譯，將聚合器稱為聚合層（Aggregated Layer）。

8.1.2 再談 API Server 結構

回顧第 3 章 API Server 結構圖，它顯示聚合 Server 與其他子 Server 的地位明顯不同。雖然核心 Server 中的聚合器、主 Server 和擴充 Server 都基於 Generic Server 獨立建構，也可以編譯成單獨的應用程式獨立運行，但在 Kubernetes API Server 的實踐中它們被放入一個應用程式，即核心 API Server，而聚合 Server 則不同，一般來講，每個聚合 Server 都是一個 Web Server，獨立運行於核心 API Server 之外。

---

[1] 到達 /apis 或 /api 端點的 GET 請求。

1. 核心 API Server

人們在各種討論中常說的「啟動控制面上的 API Server」實際上指啟動核心 API Server，它是一個可執行程式。當編譯 Kubernetes 專案時可以生成所有元件，這是一系列可執行程式，核心 API Server 就是其中之一。它內部包含了聚合器、主 Server 和擴充 Server 所支援的所有內建 API，能處理使用者端發送給各個子 Server 的 HTTP 請求。主 Server 和擴充 Server 均基於 Generic Server 並且具有成為獨立可執行程式的能力，但當它們和聚合器一起組成核心 API Server 時它們之間並沒有獨立，核心 API Server 對三者的整合如圖 8-1 所示。

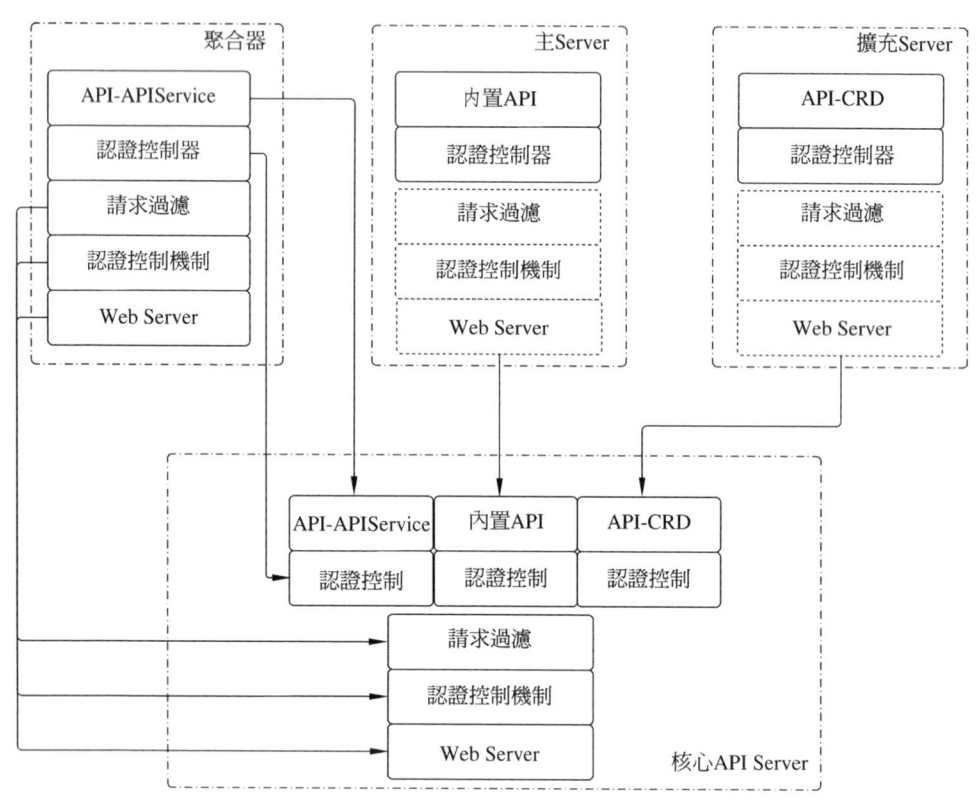

▲ 圖 8-1 核心 API Server 共用 Generic Server

8.1 聚合器與聚合 Server 介紹

圖 8-1 選取有代表性的幾方面來展示核心 API Server 的組成方式，這些方面是：所支援的 API、認證控制器、請求過濾、認證控制機制和底層 Web Server 的基本能力。這裡忽略了其他方面，例如和各自 API 密切相關的控制器、啟動後關閉前的鉤子函數。

核心 API Server 是一個純粹的組合體，它的各個組成部分分別來自 3 個子 Server：

（1）底層 Web Server、認證控制機制和請求過濾的能力來自聚合器底座 Generic Server。

（2）所支援 API 是聚合器、主 Server 和擴充 Server 所支援 API 的合集。

（3）認證控制機制含有 3 個子 Server 的認證控制器合集。

注意：核心 API Server 認證控制器是子 Server 認證控制器的合集並不表示一個請求需要經過所有認證控制器處理，實際上它只會經過目標 API 所在子 Server 定義的認證控制器。v1.27 中，核心 API Server 的 3 個子 Server 啟用了完全一致的認證控制器。

這種組合是一種邏輯上而非物理上的組合，主 Server 和擴充 Server 中沒有被採用的部分依然存在，只是它們永遠不會被系統呼叫到，最典型的就是它們的底座 Generic Server 的 Web 伺服器被棄置不用。這當然是程式上的容錯，卻帶來專案上的巨大便利。

2. API Server 整體結構

現在把聚合 Server 也考慮進來，API Server 將組成如圖 8-2 所示的結構。

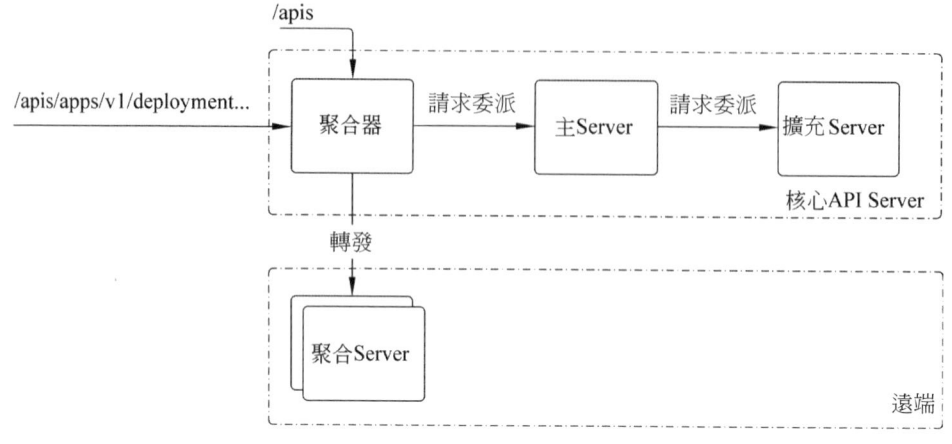

▲ 圖 8-2 API Server 全部子 Server 及相互關係

核心 API Server 中各個子 Server 同處於一個可執行程式內，它們組成了前文提及的 Server 鏈。當一個針對 Kubernetes API 的請求到來時，聚合器先行判斷出正確的回應子 Server，然後採取不同的處理方式：

（1）那些針對 API APIService 的請求被聚合器自身回應。

（2）如果是主 Server 或擴充 Server 的 API，則直接將請求委派給自己手中握有的 Delegation 就該 Delegation 實際上是主 Server 的引用。獲得請求後主 Server 一樣會判斷是否歸自己處理，如果不歸自己處理，則會交給它的 Delegation——擴充 Server。

（3）如果是某個聚合 Server，則透過自己的代理功能，將請求發送給目標 Server，等待結果。

聚合器和聚合 Server 之間由網路連接，一種常見的做法是讓聚合 Server 運行在當前叢集內的某個 Pod 內，此時處於控制面的聚合器透過叢集內網和該 Server 互動。在互動過程中聚合器啟用了自己的代理（Proxy）能力。

聚合器的能力是收集各個子 Server 的發現資訊，據此直接回應針對「/apis」的 GET 請求。這個請求的含義是詢問 API Server 它所支援的所有 API Group 及 Version 資訊。一種簡單的做法是當有請求時去遍歷子 Server，索要這一資訊並傳回使用者端，而聚合器則事先從子 Server 獲取，然後儲存在自己的快取中，從而加速回應效率。由於 CRD 和聚合 Server 的存在，Group 和 Version 不是靜態不變的，例如新的 CRD 的建立或新的聚合 Server 的加入都會帶來新的 Group 和 Version，為了及時更新自己的快取，聚合器引入了控制器，8.3 節將詳細介紹。圖 8-5（b）展示了端點 /apis 的傳回結果部分。

8.2 聚合器的實現

與擴充 Server 類似，聚合器同樣處於單獨的模組：k8s.io/kube-aggregator，形成單獨程式庫。由於基於 Generic Server，所以同樣具有認證控制、登入鑑權等基礎功能，而且這個模組也可以被編譯為可單獨運行的應用程式。在設計上和擴充 Server 的想法如出一轍，這裡不再贅述。

8.2.1 APIService 簡介

聚合器具有由它管理和使用的 Kubernetes API：apiregistration.k8s.io 組內的 APIService。查看當前叢集中具有的 APIService 實例的命令如下：

```
$kubectl get APIService
```

在一個 Minikube 本地單節點叢集中運行上述命令，將得到如圖 8-3 所示的傳回結果。

```
NAME                                            SERVICE   AVAILABLE   AGE
v1.                                             Local     True        32d
v1.admissionregistration.k8s.io                 Local     True        32d
v1.apiextensions.k8s.io                         Local     True        32d
v1.apps                                         Local     True        32d
v1.authentication.k8s.io                        Local     True        32d
v1.authorization.k8s.io                         Local     True        32d
v1.autoscaling                                  Local     True        32d
v1.batch                                        Local     True        32d
v1.certificates.k8s.io                          Local     True        32d
v1.coordination.k8s.io                          Local     True        32d
v1.discovery.k8s.io                             Local     True        32d
v1.events.k8s.io                                Local     True        32d
v1.networking.k8s.io                            Local     True        32d
v1.node.k8s.io                                  Local     True        32d
v1.policy                                       Local     True        32d
v1.rbac.authorization.k8s.io                    Local     True        32d
v1.scheduling.k8s.io                            Local     True        32d
v1.stable.example.com                           Local     True        20d
v1.storage.k8s.io                               Local     True        32d
v1beta2.flowcontrol.apiserver.k8s.io            Local     True        32d
v1beta3.flowcontrol.apiserver.k8s.io            Local     True        32d
v2.autoscaling                                  Local     True        32d
```

▲ 圖 8-3 APIService 實例

一個 APIService 實例代表一個 API Group 和 Version 的組合。在聚合器內，API Server 的每個 API Group 的每個 Version 都會有一個 APIService 實例與之對應。這一點特別重要，聚合器依賴這些資訊確定一個請求的回應 Server 並進行請求委派或代理轉發。一個 APIService 的 spec 中具有的資訊如下：

```
// 程式 8-1 vendor/k8s.io/kube-aggregator/pkg/apis/apiregistration/types.go
type APIServiceSpec struct {
    ...
    //+optional
    Service *ServiceReference
    //API 組
    Group string
    //API 版本
    Version string
    ...
    InsecureSkipTLSVerify bool
    ...
    //+optional
    CABundle []byte
```

```
    …
    GroupPriorityMinimum int32
    …
    //…
    VersionPriority int32
}
```

APIServiceSpec 對理解聚合器的工作機制非常重要，它的主要欄位的含義如下：

（1）Group 和 Version 欄位記錄這個 APIService 實例為哪一個 API 組與版本所建立，這印證了每個 Group 和 Version 的組合會有一個 APIService 實例。

（2）Service 代表目標子 Server 的位址：如果該組版本處於一個聚合 Server，則 Service 引用一個 Kubernetes Service 實例；如果是聚合器、主 Server 或擴充 Server，則 Service 欄位將是 nil，因為這三者同處核心 API Server，相對聚合器來講為本地。

（3）GroupPriorityMinimum 和 VersionPriority 欄位決定了這個組和版本出現在發現資訊列表的位置：各個組之間用 GroupPriorityMinimum 排序；同組內的各個版本用 VersionPriority 排序，並且都是倒序。

（4）欄位 CABundle：當聚合 Server 與核心 API Server 聯絡時，核心 API Server 需要能夠驗簽聚合 Server 所出示的證書，並且要求該證書是頒給 <service>.<namespace>.svc 的。驗簽過程需要簽發聚合 Server HTTPS 證書的 CA 證書，這個 CABundle 位元組陣列會存放該 CA 證書 base64 編碼後的內容。

注意：聚合 Server 也有認證核心 API Server 的要求，也就是說核心 API Server 也要向聚合 Server 出示證書並且聚合 Server 要能驗簽它，這實際上在二者之間建立了 mutual-TLS 關係。講委派代理（8.4.3 節與 8.4.4 節）時會解釋聚合 Server 驗簽核心 API Server 證書。

8 聚合器和聚合 Server

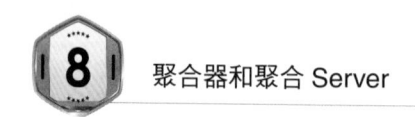

舉一個 APIService 資源的例子，程式如下：

```
apiVersion: apiregistration.k8s.io/v1beta1
kind: APIService
metadata:
    name: v1alpha1.dummy
    spec:
        caBundle: <base64-encoded-serving-ca-certificate>
        group: dummyGroup
        version: v1alpha1
        groupPriorityMinimum: 1000
        versionPriority: 15
        service:
            name: dummy-server
            namespace: dummy-namespace
    status:
    ...
```

8.2.2 準備 Server 運行配置

為了建立聚合器，首先要得到它的運行配置資訊，函數 createAggregatorConfig() 會完成這項工作。該函數不必從零開始，只需在主 Server 的底座 Generic Server 運行配置資訊的基礎上進行修改，主要修改內容如下：

（1）刪除主 Server 的啟動後運行的鉤子函數，這是為了避免這一資訊的重複。將主 Server 作為 delegation(鏈上的下一個 Server）傳給聚合器建構函數，聚合器在建構其底座 Generic Server 實例時，delegation 中的啟動鉤子函數先會被取出出來，然後放入該 Generic Server。如果這裡不刪除，則聚合器底座 Generic Server 將重複匯入主 Server 的啟動鉤子函數。

（2）指明 Generic Server 不必為 OpenAPI 的端點安裝請求處理器。第 5 章 Generic Server 講解過，它的 PrepareRun() 方法會為端點 /openapi/v2 和 /openapi/v3 設置請求處理器，但聚合器會專門設置，不需要 Generic Server 接手，故這裡需要設置。

8.2 聚合器的實現

（3）阻止 Generic Server 生成 OpenAPI 的請求處理器（handler）。原因同上，聚合器做了客製化的處理器，不希望 Generic Server 接手這一工作。

（4）ETCD 配置資訊。它針對 APIService 配置了實例進出 ETCD 時的轉碼器。

（5）根據命令列參數設定是否啟用 APIService 的各版本。

（6）設置證書和私密金鑰。作為代理伺服器向聚合 Server 轉發請求時，需要證書等與聚合 Server 建立互信。

8.2.3 建立聚合器

聚合器的建立依然是在 CreateServerChain() 函數內觸發的。聚合器是核心 API Server 內的 Server 鏈頭，所以它最後一個被建構出來，它在鏈上的下級 Server 是主 Server。聚合器建構完成後，整個 CreateServerChain() 函數也隨之結束，聚合器實例被作為最終結果傳回。CreateServerChain() 函數中與聚合器相關的程式如下：

```
// 程式 8-2 cmd/kube-apiserver/app/server.go
aggregatorConfig, err :=createAggregatorConfig(
        *kubeAPIServerConfig.GenericConfig,
        completedOptions.ServerRunOptions,
        kubeAPIServerConfig.ExtraConfig.VersionedInformers,
        serviceResolver,
        kubeAPIServerConfig.ExtraConfig.ProxyTransport,
        pluginInitializer)
if err !=nil {
    return nil, err
}
aggregatorServer, err :=createAggregatorServer(
        aggregatorConfig,
        kubeAPIServer.GenericAPIServer,
        apiExtensionsServer.Informers)
if err !=nil {
```

```
    //…
    return nil, err
}

return aggregatorServer, nil
```

聚合器的建立過程如圖 8-4 所示。它重複了主 Server 與擴充 Server 的流程，但內部細節肯定不同，這是需要特別講解之處。

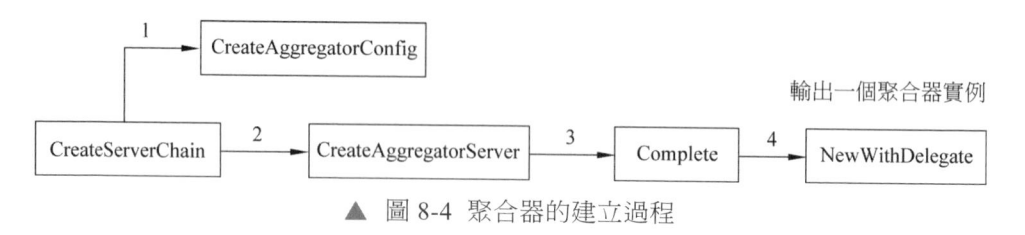

▲ 圖 8-4 聚合器的建立過程

基於運行配置資訊、主 Server 的 Generic Server 實例和由擴充 Server 建構的 Informers，函數 CreateAggregatorServer() 將建立出聚合器。

注意：最後一個入參 Informers 將用於監控擴充 Server 中的 CRD 實例的變化，這個資訊可以由擴充 Server 中已經有的 Informers 直接得來，從而避免了重複建構，故作為入參傳入。

本段聚焦 CreateAggregatorServer() 函數，包括它直接和間接呼叫的方法，以此來講解這一建立過程。CreateAggregatorServer() 的實現同主 Server 與擴充 Server 大體相同，但局部稍有不同。該方法同樣以兩步走的方式進行建立：

（1）呼叫運行配置資訊的 Complete() 方法來完善配置，得到一種類型為 aggregatorapiserver.CompletedConfig 的變數。

（2）呼叫該變數的 NewWithDelegate() 方法建立聚合器實例。

8.2 聚合器的實現

不同的是，CreateAggregatorServer() 函數在這之後又做了額外的操作——引入兩個控制器：自動註冊控制器（autoRegisterController）和 CRD 註冊控制器（crdRegistrationController）。這兩個控制器共同完成一項任務：幫 CRD 定義的客製化 API 完成 API 的註冊，即建立、刪除或變更客製化 API 對應的 APIService 實例。當一個 CRD 實例出現變更時，由它所定義的客製化 API 極有可能發生了變化，例如新的 Version 被引入，以及屬性的微調等。與該客製化 API 組和 Version 的組合所對應的 APIService 實例應該隨客製化 API 的變化而調整，這便是這兩個控制器存在的意義。有關它們的更多內容在 8.3 節講解，這裡繼續展開（1）、（2）兩步。

在第（1）步配置資訊的完善（方法 Complete()）過程中，Generic Server 的 API 資訊發現功能被關閉了，也就是遮罩 Generic Server 提供的服務於端點 /apis 和 /api 的處理器。這是因為聚合器提供了自己的實現方式，不需要其底座 Generic Server 接手，後續 8.2 節中介紹這一實現。相關移除程式如下：

```go
// 程式 8-3 vendor/k8s.io/kube-aggregator/pkg/apiserver/apiserver.go
func (cfg *Config) Complete() CompletedConfig {
    c :=completedConfig{
            cfg.GenericConfig.Complete(),
            &cfg.ExtraConfig,
    }

    // 聚合器提供了自己的發現機制
    c.GenericConfig.EnableDiscovery =false
    version :=version.Get()
    c.GenericConfig.Version =&version

    return CompletedConfig{&c}
}
```

8 聚合器和聚合 Server

NewWithDelegate() 方法建構聚合器的邏輯稍顯複雜。它首先為聚合器建構了一個 Generic Server 實例，這個實例應用了第（1）步得到的運行配置資訊；同時該 Geneic Server 實例會使用聚合器的下游 Server 所提供的處理器作為自身無法回應的請求的處理器。

然後該方法建立了 client-go 中的 ClientSet。在該 ClientSet 的基礎上建立了一個用於讀取 APIServer API 實例的 Informer。

注意：ClientSet 由 client-go 函數庫提供，包含了從 API Server 獲取 API 實例的技術細節，這也是建立 Informer 的基石。由 NewWithDelegate() 方法可見，即使在核心 API Server 自身的程式中 client-go 也大有用處。

接著開始建構聚合器實例。這是一種類型為結構 APIAggregator 的變數，它透過 Generic Server 提供的 InstallAPIGroup() 介面方法注入聚合器所管理和使用的 API，即 APIService，這促使 Generic Server 為其生成 RESTful 端點。APIService 是聚合器引入的唯一一個 Kubernetes API。

為 API 資訊發現端點「/apis」設置處理器是下一項工作。對該端點發送 GET 請求會得到 API Server 所支援的所有 Group 和所有 Version。這部分內容在 8.2.4 節單獨講解。

接下來 3 個控制器被建立出來：API Service 註冊控制器，將用於監控 APIService 實例的變動；代理用證書監控控制器，用於及時應用最新的證書和私密金鑰；API Service 的狀態監控控制器，用於檢查並快取各個 API Service 所包含的 API 的狀態。第 1 個控制器將在 8.3.2 節講解，第 3 個控制器將在 8.3.3 節講解。關於證書監控控制器，5.6.2 節講解了 Generic Server 對證書變動的監控，這裡如出一轍，並且使用的控制器也是在同樣的套件中實現的，控制器的基座結構的定義程式如下：

```
// 程式 8-4
//vendor/k8s.io/apiserver/pkg/server/dynamiccertificates/dynamic_serving_
//content.go

type DynamicCertKeyPairContent struct {
```

8.2 聚合器的實現

```go
    name string
    keyFile string
    certKeyPair atomic.Value

    listeners []Listener
    queue workqueue.RateLimitingInterface
}

func (c *DynamicCertKeyPairContent) AddListener(listener Listener) {
    ...
}
func (c *DynamicCertKeyPairContent) loadCertKeyPair() error {
    ...
}
func (c *DynamicCertKeyPairContent) RunOnce(ctx context.Context) error {
    ...
}
func (c *DynamicCertKeyPairContent) Run(ctx context.Context, workers int) {
    ...
}
func (c *DynamicCertKeyPairContent) watchCertKeyFile(
                stopCh <-chan struct{}) error {
    ...
}
func (c *DynamicCertKeyPairContent) handleWatchEvent(e fsnotify.Event,
                w *fsnotify.Watcher) error {
    ...
}
func (c *DynamicCertKeyPairContent) runWorker() {
    ...
}
func (c *DynamicCertKeyPairContent) processNextWorkItem() bool {
    ...
}
func (c *DynamicCertKeyPairContent) Name() string {
    ...
}
func (c *DynamicCertKeyPairContent) CurrentCertKeyContent() (
```

8-15

8 聚合器和聚合 Server

```
                    []byte, []byte) {
        ...
}
```

NewWithDelegate() 方法的最後一項工作是將 Informer 的啟動、3 個控制器的啟動全部註冊為 Server 啟動鉤子函數。這樣聚合器實例建立完畢，等待執行啟動操作。

8.2.4 啟動聚合器

作為核心 API Server 的 Server 鏈頭，聚合器的啟動也就是核心 API Server 的啟動。處於聚合器下游的主 Server 和擴充 Server 需要在啟動前後執行的邏輯都會由聚合器的啟動觸發執行，例如一個一個呼叫子 Server 所註冊的啟動鉤子函數。

回顧 3.4 節介紹的 API Server 的啟動過程，使用者透過命令列啟動 API Server 時，Run() 方法會被呼叫，它會觸發建構 Server 鏈，然後呼叫鏈頭節點的 PrepareRun() 和 Run() 方法以完成啟動，關鍵程式如下：

```
// 程式 8-5 cmd/kube-apiserver/app/server.go
prepared, err :=server.PrepareRun()
if err !=nil {
    return err
}

return prepared.Run(stopCh)
```

在上述程式中，變數 server 即是聚合器，由此可見，分析 PrepareRun() 與 Run() 的實現是剖析聚合器啟動的關鍵。

1. PrepareRun() 方法

顧名思義，PrepareRun() 方法進行啟動準備。這包括聚合器的自身準備邏輯和呼叫其 delegation 的 PrepareRun() 方法。delegation 實際上是主 Server 的底座 Generic Server，而它的 PrepareRun() 邏輯已經在 5.6.1 節講解過，本節聚焦聚合器所含的兩項工作做準備邏輯。

（1）為 OpenAPI 的端點設置回應機制。完善後的配置資訊中已明確指出不希望其底層 Generic Server 為 OpenAPI 的端點設置回應器，而是由自己在這裡單獨設置。聚合器針對 OpenAPI 端點的回應結果部分如圖 8-5（a）所示。

（2）為 API 資訊發現端點（/apis）設置回應器。完善後的運行配置資訊中聚合器指出不希望底層 Generic Server 回應針對 /apis 端點的請求，真正的回應機制設置由它在這裡完成。聚合器針對資訊發現端點的回應結果部分如圖 8-5（b）所示。

2. PrepareRun() - 設置 OpenAPI 端點回應器

OpenAPI 的端點 /openapi/v3/apis 傳回一個規格說明[①]，包含當前 API Server 所支援的所有 API 組及版本；存取端點 /openapi/v3/apis/<組>/<版本>（存取核心 API 時將 apis 替換為 api 並省略組資訊）則會傳回該組版本下的所有 API 的 RESTful 服務規格說明。聚合器自身管理的只是 APIService 這一個 Kubernetes API，其他的 API 的 OpenAPI 規格說明需要從各個子 Server 中獲取。如果等到請求到來時去輪詢子 Server，則有獲取效率的問題。設想每個子 Server 都去查詢 ETCD 並找出相應資訊，傳回結果不會很快。相比核心 API Server，聚合 Server 的傳回效率就更加不可控了。為了緩解這一問題，聚合器採用了快取策略：把所有 OpenAPI 規格說明文檔從各個子 Server 上收集過來並在本地快取，當有規格說明的變化時也會透過一個控制器來更新快取，基於這些資訊去回應對 OpenAPI 規格的請求。

---

① OpenAPI v3 已經取代 OpenAPI v2 成為推薦版本，本書主要圍繞 OpenAPI v3 介紹，OpenAPI v2 端點的回應器依然在，但其設置過程完全類似。

```
"paths":⊟{
    ".well-known/openid-configuration":⊟{
        "serverRelativeURL":"/openapi/v3/.well-known/openid-configuration?hash=18CF16ED|
    },
    "api":⊟{
        "serverRelativeURL":"/openapi/v3/api?hash=A99B133801158EA735EF6FB92D28764F5CD33|
    },
    "api/v1":⊟{
        "serverRelativeURL":"/openapi/v3/api/v1?hash=DFD9519E7C704D40792E1361348701D0EE2
    },
    "apis":⊟{
        "serverRelativeURL":"/openapi/v3/apis?hash=DE65977925AD461DFA48DB322271E9977967|
    },
    "apis/acme.cert-manager.io/v1":⊟{
        "serverRelativeURL":"/openapi/v3/apis/acme.cert-manager.io/v1?hash=F8E8DE4B9467[
    },
    "apis/admissionregistration.k8s.io":⊟{
        "serverRelativeURL":"/openapi/v3/apis/admissionregistration.k8s.io?hash=ED540A8$
    },
    "apis/admissionregistration.k8s.io/v1":⊟{
        "serverRelativeURL":"/openapi/v3/apis/admissionregistration.k8s.io/v1?hash=5C0C/
    },
    "apis/apiextensions.k8s.io":⊟{
        "serverRelativeURL":"/openapi/v3/apis/apiextensions.k8s.io?hash=2D3E155D89E3AB2$
    },
    "apis/apiextensions.k8s.io/v1":⊟{
        "serverRelativeURL":"/openapi/v3/apis/apiextensions.k8s.io/v1?hash=54BFD17CFD15$
    },
    "apis/apps":⊟{
        "serverRelativeURL":"/openapi/v3/apis/apps?hash=5AF63D67063669E8018BCB91E07D0EC(
    },
    "apis/apps/v1":⊟{
        "serverRelativeURL":"/openapi/v3/apis/apps/v1?hash=78F8FA729E53CF430EDC9471C573:
    },
```

(a) 端點 openapi/v3 傳回的結果

▲ 圖 8-5 端點 openapi/v3 與 /apis

8.2 聚合器的實現

```
"kind":"APIResourceList",
"apiVersion":"v1",
"groupVersion":"apps/v1",
"resources":[
        Object{...},
        {
                "name":"daemonsets",
                "singularName":"daemonset",
                "namespaced":true,
                "kind":"DaemonSet",
                "verbs":Array[8],
                "shortNames":[
                        "ds"
                ],
                "categories":[
                        "all"
                ],
                "storageVersionHash":"dd7pWHU1MKQ="
        },
        Object{...},
        {
                "name":"deployments",
                "singularName":"deployment",
                "namespaced":true,
                "kind":"Deployment",
                "verbs":[
                        "create",
                        "delete",
                        "deletecollection",
                        "get",
                        "list",
                        "patch",
                        "update",
                        "watch"
                ],
```

(a) 端點 /apis 傳回的結果

▲ 圖 8-5 （續）

1）建構 OpenAPI 規格下載器

OpenAPI 規格下載器具有從各個子 Server 的 OpenAPI 端點上下載其規格說明的能力。

2）建構並註冊 OpenAPI 端點回應器

存取 /openapi/v3 端點的 HTTP 請求會被專有回應器處理。所有子 Server 中 API 的 OpenAPI 規格說明被快取於該回應器的內部，規格說明的下載也發生於此。函數 BuildAndRegisterAggregator() 完成了相關設置，程式如下：

```go
// 程式 8-6
//vendor/k8s.io/kube-aggregator/pkg/controllers/openapiv3/aggregator/
//aggregator.go
func BuildAndRegisterAggregator(
    downloader Downloader,
    delegationTarget server.DelegationTarget,
    pathHandler common.PathHandlerByGroupVersion) (SpecProxier, error) {

    // 要點①
    s :=&specProxier{
            apiServiceInfo: map[string]*openAPIV3APIServiceInfo{},
            downloader:     downloader,
    }

    i :=1
    for delegate :=delegationTarget; delegate !=nil;// 要點④
                        delegate =delegate.NextDelegate() {
        handler :=delegate.UnprotectedHandler()
        if handler ==nil {
            continue
        }

        apiServiceName :=fmt.Sprintf(localDelegateChainNamePattern, i)
        localAPIService :=v1.APIService{}
        localAPIService.Name =apiServiceName
        s.AddUpdateAPIService(handler, &localAPIService)
```

```
        s.UpdateAPIServiceSpec(apiServiceName) // 要點③
        i++
}

handler :=handler3.NewOpenAPIService()
s.openAPIV2ConverterHandler =handler
openAPIV2ConverterMux :=mux.NewPathRecorderMux(openAPIV2Converter)

s.openAPIV2ConverterHandler.RegisterOpenAPIV3VersionedService(
                "/openapi/v3", openAPIV2ConverterMux)
openAPIV2ConverterAPIService :=v1.APIService{}
openAPIV2ConverterAPIService.Name =openAPIV2Converter
s.AddUpdateAPIService(
    openAPIV2ConverterMux,
    &openAPIV2ConverterAPIService)
s.register(pathHandler) // 要點②

return s, nil
}
```

上述要點①處宣告的結構 specProxier 實例 s 將被設置為處理針對 /openapi/v3 或以 /openapi/v3/ 開頭的 HTTP 請求，這是在要點②完成的。specProxier 結構的以下兩個方法將分別處理上述兩類端點上的請求：

```
(*specProxier) handleDiscovery func(w http.ResonseWriter, r *http.Request)
(*specProxier) handleGroupVersion func(
                                w http.ResonseWriter, r *http.Request)
```

該 specProxier 實例的欄位 apiServiceInfo 上快取了全部 OpenAPI 規格說明資訊，規格說明的資料結構為 openAPIV3APIServiceInfo 結構。apiServiceInfo 是一個 map，它的 key 類型為 string，value 類型為結構 openAPIV3APIService-Info。二者的關係如圖 8-6 所示。

8 聚合器和聚合 Server

```
type specProxier struct {
    // mutex protects all members of this struct.
    rwMutex sync.RWMutex

    // OpenAPI V3 specs by APIService name
    apiServiceInfo map[string]*openAPIV3APIServiceInfo

    // For downloading the OpenAPI v3 specs from apiservices
    downloader Downloader

    openAPIV2ConverterHandler *handler3.OpenAPIService
}
```

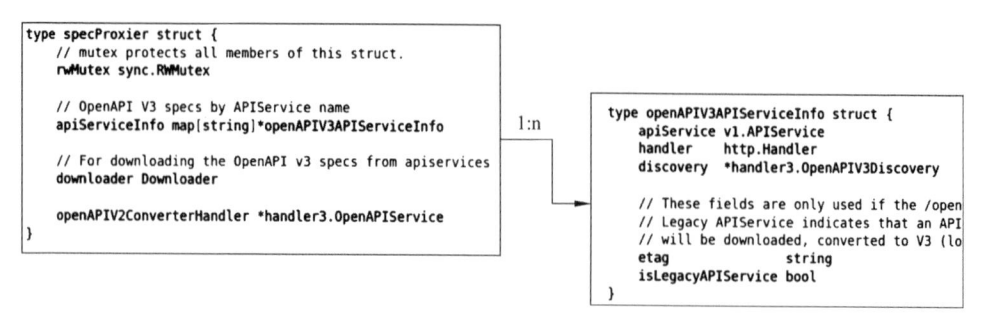

1:n

```
type openAPIV3APIServiceInfo struct {
    apiService v1.APIService
    handler    http.Handler
    discovery  *handler3.OpenAPIV3Discovery

    // These fields are only used if the /open
    // Legacy APIService indicates that an API
    // will be downloaded, converted to V3 (lo
    etag             string
    isLegacyAPIService bool
}
```

▲ 圖 8-6　specProxier 與 openAPIV3APIServiceInfo 的關係

結構 openAPIV3APIServiceInfo 的主要欄位的意義如下。

（1）apiService 欄位：代表一個 APIService 的實例，但並非嚴格如此，聚合器在處理過程中會建立一些虛擬的 APIService 實例，馬上會看到這一點。

（2）handler 欄位：聚合器會觸發它對 /openapi/v3 端點的回應，從而獲取這個 APIService 實例的 OpenAPI 規格說明。當 apiService 代表一個 API 組版本時，得到的結果將是這個 API 組版本下所有 API 的規格說明。

（3）discovery 欄位：由 handler 傳回的結果將儲存在這個欄位中。這是聚合器發現資訊的直接資訊來源。

當聚合器的 /openapi/v3 端點被存取時，specProxier.handleDiscovery() 方法將進行回應。這種方法將進行巢狀結構的雙重遍歷：第 1 層遍歷欄位 apiServiceInfo，第 2 層遍歷每個 apiServiceInfo 元素的 discovery 欄位，用 discovery 的資訊形成對請求的回應。

當聚合器的 /openapi/v3/apis/< 組 >/< 版本 > 端點被存取時，specProxier.handleGroupVersion() 方法將進行回應，它也是透過上述雙重遍歷找到目標群組與版本對應的 discovery 並形成回應結果的。

由此可見，apiServiceInfo 是聚合器回應 OpenAPI 規格請求的核心變數。該變數的內容填寫並非一步合格，方法 BuildAndRegisterAggregator() 會將核心 API Server 的內建 API（除了 APIService）以子 Server 作為單位載入進去，這是透過建立 specProxier 時向 apiServiceInfo 增加兩個虛擬 APIService 實例做到的，見程式 8-6 要點④處的 for 迴圈。這兩筆 apiServiceInfo 記錄的關鍵資訊如下：

（1）key 為 k8s_internal_local_delegation_chain_1，value 的 handler 被設置為主 Server 的 UnprotectedHandler。

（2）key 為 k8s_internal_local_delegation_chain_2，value 的 handler 被設置為擴充 Server 的 UnprotectedHandler。

緊接著要點③觸發了對 value.handler 的呼叫，於是主 Server 與擴充 Server 中內建 API 的端點資訊被載入到 value.discovery 欄位內。BuildAndRegisterAggregator() 方法遺留了部分 API 沒有載入，包括聚合器自己的 API——APIService 和來自聚合 Server 的 API。遺留而不載入是有原因的。BuildAndRegisterAggregator() 方法為 APIService API 的載入做了一些準備工作，它將 key 為 openapiv2converter 及 value 為聚合器底座 Generic Server 提供的 /openapi/v3 處理器加入了 apiServiceInfo 中，但沒有觸發下載，這是因為在這段程式運行之時聚合器正在啟動，還沒有能力回應對端點的請求。BuildAndRegisterAggregator() 方法無法載入來自聚合 Server 的 API 是由於聚合 Server 的熱抽換屬性，聚合器不能假設在它啟動時聚合 Server 已經就位。

考慮到上述待載入的資訊，以及 CRD 與聚合 Server 引入客製化 API 的動態性，聚合器設立了 OpenAPI 規格說明控制器進行動態載入。

3）製作 OpenAPI 聚合控制器

PrepareRun() 方法透過呼叫 openapiv3controller.NewAggregationController() 方法建立一個 OpenAPI 聚合控制器，將其儲存在聚合器基座結構的 openAPIV3-AggregationController 欄位上。控制器的建構方法以一個 specProxier 實例作為形參，實際參數用的就是上文所建立的 specProxier 實例。這個控制器的控制迴圈只做一件事情：利用 specProxier 實例，為其工作佇列中的 APIService 實例重新下載 API 組版本的 OpenAPI 規格說明，並更新 specProxier 實例上的快取——apiServiceInfo 欄位。在以下情況下會向該控制器的工作佇列中增加內容：

8 聚合器和聚合 Server

（1）在建立該控制器時，specProxier 實例的 apiServiceInfo 內保有的 APIService 資訊都會被加入工作佇列。

（2）當有 APIService 實例變動時，聚合器會呼叫本控制器的 AddAPIService()、UpdateAPIService()、RemoveAPIService() 方法，將目標 APIService 加入控制器工作佇列中。

注意：這裡留一個問題供讀者思考，如何知道有新 APIService 實例變動了呢？答案在 8.3.2 節揭曉。

這樣，在 OpenAPI 聚合控制器的協助下，聚合器的 /openapi/v3 端點回應器——上述 specProxier 結構實例將始終快取 API Server 的 API 組版本下所有 API 的 OpenAPI 規格說明書。當使用者端請求時可以直接從快取中取出資訊並傳回，從而大大地提升了回應效率。

3. PrepareRun()：設置 API 資訊發現回應器

PrepareRun() 中為回應 /apis 端點做了配置工作。在理解了 OpenAPI 端點響應器設置後，理解這部分就容易多了。回應 API 資訊發現請求和回應 OpenAPI 規格說明請求具有類似的困難：結果分佈在整個 API Server 的各個子 Server 上，為了加速聚合器需要在本地快取這些資訊，而程式的實現想法幾乎一致。在 PrepareRun() 方法中，相關程式如下：

```
// 程式 8-7 vendor/k8s.io/kube-aggregator/pkg/apiserver/apiserver.go
if utilfeature.DefaultFeatureGate.Enabled(genericfeatures.
                                                AggregatedDiscoveryEndpoint) {
    s.discoveryAggregationController =NewDiscoveryManager(        // 要點①
        s.GenericAPIServer.AggregatedDiscoveryGroupManager
            .WithSource(aggregated.AggregatorSource),
    )
    s.GenericAPIServer.AddPostStartHookOrDie(                      // 要點②
        "apiservice-discovery-controller",
        func(context genericapiserver.PostStartHookContext) error {
            // 啟動發現管理器的 worker 用來監控 APIService 的變更
            go s.discoveryAggregationController.Run(context.StopCh)
                return nil
```

            }
)
}
```

程式 8-7 的核心是製作並啟動 API 發現聚合控制器。它首先在要點①處建立一個 API 發現聚合控制器，並儲存在聚合器的 discoveryAggregationController 屬性上，然後要點②處製作啟動後的鉤子函數，用於啟動該控制器。由要點①可見，API 發現聚合控制器是基於聚合器的 GenericAPIServer.AggregatedDiscoveryGroupManager 屬性所建立的，這個屬性的內部快取了所有 API 的發現資訊，控制器的控制迴圈會不斷地更新它。

AggregatedDiscoveryGroupManager 屬性很重要，因為它是 /apis 端點的請求回應器，這是方法 NewWithDelegate() 在建立聚合器時的設置，程式如下：

```
// 程式 8-8 vendor/k8s.io/kube-aggregator/pkg/apiserver/apiserver.go
apisHandler :=&apisHandler{
    codecs:          aggregatorscheme.Codecs,
    lister:          s.lister,
    discoveryGroup:  discoveryGroup(enabledVersions),
}

if utilfeature.DefaultFeatureGate.Enabled(            // 要點①
            genericfeatures.AggregatedDiscoveryEndpoint) {
   apisHandlerWithAggregationSupport :=aggregated.    // 要點②
       WrapAggregatedDiscoveryToHandler(apisHandler,
           s.GenericAPIServer.AggregatedDiscoveryGroupManager)
   s.GenericAPIServer.Handler.NonGoRestfulMux.Handle("/apis",
       apisHandlerWithAggregationSupport)
} else {
   s.GenericAPIServer.Handler.NonGoRestfulMux.Handle("/apis",
                                                    apisHandler)
}
s.GenericAPIServer.Handler.NonGoRestfulMux.UnlistedHandle("/apis/",
                                                    apisHandler)
```

上述程式要點①處的 if 敘述用於判斷功能「聚合式 API 資訊發現端點」是否啟用了，如果沒有啟用就找出所有的 APIService 實例，取出它們的 group 和
```

version 資訊，以此去回應請求；如果啟用了，則優先使用 GenericAPIServer.AggregatedDiscoveryGroupManager，由於它實現了 http.Handler 介面，所以可以直接回應 HTTP 請求。前一種方式作為備用，v1.27 中預設該功能是啟用的。

API 發現聚合控制器基於如圖 8-7 所示的結構建構。對其重要欄位與方法稍做解釋。

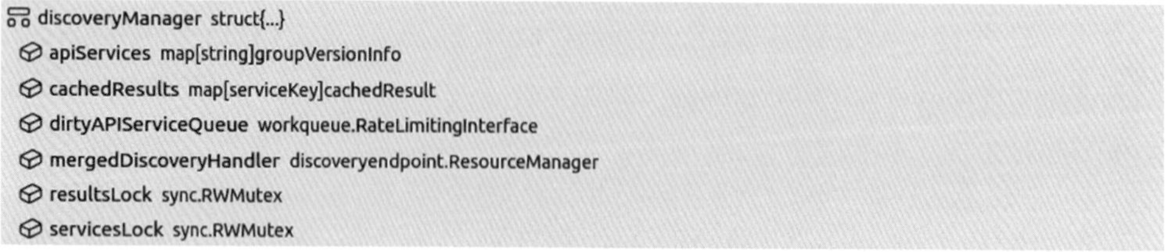

```
discoveryManager struct{...}
    apiServices  map[string]groupVersionInfo
    cachedResults  map[serviceKey]cachedResult
    dirtyAPIServiceQueue  workqueue.RateLimitingInterface
    mergedDiscoveryHandler  discoveryendpoint.ResourceManager
    resultsLock  sync.RWMutex
    servicesLock  sync.RWMutex
```

(a) 基座結構體欄位

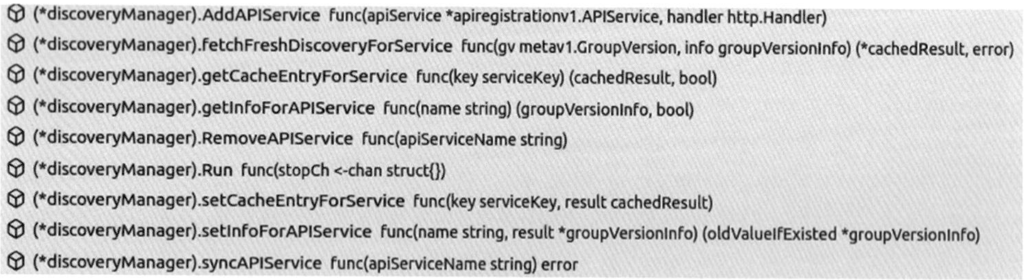

```
(*discoveryManager).AddAPIService  func(apiService *apiregistrationv1.APIService, handler http.Handler)
(*discoveryManager).fetchFreshDiscoveryForService  func(gv metav1.GroupVersion, info groupVersionInfo) (*cachedResult, error)
(*discoveryManager).getCacheEntryForService  func(key serviceKey) (cachedResult, bool)
(*discoveryManager).getInfoForAPIService  func(name string) (groupVersionInfo, bool)
(*discoveryManager).RemoveAPIService  func(apiServiceName string)
(*discoveryManager).Run  func(stopCh <-chan struct{})
(*discoveryManager).setCacheEntryForService  func(key serviceKey, result cachedResult)
(*discoveryManager).setInfoForAPIService  func(name string, result *groupVersionInfo) (oldValueIfExisted *groupVersionInfo)
(*discoveryManager).syncAPIService  func(apiServiceName string) error
```

(b) 基座結構體方法

▲ 圖 8-7　發現聚合器基座結構

（1）欄位 mergedDiscoveryHandler 保有聚合器的 AggregatedDiscovery-GroupManager，在控制迴圈中它的內部資訊會被更新，從而一直具有各個 APIService 所代表的最新 API 資訊。

（2）欄位 apiServices 扮演了控制器的工作佇列的角色，該佇列內容的生產者是方法 AddAPIService() 和方法 RemoveAPIService()，當有新的 APIService 實例變動時，這兩種方法會被呼叫，以便讓目標 APIService 加入佇列。

注意：這裡再留一個問題供讀者思考，如何知道「有新的 APIService 實例變動了」？答案在 8.3.2 節一同揭曉。

（3）方法 syncAPIService 是控制迴圈的主要邏輯，其內的主要邏輯只有一個：更新 mergedDiscoveryHandler。

在 API 發現聚合控制器的輔助下，/apis 端點回應器內一直具有最新的 API 資訊，可直接應用於查詢回應，從而大大地提高了效率。

4. PrepareRun()：觸發底層 Generic Server 的 PrepareRun()

PrepareRun() 中有一行容易被忽略的程式，其內容如下。它呼叫了其下層 Generic Server 的 PrepareRun()，保證它的準備工作也得以執行。

```
prepared :=s.GenericAPIServer.PrepareRun()
```

在 Generic Server 的 PrepareRun() 的第 1 步就是觸發其自身的請求委派處理器的 PrepareRun()，使下游 Server 有機會完成準備工作。聚合器的請求委派處理器是主 Server 的底座 Generic Server，主 Server 的請求委派處理器則是擴充 Server 的底座 Generic Server，它們的 PrepareRun() 會被逐層觸發。

這一方法呼叫的結果被存入 prepared 變數，其類型是 preparedGenericAPIServer，代表了做好啟動準備的底座 Generic Server。它會作為整個 PrepareRun() 方法傳回值的一部分，被賦值給 preparedAPIAggregator 的 runnable 欄位，而這也是後續 Run 方法的運行基礎，程式如下：

```
return preparedAPIAggregator{APIAggregator: s, runnable: prepared}, nil
```

5. Run() 方法

啟動聚合器的下一步是執行經 PrepareRun() 方法處理後的聚合器實例，該實例有 Run() 方法。和 PrepareRun() 的任務繁重完全不同，Run 方法非常簡單：

```
// 程式 8-9 vendor/k8s.io/kube-aggregator/pkg/apiserver/apiserver.go
func (s preparedAPIAggregator) Run(stopCh <-chan struct{}) error {
    return s.runnable.Run(stopCh)
}
```

8 聚合器和聚合 Server

由於 runnable 屬性的實際類型是 Generic Server 函數庫中定義的 preparedGenericAPIServer，所以它的 Run 方法就是在啟動聚合器的底座 Generic Server，這部分邏輯在 5.6.2 節講解過。

8.2.5 聚合器代理轉發 HTTP 請求

聚合器最為顯著的特點是其需要將針對 Kubernetes API 的 HTTP 請求轉發到正確的子 Server，畢竟它自己只能處理針對 APIService 的請求。本節整理它的轉發機制。

可以用以下命令來查詢某個 API 實例的詳細資訊：

```
$kubectl describe <API><實例名稱>
```

舉例來說，請求聚合器直接管理的名為「v1.」的 APIService 實例，命令如下：

```
$kubectl describe APIService v1.
```

注意：目標 API 是由哪個子 Server 管理對使用者端透明，因為命令中根本沒有指定。請求發出後，kubectl 首先根據使用者的輸入組織出要存取的 URL，格式為 https://ip:port/apis/<API 組>/<API 版本>/<API>/<實例名稱>[1]，然後向這個 URL 發起 HTTP GET 請求。聚合器會最先接收到這一 HTTP 請求，分情況進行處理：

（1）針對 APIService 的，聚合器的 Generic Server 會截留處理。

（2）針對其他內建 API 的，則交給它的 Delegation，即由主 Server 去處理。

（3）針對來自聚合 Server 的客製化 API，則啟動一個反向代理服務，利用它將請求轉發給該聚合 Server。

---

[1] 忽略命名空間。

8.2 聚合器的實現

這個判斷並不是透過寫 if 敘述實現的，聚合器透過給不同端點綁定不同回應器的方式來達成。對於第 1 種情況，它的 Generic Server 已經為其註冊了回應器；對於第 2、第 3 種情況，聚合器把分發和響應邏輯都放在了 apiserver 套件下一個名為 proxyHandler 的結構中，它的定義如程式 8-10 所示。

```go
// 程式 8-10 vendor/k8s.io/kube-aggregator/pkg/apiserver/handler_proxy.go
type proxyHandler struct {
    localDelegate http.Handler
    proxyCurrentCertKeyContent certKeyFunc
    proxyTransport *http.Transport
    serviceResolver ServiceResolver
    handlingInfo atomic.Value
    egressSelector *egressselector.EgressSelector
    rejectForwardingRedirects bool
}
func (r *proxyHandler) ServeHTTP(w http.ResponseWriter, req *http.Request) {
    ...
}
func (r *proxyHandler) setServiceAvailable(value bool) {
    ...
}
func (r *proxyHandler) updateAPIService(
        apiService *apiregistrationv1api.APIService) {
    ...
}
```

這個結構實現了 http.Hanlder，可以作為端點回應器。每當有 APIService 實例被建立出來時，聚合器就會根據該實例資訊建立一個 proxyHandler 結構的實例，並呼叫其 updateAPIService 方法完成內部資訊的初始化，最後將它設置為端點 /apis/< 該 API 組 >/< 該 API 版本 > 的回應器。ProxyHandler 結構在使用者端請求分發過程中的作用如圖 8-8 所示。

8-29

8 聚合器和聚合 Server

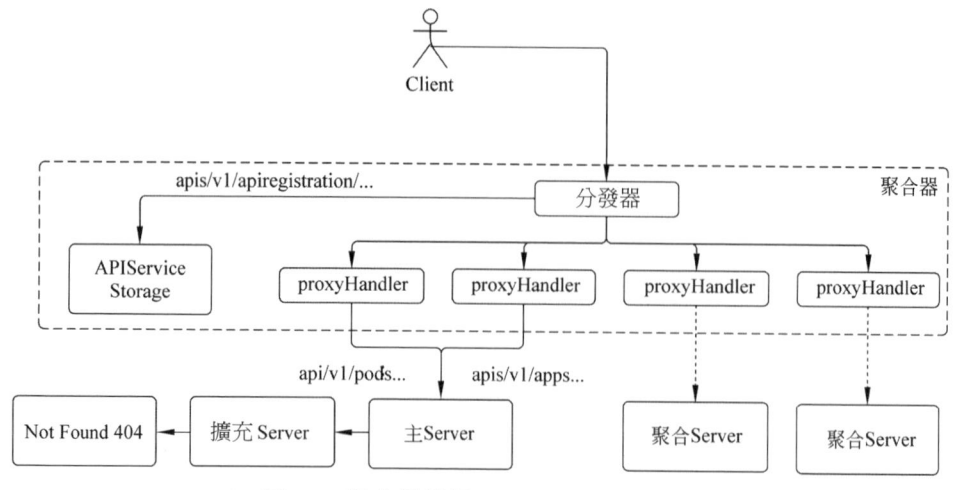

▲ 圖 8-8 聚合器透過 proxyHandler 分發請求

注意：這裡再次出現「當有 APIService 實例被建立出來」，依然暫時不回答如何落實到程式上，8.3.2 節一同揭曉。

proxyHandle.updateAPIService() 方法將建立反向代理服務時需要的資訊組織到 handlingInfo 欄位中，包括但不限於：代理服務用於和聚合 Server 建立互信的證書、私密金鑰與 CA 證書、目標 Service 的 host 和 port 等資訊。

proxyHandler.ServeHTTP() 方法首先會取出 handlingInfo，據此判斷是不是由主 Server 和擴充 Server 負責的 API，如果是，則交由 localDelegate 欄位所代表的主 Server 去處理，否則就需要交由聚合 Server 了。如果需要與聚合 Server 互動，則需先建立代理服務，這用到 handlingInfo 中的資訊：類型為 url.url 的位址資訊、類型為 http.RoundTriper 的請求操作資訊，它們被同請求內容一起交給反向代理服務提供者來獲得代理服務。apimachinery 函數庫實現了反向代理服務提供者，它包裝了基礎函數庫 net/http 中 httputil.ReverseProxy 結構所提供的能力，感興趣的讀者可以從 ServeHTTP() 的程式開始查閱，相關程式如下：

```
// 程式 8-11 vendor/k8s.io/kube-aggregator/pkg/apiserver/handler_proxy.go
handler :=proxy.NewUpgradeAwareHandler(location, proxyRoundTripper,
            true, upgrade, &responder{w: w})
if r.rejectForwardingRedirects {
```

```
    handler.RejectForwardingRedirects =true
}
utilflowcontrol.RequestDelegated(req.Context())
handler.ServeHTTP(w, newReq)
```

針對本節開頭的例子，當從 kubectl 發出的 describe 命令被轉換成 HTTP 請求並到達聚合器時，根據目標端點的不同，請求將流轉到不同的回應器去處理。

8.3 聚合器中控制器的實現

聚合器的控制器不涉及由控制器管理器負責運行的內建控制器，它們全部同聚合器一起運行在核心 API Server 程式中。在前幾節中談到不少控制器，各自起著非常重要的作用。前幾節留的 3 個思考問題的答案就是在某個控制器上。

8.3.1 自動註冊控制器與 CRD 註冊控制器

因為 APIService 實例和 API 組版本之間有一一對應的關係，所以每當有新 API 組的引入時都需要為其每個版本建立 APIService 實例。不同類型的 API 建立 APIService 實例的方式不同：

（1）內建 API 的引入需要編碼，重新啟動 API Server 時它們的 APIService 實例會被建立並載入。

（2）透過聚合 Server 引入新的 API 組，當聚合 Server 完成部署後，需要管理員手工為其建立 APIService 實例，這部分也不用程式進行特殊處理。

（3）透過定義 CRD 來引入的客製化 API，則需要程式建立 APIService 實例。這個問題是由自動註冊控制器和 CRD 註冊控制器聯手解決的。它們的協作過程如圖 8-9 所示。

聚合器和聚合 Server

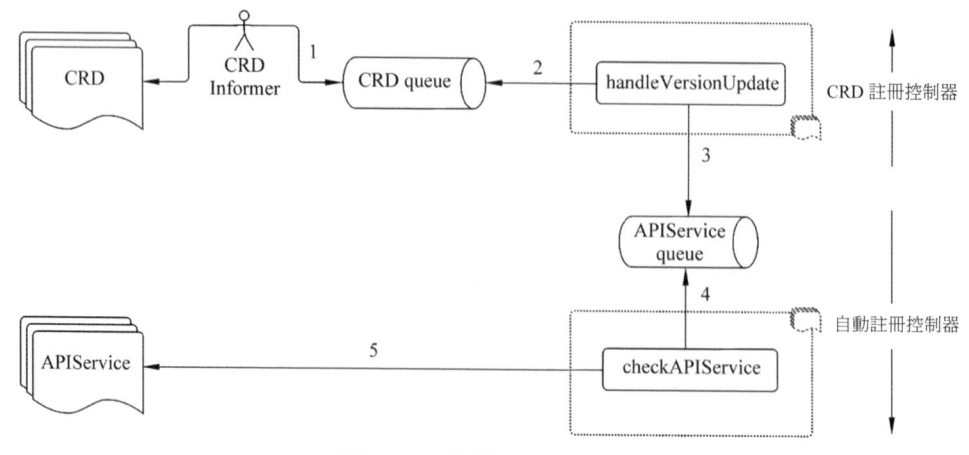

▲ 圖 8-9 兩個控制器的內部結構

步驟 1：CRD 註冊控制器會用一個 CRD Informer 關注 CRD 的增、刪、改事件，把目標 CRD 實例放入工作佇列。

步驟 2：handleVersionUpdate() 方法是 CRD 註冊控制器的控制迴圈主邏輯，當工作佇列中有 CRD 實例時它會被呼叫。為 CRD 實例定義的客製化 API 製作 APIService 實例，並放入自動註冊控制器的工作佇列中。

步驟 3：自動註冊控制器的控制迴圈的主邏輯是方法 checkAPIService()，當工作佇列中有 APIService 實例時，它會被呼叫，將接收的 APIService 實例的最新資訊持久化到 ETCD：該建立就建立，該修改就修改。這樣將 CRD 中定義的客製化 API 的 APIService 實例表現到資料庫中。

在這一過程中，CRD 註冊控制器扮演了自動註冊控制器的工作佇列內容生產者的角色，而自動註冊控制器則負責將最新的 APIService 資訊儲存到資料庫。資料庫中 APIService 實例的變化又會觸發其他關注 APIService 變化的控制器去執行操作，從而形成連鎖反應。

這兩個控制器的建立是在 createAggregatorServer() 方法中完成的，程式部分如下，從中可以看到 CRD 註冊控制器的建構方法需要一個自動註冊控制器實例作為入參，因為前者需要把「產品」放入後者的工作佇列。同樣是在這種方法中，這兩個控制器的啟動被製作為啟動鉤子函數，在 Server 啟動後被執行。

8.3 聚合器中控制器的實現

```
// 程式 8-12 cmd/kube-apiserver/app/aggregator.go
autoRegistrationController :=autoregister.NewAutoRegisterController(
    aggregatorServer.APIRegistrationInformers.
    Apiregistration().V1().APISer… )
apiServices :=apiServicesToRegister(
    delegateAPIServer,
    autoRegistrationController)
crdRegistrationController :=crdregistration.NewCRDRegistrationController(
    apiExtensionInformers.Apiextensions().V1().
    CustomResourceDefinitions(),
    autoRegistrationController
)
```

這兩個控制器分別基於結構 autoRegisterController 和 crdRegistrationController，其結構的定義如圖 8-10 所示。可以從上述程式碼部分找到它們所在的定義檔案進行查閱。

```
⊟ autoRegisterController struct{…}
   ◇ apiServiceClient apiregistrationclient.APIServicesGetter
   ◇ apiServiceLister listers.APIServiceLister
   ◇ apiServicesAtStart map[string]bool
   ◇ apiServicesToSync map[string]*v1.APIService
   ◇ apiServicesToSyncLock sync.RWMutex
   ◇ apiServiceSynced cache.InformerSynced
   ◇ queue workqueue.RateLimitingInterface
   ◇ syncedSuccessfully map[string]bool
   ◇ syncedSuccessfullyLock *sync.RWMutex
   ◇ syncHandler func(apiServiceName string) error
```
(a) 自動註冊控制器的定義

```
⊟ crdRegistrationController struct{…}
   ◇ apiServiceRegistration AutoAPIServiceRegistration
   ◇ crdLister crdlisters.CustomResourceDefinitionLister
   ◇ crdSynced cache.InformerSynced
   ◇ queue workqueue.RateLimitingInterface
   ◇ syncedInitialSet chan struct{}
   ◇ syncHandler func(groupVersion schema.GroupVersion) error
```
(b) CRD 註冊控制器的定義

▲ 圖 8-10 自動註冊控制器和 CRD 註冊控制器的基座結構

8.3.2 APIService 註冊控制器

8.2 節中留下了 3 個問題供讀者思考，分別是在製作 OpenAPI 端點響應器時、製作端點 /apis 的響應器時和為每個 API 組版本的端點製作響應器（proxyHandler）時該如何監控 APIService 實例的變動。答案是本節要介紹的 APIService 註冊控制器。

1. 控制器的建立

APIService 註冊控制器的建立發生在 NewWithDelegate() 方法中，工廠函數 NewAPIServiceRegistratioinController() 被呼叫，從而建立了它，程式如下：

```
// 程式 8-13
//vendor/k8s.io/kube-aggregator/pkg/apiserver/apiservice_controller.go
func NewAPIServiceRegistrationController(apiServiceInformer
    informers.APIServiceInformer, apiHandlerManager APIHandlerManager)
                                            *APIServiceRegistrationController {
    c :=&APIServiceRegistrationController{
        apiHandlerManager: apiHandlerManager,
        apiServiceLister:  apiServiceInformer.Lister(),
        apiServiceSynced:  apiServiceInformer.Informer().HasSynced,
        queue:             workqueue.NewNamedRateLimitingQueue(
            workqueue.DefaultControllerRateLimiter(),
            "APIServiceRegistrationController"),
    }

    apiServiceInformer.Informer().AddEventHandler(
        cache.ResourceEventHandlerFuncs{
            AddFunc:    c.addAPIService,
            UpdateFunc: c.updateAPIService,
            DeleteFunc: c.deleteAPIService,
    })

    c.syncFn =c.sync
```

```
    return c
}
```

NewAPIServiceRegistratioinController() 函數接收兩個入參：第 1 個是 APIServiceInformer 的 Informer，用來監控 ETCD 中 APIService 實例的變化並發出事件；第 2 個參數類型是介面 APIHandlerManager，實際參數用的就是建構中的聚合器實例，聚合器實現了該介面。APIHandlerManager 的定義如下：

```
// 程式 8-14
//vendor/k8s.io/kube-aggregator/pkg/apiserver/apiservice_controller.go
type APIHandlerManager interface {
    AddAPIService(apiService *v1.APIService) error
    RemoveAPIService(apiServiceName string)
}
```

2. 控制器的內部結構

APIService 註冊控制器遵從了標準的控制器模式，基於前面對各種控制器的介紹並不難理解其內部建構。它的實現基於結構 APIServiceRegistrationController，其欄位如圖 8-11(a) 所示，方法如圖 8-11(b) 所示。

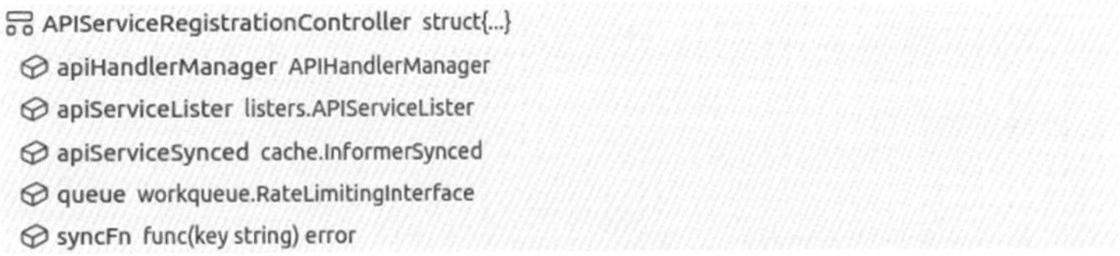

- APIServiceRegistrationController struct{...}
  - apiHandlerManager APIHandlerManager
  - apiServiceLister listers.APIServiceLister
  - apiServiceSynced cache.InformerSynced
  - queue workqueue.RateLimitingInterface
  - syncFn func(key string) error

(a) 控制器欄位

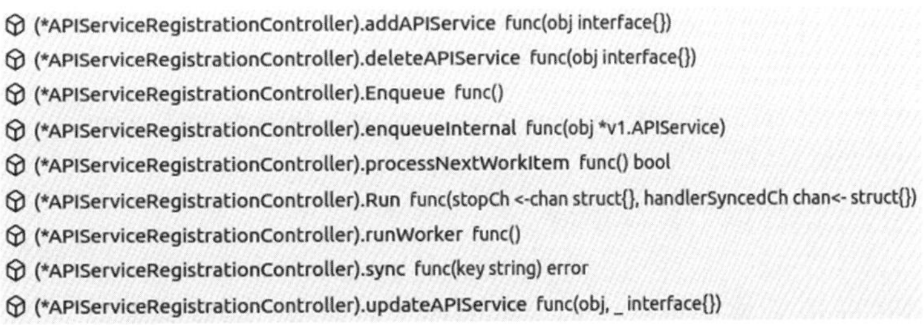

- (*APIServiceRegistrationController).addAPIService func(obj interface{})
- (*APIServiceRegistrationController).deleteAPIService func(obj interface{})
- (*APIServiceRegistrationController).Enqueue func()
- (*APIServiceRegistrationController).enqueueInternal func(obj *v1.APIService)
- (*APIServiceRegistrationController).processNextWorkItem func() bool
- (*APIServiceRegistrationController).Run func(stopCh <-chan struct{}, handlerSyncedCh chan<- struct{})
- (*APIServiceRegistrationController).runWorker func()
- (*APIServiceRegistrationController).sync func(key string) error
- (*APIServiceRegistrationController).updateAPIService func(obj, _ interface{})

(b) 控制器方法

▲ 圖 8-11 APIService 控制器的欄位和方法

8 聚合器和聚合 Server

理解一個控制器的關鍵是理解其控制迴圈的主邏輯，這通常是控制器基座結構上的方法，而且這個方法的名稱一般以 sync 為首碼。對於 APIService 註冊控制器來講，這個方法就是 sync()，它的邏輯非常簡潔和清晰。

```go
// 程式 8-15
//vendor/k8s.io/kube-aggregator/pkg/apiserver/apiservice_controller.go
func (c *APIServiceRegistrationController) sync(key string) error {
    apiService, err :=c.apiServiceLister.Get(key)
    if apierrors.IsNotFound(err) {
        c.apiHandlerManager.RemoveAPIService(key)
        return nil
    }
    if err !=nil {
        return err
    }

    return c.apiHandlerManager.AddAPIService(apiService)
}
```

sync() 方法透過查詢 ETCD 的方式確定目標 APIService 實例是否被刪除，如果是，則呼叫 apiHandlerManager（也就是聚合器實例）的 RemoveAPIService() 方法刪除它，否則屬於新增或修改的情況，呼叫 AddAPIService() 方法增加。就是這麼簡單，那麼聚合器的 RemoveAPIService() 和 AddAPIService() 方法都做了什麼事情就是關鍵了。

3. 聚合器的 AddAPIService()

當新增和修改 APIService 實例時，聚合器的這種方法被呼叫，簽名如下：

```go
func (s *APIAggregator) AddAPIService(apiService *v1.APIService) error
```

該方法內部處理以下幾件事情。

1）為該 APIService 實例所決定的端點製作（或修改）端點響應器

一個 APIService 實例決定了一組以這個字串開頭的端點：/apis/< 組名稱 >/< 版本 >，使用者端透過向 /apis/< 組名稱 >/< 版本 > 發送 Get、Post 等請求來

8.3 聚合器中控制器的實現

完成操作。當目標 API 由聚合 Server 提供時，需要反向代理做請求的轉發，聚合器透過創造一個 8.2.5 節介紹的 proxyHandler 結構實例來作為這組端點的回應器，它實現了 http.Handler 介面並且內建了反向代理服務，用於請求轉發。端點回應器的程式如下：

```go
// 程式 8-16 vendor/k8s.io/kube-aggregator/pkg/apiserver/apiserver.go
proxyHandler :=&proxyHandler{
    localDelegate:              s.delegateHandler,
    proxyCurrentCertKeyContent: s.proxyCurrentCertKeyContent,
    proxyTransport:             s.proxyTransport,
    serviceResolver:            s.serviceResolver,
    egressSelector:             s.egressSelector,
    rejectForwardingRedirects:  s.rejectForwardingRedirects,
}
proxyHandler.updateAPIService(apiService) // 要點①
```

要點①處以該 APIService 實例為入參呼叫了 proxyHandler 的 updateAPIService() 方法，這確保了 proxyHandler 能夠從中取出目標聚合 Server 的位址等資訊。

這回答了 8.2.5 節留的問題，APIService 註冊控制器實現了監控 APIService 實例的變更並觸發了 proxyHandler 的建立和初始化。

2）通知 API 發現聚合控制器和 OpenAPI 聚合控制器

在介紹這兩個控制器時留了兩個問題，誰來替它們關注 APIService 實例的變化。答案也是 APIService 註冊控制器。在本控制器的 AddAPIService() 方法中具有以下的程式：

```go
// 程式 8-17 vendor/k8s.io/kube-aggregator/pkg/apiserver/apiserver.go
if s.openAPIAggregationController !=nil {
    s.openAPIAggregationController.AddAPIService(
                            proxyHandler, apiService)
}
if s.openAPIV3AggregationController !=nil {
    s.openAPIV3AggregationController.AddAPIService(
                            proxyHandler, apiService)
```

```
}
if s.discoveryAggregationController !=nil {
    s.discoveryAggregationController.AddAPIService(
                                apiService, proxyHandler)
}
```

　　這兩個控制器都有名為 AddAPIService() 的方法，它們會把目標 APIService 實例放入各自的工作佇列，在後續控制迴圈中更新它們的內部資訊。

3）為該 APIService 實例所決定的 API 組設置發現端點回應器

　　一個 APIService 實例決定了一個 API 組發現端點：/apis/< 組名稱 >，透過向這個端點發送 GET 請求會得到該組所有可用版本的列表。結構 apiGroupHandler 負責提供相應實現，它的 ServeHTTP() 方法從 ETCD 讀出所有 APIService 實例，把屬於該組的版本資訊讀取出來後傳回。以下是製作組發現響應器及向端點綁定的程式：

```
// 程式 8-18  vendor/k8s.io/kube-aggregator/pkg/apiserver/apiserver.go
groupPath :="/apis/" +apiService.Spec.Group
groupDiscoveryHandler :=&apiGroupHandler{
    codecs:    aggregatorscheme.Codecs,
    groupName: apiService.Spec.Group,
    lister:    s.lister,
    delegate:  s.delegateHandler,
}
//aggregation is protected
s.GenericAPIServer.Handler.NonGoRestfulMux.Handle(
                groupPath, groupDiscoveryHandler)
s.GenericAPIServer.Handler.NonGoRestfulMux.UnlistedHandle(
                groupPath+"/", groupDiscoveryHandler)
s.handledGroups.Insert(apiService.Spec.Group)
```

　　前序章節也設置了許多回應器，到現在為止，端點 /apis、/apis/< 組名稱 >、/apis/< 組名稱 >/< 版本 > 和 /apis/< 組名稱 >/< 版本 >/< 資源 > 都具有了回應器，發向它們的 HTTP 請求都會被處理。

4. 聚合器的 RemoveAPIService

當刪除一個 APIService 實例時，聚合器的這種方法被呼叫，相對於 Add-APIService（）方法它的邏輯要簡單得多，只需進行一些清理工作：

（1）從聚合器的 proxyHandlers 列表中移除該 APIServer 的 proxyHandler 實例。

（2）移除端點 /apis/< 組名稱 >/< 版本 > 上的回應器。

（3）呼叫 OpenAPI 聚合控制器和發現聚合控制器的 RemoveAPIService 方法，從而從它們的內部清除相應資訊。

8.3.3 APIService 狀態監測控制器

聚合 Server 的存在使 API Server 成為分散式的結構，在這種系統結構下各元件的可用性是需要特別關注的。聚合器會對每個 APIService 實例的增、刪、改操作進行監控，事件發生時去檢測支撐它的 Kubernetes Service 是否處於連通且可用的狀態，據此更新該 APIService 實例的 Status 資訊——status.conditions.status 和 status.conditions.type。

上述檢測和更新是由 API Service 控制器完成的。該控制器基於結構 AvailableConditionController，其上有控制器模式的一般屬性，例如工作佇列 queue，指向控制迴圈核心邏輯的屬性 syncFn，存取 3 種 API 所用的 Lister 屬性。控制器模式的標準方法也都被賦予了該結構，如 runWorker()、processNextWorkItem()、向工作佇列增加內容的 addXXX()、updateXXX() 和 deleteXXX() 方法。控制器的運作機制如圖 8-12 所示。

聚合器和聚合 Server

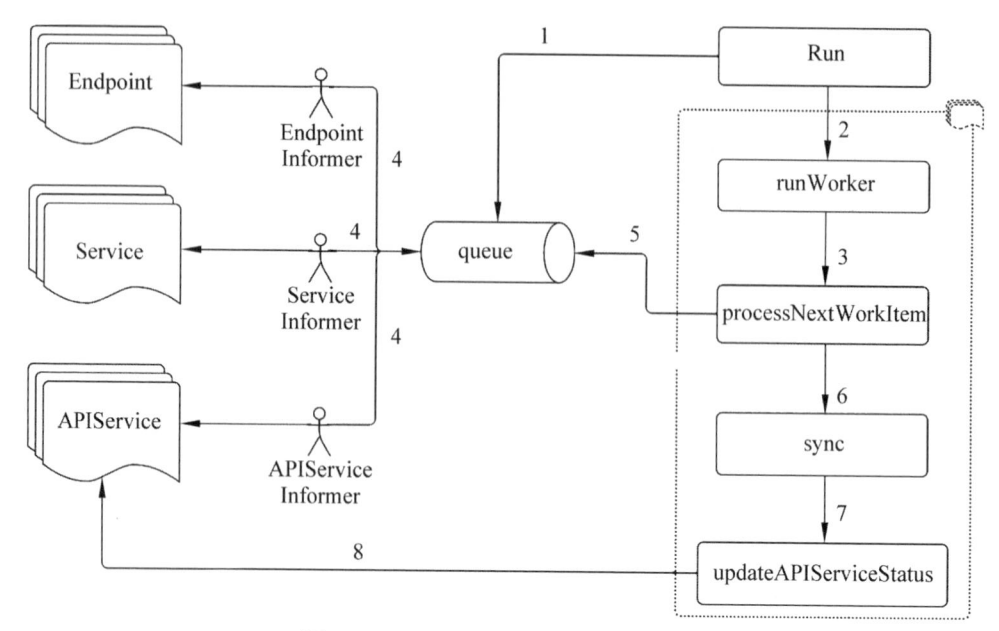

▲ 圖 8-12 API Service 控制器的運作機制

　　控制迴圈的核心邏輯是 sync() 方法。一個 APIService 的資源定義中有 spec.service 屬性代表了這個 API 組版本所在的 Server。如果目標是核心 API Server，則這個屬性是空。對於來自聚合 Server 的 API 組版本，spec.service 指向一個叢集內的 Service API 實例，聚合 Server 透過該實例暴露自己的連接資訊。一個 Service 會透過一個名稱相同的 Endpoints 實例來管理其所在 Pod 的位址，如果部署在多個 Pod 上，則它們都會出現在 Endpoints 的資訊上。一個 Service 實例如圖 8-13 所示，它的 Endpoints 如圖 8-14 所示。當 APIService、Service 和 Endpoints 發生增、刪、改操作時，需要啟動對相關 APIService 實例連結的 Service 可達性檢驗，檢測的方式是首先從 Service 物件提取連接資訊，然後用一個反向代理服務去請求該位址上的端點 /apis/<API 組 >/<API 版本 >（如果是核心 API，則是 /api/< 版本 >）。如果得到的回應狀態碼不在區間 [200,300) 內，則代表服務失敗；連續嘗試 5 次，如果沒有一次成功，則認定該 Service 不能服務，改變 APIService 實例的狀態資訊。

8.3 聚合器中控制器的實現

```
jackyzhang@ThinkPad:            $ kubectl describe service kubernetes
Name:                   kubernetes
Namespace:              default
Labels:                 component=apiserver
                        provider=kubernetes
Annotations:            <none>
Selector:               <none>
Type:                   ClusterIP
IP Family Policy:       SingleStack
IP Families:            IPv4
IP:                     10.96.0.1
IPs:                    10.96.0.1
Port:                   https   443/TCP
TargetPort:             8443/TCP
Endpoints:              192.168.49.2:8443
Session Affinity:       None
```

▲ 圖 8-13 Service 實例

```
jackyzhang@ThinkPad:            $ kubectl describe endpoints kubernetes
Name:           kubernetes
Namespace:      default
Labels:         endpointslice.kubernetes.io/skip-mirror=true
Annotations:    <none>
Subsets:
  Addresses:            192.168.49.2
  NotReadyAddresses:    <none>
  Ports:
    Name    Port    Protocol
    ----    ----    --------
    https   8443    TCP

Events: <none>
```

▲ 圖 8-14 Service 的 Endpoints

除此之外，sync() 方法還有一些簡單的檢查，例如 Service 乾脆就沒有，則直接傳回錯誤。讀者可以在原始檔案 vendor/k8s.io/kube-aggregator/pkg/controllers/status/available_controller.go 中查看完整資訊。APIService 狀態檢測控制器基座結構的欄位與方法如圖 8-15 所示。

```
(*AvailableConditionController).addAPIService  func(obj interface{})
(*AvailableConditionController).addEndpoints  func(obj interface{})
(*AvailableConditionController).addService  func(obj interface{})
(*AvailableConditionController).deleteAPIService  func(obj interface{})
(*AvailableConditionController).deleteEndpoints  func(obj interface{})
(*AvailableConditionController).deleteService  func(obj interface{})
(*AvailableConditionController).getAPIServicesFor  func(obj runtime.Object) []string
(*AvailableConditionController).processNextWorkItem  func() bool
(*AvailableConditionController).rebuildAPIServiceCache  func()
(*AvailableConditionController).Run  func(workers int, stopCh <-chan struct{})
(*AvailableConditionController).runWorker  func()
(*AvailableConditionController).setUnavailableCounter  func(originalAPIService, new
(*AvailableConditionController).setUnavailableGauge  func(newAPIService *apiregist
(*AvailableConditionController).sync  func(key string) error
(*AvailableConditionController).updateAPIService  func(oldObj, newObj interface{})
(*AvailableConditionController).updateAPIServiceStatus  func(originalAPIService, ne
(*AvailableConditionController).updateEndpoints  func(obj, _ interface{})
(*AvailableConditionController).updateService  func(obj, _ interface{})
(*tlsTransportCache).get  func(config *rest.Config) (http.RoundTripper, error)
AvailableConditionController  struct{...}
    apiServiceClient  apiregistrationclient.APIServicesGetter
    apiServiceLister  listers.APIServiceLister
    apiServiceSynced  cache.InformerSynced
    cache  map[string]map[string][]string
    cacheLock  sync.RWMutex
    dialContext  func(ctx context.Context, network, address string) (net.Conn, error)
    endpointsLister  v1listers.EndpointsLister
    endpointsSynced  cache.InformerSynced
    metrics  *availabilityMetrics
    proxyCurrentCertKeyContent  certKeyFunc
    queue  workqueue.RateLimitingInterface
    serviceLister  v1listers.ServiceLister
    serviceResolver  ServiceResolver
    servicesSynced  cache.InformerSynced
    syncFn  func(key string) error
    tlsCache  *tlsTransportCache
```

▲ 圖 8-15 控制器結構的欄位和方法

8.4 聚合 Server

聚合 Server 指基於 Generic Server 框架開發的子 API Server，用於引入客製化 API。在 Kubernetes 中沒有哪一項內建 API 服務由聚合 Server 提供，聚合 Server 是使用者專屬的擴充方式。社區提供了名為 API Server Builder 的工具輔助聚合 Server 的開發，同時在專案程式庫中提供了聚合 Server 的例子，但對於如何開發聚合 Server 並沒有詳細的文件指導。軟體開發絕不應也不會完全成為黑盒，開發人員需要知其然並知其所以然，以便當遇到問題時迅速地找到解決方法。

聚合 Server 的建構與可獨立運行的擴充 Server 極為類似，本章不再贅述重複的環節，而是專注講解其特有部分的實現。

8.4.1 最靈活的擴充方式

聚合 Server 核心的價值是提供了對 API Server 終極擴充功能。從能力上看，一個擴充 Server 可以同核心 Server 中的任何子 Server 一樣強大，而且可以隨時上下線，不必重新啟動 API Server。這使它區別於 CRD 成為不同等級的選手。能力強大的代價是建構和管理上的複雜，建立一個 CRD 只要撰寫資源定義檔案就而建立聚合 Server 需要編碼、部署。當需要擴充 API 時，是使用輕量的 CRD 還是使用厚重的聚合 Server 最終要看需求，Kubernetes 官方對二者進行的對比比較權威，見表 8-1。

▼ 表 8-1 CRD 與聚合 Server 對 API Server 的擴充能力比較

功能	介紹	CRD	聚合 Server
驗證	API 資料驗證有助獨立於使用者端迭代自己的 API 版本。當消費 API 的使用者端很多時，驗證功能非常有用	支援。大多數驗證需求可以透過 OpenAPI v3 的 Schema 進行支援。功能開關 CRDValidationRat-cheting 允許在失敗部分沒有被更改的前提下忽略這部分驗證的失敗。此外，特殊的驗證可以用網路鉤子(webhook)實現	支援。支援任意驗證

（續表）

功能	介紹	CRD	聚合 Server
設置預設值	目的同驗證時十分類似	支援。可以透過 OpenAPI v3 驗證能力的 default 關鍵字設置，也可以用 MutatingWebhook（注意，這種方式在從 ETCD 讀取老物件時不起作用）	支援
多版本	允許為同一 API 種類定義多個版本。可以幫助簡化像欄位改名之類的實現，但如果能完全控制使用者端版本，則多版本就不是特別重要了	支援	支援
客製化儲存	如果有特別高的性能要求，或有隔離敏感資訊等需求，就需要考慮使用 ETCD 之外的儲存	不支援	支援
客製化的業務邏輯	在增、刪、改、查 API 物件時做任何操作	支援，使用 Webhook	支援
子資源：Scale	允許系統動態地調整資源，如 HorizontalPodAutoscaler 和 PodDisruptionBudget API 代表的機制	支援	支援
子資源：Status	將使用者和控制器各自寫入入的部分隔離開	支援	支援
子資源：其他	增加除了 CRUD 之外的其他操作，例如 logs 和 exec	不支援	支援
Serverstrategic-merge-patch	新端點，支援 Content-Type 為 application/strategic-merge-patch+json 的 PATCH 方法。該端點為支援同時在本地和 Server 端進行實例更新提供便利	不支援	支援

8.4 聚合 Server

（續表）

功能	介紹	CRD	聚合 Server
Protocol Buffers	引入的客製化 API 是否支援使用者端使用 Protocol Buffers 來互動	不支援	支援
OpenAPI 規範	是否可以從 Server 獲取服務的 OpenAPI 規格說明，類似使用者拼錯欄位名稱等小錯誤是否能被有效檢查，是否保證類型相符	支援，但限於 Open-API v3 的 Validation 規範所提供的能力（從 1.16 開始支援）	支援

表 8-1 顯示聚合 API 對所有專案都是支援的，畢竟開發者需要編碼實現它，想實現什麼都是可以的。同時也要看到，CRD 對表中許多專案也是支援的，對於很多應用場景來講，這種支援程度已足夠，不必費時費力地開發自己的聚合 Server。這兩種擴充方式不僅有不同，也有許多共同的能力，見表 8-2。

▼ 表 8-2 CRD 與聚合 Server 共有的擴充能力

功能	作用
CRUD	透過 kubectl 或 HTTP 請求來對擴充出的新資源進行 CRUD 操作
Watch	新資源的端點支援 Watch 操作
Discovery	使用者端（如 kubectl 和 dashboard）提供針對新資源的羅列、顯示和欄位編輯操作
json-patch	新資源的端點支援 Content-Type: application/json-patch+json
HTTPS	啟用 HTTPS，更安全
內建登入驗證	利用核心 API Server 的登入驗證功能
內建許可權驗證	利用核心 API Server 的許可權驗證功能
Finalizer	一種機制，在清理工作完成前，阻止系統刪除新 API 的實例
認證控制 Webhook	在 CUD 前對新資源設置預設值並進行驗證用的 Webhook
UI 與 CLI 端顯示	kubectl 和 dashboard 可以展示擴充出的新資源

（續表）

功能	作用
沒設值 vs 空值	使用者端可以區分出欄位的值是沒有設置還是使用者設置了 Go 語言中該欄位類型的零值
生成使用者端函數庫	這是 Kubernetes 提供的標準功能，既能夠生成通用使用者端函數庫，也可以借助工具生成類型相關的使用者端函數庫。這些函數庫可供使用者端程式使用，以操作擴充出的新資源
標籤和注解	透過中繼資料類型（metav1.TypeMeta 和 metav1.ObjectMeta）提供與內建 API 一樣的標籤和注解能力，Kubernetes 的眾多功能依賴這些標籤

8.4.2 聚合 Server 的結構

一個聚合 Server 在結構上與擴充 Server 等非常類似，同樣以 Generic Server 為底座建構，自動具有 Generic Server 所提供的許多能力，例如可以利用 Generic Server 的 InstallAPIGroup() 方法將擴充出的 API 注入並生成端點。如果讀者對前面介紹的各個 Server 了然於胸，則建構聚合 Server 將易如反掌。聚合 Server 的整體架構如圖 8-16 所示，這幾乎就是主 Server、擴充 Server 和聚合器的架構翻版。

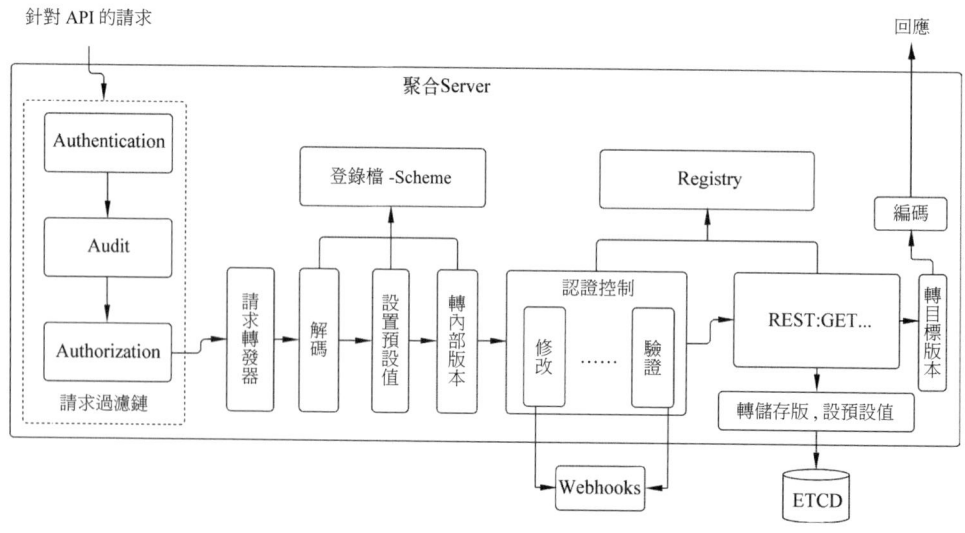

▲ 圖 8-16 聚合 Server 的架構

8.4 聚合 Server

在核心 Server 啟動過程中，聚合器的 PrepareRun() 和 Run() 方法會被執行，而主 Server 與擴充 Server 乾脆沒有這兩種方法[1]，這是由於聚合器提供了 Server 的基礎設施，托起主 Server 和擴充 Server，除了提供各自的 API、鉤子函數等配置，它們根本不需要直接面對 Web Server，但聚合 Server 則不然，通常情況下它會被作為一個 Service 單獨運行在一個 Pod 裡面，是一個可執行程式，它需要自備底層 Server、準備配置資訊並啟動它。所以，當建構聚合 Server 時，開發者會效仿核心 API Server 和其聚合器的做法：執行時期首先建立該 Server 的實例，該實例會有 PrepareRun() 方法，透過呼叫它完成準備工作，而且 PrepareRun() 內會觸發對底層 Generic Server 的 PrepareRun() 的呼叫；然後，呼叫底層 Generic Server 的 Run() 方法啟動底層 Server。當然，這一過程也與擴充 Server 作為獨立應用時的運行過程一致。

細心的讀者可能會有疑惑，一個發給聚合 Server 的請求豈不要經過兩筆請求過濾鏈？一筆是聚合器的，另一筆是聚合 Server 的，是否多餘了？這種容錯無法完全避免，畢竟聚合 Server 是一個獨立的 Server，也需要考慮來自核心 API Server 之外的非法請求，請求過濾鏈中的環節會檢驗請求。

登入（authentication）和鑑權 (authorization) 部分值得特別注意。一般情況下，聚合 Server 需要和核心 API Server 的處理方式保持一致。試想一下，可不可能出現核心 Server 允許使用者操作 API 實例而聚合 Server 不允許呢？顯然，需要保持二者的邏輯一致性，如果出現了這種情況，則看起來更像不一致。聚合器及聚合 Server 協作完成登入和鑑權的過程如圖 8-17 所示。

---

[1] 但它們底座 Generic Server 的 PrepareRun() 方法都會被執行，由 Server 鏈頭的 Generic Server 的 PrepareRun() 觸發呼叫。

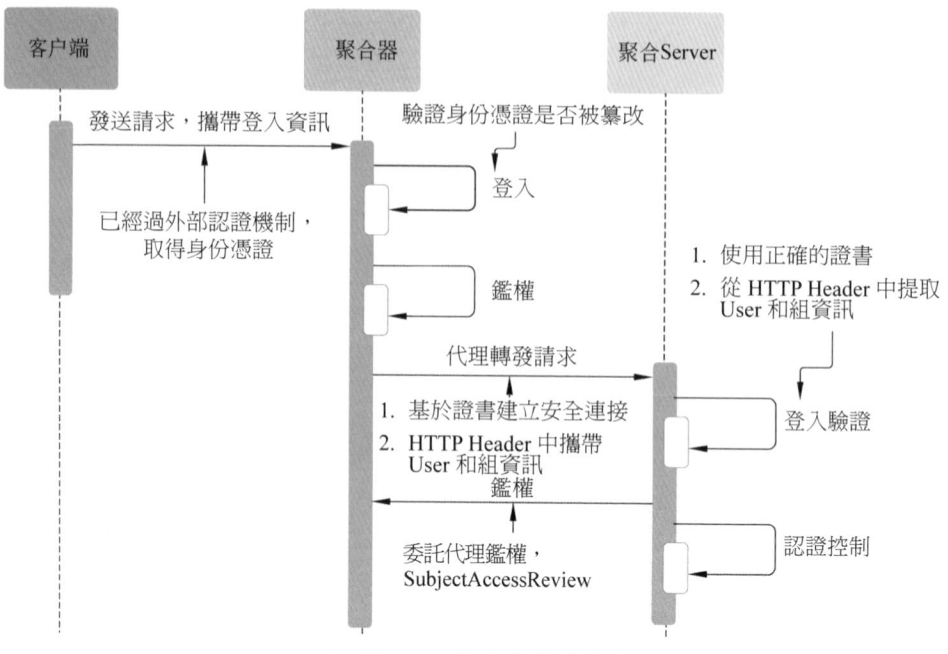

▲ 圖 8-17 登入和鑑權流程

8.4.3 委派登入認證

委派登入認證是 Generic Server 為聚合 Server 所準備的認證方案，它複合了 3 種基本的登入認證方式。下面從兩種場景中引出這 3 種基本的登入認證。

1. 認證轉發的請求

對於由核心 API Server 代理轉發過來的請求，聚合 Server 啟用身份認證代理策略對其做登入認證。這是 Generic Server 內建的一種認證策略，在 6.4.2 節有基本介紹。聚合器透過反向代理轉發請求時，它會在請求標頭增加對該請求的認證結果。有以下兩個相關 Header。

（1）X-Remote-User（名稱可配置）：聚合器認證後的使用者名稱。

（2）X-Remote-Group（名稱可配置）：聚合器認證後的使用者群組。

8.4 聚合 Server

問題是聚合 Server 如何確認帶有上述 Header 的請求來自聚合器，而非非法第三方，這就需要證書來保證連結的安全了，如圖 8-18 所示。在進行請求轉發時，所有反向代理服務可使用一張 X509 證書與聚合 Server 建立安全連結，該證書所用 CN 必須為 aggregator（啟動時可更改）。在核心 API Server 啟動時，需要使用命令列標識 --proxy-client-cert-file 和 --proxy-client-key-file 來指定這張證書及私密金鑰；與這張證書相關的根證書則以 --requestheader-client-ca-file 標識指定。這些證書將以 ConfigMap[①] 的形式儲存在核心 API Server 上，聚合 Server 從核心 API Server 讀取它。據此，聚合 Server 驗證請求所使用的證書，如果透過就完全信任請求標頭上的使用者名稱和使用者群組資訊。

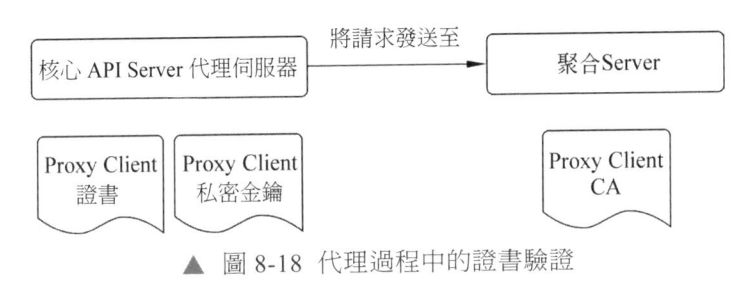

▲ 圖 8-18 代理過程中的證書驗證

注意：如果啟動核心 Server 時沒有用上述參數舉出 CA 證書就會麻煩一些。首先啟動聚合 Server 時需要用同樣的參數舉出 CA，然後要設法讓核心 API Server 建立反向代理聯繫聚合 Server 時為該代理使用由這個 CA 簽發的證書。也可以乾脆讓聚合 Server 不驗證反向代理所使用的證書——只要在啟動聚合 Server 時使用參數 --authentication-skip-lookup，但這樣的副作用是 X509 客戶證書認證策略也不起作用了，可以配合參數 --client-ca-file 舉出 X509 的 CA 來避免這個問題。

2. 認證非轉發的請求

對於不是從核心 API Server 來的請求，聚合 Server 可以使用 Generic Server 所提供的任何一種登入認證策略，但 Generic Server 推薦啟用下面兩種：

---

① 名為 extension-apiserver-authentication，它也儲存了 X509 使用者端證書認證使用的 CA。

8-49

（1）X509 客戶證書策略。6.4.2 節介紹過這種策略，讀者可查閱。

（2）TokenReview 策略（一種 Webhook 登入認證）。這種策略的工作過程是：如果在請求標頭中有 Authorization: Bearer <token>，則透過 Webhook 向核心 API Server 建立 TokenReview API 實例，核心 API Server 會立刻給予確認，這樣聚合 Server 便會即刻獲知使用者的合法性。進行認證的也可以不是核心 API Server，在這種情況下在啟動聚合 Server 時，用參數 --authentication-kubeconfig 指出認證伺服器的連接資訊即可，當然這需要目標認證伺服器能夠處理 TokenReview 實例。

3. 委派登入認證

Generic Server 同時啟用上述推薦 3 種策略：身份認證代理、X509 客戶證書和 TokeReview 策略。在建構聚合 Server 時如何同時啟用這 3 種策略呢？Generic Server 也已經準備好可重複使用方案，它生成複合以上 3 種登入認證策略的新策略，稱為委派登入認證。

下面分析委派登入認證的原始程式。由核心 API Server 的認證策略建構可知，一切從生成 Option 開始，Option 決定了命令列有哪些參數可供使用者使用，使用者的命令列輸入會改變 Option 的原始預設值；程式以 Option 為基礎生成 Server 運行配置（Config）；配置最終會被應用到生成的 Server 實例上，而登入認證策略的建構一樣從 Option 開始，聚合 Server 的 Option 分兩部分：第一是屬於底座 Generic Server 的，第二是自己特有的。登入認證策略是在 Generic Server 的 Option 上設置的，Generic Server 函數庫透過函數 NewRecommendedOptions() 推薦了 Option，其中包含推薦的登入認證策略設置。聚合 Server 只需在建構時用該方法建構 Generic Server 的 Option。NewRecommendedOptions() 函數的程式如下：

```
// 程式 8-19 vendor/k8s.io/apiserver/pkg/server/options/recommended.go
func NewRecommendedOptions(prefix string, codec runtime.Codec)
                                                    *RecommendedOptions {
    sso :=NewSecureServingOptions()
    //…
```

8.4 聚合 Server

```
    sso.HTTP2MaxStreamsPerConnection =1000

    return &RecommendedOptions{
        Etcd:              NewEtcdOptions(
                           storagebackend.NewDefaultConfig(prefix, codec)),
        SecureServing:     sso.WithLoopback(),
        Authentication:    NewDelegatingAuthenticationOptions(),// 要點①
        Authorization:     NewDelegatingAuthorizationOptions(),
        Audit:             NewAuditOptions(),
        Features:          NewFeatureOptions(),
        CoreAPI:           NewCoreAPIOptions(),
        //…
        FeatureGate:               feature.DefaultFeatureGate,
        ExtraAdmissionInitializers: func(c *server.RecommendedConfig) (
            []admission.PluginInitializer, error) { return nil, nil },
        Admission:          NewAdmissionOptions(),
        EgressSelector:     NewEgressSelectorOptions(),
        Traces:             NewTracingOptions(),
    }
}
```

上述程式要點①處生成了委派登入認證的 Option。

有了 Option，下一步就是生成 Server 配置。基於要點①處函數呼叫所生成的 Option，可以製作一種類型為 DelegatingAuthenticatorConfig 結構的實例，利用它的 New() 方法將得到一個登入驗證策略——這便是複合了身份代理認證策略、X509 客戶證書策略和 TokenReview 策略的委派登入認證，可作為聚合 Server 的登入認證策略。讀者可查閱原始檔案 vendor/k8s.io/apiserver/pkg/authentication/authenticatorfactory/delegating.go 去了解上述 New() 方法和 DelegatingAuthenticatorConfig 結構的實現。

8.4.4 委派許可權認證

許可權的資訊被核心 API Server 集中管理，Kubernetes 叢集常用 Role-Based-Access-Control （RBAC）來作為許可權控制的方式。本書以 RBAC 為許

8-51

可權管理方式進行講解，其他方式類似。在這種模式下，Role 這種 API 用於設定一個角色具有什麼許可權，一個 Role 實例如圖 8-19 所示。API RoleBinding 則把 Role 實例和一個 User 或一組 User 綁定在一起，一個 RoleBinding 實例如圖 8-20 所示。

```
apiVersion: rbac.authorization.k8s.io/v1
kind: Role
metadata:
  namespace: default
  name: pod-reader
rules:
- apiGroups: [""] # "" indicates the core API group
  resources: ["pods"]
  verbs: ["get", "watch", "list"]
```

▲ 圖 8-19 Role 實例

```
apiVersion: rbac.authorization.k8s.io/v1
# This role binding allows "jane" to read pods in the "default" namespace.
# You need to already have a Role named "pod-reader" in that namespace.
kind: RoleBinding
metadata:
  name: read-pods
  namespace: default
subjects:
# You can specify more than one "subject"
- kind: User
  name: jane # "name" is case sensitive
  apiGroup: rbac.authorization.k8s.io
roleRef:
  # "roleRef" specifies the binding to a Role / ClusterRole
  kind: Role #this must be Role or ClusterRole
  name: pod-reader # this must match the name of the Role or ClusterRole you wish to bind to
  apiGroup: rbac.authorization.k8s.io
```

▲ 圖 8-20 RoleBinding 實例

當聚合 Server 需要知道請求的使用者是否具有做某個操作的許可權時，它需要聯絡核心 API Server 進行確認，這一確認請求被包裝成 API SubjectReview-Review 的實例，聚合 Server 利用一個 Webhook 向核心 API Server 發起建立請求，該請求最終會被核心 API Server 立即回應，回應程式如下：

8.4 聚合 Server

```go
// 程式 8-20 pkg/registry/authorization/subjectaccessreview/rest.go
func (r *REST) Create(ctx context.Context,
        obj runtime.Object, createValidation rest.ValidateObjectFunc,
        options *metav1.CreateOptions) (runtime.Object, error) {

    subjectAccessReview, ok :=obj.(*authorizationapi.SubjectAccessReview)
    if !ok {
        return nil, apierrors.NewBadRequest(fmt.Sprintf("…%#v", obj))
    }
    if errs :=authorizationvalidation.
        ValidateSubjectAccessReview(subjectAccessReview); len(errs) >0 {
        return nil, apierrors.NewInvalid(
            authorizationapi.Kind(subjectAccessReview.Kind), "", errs)
    }

    if createValidation !=nil {
        if err :=createValidation(ctx, obj.DeepCopyObject());
                                                    err !=nil {
            return nil, err
        }
    }

    authorizationAttributes :=authorizationutil.
        AuthorizationAttributesFrom(subjectAccessReview.Spec)
    decision, reason, evaluationErr :=r.authorizer.Authorize(
        ctx, authorizationAttributes)
    // 要點①
    subjectAccessReview.Status =
        authorizationapi.SubjectAccessReviewStatus{
            Allowed: (decision ==authorizer.DecisionAllow),
            Denied:(decision ==authorizer.DecisionDeny),
            Reason:reason,
    }
    if evaluationErr !=nil {
        subjectAccessReview.Status.EvaluationError =
        evaluationErr.Error()
    }

    return subjectAccessReview, nil
}
```

上述程式要點①處舉出了鑑權結果，它利用了核心 API Server 所配置的 authorizer 屬性，這樣是否有許可權做一個操作的決定最終是由核心 API Server 的鑑權機制作出的，從而保證了一致性。

以上就是聚合 Server 許可權鑑定的過程，下面講解聚合 Server 如何建立委派鑑權機制。回顧核心 API Server 的鑑權器生成過程可知：Server 實例由 Server 配置生成，Server 配置來自 Option，一切從生成 Option 開始，鑑權器也是如此。聚合 Server 鑑權器的設置完全類似。Generic Server 為委派鑑權器相關的 Option 準備了一個工廠方法：

```go
// 程式 8-21 vendor/k8s.io/apiserver/pkg/server/options/authorization.go
func NewDelegatingAuthorizationOptions() *DelegatingAuthorizationOptions {
    return &DelegatingAuthorizationOptions{
        //…
        AllowCacheTTL:      10 * time.Second,
        DenyCacheTTL:       10 * time.Second,
        ClientTimeout:      10 * time.Second,
        WebhookRetryBackoff: DefaultAuthWebhookRetryBackoff(),
        // 這保證 kubelet 總是可以得到健康狀況資訊。如非所期望，呼叫者可以後續更改之
        AlwaysAllowPaths: []string{"/healthz", "/readyz", "/livez"},
        //…
        AlwaysAllowGroups: []string{"system:masters"},
    }
}
```

聚合 Server 在建立 Option 時，可以直接使用它獲取鑑權器相關的 Option，作為其底層 Generic Server 的鑑權配置，這樣便啟用了委派鑑權器。還可以再簡單點：為聚合 Server 的底層 Generic Server 生成 Option 時，直接借用 Generic Server 的推薦 Option，它預設已經使用了委派鑑權器，其工廠方法如程式 8-19 所示。大多數的聚合 Server 會這麼做，畢竟在上述推薦 Option 的基礎上進行更改及調整會更省力一些。有了委派鑑權器的 Option 就有了生成鑑權器的基礎，再深挖一步，看 Generic Server 是怎麼在此基礎上建構委派鑑權器的。相關程式如下：

```go
// 程式 8-22 vendor/k8s.io/apiserver/pkg/server/options/authorization.go
func (s *DelegatingAuthorizationOptions) toAuthorizer(client
          kubernetes.Interface) (authorizer.Authorizer, error) {
    var authorizers []authorizer.Authorizer

    if len(s.AlwaysAllowGroups) >0 {
        authorizers =append(authorizers, authorizerfactory.
                                NewPrivilegedGroups(s.AlwaysAllowGroups…))
    }

    if len(s.AlwaysAllowPaths) >0 {
        a, err :=path.NewAuthorizer(s.AlwaysAllowPaths)
        if err !=nil {
            return nil, err
        }
        authorizers =append(authorizers, a)
    }

    if client ==nil {
        klog.Warning("No authorization-kubeconfig …")
    } else {
        cfg :=authorizerfactory.DelegatingAuthorizerConfig{ // 要點①
            SubjectAccessReviewClient: client.AuthorizationV1(),
            AllowCacheTTL:      s.AllowCacheTTL,
            DenyCacheTTL:       s.DenyCacheTTL,
            WebhookRetryBackoff:  s.WebhookRetryBackoff,
        }
        delegatedAuthorizer, err :=cfg.New()
        if err !=nil {
            return nil, err
        }
        authorizers =append(authorizers, delegatedAuthorizer)
    }

    return union.New(authorizers...), nil
}
```

8 聚合器和聚合 Server

Option 裡面的 AlwaysAllowPaths 會有設置不受許可權保護的路徑，例如健康監測端點，toAuthorizer() 方法首先為它們單獨製作子鑑權器，然後製作 Webhook 鑑權器：它先在要點①處從 Option 生成 Config，然後用 Config 的 New() 方法生成該鑑權器。最後，所有這些子鑑權器被方法 union.New 組合起來，作為單獨鑑權器——委派鑑權器傳回。cfg.New() 方法的程式如下：

```
// 程式 8-23
//vendor/k8s.io/apiserver/pkg/authorization/authorizerfactory/delegating.go
func (c DelegatingAuthorizerConfig) New() (authorizer.Authorizer, error) {
    if c.WebhookRetryBackoff ==nil {
        return nil, errors.New("retry …")
    }

    return webhook.NewFromInterface(
        c.SubjectAccessReviewClient,
        c.AllowCacheTTL,
        c.DenyCacheTTL,
        *c.WebhookRetryBackoff,
        webhook.AuthorizerMetrics{
            RecordRequestTotal: RecordRequestTotal,
            RecordRequestLatency: RecordRequestLatency,
        },
    )
}
```

New() 方法內會呼叫 Webhook 套件的 NewFromInterface() 函數來生成 Webhook 鑑權器，核心 API Server 處於聚合 Server 的遠端，所以這裡需用 Webhook 來包裝對核心 API Server 的存取，NewFromInterface() 方法最終傳回一個 WebhookAuthorizer 結構實例，其上有 Authorize() 方法用於執行 SubjectAccessReview 的建立和結果檢查等，原始程式在 vendor/k8s.io/apiserver/plugin/pkg/authorizer/webhook/webhook.go。

至此，Generic Server 為聚合 Server 準備的委派鑑權器建構完畢。

8.5 本章小結

本章內容雖然放在第二篇的最後介紹，但聚合器和聚合 Server 在整個 API Server 這個領域至關重要。聚合器是請求的第一接收者，負責將它們分發給正確的子 Server 去處理，也正是聚合器捏合了核心 API Server 和聚合 Server，使原先單體的 API Server 可成為分散式架構。

本章從聚合器出現的背景入手，向讀者介紹了它所解決的問題及它的出現帶給整個 API Server 架構的變化。接著像其他子 Server 一樣，介紹了聚合器建立和啟動的過程，並展開講解了它是如何利用反向代理把請求轉發出去的。自動註冊控制器、CRD 註冊控制器、APIService 註冊控制器和 API Service 狀態監控控制器是聚合器所依賴的幾種重要的控制器，本章予以展開介紹。

聚合 Server 是相對於 CRD 來講更為強大的擴充 API Server 的方式，它的建構完全可以參照核心 API Server 子 Server 的建構方式，所以本章只是簡介其架構，並著重剖析了 Generic Server 所推薦聚合 Server 使用的登入認證策略（委派登入認證）和鑑權器（委派許可權認證）。第三篇中會動手實現一個聚合 Server，許可權和登入相關的知識必不可少。

MEMO

第三篇
實戰篇

光說不練假把式。在深入 API Server 專案原始程式良久，剖析了其設計和實現細節後，相信讀者對動手操練已經躍躍欲試了。畢竟學習原理的最終目的還是服務實踐。這一篇將選取擴充 API Server 的幾種重要方式，帶領讀者進行開發練習，在實踐中鞏固和加深對 API Server 機制的理解。

首當其衝的擴充場景是開發聚合 Server。在第 8 章中看到，在聚合器的協調下一個聚合 Server 可以與核心 API Server 協作，提供對非 Kubernetes 內建 API 的支援。這種擴充機制是開發者手中的「核心武器」，在所有擴充手段中起著兜底的作用。此外，聚合 Server 的內部結構和核心 API Server 的各個子 Server 一致，學習開發它將加深對 API Server 的設計理解，一舉多得。製作聚合 Server 有兩種方式：直接基於 Generic Server 進行開發和利用開發鷹架 API Server Builder。直接基於 Generic Server 開發契合本書介紹原始程式的初衷，而使用鷹架更貼近實戰，本篇會分別使用它們開發功能相同的聚合 Server。

第二大擴充場景是利用 CustomResourceDefinition（CRD）引入客製化資源並開發其控制器。相比於聚合 Server，CRD 的方式更為簡便輕量，所以被更為廣泛地採用。讀者應該對操作器（Operator）有所耳聞，操作器有三大核心元素：CRD、Custom Resource 和控制器，本篇將使用 Kubebuilder 這款由社區開發的工具，用 CRD 引入客製化資源並開發搭配控制器，最終得到一個操作器，從而展示這一擴充場景。

第三類擴充場景是動態認證控制器（Webhook）的使用。之所以稱為 Webhook，是由於其實現機制要求啟動一個單獨 Web 應用，將擴充邏輯放入其中等待認證控制機制在合適的時機呼叫。認證控制機制在動態認證控制器中留了兩個擴充點：第 1 個擴充點為修改擴充點，第 2 個擴充點為驗證擴充點；此外，針對客製化資源的版本轉換也提供了轉換擴充點。上述 3 個擴充點都是以 Webhook 的模式提供的。本篇範例應用會涵蓋前兩個擴充點，第 3 個擴充點的開發過程完全類似。

本篇所有範例都可運行，原始程式在本書搭配材料中可以找到。所採用的測試運行環境如下。

（1）作業系統：Linux Ubuntu 22.04 LTS。

（2） Kubernetes 環境： Minikube v1.31.2。

（3）資料庫 : etcd 3.5.7。

（4）容器環境：Server 為 Docker Engine Comminute v24.0.6；Containerd 版本 v1.7.0。

（5） Go: 1.20.2。

MEMO

開發聚合 Server

　　如果讀者試圖到網際網路上尋找一份製作聚合 Server 的教學，則會發現這一主題的碎片化資料不難找到，但條理化系統講解的文件寥寥。好似手裡拿著美味的食材卻苦於沒有好食譜。希望本章能彌補這一缺憾。

9 開發聚合 Server

9.1 目標

開發前需要選定一個範例場景以便進行演示。該場景不必完全真實，但要提供契機應用需要展示的技術手段，現對本章場景描述如下。假設公司向其他企業提供人事管理的雲端解決方案，為降低成本，公司要求整個解決方案支援多租戶。所有客戶共用同一套程式，但敏感部分要求做到絕對隔離，例如每家企業均擁有獨立的資料庫實例，以便存放業務資料，系統 ID Service 支援客戶對接自有使用者資料庫。

產品開發團隊選用 Kubernetes 平臺作為解決方案的生產環境。應用主體部署在一個特定命名空間內，同時該命名空間包含了所有客戶共用的其他資源和服務，例如 Ingress；採用 Kubernetes 命名空間隔離不同企業的敏感資源：每家客戶都會獨有自己的命名空間，其內部署資料庫等敏感資源。

不難分析，上線一家新客戶對運行維護團隊來講表示針對共用命名空間和獨有命名空間的操作，運行維護團隊自然希望系統能自動完成這一過程，據此引入客製化 Kubernetes API——ProvisionRequest。每個該 API 實例代表一個為某客戶進行系統初始化的請求，其內描述了初始化使用的參數值。Kubernetes 關注每個新請求，並按照請求參數自動執行初始化任務，這包括以下幾項。

（1）為客戶建立新的命名空間。

（2）在新命名空間內建立敏感資源，本章將以資料庫（MySQL）為例。

（3）調整 Ingress 參數，為新客戶增加入口[①]。

考慮到業務系統的負載安全和將來的擴充需求，API ProvisionRequest 將由一個聚合 Server 單獨提供，這樣一來，該 API 帶來的負載將能夠從控制面節點轉移到聚合 Server 所在節點，為運行維護團隊提供更多靈活性。範例應用概況如圖 9-1 所示。

---

① 針對 Ingress 的參數調整過於細節，調整本身也並不複雜，範例專案在實現部分省略了這一步。

9.1 目標

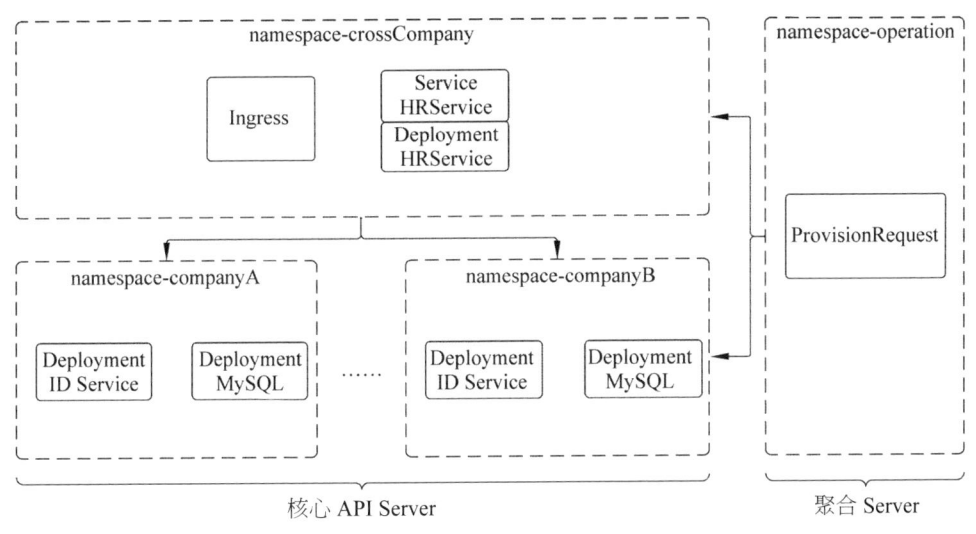

▲ 圖 9-1 範例應用概況

該 API 提供許多屬性來支援配置需求，但在範例中沒有必要表現全部。以下資源描述的 spec 部分展示了選取的範例屬性；處理進度則由 ProvisionRequest API 的子資源 status 記錄：

```
apiVersion: provision.mydomain.com/v1alpha1
kind: ProvisionRequest
metadata:
    name: pr-for-company-abc
    Labels:
        company: abc
spec:
    ingressEntrance: /abc/        #ingress 上的入口 , 是一個 URL 部分
    businessDbVolume: SMALL       # 業務資料規模 , 決定資料庫大小
    namespaceName: companyAbc     # 命名空間名稱
status:
    ingressReady: false
    dbReady: false
```

綜上，一個新客戶的上線初始化過程為運行維護團隊建立 ProvisionRequest 資源；聚合 Server 將該資源持久化到 ETCD；ProvisionRequest 的控制器建立命名空間和其內資源，調整應用的 Ingress，並更新 ProvisionRequest 資源的狀態。

9-3

9 開發聚合 Server

9.2 聚合 Server 的開發

現在開始聚合 Server 的實現。這涉及多個步驟，筆者把每個步驟設置為一節，並且在程式庫中為每節所實現的結果設置一個分支，便於讀者查閱並與自己的實踐結果對照。

9.2.1 建立專案

一切從一個新的 Go 專案開始。筆者建議將專案建立在 $GOPATH/src 目錄下，雖然透過適當的參數設置，Go 語言已經支援在任意資料夾下建立專案，但考慮到在過去的很長一段時間內 Go 專案都必須處於 $GOPATH 下，建議讀者依然遵循這一約定，這會規避許多潛在的不相容情況。範例專案的建立過程如下：

```
$mkdir -p $GOPATH/src/github.com/kubernetescode-aaserver
$cd $GOPATH/src/github.com/kubernetescode-aaserver
$go mod init
```

上述命令將建立 kubernetescode-aaserver 目錄並在其下生成一個 go.mod 檔案，再無其他內容。由於範例專案處於 $GOPATH 下，上述最後一筆命令會自動計算出當前專案的 module 資訊——github.com/kubernetescode-aaserver 並將其增加到 go.mod 中。效仿 Kubernetes 核心 API Server，範例專案將使用 Cobra 框架來製作命令列工具，將 Cobra 能力增加至專案最容易的方式是使用其鷹架，這需要先安裝它：

```
$go install github.com/spf13/cobra-cli@latest
$cobra-cli help
```

如果安裝成功，則上述第 2 筆命令會列印出 Cobra 鷹架的使用幫助。接下來就可以用 cobra-cli 工具來生成 Cobra 框架程式了。

```
$cobra-cli init
```

在專案目錄下運行上面這筆命令，Cobra 會根據自身推薦的專案結構生成框架，範例專案遵從這一推薦，目前的目錄結構如下：

```
kubernetescode-aaserver
    cmd
        root.go
    main.go
    go.mod
    go.sum
```

雖然還沒開始任何業務邏輯的撰寫，但現在就可以對專案進行編譯了，結果會是一個名為 kubernetescode-aaserver 的可執行檔，試著列印它的說明資訊會得到以下輸出：

```
$go build .
$./kubernetescode-aaserver -h


A longer description that spans multiple lines and likely contains
examples and usage of using your application. For example:

Cobra is a CLI library for Go that empowers applications.
This application is a tool to generate the needed files
to quickly create a Cobra application.
```

至此，專案建立完成。接下來各節將逐步向其增加聚合 Server 的內容。

9.2.2 設計 API

首先確定一個 API 組的名稱，範例 API 將歸於該組下。不妨將其命名為 provision，其全限定名為 provision.mydomain.com。全限定名稱在程式中不常用，前者會被用於定義目錄。

接下來設計 API。9.1 節舉出了新 API ProvisionRequest 應具有的屬性，這一節需要把這些屬性落實到 Go 程式。實現時，每個 API 都需要兩個主要的結構支撐：一個代表單一 API 實例，另一個代表一組。

9 開發聚合 Server

1. ProvisionRequest 結構

按照慣例，一個 Kubernetes API 會有一個結構與之對應，結構的名稱與 API 的 Kind 屬性一致，本書中稱為 API 的基座結構。ProvisionRequest 這一 API 的基座結構名稱就是 ProvisionRequest。類似許多內建 API，ProvisionRequest 結構會有四大欄位：TypeMeta、ObjectMeta、Spec 和 Status。

由目標可知，ProvisionRequest 的 spec 中應可以指定業務資料庫的規模（businessDbVolume）、敏感資源所在的命名空間（namespaceName）和客戶專有系統入口（ingressEntrance）。故為 Spec 欄位定義以下結構作為其類型：

```
// 程式 9-1 Spec 結構定義
type DbVolume string

const DbVolumeBig DbVolume ="BIG"
const DbVolumeSmall DbVolume ="SMALL"
const DbVolumeMedium DbVolume ="MEDIUM"

type ProvisionRequestSpec struct {
    IngressEntrance   string
    BusinessDbVolume  DbVolume
    NamespaceName     string
}
```

ProvisionRequest 的 Status 欄位需要能反映業務資料庫的建立完畢與否和客戶專有系統入口是否就緒這兩種狀態資訊，控制器負責將真實資訊填寫進去。以下結構將作為 Status 欄位的類型：

```
// 程式 9-2 Status 結構定義
type ProvisionRequestStatus struct {
    IngressReady  bool
    DbReady       bool
}
```

除了 Spec 和 Status 欄位外，ProvisionRequest 必須具有兩組欄位，一組欄位用於反映類型資訊，而另一組欄位用於反映實例資訊。Kubernetes 為這兩組欄

9-6

位定義了兩個結構並存放在函數庫 apimachinery 中，ProvisionRequest 只需內嵌這兩個結構就可以獲得這兩組欄位。最終，ProvisionRequest 的定義如下：

```
// 程式 9-3 ProvisionRequest 基座結構的定義
type ProvisionRequest struct {
    metav1.TypeMeta      // 反映類型資訊的一組欄位
    metav1.ObjectMeta    // 反映實例資訊的一組欄位

    Spec ProvisionRequestSpec
    Status ProvisionRequestStatus
}
```

2. ProvisionRequestList 結構

ProvisionRequest 結構的實例可以代表單一 API 實例，而多個 API 實例同時被處理的情況有很多，它們可以被看為一個整體使用，於是定義 ProvisionRequestList 結構：

```
// 程式 9-4 List 結構定義
type ProvisionRequestList struct {
    metav1.TypeMeta
    metav1.ListMeta

    Items []ProvisionRequest
}
```

這樣，API 的重要結構定義就有了，那麼該在哪裡撰寫上述程式呢？這就要談一談內部版本和外部版本的定義了。

3. 內部版本

回顧 4.1.1 節介紹的內部版本。內部版本用於系統內部處理之用，使用者端使用不同的外部版本向系統發出請求，系統將它們統統轉為內部版本，進而進行處理。相對於外部版本，內部版本往往具有更多欄位，這是因為它需要具有承載所有外部版本資訊的能力。換句話說，如果將兩個版本做一次環狀轉換[①]，

---

① 即從外部版本轉至內部版本，再轉回原外部版本。

則最終得到的 API 實例相比原實例應該是資訊無損的。目前，範例專案沒有引入多個外部版本的必要，此時內外部版本的結構所具有的欄位可以完全一致，這一點會在接下來的外部版本的定義中看到。

按照 Kubernetes API Server 程式的慣例，內部版本將被定義在 pkg/apis/<API 組>/types.go 檔案中，所以範例專案將 ProvisionRequest 的內部版本寫到 pkg/apis/provision/types.go。目前這個階段，該檔案的主要內容就是上述介紹的這幾個結構的定義，讀者可以參考隨書附帶的原始檔案。在 provision 這個 package 中需要定義一個 doc.go 檔案，其主要目的是為這個 package 提供文件，同時後續在程式生成時全域標籤也被增加在這個檔案內。

4. 外部版本

外部版本服務於 API Server 的使用者端，如 kubectl。範例專案唯一的外部版本為 v1alpha1，故為其建立專有套件[①]：

```
$mkdir $GOPATH/src/kubernetescode-aaserver/pkg/apis/provision/v1alpha1
```

首先為該套件建立 doc.go 檔案，內容也只有一行，即 package v1alpha1，以備後續使用，然後建立 types.go 檔案，其中容納外部版本的定義。

外部版本可容納的 API 資訊理論上不會比內部版本更多，在只有一個外部版本的情況下，內外部版本的結構欄位完全一致。外部版本結構的欄位將具有欄位標籤，用於 API 實例在傳輸過程中所用的表述格式（JSON）與 Go 結構之間進行轉換。範例專案只支援 JSON 格式，外部版本的定義如程式 9-5 所示。

```
// 程式 9-5 pkg/apis/provision/v1alpha1/types.go
package v1alpha1

import metav1 "k8s.io/apimachinery/pkg/apis/meta/v1"

type DbVolume string
```

[①] 由於 Go 語言的最佳實踐是保持套件名稱和目錄名稱一致，本書遵循該原則，所以行文中常常混用「套件」和「目錄」。

```go
const DbVolumeBig DbVolume ="BIG"
const DbVolumeSmall DbVolume ="SMALL"
const DbVolumeMedium DbVolume ="MEDIUM"

type ProvisionRequestSpec struct {
    IngressEntrance    string       `json:"ingressEntrance"`
    BusinessDbVolume   DbVolume     `json:"businessDbVolume"`
    NamespaceName      string       `json:"namespaceName"`
}

type ProvisionRequestStatus struct {
    IngressReady bool  `json:"ingressReady"`
    DbReady      bool  `json:"dbReady"`
}

type ProvisionRequest struct {
    metav1.TypeMeta    `json:",inline"`
    metav1.ObjectMeta  `json:"metadata,omitempty"`

    Spec   ProvisionRequestSpec     `json:"spec,omitempty"`
    Status ProvisionRequestStatus   `json:"status,omitempty"`
}

type ProvisionRequestList struct {
    metav1.TypeMeta    `json:",inline"`
    metav1.ListMeta    `json:"metadata,omitempty"`

    Items []ProvisionRequest  `json:"items"`
}
```

每個欄位後部以 json 開頭的字串即欄位標籤，這是 Go 語言的 json 套件提供的功能，它們定義了該欄位轉入 JSON 格式時使用的欄位名稱及其類型資訊，以範例專案用到的一些標籤範例：

（1）`json:"dbReady"`：該欄位轉入 json 時，使用 dbReady 作為欄位名稱。

（2）`json:"spec,omitempty"`：該欄位轉入 json 時，使用 spec 作為名稱，並且如果 Go 結構中該欄位的值為 0，則不在 json 中生成該欄位。

開發聚合 Server

（3）`json:",inline"`：該標籤一般會被用於內嵌到當前結構的另一結構欄位。生成 json 時，取出被內嵌的 Go 結構的所有欄位，直接放入目標 json，成為當前層級下的子欄位。

API 的基本類型定義都完成了，像 9.2.1 節一樣，可以編譯一下當前專案，以保證一切正常。

9.2.3 生成程式

完成內外部版本 API 的基本類型定義距離形成一個可以注入 Generic Server 的 API 還有不短的距離。首先，ProvisionRequest 和 ProvisionRequestList 還沒有實現 runtime.Object 介面，這是成為 Kubernetes API 所必需的。runtime.Object 介面定義了兩種方法：

```
// 程式 9-6 k8s.io/apimachinery/pkg/runtime/interfaces.go
type Object interface {
    GetObjectKind() schema.ObjectKind
    DeepCopyObject() Object
}
```

ProvisionRequest 和 ProvisionRequestList 都內嵌了 metav1.TypeMeta 類型，從而具有了方法 GetObjectKind()，但 DeepCopyObject() 方法還沒有。另外，內外部版本物件之間的轉換函數還沒有，這也是必不可少的。最後，為外部版本的 API 實例填寫欄位預設值函數還沒有。以上這些工作均由程式生成來完成。

1. 設置全域標籤

在內外部版本各自 package 文件檔案——doc.go 中設置一些全域標籤，全域標籤對整個套件起作用，這些標籤如下：

```
// 程式 9-7 kubernetescode-aaserver/pkg/apis/provision/doc.go
//+k8s:deepcopy-gen=package
//+groupName=provision.mydomain.com
package provision
```

9.2 聚合 Server 的開發

```
// 程式 9-8 kubernetescode-aaserver/pkg/apis/provision/v1alpha1/doc.go
//+k8s:openapi-gen=true
//+k8s:conversion-gen=
                    github.com/kubernetescode-aaserver/pkg/apis/provision
//+k8s:defaulter-gen=TypeMeta
//+k8s:deepcopy-gen=package
//+groupName=provision.mydomain.com
package v1alpha1
```

（1）程式 9-7 與程式 9-8 中將 k8s:deepcopy-gen 標籤設為 package，意為套件內定義的全部結構生成深複製方法，其中包含 ProvisionRequest 和 ProvisionRequestList。

（2）程式 9-8 中 k8s:conversion-gen 的設置目的是指出轉換的目標類型在哪個套件，也就是內部版本定義所在的套件。程式生成程式會從來源（v1alpha1）中找到待轉換類型，再從目標套件中找到名稱相同目標類型，生成轉換程式並放入 v1alpha1/zz_generated.conversion.go 檔案中。

（3）程式 9-8 中 k8s:defaulter-gen 指定為 v1alpha1 中的哪些結構生成預設值設置函數。這裡設為 TypeMeta 是指為那些具有該欄位的結構生成[1]。根據類型定義，ProvisionRequest 和 ProvisionRequestList 會被選中。

2. 設置本地標籤

本地標籤將被直接加到目標類型上方，作用域也只限於該類型。第 4 章介紹了諸多本地標籤，當前需要用到的有兩個：genclient 和 deepcopy-gen。

（1）genclient：它會促使生成 client-go 相關的程式，這些程式將被用於使用者端與 Server 互動。由於內部版本只用於 Server 內部，所以它是不需要該標籤的，而外部版本的 ProvisionRequest 則需要它。

---

[1] 結構內嵌時，外層結構會具有與被嵌入結構名稱相同的欄位，雖然在編碼上這個欄位可以省略。

（2）deepcopy-gen：在全域標籤中也用到它，它出現在本地是為了生成方法 DeepCopyObject()。前面提到 ProvisionRequest 和 ProvisionRequestList 需要有該方法，從而完全實現介面 runtime.Object，如果只有全域 deepcopy-gen 標籤，則系統會生成 DeepCopy()、DeepCopyInto() 等方法而沒有 DeepCopyObject() 方法。內外部版本中需要實現 runtime.Object 介面的類型都需要加。

標籤的增加發生在兩個 types.go 檔案中，以外部版本為例，它們被增加在兩個結構定義的上方。增加後的程式如下：

```
// 程式 9-9 kubernetescode-aaserver/pkg/apis/provision/v1alpha1/types.go
//+genclient
//+k8s:deepcopy-gen:interfaces=k8s.io/apimachinery/pkg/runtime.Object
type ProvisionRequest struct {
    metav1.TypeMeta   `json:",inline"`
    metav1.ObjectMeta `json:"metadata,omitempty"`

    Spec   ProvisionRequestSpec   `json:"spec,omitempty"`
    Status ProvisionRequestStatus `json:"status,omitempty"`
}

//+k8s:deepcopy-gen:interfaces=k8s.io/apimachinery/pkg/runtime.Object
type ProvisionRequestList struct {
    metav1.TypeMeta `json:",inline"`
    metav1.ListMeta `json:"metadata,omitempty"`

    Items []ProvisionRequest `json:"items"`
}
```

3. 準備程式生成工具

程式生成的能力源於 gento 函數庫並經由函數庫 code-generator 進行包裝，它們都是 Kubernetes 的子專案。為了把 code-generator 引入專案中，需要建立一個沒有實際內容的工具原始檔：

```
$mkdir -p $GOPATH/src/kubernetescode-aaserver/hack
CD $GOPATH/Src/kubernetes-aaserver/hack && touch tools.go
```

9.2 聚合 Server 的開發

該檔案的內容只有一個作用：匯入 code-generator 套件，使該套件成為專案的一部分，如程式 9-10 所示。注意 import 敘述中的空識別字的用法，這是一個常用技巧，Go 不允許引用了套件卻不使用，除非這樣用空識別字來重新命名被匯入套件。

```
// 程式 9-10 kubernetescode-aaserver/hack/tools.go
package tools

import (
    _ "k8s.io/code-generator"
)
```

編輯好 tools.go 後需要運行以下命令將 code-generator 加入 go.mod 並下載至 vendor 目錄。放入 vendor 目錄是必需的，因為將要撰寫的指令稿會呼叫該目錄下的 code-generator 指令稿。

```
$go mod tidy
$go mod vendor
```

程式生成之所以需要一個 Shell 指令稿是因為對 code-generator 的呼叫比較麻煩，每次都直接透過命令列輸入各個命令將非常煩瑣。這一指令稿格式基本固定，讀者可以直接 copy 範例專案的，修改幾個參數便可用於自己的專案。範例專案指令檔 hack/code-generator.sh 如下：

```
// 程式 9-11 kubernetescode-aaserver/hack/code-generation.sh
    SCRIPT_ROOT=$(dirname ${BASH_SOURCE[0]})/..
    CODEGEN_PKG=${CODEGEN_PKG:-$(cd ${SCRIPT_ROOT}; \

        ls -d -1 ./vendor/k8s.io/code-generator 2>/dev/null \
        || echo ../code-generator)}

    source "${CODEGEN_PKG}/kube_codegen.sh"

    kube::codegen::gen_helpers \
        --input-pkg-root github.com/kubernetescode-aaserver/pkg/apis \
        --output-base "$(dirname "${BASH_SOURCE[0]}")/../../.." \
        --boilerplate "${SCRIPT_ROOT}/hack/boilerplate.go.txt"
```

```
kube::codegen::gen_client \
    --with-watch \
    --input-pkg-root github.com/kubernetescode-aaserver/pkg/apis \
    --output-pkg-root github.com/kubernetescode-aaserver/pkg/generated \
    --output-base "$(dirname "${BASH_SOURCE[0]}")/../../.." \
    --boilerplate "${SCRIPT_ROOT}/hack/boilerplate.go.txt"

if [[ -n "${API_KNOWN_VIOLATIONS_DIR:-}" ]]; then
    report_filename="${API_KNOWN_VIOLATIONS_DIR}/aapiserver_\
        violation_exceptions.list"
    if [[ "${UPDATE_API_KNOWN_VIOLATIONS:-}" =="true" ]]; then
        update_report="--update-report"
    fi
fi

kube::codegen::gen_openapi \
    --input-pkg-root github.com/kubernetescode-aaserver/pkg/apis \
    --output-pkg-root github.com/kubernetescode-aaserver/pkg/generated \
    --output-base "$(dirname "${BASH_SOURCE[0]}")/../../.." \
    --report-filename "${report_filename:-"/dev/null"}" \
    ${update_report:+"${update_report}"} \
    --boilerplate "${SCRIPT_ROOT}/hack/boilerplate.go.txt"
```

上述指令稿首先定義全域變數，用於定位 code-generator 中程式生成工具，然後分別呼叫 gen_client、gent_openapi 等指令稿方法執行程式生成。容易忽視的一點是：在呼叫過程中必須為 boilerplate 參數指定一個文字檔，上述程式用的是 boilerplate.go.txt 檔案。該檔案包含一段宣告文字，將放在各個生成的原始檔案的頭部，內容可以任意修改。讀者可以直接參考 hack/boilerplate.go.txt。

4. 生成程式

有了前期準備，一切就緒後就可以進行程式生成了。直接呼叫上述指令稿即可：

```
$./hack/code-generator.sh
$go mod tidy
$go mod vendor
```

9.2 聚合 Server 的開發

兩個 go mod 命令的呼叫是必需的，因為生成的程式相依沒有被儲存在專案的套件中，所以需要生成完畢後透過 tidy 命令引入 go.mod 中。現在範例專案中出現了一些新的檔案和資料夾，它們是程式生成的成果，即圖 9-2 中 zz_ 開頭的檔案和 generated 資料夾內容。

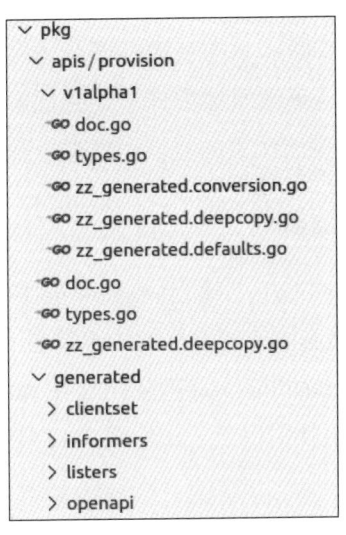

```
v pkg
  v apis / provision
    v v1alpha1
      go doc.go
      go types.go
      go zz_generated.conversion.go
      go zz_generated.deepcopy.go
      go zz_generated.defaults.go
    go doc.go
    go types.go
    go zz_generated.deepcopy.go
  v generated
    > clientset
    > informers
    > listers
    > openapi
```

▲ 圖 9-2 程式生成結果

生成的這些程式會包含語法錯誤，原因是它們引用了一些目前還不存在的變數或方法，後面的 9.2.4 節將一個一個增加，讀者姑且容忍這些錯誤的存在。這些缺失的元素如下：

（1）v1alpha1.AddToScheme。

（2）v1alpha1.SchemeGroupVersion。

（3）v1alpha1.localSchemeBuilder。

（4）方法 v1alpha1.Resource。

至此，程式生成階段的工作完成。

9 開發聚合 Server

9.2.4 填充登錄檔

登錄檔中儲存了 GVK 與 Go 結構之間的對應關係、外部版本 API 實例的預設值填寫函數等重要資訊，內外部類型轉換函數也可以在其中找到。雖然內外部版 API 都需要向登錄檔註冊，但是考慮到程式生成後出現的 4 個語法錯誤中有兩個和外部版本的註冊有關，本節選取外部版本為例講解這一過程，內部版本的填充登錄檔的方法參見專案原始程式。如果已經生疏，讀者則可先回顧一下 5.3.2 節講解的登錄檔建構所使用的建造者模式，將會輔助理解本節程式。

1. 建立 Director 與 Builder[①]

在外部版本的目錄 v1alpha1 下建立 register.go 檔案，它扮演著建造者模式中的 Director 角色。在該檔案中定義登錄檔的建造者——Builder。參考內建 API 的實現，Kubernetes 的 apimachinery 函數庫已經在 runtime 套件中提供了現成的 Builder，範例專案直接引用就引用方式如程式 9-12 要點①處所示。

```
// 程式 9-12
//kubernetescode-aaserver/pkg/apis/provision/v1alpha1/register.go
var (
    SchemeBuilder        runtime.SchemeBuilder        // 要點①
    localSchemeBuilder = &SchemeBuilder
    AddToScheme        = localSchemeBuilder.AddToScheme
)
```

同時宣告變數 localSchemeBuilder 為指向上述 Builder 的引用，並且進一步宣告了 AddToScheme 變數，其類型為方法。由於缺失這兩個變數，所以程式生成結果有兩個語法錯誤，現在這兩個錯誤將被消除。

由 5.3.2 節知識可知，SchemeBuilder 實際上為一個方法陣列，每個元素（類型是方法）都具有以 Scheme 為類型的傳入參數，它會把 API 的結構資訊放入該 Scheme 實例中。目前這個陣列還是空的，其內容的填充分幾步。首先定義一個可作為 SchemeBuilder 陣列元素的方法 addKnownTypes()，然後在套件初始化方

---

① 程式生成工具支援生成部分內容，例如 register.go，範例專案並未採用。

9.2 聚合 Server 的開發

法中將其增加到該陣列中,增加動作可借助 SchemeBuilder 提供的方法 Register 進行,程式 9-13 展示了這一過程。

```go
// 程式 9-13
//kubernetescode-aaserver/pkg/apis/provisionrequest/v1alpha1/register.go
func init() {
    // 這裡去註冊本 version 的類型,以及它們向 internal version 的轉換函數
    localSchemeBuilder.Register(addKnownTypes)
}

// 被 SchemeBuilder 呼叫,從而把自己知道的 Object(Type) 註冊到 scheme 中
func addKnownTypes(scheme *runtime.Scheme) error {
    scheme.AddKnownTypes(
        SchemeGroupVersion,
        &ProvisionRequest{},
        &ProvisionRequestList{},
    )
    metav1.AddToGroupVersion(scheme, SchemeGroupVersion)
    return nil
}
```

程式 9-13 用到了變數 SchemeGroupVersion,它含有當前 API 的 Group 和 Version 資訊,而它恰巧也是程式生成後所缺失的變數,在增加其定義後,程式生成帶來的語法錯誤只剩下一個:缺失 v1alpha1.Resource() 方法,而它完全可以基於 SchemeGroupVersion 實現,故一併在程式 9-14 中舉出。

```go
// 程式 9-14
//kubernetescode-aaserver/pkg/apis/provision/v1alpha1/register.go
const GroupName ="provision.mydomain.com"

var SchemeGroupVersion =schema.GroupVersion{Group: GroupName,
                                            Version: "v1alpha"}

// 按給定的 resource 名稱生成 Group resource 實例
func Resource(resource string) schema.GroupResource {
    return SchemeGroupVersion.WithResource(resource).GroupResource()
}
```

開發聚合 Server

至此，v1alpha1 版本向 Scheme 註冊的準備工作都已就緒，等待呼叫者以一個 Scheme 變數為入參呼叫 v1alpha1.AddToScheme() 函數。內部版本註冊的準備工作類似外部版本，讀者可參閱範例專案的原始檔案 pkg/apis/provisionrequest/register.go。

2. 觸發登錄檔的填充

為了呼叫方便，希望由單一方法觸發 ProvisionRequest 的各個版本的登錄檔的填充。於是效仿內建 API 的處理方式，建立 install.go 檔案並定義函數 Install()。內容如程式 9-15 所示。

```go
// 程式 9-15 kubernetescode-aaserver/pkg/apis/provision/install/install.go
package install

import (
    provisionrequest
        "github.com/kubernetescode-aaserver/pkg/apis/provision"
    "github.com/kubernetescode-aaserver/pkg/apis/provision/v1alpha1"

    "k8s.io/apimachinery/pkg/runtime"
    util "k8s.io/apimachinery/pkg/util/runtime"
)

func Install(scheme *runtime.Scheme) {
    util.Must(provisionrequest.AddToScheme(scheme))
    util.Must(v1alpha1.AddToScheme(scheme))
    util.Must(scheme.SetVersionPriority(v1alpha1.SchemeGroupVersion))
}
```

9.2.5 資源存取

本節將考慮如何將 API 實例儲存到 ETCD。一個 ProvisionRequest 實例的資訊將被分為邏輯上的兩部分：主實例（資源 provisionrequests）和它的子資源 status。

9.2 聚合 Server 的開發

第 5 章介紹了內建 API 是如何實現對 ETCD 的操作的，想法是重複使用 Generic Server 函數庫所提供的 registry.Store 結構實現的 ETCD 對接框架，完成實例資料的存取。個性化的設置則透過兩種方式注入 registry.Store 的處理過程中。

（1）策略模式：建立策略、更新策略、刪除策略、欄位重置策略等。

（2）直接修改 registry.Store 屬性：例如建立 API 實例的方法會透過賦值給 NewFunc 屬性來指定。

範例專案按照同樣的想法實現 provisionrequest 和 status 的存取。這部分實現程式集中在目錄 registry 下。

1. 存取 provisionrequests 資源

1）REST 結構

需要建立一個結構承載 API 資源的存取邏輯，取名為 REST 是因為 RESTful 請求最終都會被落實到對 ETCD 的存取，同樣由該結構來回應。結構的定義，程式如下：

```
// 程式 9-16 kubernetescode-aaserver/pkg/registry/registry.go
type REST struct {
    *gRegistry.Store
}
```

REST 內嵌了強大的 Store 結構，從而獲得了 Store 的屬性和方法，獲得了對接 ETCD 的能力。

2）製作策略

策略用來落實儲存前後的個性化需求。實現一個策略只需實現它對應的介面，這些介面由 Generic Server 函數庫定義，常用的有 rest.RESTCreateStrategy、rest.RESTUpdateStrategy、rest.RESTDeleteStrategy。範例 API Provision-Request 將利用建立策略做一些儲存前的檢查工作。rest.RESTCreate-Strategy 介面的內容如下：

開發聚合 Server

```go
// 程式 9-17 vendor/k8s.io/apiserver/pkg/registry/rest/create.go
type RESTCreateStrategy interface {
    runtime.ObjectTyper
    //...
    names.NameGenerator
    //...
    NamespaceScoped() bool
    //...
    PrepareForCreate(ctx context.Context, obj runtime.Object)
    //...
    Validate(ctx context.Context, obj runtime.Object) field.ErrorList
    //...
    WarningsOnCreate(ctx context.Context, obj runtime.Object) []string
    ////...
    Canonicalize(obj runtime.Object)
}
```

接下來介紹該介面的幾個重要方法的作用。

（1）NamespaceScoped()：如果該 API 實例必須明確隸屬於命名空間，則這種方法需要的傳回值為 true。

（2）PrepareForCreate()：對實例資訊進行整理，例如從實例屬性上抹去那些不想儲存的資訊，以及對順序敏感的內容排序等。它發生在 Validate() 方法之前。

（3）Validate()：對實例資訊進行驗證，傳回發現的所有錯誤的清單。

（4）WarningsOnCreate()：給使用者端傳回告警資訊，例如請求中使用了某個即將廢棄的欄位。它發生在 Validate() 之後，但在 Canonicalize() 方法之前，資料還沒被儲存進 ETCD。本方法內不可以修改 API 實例資訊。

（5）Canonicalize()：在儲存進 ETCD 前修改 API 實例。這些修改一般出於資訊格式化的目的，使格式更符合慣例。如果不需要，則它的實現也可以留空。

9.2 聚合 Server 的開發

範例程式將使用 NamespaceScoped() 和 Validate() 方法,用來確保 Provision-Request 資源都被放入某個命名空間。Validate() 檢查每個 ProvisionRequest 實例的 NamespaceName` 屬性必須不可為空。程式 9-18 舉出了實現的策略。

```go
// 程式 9-18 kubernetescode-aaserver/pkg/registry/provision/strategy.go
type provisionRequestStrategy struct {
    runtime.ObjectTyper
    names.NameGenerator
}

func NewStrategy(typer runtime.ObjectTyper) provisionRequestStrategy {
    return provisionRequestStrategy{typer, names.SimpleNameGenerator}
}

func (provisionRequestStrategy) NamespaceScoped() bool {
    return true
}
func (provisionRequestStrategy) PrepareForCreate(ctx context.Context,
                                                  obj runtime.Object) {

}
func (provisionRequestStrategy) Validate(ctx context.Context,
                                          obj runtime.Object) field.ErrorList {

    errs :=field.ErrorList{}

    js :=obj.(*provision.ProvisionRequest)
    if len(js.Spec.NamespaceName) ==0 {
        errs =append(errs,
            field.Required(
                field.NewPath("spec").Key("namespaceName"),
                "namespace name is required"
            )
        )
    }
    if len(errs) >0 {
        return errs
    } else {
        return nil
    }
```

9-21

```
}
func (provisionRequestStrategy) WarningsOnCreate(ctx context.Context,
                                    obj runtime.Object) []string {
    return []string{}
}
func (provisionRequestStrategy) Canonicalize(obj runtime.Object) {

}
```

雖然範例程式沒有期望在 Update 和 Delete 場景做任何驗證等工作，但是由於後續程式需要的緣故還是要實現 rest.RESTUpdateStrategy 和 rest.RESTDeleteStrategy 兩個介面，我們讓 provisionRequestStrategy 結構同時承擔起這兩個任務，細節略去，讀者可參考專案程式。

3）工廠函數

工廠函數 NewREST() 負責建立 REST 結構實例，系統會在適當的時候呼叫它獲取處理該 API 存取請求的物件。由於 REST 只是內嵌了 registry.Store 結構，所以其實例的建立主要是建立 registry.Store 實例。NewREST() 的實現如下：

```
// 程式 9-19 kubernetescode-aaserver/pkg/registry/provision/store.go
func NewREST(scheme *runtime.Scheme, optsGetter generic.RESTOptionsGetter)
(*registry.REST, error) {
    strategy :=NewStrategy(scheme)// 要點①

    store :=&gRegistry.Store{
        NewFunc: func() runtime.Object {
            return &provision.ProvisionRequest{} },
        NewListFunc: func() runtime.Object {
            return &provision.ProvisionRequestList{} },
        PredicateFunc: MatchJenkinsService,
        DefaultQualifiedResource:provision.Resource(
                                    "provisionrequests"),
        SingularQualifiedResource: provision.Resource(
                                    "provisionrequest"),
        CreateStrategy: strategy,      // 要點②
        UpdateStrategy: strategy,
        DeleteStrategy: strategy,      // 要點③
```

```
        TableConvertor: rest.NewDefaultTableConvertor(provision.
                                        Resource("provisionrequests")),
    }
    options :=&generic.StoreOptions{
                    RESTOptions: optsGetter,
                    AttrFunc: GetAttrs}
    if err :=store.CompleteWithOptions(options); err !=nil {
        return nil, err
    }
    return &registry.REST{Store: store}, nil
}
```

要點①處變數 startegy 的類型是 provisionRequestStrategy，在要點②與要點③處該變數被同時給了 CreateStrategy、UpdateStrategy、DeleteStrategy 欄位，這是必要的，否則執行時期會出錯。

2. 存取 Status 子資源

API 資源定義檔案中的 spec 屬性供使用者描述對系統的需求，status 屬性供控制器去設置當前的實際狀態。二者各司其職，目的不同，使用者也不同，但由於它們隸屬一個 API，所以連結緊密。這種既緊密又隔離的關係也被反映到實現中：對主資源 provisionrequests(主要是 spec 部分) 和子資源 status 的更新將均基於一個 API 實例進行，技術上說是負責更新 spec 內容的 Update() 方法和負責更新 status 內容的 UpdateStatus() 方法具有一樣的入參———一個完整的 ProvisionRequest API 實例。更新時，前者會忽略其上 status 的資訊，而後者略去 status 之外的資訊。接下來會看到這是如何實現的。

status 子資源的製作過程與 provisionrequests 邏輯上完全一致，先做一個 StatusREST 結構作為基座，再實現相應介面來製作增、刪、改策略，最後透過一個工廠方法來簡化 REST 結構實例的建立，範例專案中僅對上述 NewREST() 函數進行了增強，讓它既傳回 provisionrequests 的 REST，也傳回 status 子資源的 StatusREST 實例。這裡略去大部分程式，讀者可參考範例專案原始程式。

程式生成過程會為 ProvisionRequest API 生成以下的 client-go 方法：

```go
// 程式 9-20
//pkg/generated/clientset/versioned/typed/provision/v1alpha1/provisionrequest.go
func (c *provisionRequests) Update(ctx context.Context, provisionRequest
    *v1alpha1.ProvisionRequest, opts v1.UpdateOptions) (result
    *v1alpha1.ProvisionRequest, err error) {
    ...
}

func (c *provisionRequests) UpdateStatus(ctx context.Context,
    provisionRequest *v1alpha1.ProvisionRequest, opts v1.UpdateOptions)
        (result *v1alpha1.ProvisionRequest, err error) {
    ...
}
```

第 1 種方法負責更新 provisionrequests 資源而後者負責更新其 status 子資源，它們的主要輸入參數完全一致，新資訊均來自第 2 個參數 provisionRequest。怎麼達到前文所講的 Update() 方法忽略 status 資訊而 UpdateStatus() 正相反呢？

還是利用策略：只需向二者的 REST 結構的 ResetFieldsStrategy 欄位賦值正確的策略，就像給它們的 CreateStrategy 欄位賦值一樣。該欄位的作用是在執行更新操作時將哪些欄位上的修改重置，從而保持不變，其類型是 rest.ResetFieldsStrategy 介面。範例專案中承載主資源策略的結構 provisionRequestStrategy 和承載 Status 子資源策略的結構 provisionRequestStatusStrategy 都去實現這個介面，以便提供 ResetFieldsStrategy 欄位的值。介面實現程式如 9-21 所示。

```go
// 程式 9-21 kubernetescode-aaserver/pkg/registry/provision/strategy.go
func (provisionRequestStrategy) GetResetFields()
                                     map[fieldpath.APIVersion]*fieldpath.Set {
    // 要點①
    fields :=map[fieldpath.APIVersion]*fieldpath.Set{
        "provision.mydomain.com/v1alpha1": fieldpath.NewSet(
            fieldpath.MakePathOrDie("status"),
        ),
    }
```

```
        return fields
}

func (provisionRequestStatusStrategy) GetResetFields()
                                  map[fieldpath.APIVersion]*fieldpath.Set {
    // 要點②
    return map[fieldpath.APIVersion]*fieldpath.Set{
            "provision.mydomain.com/v1alpha1": fieldpath.NewSet(
                fieldpath.MakePathOrDie("spec"),
                fieldpath.MakePathOrDie("metadata", "labels"),
            ),
    }
}
```

上述程式邏輯簡單，要點①處指出抹去 JSON 中的 status 屬性；要點②處指出抹去 spec 及 metadata.labels 屬性。工廠函數 NewREST() 也需要增強，程式 9-22 展示了相對於程式 9-19 的原始版本所更新的部分。

```
// 程式 9-22 kubernetescode-aaserver/pkg/registry/provision/store.go
func NewREST(scheme *runtime.Scheme, optsGetter generic.RESTOptionsGetter)
(*registry.REST, *registry.StatusREST, error) {
    strategy :=NewStrategy(scheme)

    store :=&gRegistry.Store{
        ...
        ResetFieldsStrategy: strategy,
        ...
    }
    ...
    statusStrategy :=NewStatusStrategy(strategy)
    statusStore :=*store
    statusStore.UpdateStrategy =statusStrategy
    statusStore.ResetFieldsStrategy =statusStrategy

    return &registry.REST{Store: store},
    &registry.StatusREST{Store: &statusStore}, nil
}
```

9 開發聚合 Server

至此，範例 API 資源完成對接 ETCD，雖然目前還不能進行資源的建立，但可以對當前專案進行編譯，確保無語法錯誤。以下命令可以執行成功。

```
$go mod tidy
$go mod vendor
$go build .
$./kubernetescode-aaserver -h
```

9.2.6 撰寫認證控制

與業務部門探討後得出結論：不應為同一客戶上線多個租戶，這可以透過將系統中屬於同一客戶的 ProvisionRequest 實例的數量限制為 1 來達到目的。認證控制機制是較理想的落地手段。

認證控制發生在對 API 實例進行增、刪、改操作之前，它給開發人員一個機會去調整與驗證將要存入 ETCD 的資料。相較於 9.2.5 節介紹的將資源儲存進 ETCD 時的調整和驗證，認證控制發生在更早期。認證控制機制基於外掛程式思想建構：開發人員針對某方面的調整與驗證需求開發出單一外掛程式，稱為認證控制器，然後把這些外掛程式註冊進認證控制機制。Generic Server 不僅實現了認證控制機制，也提供了常用認證控制器，它們在 Server 啟動時會被注入。

對於一個 API Server 的開發人員來講，他可以直接開發認證控制器，然後注入，而對於 API Server 的使用者，則需要透過認證控制 Webhook 去注入需要的客製化邏輯。本節立足在聚合 Server 的開發者這一角色，直接採用第 1 種方式，第 12 章有認證控制 Webhook 的範例。

認證控制器有兩類工作：調整和驗證，前者需要實現 admission.MutationInterface 介面，而後者需要實現 admission.ValidationInterface 介面，一個認證控制器外掛程式既可以同時實現調整和驗證，也可以只實現一個。同時外掛程式必須實現 admission.Interface 介面。系統會根據實際情況在對應的階段正確呼叫。範例程式會建立一個認證控制器外掛程式實現對系統中 ProvisionRequest 實例數量的驗證。這部分程式集中在新建的 pkg/admission 目錄中。該外掛程式基於以下結構：

9.2 聚合 Server 的開發

```go
// 程式 9-23
//kubernetescode-aaserver/pkg/admission/plugin/provisionplugins.go
type ProvisionPlugin struct {
    *admission.Handler
    Lister listers.ProvisionRequestLister
}
```

這段程式宣告了認證控制器外掛程式的基座結構,對各個介面的實現都會由它完成。該結構內嵌了 *admission.Handler 結構,而它已經實現了 admission.Interface 介面,故 ProvisionPlugin 也實現了該介面。主結構還具有一個 Lister 欄位,其類型正是程式生成階段的 Clientset 相關產物,該欄位將被用於獲取當前系統所具有的 ProvisionRequest 實例。

接下來實現 admission.ValidationInterface,也就是建立 Validate 方法,其業務邏輯是:統計目標客戶已經具有的 ProvisionRequest 資源的數量,必須為 0 才可以繼續建立。

```go
// 程式 9-24
//kubernetescode-aaserver/pkg/admission/plugin/provisionplugins.go
func (plugin *ProvisionPlugin) Validate(ctx context.Context,
        a admission.Attributes,
        interfaces admission.ObjectInterfaces) error {

    if a.GetOperation() !=admission.Create {
        return nil
    }
    // 要點①
    if a.GetKind().GroupKind() !=provision.Kind("ProvisionRequest") {
        return nil
    }

    if !plugin.WaitForReady() {
        return admission.NewForbidden(a,
            fmt.Errorf("the plugin isn't ready for handling request"))
    }
```

```
    req, err :=labels.NewRequirement("company",
        selection.Equals, []string{""})
    if err !=nil {
        return admission.NewForbidden(a,
            fmt.Errorf("failed to create label requirement"))
    }

    reqs, err :=plugin.Lister.List(labels.NewSelector().Add(*req))
    if len(reqs) >0 {
        return admission.NewForbidden(a,
            fmt.Errorf("the company already has provision request"))
    }
    return nil
}
```

要點①處的條件陳述式非常重要,所有 API 實例的建立都將經所有外掛程式的 Validate() 方法,需要篩選出範例 API。還需要為向認證控制機制註冊這一外掛程式做準備工作,程式 9-25 的 Register() 函數專為此而撰寫。在後續要撰寫的 Web Server 啟動程式中,該函數會被啟動程式呼叫,從而完成增加工作。

```
// 程式 9-25
//kubernetescode-aaserver/pkg/admission/plugin/provisionplugins.go
func New() (*ProvisionPlugin, error) {
    return &ProvisionPlugin{
        Handler: admission.NewHandler(admission.Create),
    }, nil
}

func Register(plugin *admission.Plugins) {
    plugin.Register("Provision",
        func(config io.Reader) (admission.Interface, error) {
            return New()
        })
}
```

9.2 聚合 Server 的開發

New() 函數用於生成外掛程式主結構實例,並給其 Handler 欄位賦值,注意這個值明確宣告只處理建立(admission.Create),這確保只有在物件建立時該外掛程式才會被呼叫,而 Register() 是提供給 Server 程式使用的,它用 New() 方法建立外掛程式,然後被增加到外掛程式列表中。

讀者是否發現,New() 方法中沒有為主結構的 Lister 欄位賦值,但該欄位在 Validate() 方法的邏輯中起著重要作用,Lister 的賦值何時進行呢?每個認證控制器外掛程式都可以定義自己的初始化器,初始化器是一個實現了 admission.PluginInitializer 介面的物件。類似註冊認證控制器,開發人員也需要向 Generic Server 註冊初始化器,範例程式的初始化器的定義如下:

```go
// 程式 9-26 kubernetescode-aaserver/pkg/admission/plugininitializer.go
type WantsInformerFactory interface {
    SetInformerFactory(informers.SharedInformerFactory)// 要點①
}

type provisionPluginInitializer struct {
    informerFactory informers.SharedInformerFactory
}

func (i provisionPluginInitializer) Initialize(plugin admission.Interface) {
    if wants, ok :=plugin.(WantsInformerFactory); ok {
        wants.SetInformerFactory(i.informerFactory) // 要點②
    }
}
```

上述程式 9-26 實現了相依注入。任何實現了要點①處定義的介面 Wants-InformerFactory 的認證控制器都會被這裡定義的初始化器注入一個 InformerFactory 實例,見要點②。

9.2.7 增加 Web Server

聚合 Server 的諸多內容都已經被建構起來了,現在將 Generic Server 引進來,形成一個可運行的 Web Server。這一建構過程同時將涵蓋以下未盡事項:

（1）準備 Scheme 實例，並觸發 API 資訊向其註冊。

（2）將 API 注入 Generic Server，使 Server 生成 API 端點並能回應對它們的請求。

（3）向認證控制機制註冊認證控制器。

（4）呼叫 Generic Server 啟動，成為一個 Web Server。

完成後，聚合 Server 所有程式開發工作將完成。

回顧 Kubernetes 各個子 Server 的建構，均遵從如圖 9-3 所示的流程，範例程式也會如此建構 Server，這會幫讀者加深原始程式理解。技術上看 Options、Config 和 Server 都是以各自基座結構為根底建構起來的，考慮到相依關係，下面從右向左一個一個實現它們。

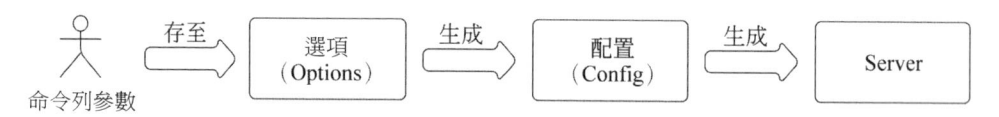

▲ 圖 9-3 子 Server 建構過程

1. Server

首先建立 MyServer 結構，代表整個聚合 Server，在範例程式中其地位十分重要。原本將會是一個極為複雜的建構過程，但有了 Generic Server 這個底座，聚合 Server 主結構只需程式 9-27 中的幾行。

```
// 程式 9-27 kubernetescode-aaserver/pkg/apiserver/apiserver.go
type MyServer struct {
    GenericAPIServer *gserver.GenericAPIServer
}
```

MyServer 的 GenericAPIServer 指向了一個 Generic Server，這樣範例聚合 Server 就具有了所有 Generic Server 的能力。

2. Config

Config 結構用於承載生成一個 Server 所必需的運行配置資訊。遵從核心 API Server 的一貫做法，針對 Config 會設一個補全的過程，即 Complete() 方法。向該方法中增加當前 Server 的特有配置，這些配置是不受使用者的命令列輸入影響的，否則應在 Options 中就有這部分內容。在範例程式中，聚合 Server 版本編號在程式 9-28 要點①處進行設置。

```go
// 程式 9-28 kubernetescode-aaserver/pkg/apiserver/apiserver.go
type Config struct {
    GenericConfig *gserver.RecommendedConfig
}

type completedConfig struct {
    GenericConfig gserver.CompletedConfig
}

type CompletedConfig struct {
    *completedConfig
}

func (cfg *Config) Complete() CompletedConfig {
    //version
    cconfig :=completedConfig{
        cfg.GenericConfig.Complete(),
    }
    cconfig.GenericConfig.Version =&version.Info{// 要點①
        Major: "1",
        Minor: "0",
    }
    return CompletedConfig{&cconfig}
}

func (ccfg completedConfig) NewServer() (*MyServer, error) { // 要點②
    ...
}
```

9 開發聚合 Server

MyServer 實例是由 Config 生成的,由程式 9-28 中要點②處的 NewServer() 方法完成。在實例建立過程中除了要建構 Generic Server 實例,進而建構 MyServer 實例外,還有重要一步:將 API ProvisionRequest 注入 Generic Server,如程式 9-29 所示。

```
// 程式 9-29 kubernetescode-aaserver/pkg/apiserver/apiserver.go
apiGroupInfo :=gserver.NewDefaultAPIGroupInfo(
    provision.GroupName,
    Scheme,      // 要點①
    metav1.ParameterCodec,
    Codecs,
)
v1alphastorage :=map[string]rest.Storage{}
v1alphastorage["provisionrequests"] =registry.RESTWithErrorHandler(
    provisionstore.NewREST(Scheme, ccfg.GenericConfig.RESTOptionsGetter))
apiGroupInfo.VersionedResourcesStorageMap["v1alpha1"] =v1alphastorage

if err :=server.GenericAPIServer.InstallAPIGroup(&apiGroupInfo); err !=nil {
    return nil, err
}
```

程式 9-29 要點①反映出在 API 的注入過程中需要用到填充好的 Scheme,Scheme 實例的建立和填充邏輯顯示在程式 9-30 中。

```
// 程式 9-30 kubernetescode-aaserver/pkg/apiserver/apiserver.go
var (
    Scheme =runtime.NewScheme()
    Codecs =serializer.NewCodecFactory(Scheme)
)
func init() {
    install.Install(Scheme)
    metav1.AddToGroupVersion(Scheme, schema.GroupVersion{Version: "v1"})
    unversioned :=schema.GroupVersion{Group: "", Version: "v1"}
    Scheme.AddUnversionedTypes(
        unversioned,
        &metav1.Status{},
        &metav1.APIVersions{},
        &metav1.APIGroupList{},
```

```
        &metav1.APIGroup{},
        &metav1.APIResourceList{},
    )
}
```

上述程式顯示,當 Config 結構所在的 package 被引入時,Scheme 實例被自動建立,之後套件初始化函數 init() 自動執行,對 Scheme 進行了填充。這就確保 Scheme 實例在 Config 建立 MyServer 實例前就已經填充完畢。Install() 函數是在 9.2.4 節中定義的。

3. Options

選項結構的作用是承接使用者的命令列輸入,並基於這些資訊建立 Config,所以它的內容受命令列參數影響。Generic Server 自身提供了諸多參數,範例程式的選項結構需要包含這些參數。Generic Server 將推薦參數定義在結構 RecommendedOptions 中,並提供了獲得該推薦參數實例的工廠函數,這便利了聚合 Server 重複使用。範例程式的選項結構還承載了一個 Informer Factory,雖然使用者命令列輸入不會影響 Informer Factory,但這簡化了程式。程式 9-31 展示了選項結構及它的工廠函數 NewServerOptions()。

```
// 程式 9-31 kubernetescode-aaserver/cmd/options.go
type ServerOptions struct {
    RecommendedOptions   *genericoptions.RecommendedOptions
    SharedInformerFactory informers.SharedInformerFactory
}

func NewServerOptions() *ServerOptions {
    o :=&ServerOptions{
        RecommendedOptions: genericoptions.NewRecommendedOptions(
            "/registry/provision-apiserver.mydomain.com",
            apiserver.Codecs.LegacyCodec(v1alpha1.SchemeGroupVersion),
        ),
    }
    return o
}
```

開發聚合 Server

　　命令列參數到達 Options 結構後會經過兩個前置處理步驟：補全和驗證。補全由 Options 的 Complete() 方法完成，驗證由 Validate() 方法完成。Complete() 在執行過程中完成了一項重要工作：將自訂的認證控制器外掛程式及其初始化器注入認證控制機制中。程式 9-32 展示了 Complete() 方法，要點①處使用 9.2.6 節所寫外掛程式的 Register() 方法注入外掛程式，要點②注入初始化器工廠函數 NewProvisionPluginInitializer。

```go
// 程式 9-32 kubernetescode-aaserver/cmd/options.go
func (o *ServerOptions) Complete() error {
    // 認證控制外掛程式
    plugin.Register(o.RecommendedOptions.Admission.Plugins) // 要點①
    o.RecommendedOptions.Admission.RecommendedPluginOrder =
        append(o.RecommendedOptions.Admission.RecommendedPluginOrder,
            "Provision")
    // 認證控制外掛程式初始化器
    o.RecommendedOptions.ExtraAdmissionInitializers =
        func(cfg *gserver.RecommendedConfig) (
                            []admission.PluginInitializer, error) {
        client, err :=clientset.NewForConfig(cfg.LoopbackClientConfig)
        if err !=nil {
                return nil, err
        }
        informerFactory :=informers.NewSharedInformerFactory(
                                    client, cfg.LoopbackClientConfig.Timeout)
        o.SharedInformerFactory =informerFactory
        return
                []admission.PluginInitializer{ // 要點②
                    myadmission.NewProvisionPluginInitializer(informerFactory)
                },
                nil
        }
    return nil
}
```

　　經過補全和驗證，就可以在 Options 結構的基礎上生成 Server 運行配置——Config 結構實例了，這部分邏輯被封裝在方法 Config() 中，該方法所生成的

9.2 聚合 Server 的開發

Server 配置將作為製作 MyServer 實例的基石。為節省篇幅這裡省去了 Config() 的描述。

4. 啟動 Server

何時呼叫程式 9-28 中的 NewServer() 方法建立 Server 實例並啟動它呢？回答這個問題要從 Cobra 框架說起。該框架的核心物件是命令——Command，使用者在命令列呼叫可執行程式時，第 1 個參數將被當作命令標識看待，Cobra 框架根據命令標識建立命令物件，然後呼叫其 Execute() 方法進行回應，而如果在命令列中沒有指定命令，則框架將用根命令去回應。9.2.1 節建立專案時使用 cobra-cli 生成了基本的命令列程式，包含一個 main.go 檔案和 cmd/root.go 檔案，其中最核心的內容是程式 9-33 所示的根命令物件——rootCmd 變數：

```
// 程式 9-33 kubernetescode-aaserver/cmd/root.go
var rootCmd =&cobra.Command{
    Use:     "kubernetescode-aaserver",
    Short:   "An aggregated API Server",
    Long:    `This is an aggregated API Server, wrote manually`,
}
```

應用程式入口 main 函數只是呼叫 rootCmd.Execute() 方法去回應使用者輸入。目前 rootCmd 的內容是空的，需要對它進行增強，從而讓它具有以下能力：

（1）將使用者輸入的命令列標識轉入上述的 Options 結構實例。

（2）對 Options 實例進行補全和驗證，然後生成 Server 運行配置 Config。

（3）用 Server 配置生成 Server 實例，並啟動之。

撰寫程式 9-34 中的工廠函數，它會將期望的增強加入 rootCmd。注意 rootCmd.RunE 屬性指代的方法會被該命令的 Execute() 方法呼叫。在 RunE 中可透過 options 變數獲取使用者輸入，因為 Cobra 框架會負責把命令列標識值存入 options 變數：要點①處對 AddFlags() 方法的呼叫實際上建立了 options 變數的各子孫欄位和命令列標識的對應關係。

```go
// 程式 9-34 kubernetescode-aaserver/cmd/root.go
func NewCommandStartServer(stopCh <-chan struct{}) *cobra.Command {
    options :=NewServerOptions()
    rootCmd.RunE =func(c *cobra.Command, args []string) error {
        if err :=options.Complete(); err !=nil {
            return err
        }
        if err :=options.Validate(); err !=nil {
            return err
        }
        if err :=run(options, stopCh); err !=nil {          // 要點②
            return err
        }
        return nil
    }
    flags :=rootCmd.Flags()
    options.RecommendedOptions.AddFlags(flags)              // 要點①
    return rootCmd
}
```

上述程式要點②處呼叫的 run() 函數也很重要，它負責建立 Server 運行配置、建立 Server、啟動 Server 的底座 Generic Server。run() 函數程式如 9-35 所示。

```go
// 程式 9-35 kubernetescode-aaserver/cmd/root.go
func run(o *ServerOptions, stopCh <-chan struct{}) error {
    c, err :=o.Config()
    if err !=nil {
        return err
    }
    s, err :=c.Complete().NewServer()
    if err !=nil {
        return err
    }
    s.GenericAPIServer.AddPostStartHook(
        "start-provision-server-informers",
        func(context gserver.PostStartHookContext) error {
            c.GenericConfig.SharedInformerFactory.Start(context.StopCh)
            o.SharedInformerFactory.Start(context.StopCh)
            return nil
```

}
	)
	return s.GenericAPIServer.PrepareRun().Run(stopCh)
}
```

有了這些準備，應用程式入口 main 函數將十分優雅，核心內容只需涵蓋兩點：

（1）透過工廠函數 NewCommandStartServer() 獲取增強後的 rootCmd。

（2）呼叫 rootCmd 的 Execute() 方法處理使用者輸入。

```
// 程式 9-36 kubernetescode-aaserver/main.go
func main() {
    stopCh :=genericserver.SetupSignalHandler()
    command :=cmd.NewCommandStartServer(stopCh)
    command.Flags().AddGoFlagSet(flag.CommandLine)
    logs.InitLogs()
    defer logs.FlushLogs()
    if err :=command.Execute(); err !=nil {
        klog.Fatal(err)
    }
}
```

至此，聚合 Server 編碼工作全部完成，程式能夠被正確編譯並可生成聚合 Server 的可執行程式。雖然讓這個聚合 Server 在本地運行起來還欠缺諸多配置，但是已經可以讓它列印該 Server 提供的所有命令列參數了，需要運行的命令如下：

```
$ go mod tidy
$ go mod vendor
$ go build .
$ ./kubernetescode-aaserver -h
```

程式將列印出如圖 9-4 所示的結果，圖中只截取了一部分。
```

```
This is an aggregated API Server, wrote manually

Usage:
  kubernetescode-aaserver [flags]

Flags:
      --admission-control-config-file string          File with admission control configuration.
      --audit-log-batch-buffer-size int               The size of the buffer to store events before batching and writing. Only used in batch mode. (default 10000)
      --audit-log-batch-max-size int                  The maximum size of a batch. Only used in batch mode. (default 1)
      --audit-log-batch-max-wait duration             The amount of time to wait before force writing the batch that hadn't reached the max size. Only used in batch mode.
      --audit-log-batch-throttle-burst int            Maximum number of requests sent at the same moment if ThrottleQPS was not utilized before. Only used in batch mode.
      --audit-log-batch-throttle-enable               Whether batching throttling is enabled. Only used in batch mode.
      --audit-log-batch-throttle-qps float32          Maximum average number of batches per second. Only used in batch mode.
      --audit-log-compress                            If set, the rotated log files will be compressed using gzip.
      --audit-log-format string                       Format of saved audits. "legacy" indicates 1-line text format for each event. "json" indicates structured json format. Known fo
rmats are legacy,json. (default "json")
      --audit-log-maxage int                          The maximum number of days to retain old audit log files based on the timestamp encoded in their filename.
      --audit-log-maxbackup int                       The maximum number of old audit log files to retain. Setting a value of 0 will mean there's no restriction on the number of fil
es.
      --audit-log-maxsize int                         The maximum size in megabytes of the audit log file before it gets rotated.
      --audit-log-mode string                         Strategy for sending audit events. Blocking indicates sending events should block server responses. Batch causes the backend to
 buffer and write events asynchronously. Known modes are batch,blocking,blocking-strict. (default "blocking")
```

▲ 圖 9-4 列印聚合 Server 參數列表

9.2.8 部署與測試

程式的撰寫只是製作聚合 Server 的一部分，為了能使其在叢集中履職還需要將它部署運行。聚合 Server 的部署方式有多種，既可以選擇運行於叢集外，也可以選擇運行於叢集內，本書採用叢集內部署的方式，即將聚合 Server 運行於叢集內某節點的 Pod，透過 Server API 來對其向核心 API Server 暴露。部署步驟如下。

（1）鏡像打包：將聚合 Server 應用程式打包成一個鏡像，並推送到鏡像函數庫備用。

（2）建立命名空間和服務帳戶（ServiceAccount）：由於聚合 Server 的相關資源會被放入單獨的命名空間下，所以需要先建立出該空間；它和核心 Server 互動時需要以一個服務帳戶標識自己，這也需要提前建立。

（3）許可權配置：建立 RBAC 角色，並為服務帳戶綁定角色。

（4）準備 ETCD：範例聚合 Server 採用專有資料庫綱要，這就需要在叢集內部署出 ETCD 以備後續使用。

（5）部署 Server 實例並暴露為 Service：建立 Deployment 和 Service，用以在叢集內運行聚合 Server。

（6）向控制面註冊聚合 Server 所提供的 API 組版本。需要建立 APIService API 實例，達到向控制面註冊聚合 Server 所支援的 API 組版本的目的。每個組 + 外部版本的組合需要一個 APIService 實例。

9.2 聚合 Server 的開發

在上述步驟中，除了鏡像的製作，其餘均是在 Kubernetes 中正確地建立不同類型的資源。對這些資源進行整理，如圖 9-5 所示。

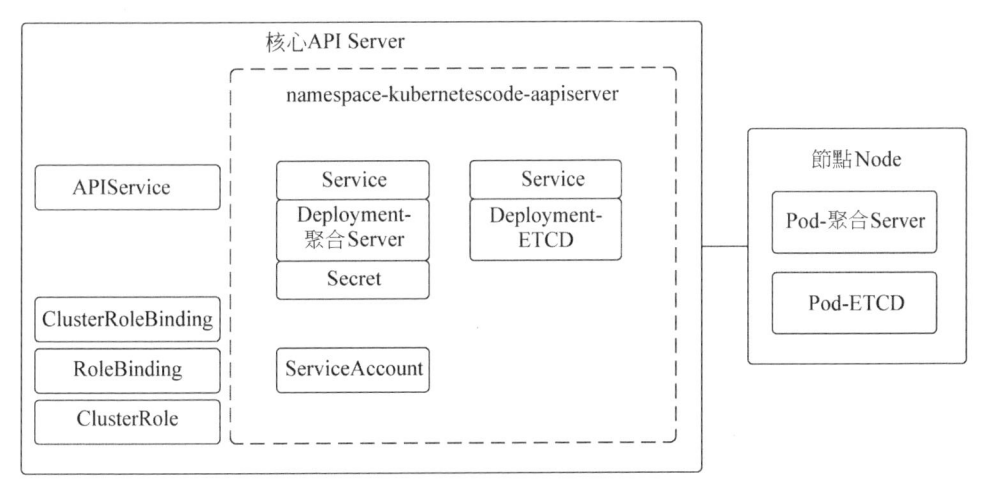

▲ 圖 9-5 部署資源整理

1. 製作鏡像

當需要於 Docker 類虛擬化環境運行一個應用程式時就需要將應用打包到一個鏡像。範例聚合 Server 會將此鏡像部署至 Kubernetes 叢集內，故這一步是需要的。與一般的鏡像製作相比，聚合 Server 不需要任何特別的步驟，只要做出鏡像並正確設置其入口程式（Enterpoint）。鏡像的 Dockerfile 檔案如程式 9-37 所示。

```
# 程式 9-37 kubernetescode-aaserver/Dockerfile
FROM Go:1.20 as build
WORKDIR /go/src/github.com/kubernetescode-aaserver
COPY . .
RUN CGO_ENABLED=0 GOARCH=amd64 GOOS=linux GOPROXY="< 代理位址 >" go build .

FROM alpine:3.14
RUN apk --no-cache add ca-certificates

COPY --from=build \\
```

9 開發聚合 Server

```
/go/src/github.com/kubernetescode-aaserver/kubernetescode-aaserver /
ENTRYPOINT ["/kubernetescode-aaserver"]
```

在上述程式中打包過程被分成了兩個步驟。首先，在 Go:1.20 這一鏡像基礎上編譯生成聚合 Server 應用程式，筆者啟用了 Go 語言的就近代理，將會大大加快編譯時 Go 模組的下載速度，然後從編譯鏡像中複製出結果，即聚合 Server 可執行檔 kubernetescod-aaserver，將其放入以 alpine:3.14 為基礎鏡像的聚合 Server 鏡像，並將鏡像入口程式設置為聚合 Server 可執行程式。

Dockerfile 撰寫完畢後，在專案根目錄下執行以下第 1 筆命令會在本地生成鏡像，進而執行第 2 筆命令將其推送至 Docker Hub，注意，命令中 jackyzhangfd 為筆者 Docker Hub 帳戶名稱，讀者在實操時需要替換。

```
$ docker build  -t  jackyzhangfd/kubernetescode-aapiserver:1.0.
$ docker push  jackyzhangfd/kubernetescode-aapiserver:1.0
```

2. 建立命名空間和服務帳戶

為了便於管理，把聚合 Server 相關的資源放入單獨命名空間中。將範例 Server 的命名空間設為 kubernetescode-aapiserver，這需要手工建立出來。命名空間的資源定義檔案如程式 9-38 所示。

```
# 程式 9-38 kubernetescode-aaserver/config/deploy/1-ns.yaml
    apiVersion: v1
    kind: Namespace
    metadata:
        name: kubernetescode-aapiserver
    spec: {}
```

此外，當聚合 Server 請求核心 Server 時[1]需要向核心 Server 出示自己的身份，於是需要建立一個服務帳戶，後續步驟中會將該帳戶綁定到聚合 Server 所在的 Pod。服務帳戶的資源定義檔案如程式 9-39 所示。

---

[1] 例如請求核心 Server 對直接發到聚合 Server 的請求進行鑑權。

9.2 聚合 Server 的開發

```
# 程式 9-39 kubernetescode-aaserver/config/deploy/2-sa.yaml
    apiVersion: v1
    kind: ServiceAccount
    metadata:
        name: aapiserver
        namespace: kubernetescode-aapiserv
```

注意：上述服務帳號是建立在剛剛定義的命名空間 kubernetescode-aapiserver 下的。

3. 配置許可權

核心 API Server 對於與自己互動的使用者端能否做某項操作有許可權的檢驗，而聚合 Server 會在核心 API Server 存取諸多內容，也是使用者端之一，也逃不過許可權檢驗這一步。範例所用叢集採用 Role Based Access Control 作為許可權機制，RBAC 透過 Role 和 ClusterRole 來定義許可權的集合以備授予；透過 RoleBinding 和 ClusterRoleBinding 來把許可權集合賦予服務帳號。一個聚合 Server 需要以下許可權。

1）認證控制 Webhook 相關

聚合 Server 也可以具有動態認證控制器——Webhook。Webhook 的開發人員會建立 mutatingwebhookconfigurations 和 validatingwebhookconfiguration 資源來描述其技術資訊，由於它們被儲存在核心 API Server 中，所以聚合 Server 需要具有從那裡讀取這兩種資源的許可權。這需要建立 Role/ClusterRole 來包含對這兩個 API 存取的許可權。

2）委派登入認證相關

聚合 Server 依賴於核心 Server 去做登入認證，該過程需要從核心 API Server 獲取 ID 為 extension-apiserver-authentication 的 ConfigMap 資訊，核心 API Server 定義了 Role extension-apiserver-authentication-reader，只需把它綁定到聚合 Server 所使用的服務帳號。

9 開發聚合 Server

3）委派許可權認證相關

類似於委派登入，核心 API Server 可以代替使用者端做使用者許可權認證，但使用者端需要被賦予名為 system:auth-delegator 的 ClusterRole。

4）自身控制器涉及的資源許可權

這一許可權要根據控制器的實際需要，隨選加入。範例中涉及了命名空間的建立等操作，需要將操作命名空間的許可權建立成 Role 並賦予上述服務帳戶。

在把以上系統提供的和自己建立的角色都綁定到聚合 Server 的服務帳號後，本步驟結束。專案的 config/deploy/3-clusterrole-and-binding.yaml 檔案包含上述資源的定義。

4. 準備 ETCD

範例聚合 Server 利用一個獨立的 ETCD 來存放資料。準備 ETCD 要做兩件事情：第一，建立一個 StatefulSet 來啟動一個 ETCD 實例；第二，建立一個 Service 在叢集內暴露這個 ETCD，以便聚合 Server 發現和使用，範例選用 etcd-svc 作為服務名稱，在下一步中它將作為 Server 啟動參數傳入聚合 Server。讀者可參考範例專案的 config/deploy/4-etcd.yaml 檔案。

5. 部署 Server 實例並暴露為 Service API

這一步的目的是將聚合 Server 部署成叢集內的服務，從而在叢集內暴露。首先用一個 Deployment 將前面打包的鏡像在叢集內運行起來，參見程式 9-40。這個 Deployment 的副本數（replicas）此處被設置為 1，實際中可以隨選增加。由於各個實例所連的 ETCD 都是一個，並且聚合 Server 可以無狀態運行，所以啟用多副本並不會有問題。ETCD 的連接資訊會作為 Pod 的啟動參數傳入聚合 Server 應用程式，底層 Generic Server 可自行消費它。

```
# 程式 9-40
#kubernetescode-aaserver/config/deploy/5-aggregated-apiserver.yaml
    ---
```

```yaml
    apiVersion: apps/v1
    kind: Deployment
    metadata:
        name: kubernetescode-aapiserver-dep
        namespace: kubernetescode-aapiserver
        labels:
            api: kubernetescode-aapiserver
            apiserver: "true"
    spec:
        selector:
            matchLabels:
                api: kubernetescode-aapiserver
                apiserver: "true"
        replicas: 1
        template:
            metadata:
                labels:
                    api: kubernetescode-aapiserver
                    apiserver: "true"
            spec:
                serviceAccountName: aapiserver  # 要點①
                containers:
                -name: apiserver
                    image: jackyzhangfd/kubernetescode-aapiserver:1.0
                    imagePullPolicy: Always
                    volumeMounts:
                    -name: apiserver-certs
                    mountPath: /apiserver.local.config/certificates
                    readOnly: true
                    command:
                    -"./kubernetescode-aaserver"
                    args:
                    -"--etcd-servers=http://etcd-svc:2379"
                    -"--audit-log-path=-"
                    -"--audit-log-maxage=0"
                    -"--audit-log-maxbackup=0"
-"--tls-cert-file=/apiserver.local.config/certificates/tls.crt"  # 要點②
-"--tls-private-key-file=/apiserver.local.config/certificates/tls.key"
                    resources:
```

```
            requests:
                cpu: 100m
                memory: 20Mi
            limits:
                cpu: 100m
                memory: 30Mi
        volumes:
        -name: apiserver-certs
            secret:
                secretName: kubernetescode-aapiserver-srt
```

程式 9-40 的要點①處將前面建立的服務帳號綁定到聚合 Server 的 Pod 上，這樣這個 Pod 就會以該帳號的名義去請求核心 API Server，也就具有了需要的許可權。節點上的 Kubelet 元件會觀測排程到當前節點的 Pod，將連結的服務帳號所具有的存取 token 從核心 API Server 中讀出來，並存入 Pod 本地的特定目錄。每個 Pod 都會有一個服務帳號與之連結，當資源定義檔案中沒有明確指定時，系統會選用 Pod 所在命名空間下的 default 服務帳號。如此一來，從聚合 Server 發往核心 API Server 的請求會帶上該 token，於是會被辨識為相應的服務帳號，如圖 9-6 所示。

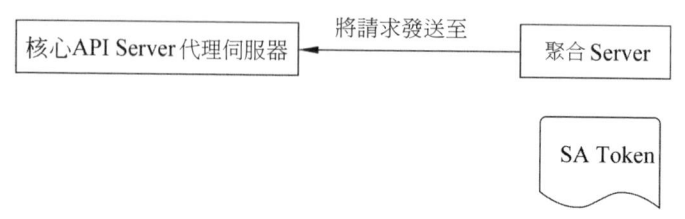

▲ 圖 9-6 聚合 Server 請求核心 Server

程式 9-40 的要點②處透過命令列參數 --tls-cert-file 和 --tls-private-key-file 指出了聚合 Server 的 TLS 證書及其私密金鑰位置。一個 Web Server 如果需要支援 HTTPS，就需要生成私密金鑰，製作簽發申請，然後找憑證授權簽發或自簽證書。得到的證書和私密金鑰會被部署在伺服器上供伺服器程式使用。有了 TLS 的加持，聚合 Server 的所有使用者端都需要以 HTTPS 協定和其互動，包括核心 API Server，如圖 9-7 所示。

9.2 聚合 Server 的開發

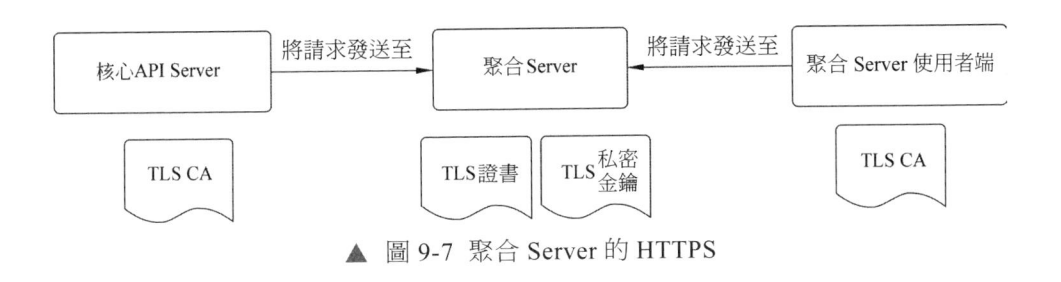

```
核心 API Server  →將請求發送至→  聚合 Server  ←將請求發送至←  聚合 Server 使用者端
     TLS CA                 TLS 證書  TLS 私密金鑰                    TLS CA
```

▲ 圖 9-7 聚合 Server 的 HTTPS

上述兩個命令列參數就是告訴聚合 Server 到目錄 /apiserver.local.config/certificates 下獲取證書和私密金鑰；為什麼是這個資料夾呢？程式 9-40 中的資源定義已經舉出了答案：該目錄是透過把一個名為 kubernetescode-aapiserver-srt 的 Secret 資源綁定到 Pod 本地而形成，Secret 的內容一般就是證書、私密金鑰和 Token 等，會形成該資料夾內的檔案。該 Secret 資源定義如程式 9-41 所示，其內有 tls.crt 和 tls.key 兩項內容。

這裡留一個伏筆：圖 9-7 中的 TLS CA 需要交給核心 API Server，它能夠驗證 TLS 證書是否合法，使用者端需要用它來驗證伺服器端出具的證書，那麼如何將其交給核心 API Server 呢？答案會在第 6 步中揭曉。

```
# 程式 9-41
#kubernetescode-aaserver/config/deploy/5-aggregated-apiserver.yaml
apiVersion: v1
kind: Secret
type: kubernetes.io/tls
metadata:
    name: kubernetescode-aapiserver-srt
    namespace: kubernetescode-aapiserver
    labels:
        api: kubernetescode-aapiserver
        apiserver: "true"
data:
    tls.crt: LS0tLS1CRUdJTiBDRVJUSUZJQ0FURS0tL......
    tls.key: LS0tLS1CRUdJTiBFQyBQUklWQVRFIEtF......
```

最後定義以下 Service 實例來在叢集內暴露聚合 Server。注意 Service 名稱與上述 TLS 證書之間有關係：TLS 證書的簽發物件（也就是證書中的 CN 屬性）

9-45

需要與這個服務名稱相合，證書的 CN 格式需要符合 <Service 名稱 >.<Service 所在命名空間 >.svc，對於範例服務其值為 kubernetescode-aapiserver-service. kubernetescode-aapiserver.svc。

```
# 程式 9-42
#kubernetescode-aaserver/config/deploy/5-aggregated-apiserver.yaml
apiVersion: v1
kind: Service
metadata:
    name: kubernetescode-aapiserver-service
    namespace: kubernetescode-aapiserver
    labels:
        api: kubernetescode-aapiserver
        apiserver: "true"
spec:
    ports:
    -port: 443
        protocol: TCP
        targetPort: 443
    selector:
        api: kubernetescode-aapiserver
        apiserver: "true"
```

6. 向控制面註冊 API 組版本

如果運行如圖 9-8 所示的命令，系統則會列印當前叢集所具有的所有 APIService 實例，每個實例的名稱模式為 < 版本 >.<API 組 >。如果一個 API 組下有多個版本，則會有多個 APIService 實例。

APIService 在控制面上起著非常重要的作用，它為控制面遮罩了 API 的實際提供者，無論一個 API 是由核心 API Server 內建的，還是由聚合 Server 提供的，API Server 都會以 APIService 中記錄的資訊為依據尋找其提供者。

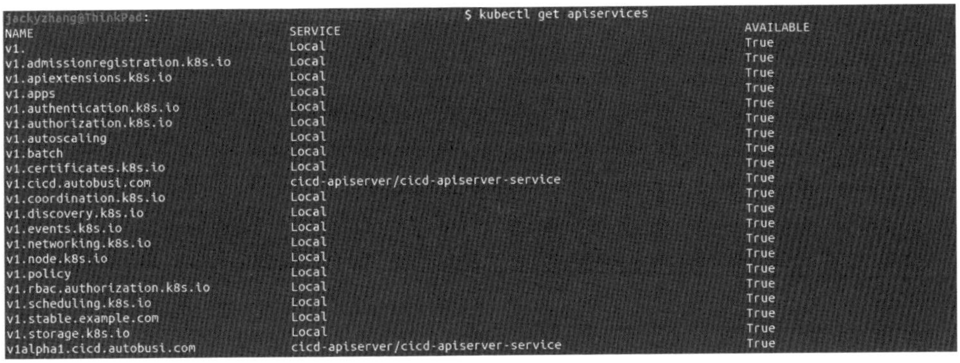

```
jackyzhang@ThinkPad:                                   $ kubectl get apiservices
NAME                                  SERVICE                                       AVAILABLE
v1.                                   Local                                         True
v1.admissionregistration.k8s.io       Local                                         True
v1.apiextensions.k8s.io               Local                                         True
v1.apps                               Local                                         True
v1.authentication.k8s.io              Local                                         True
v1.authorization.k8s.io               Local                                         True
v1.autoscaling                        Local                                         True
v1.batch                              Local                                         True
v1.certificates.k8s.io                Local                                         True
v1.cicd.autobusi.com                  cicd-apiserver/cicd-apiserver-service         True
v1.coordination.k8s.io                Local                                         True
v1.discovery.k8s.io                   Local                                         True
v1.events.k8s.io                      Local                                         True
v1.networking.k8s.io                  Local                                         True
v1.node.k8s.io                        Local                                         True
v1.policy                             Local                                         True
v1.rbac.authorization.k8s.io          Local                                         True
v1.scheduling.k8s.io                  Local                                         True
v1.stable.example.com                 Local                                         True
v1.storage.k8s.io                     Local                                         True
v1alpha1.cicd.autobusi.com            cicd-apiserver/cicd-apiserver-service         True
```

▲ 圖 9-8 查詢所有 APIService 實例

對於範例聚合 Server 來講，它只提供了一個組（provision.mydomain.com）和一個版本（v1alpha1），那麼只需建立以下 APIService：

```yaml
# 程式 9-43 kubernetescode-aaserver/config/deploy/6-apiservice.yaml
apiVersion: apiregistration.k8s.io/v1
kind: APIService
metadata:
    name: v1alpha1.provision.mydomain.com
    labels:
        api: kubernetescode-aapiserver
        apiserver: "true"
spec:
    version: v1alpha1
    group: provision.mydomain.com
    groupPriorityMinimum: 2000
    service:
        name: kubernetescode-aapiserver-service
        namespace: kubernetescode-aapiserver
    versionPriority: 10
    insecureSkipTLSVerify: true
    caBundle: LS0tLS1CRUdJTiBDRVJUSUZJQ0FURS0tLS0tCk1JSURDREND......
```

值得注意的是，spec.caBundle 這一屬性，它舉出的是一個 CA Bundle 進行 Base64 編碼後的字串，它就是前文提及的 TLS CA。核心 API Server 透過 APIService 實例上的 spec.caBundle 來找到驗簽聚合 Server TLS 證書的 CA Bundle。

7. 向叢集提交資源定義檔案

現在完成了部署所用資源的定義工作，接下來只需逐一向叢集提交上述資源定義檔案，就可完成範例聚合 Server 的部署。注意，由於資源之間的相互依賴關係，最好按上述步驟的順序進行提交[①]，在範例專案中筆者已經把各個資源檔按序號編排以下是提交命令。

```
$cd <專案主目錄>/config/deploy
$kubectl apply -f 1-ns.yaml
$kubectl apply -f 2-sa.yaml
$kubectl apply -f 3-clusterrole-and-binding.yaml
$kubectl apply -f 4-etcd.yaml
$kubectl apply -f 5-aggregated-apiserver.yaml
$kubectl apply -f 6-apiservice.yaml
```

待系統初始化完畢後，透過以下命令可以查看 provision.mydomain.com 這個 API 組內的資源：

```
$kubectl get --raw /apis/provision.mydomain.com/v1alpha1 | jq
```

系統將以 JSON 格式輸出資源資訊。

8. 測試

這一步將用 3 個用例來對剛剛部署好的聚合 Server 進行測試。

[①] 不按順序提交會出現暫時的錯誤，如連接不上 ETCD，隨著被依賴資源的就位，錯誤會消失。

9.2 聚合 Server 的開發

1）建立 ProvisionRequest

本測試用例建立本章目標節所舉出的那個 ProvisionRequest 資源，它的內容已被放入 config/test/company1.yaml 檔案中。將其提交到叢集並查詢建立結果：

```
$cd <專案主目錄>/config/test
$kubectl apply -f .
$kubectl describe provisionrequests
```

上述第 2 筆命令會在 default 命名空間中建立一個名為 pr-for-company-abc 的 ProvisionRequest 實例；最後一筆命令會輸出剛剛建立出的目前唯一的 ProvisionRequest 實例，如圖 9-9 所示。

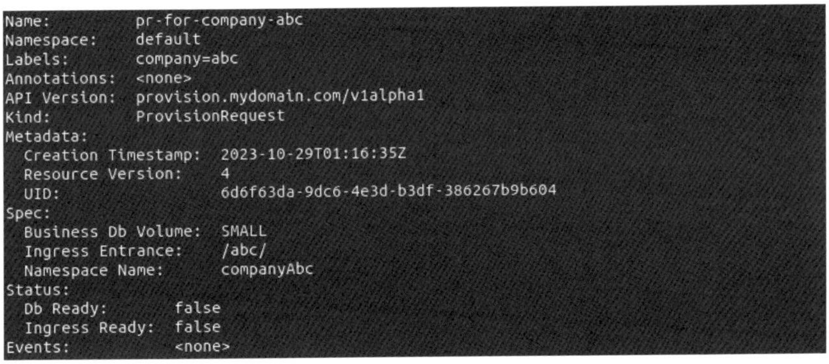

```
Name:            pr-for-company-abc
Namespace:       default
Labels:          company=abc
Annotations:     <none>
API Version:     provision.mydomain.com/v1alpha1
Kind:            ProvisionRequest
Metadata:
  Creation Timestamp:  2023-10-29T01:16:35Z
  Resource Version:    4
  UID:                 6d6f63da-9dc6-4e3d-b3df-386267b9b604
Spec:
  Business Db Volume:  SMALL
  Ingress Entrance:    /abc/
  Namespace Name:      companyAbc
Status:
  Db Ready:        false
  Ingress Ready:   false
Events:            <none>
```

▲ 圖 9-9 查詢 ProvisionRequest 實例

2）檢驗命名空間不可為空

資源建立和修改時程式會檢測是否有 ProvisionRequest 的 namespaceName，如果沒有，則通不過驗證。建立以下資源定義檔案來測試該場景：

```yaml
# 程式 9-44
#kubernetescode-aaserver/config/test/customer2-no-namespace.yaml
# 儲存驗證中會驗證 namespaceName 屬性必有，否則失敗
---
  apiVersion: provision.mydomain.com/v1alpha1
  kind: ProvisionRequest
  metadata:
    name: pr-for-company-bcd
```

9-49

```
        labels:
            company: abc
    spec:
        ingressEntrance: /bcd/
        businessDbVolume: BIG
        #namespaceName: companybcd
```

注意：由於上述檔案中註釋起來了最後一行，所以沒有舉出命名空間。透過以下命令提交後會得到系統拒絕的回饋。這與預期完全一致：

```
$cd <專案主目錄>/config/test
$kubectl apply -f customer2-no-namespace.yaml

The ProvisionRequest "pr-for-company-bcd" is invalid: spec[namespaceName]:
Required value: namespace name is required
```

3）驗證認證控制

在認證控制中要求一個客戶只有一個ProvisionRequest實例存在於系統中，拒絕更多的建立申請，用以下用例進行測試：

```
# 程式 9-45
#kubernetescode-aaserver/config/test/customer3-multiple-pr-error.yaml
# 認證控制中限制一個company只能有一個PR
# 那第1個PR會提交成功，第2個會失敗
    apiVersion: provision.mydomain.com/v1alpha1
    kind: ProvisionRequest
    metadata:
        name: pr-for-company-def
        labels:
            company: def
    spec:
        ingressEntrance: def
        businessDbVolume: SMALL
        namespaceName: companydef
---

    apiVersion: provision.mydomain.com/v1alpha1
    kind: ProvisionRequest
```

```
    metadata:
        name: pr-for-company-def2
        labels:
            company: def
    spec:
        ingressEntrance: def
        businessDbVolume: BIG
        namespaceName: companydef
```

它的執行結果如下：

```
$cd <專案主目錄>/config/test
$kubectl apply -f customer3-multiple-pr-error.yaml

provisionrequest.provision.mydomain.com/pr-for-company-def created

Error from server (Forbidden): error when creating
"customer3-multiple-pr-error.yaml":
provisionrequests.provision.mydomain.com "pr-for-company-def2" is
forbidden: the company already has provision request
```

第 1 個 PR 被成功建立，而第 2 個則被系統解決掉了。

經過以上簡單測試得出結論，範例聚合 Server 支援了 ProvisionRequest API，實現了對 API 實例的各項驗證，聚合 Server 程式撰寫和部署完畢。

9.3 相關控制器的開發

ProvisionRequest API 資源已經可以在叢集中建立出來，目前僅此而已，還不會有期望的命名空間及其內的資料庫實例的建立，這些工作需要控制器來完成。第二篇原始程式閱讀過程中我們看到了控制器的兩種運行方式：

（1）運行於 API Server 應用程式內部，例如擴充 Server 中的發現控制器。這類控制器的撰寫方法與後一種完全一致，所不同的只是在用 client-go 程式庫連接 API Server 時所使用的連接位址指向本地。

開發聚合 Server

（2）運行於控制器管理器應用程式內部，例如 Deployment 的控制器。這類控制器的程式會被編譯到控制器管理器中，隨著管理器的運行而運行，並服從管理器對其進行的生命週期管理。由於不與 API Server 程式處於同一處理程序，所以獨立性更好，即使控制器失敗了也不會影響到 API Server 的穩定性。

聚合 Server 的開發者也一定會為自建 API 開發搭配的控制器，一般採取專做一個應用程式運行在單獨處理程序中的方式，這很類似第 2 種，但如果只是演示控制器的開發，則大可不必如此興師動眾。本章將採用第 1 種方式建構範例聚合 Server 的搭配控制器，這既簡化了開發和部署的過程，又沒有遺漏開發要點。

9.3.1 設計

範例聚合 Server 提供了唯一資源 provisionrequests，為它配備的控制器將造成的作用是當有新的 ProvisionRequest 實例被建立出後：

（1）以實例中 namespaceName 屬性值為名，建立一個命名空間。

（2）在上述命名空間中建立一個 Deployment，以便運行 MySQL 容器。

（3）更新實例的 status 屬性，以反映 DB 的建立結果。

下面運用從原始程式中學習到的控制器開發模式來開發它。需要宣告，範例專案的目的並非開發一個邏輯嚴謹的應用程式，只單純地演示控制器的開發過程。

範例控制器的主要元素和工作過程如圖 9-10 所示。在建立控制器時，聚合 Server 利用 Informer 觀測 ProvisionRequest 的實例建立。透過呼叫被給予的回呼函數，Informer 將新實例的 key 放入工作佇列。控制器的 Run() 方法作為介面方法供 Server 呼叫，用於 Server 啟動後啟動控制器。Run() 方法會建立一個工作佇列和一組控制迴圈，每個控制迴圈的內部都在運行著同樣的 3 種方法：runWorker()、processNextWorkItem() 和 sync()，其中 sync() 包含核心邏輯。

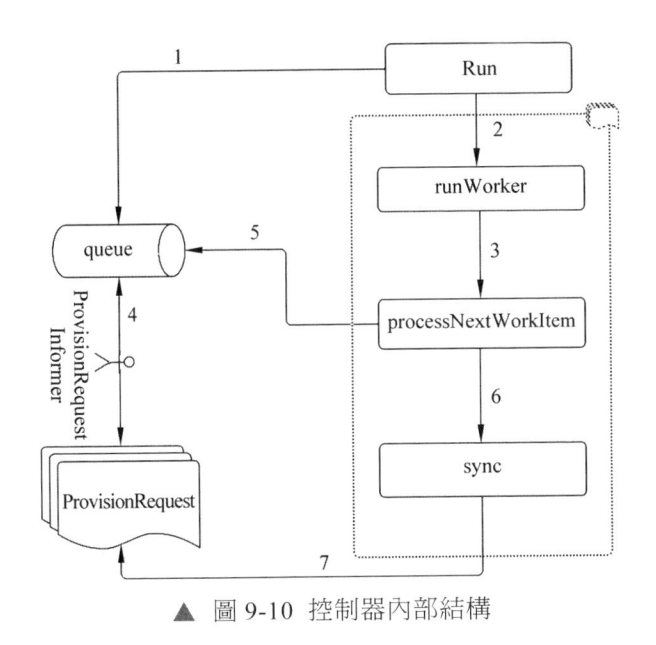

9.3 相關控制器的開發

```
                    1                    ┌─────┐
          ┌─────────────────────────────→│ Run │
          │                               └──┬──┘
          │                                  │ 2
          │                                  ▼
          │                            ┌───────────┐
          │                            │ runWorker │
       ┌──┴──┐         5               └─────┬─────┘
       │queue│←──────────────┐               │ 3
       └──┬──┘                │              ▼
          │                   │      ┌───────────────────┐
          │ 4                 └──────│ processNextWorkItem│
          ▼                          └─────────┬─────────┘
   ProvisionRequest                            │ 6
      Informer                                 ▼
   ┌─────────────┐                        ┌──────┐
   │ProvisionRequest│                     │ sync │
   └─────────────┘                        └──────┘
          ▲                 7                 │
          └─────────────────────────────────────
```

▲ 圖 9-10 控制器內部結構

9.3.2 實現

控制器的底座是 Controller 結構，定義見程式 9-46。它保有的 Client-SetcoreAPIClient 和 prClient 分別用於操作核心 Server 提供的 API 實例和操作聚合 Server 提供的 ProvisionRequest API 實例。prLister 屬性值將來自監聽 ProvisionRequest 實例建立的 Informer。Informer 會由聚合 Server 建立和啟動，prSynced 代表 Informer 是否完成了從聚合 Server 到本地的資訊同步，只有完成後 prLister 才可以使用。

```
// 程式 9-46 kubernetescode-aaserver/pkg/controller/provision_controller.go
type Controller struct {
    coreAPIClient clientset.Interface
    prClientpr    clientset.Interface

    prLister  prlist.ProvisionRequestLister
    prSynced  cache.InformerSynced
```

9-53

```
queue           workqueue.RateLimitingInterface
syncHandler func(ctx context.Context, key string) error
}
```

queue 和 syncHandler 屬性在講解控制器時重複看到，其在本專案中的意義不變。

由於控制器的建構過程稍微複雜，所以範例專案撰寫一個工廠函數封裝該過程，供聚合 Server 使用，其函數名稱有 3 個入參，分別對應上述 Controller 結構的兩個 ClientSet 和一個 Lister 屬性。

```
// 程式 9-47 kubernetescode-aaserver/pkg/controller/provision_controller.go
func NewProvisionController(prClient prclientset.Interface,
            prInfo prInformer.ProvisionRequestInformer,
            coreAPIClient clientset.Interface) *Controller {

    c :=&Controller{
            coreAPIClient: coreAPIClient,
            prClient:      prClient,
            prLister:      prInfo.Lister(),
            prSynced:      prInfo.Informer().HasSynced,

             queue: workqueue.NewNamedRateLimitingQueue(
                workqueue.DefaultControllerRateLimiter(),
                "provisionrequest"),
    }
    c.syncHandler =c.sync                       // 要點②
    prInfo.Informer().AddEventHandler(cache.ResourceEventHandlerFuncs{
        // 建立發生時
        AddFunc: func(obj interface{}) {        // 要點①
            klog.Info("New Provision Request is found")
            cast :=obj.(*v1alpha1.ProvisionRequest)
            key, err :=cache.MetaNamespaceKeyFunc(cast)
            if err !=nil {
                klog.ErrorS(err, "Failed when extracting …")
                return
            }
            c.queue.Add(key)
```

```
        },
    })
    return c
}
```

程式 9-47 要點①處向 Informer 註冊建立事件的監聽函數，把每個新建立的 ProvisionRequest 實例的 key 都放入工作佇列中。範例中不再監聽其他 API 的其他事件，但一個生產等級的控制器往往需要監聽多種 API 實例的多種變化。要點②處將 Controller 結構的 sync 方法設為控制迴圈主邏輯，這也是常規操作。

注意：針對同一個 ProvisionRequest 實例，由於 sync() 方法可能被重複執行，所以程式邏輯要針對重要操作進行必要性檢查。Sync() 重複處理一個實例的原因是前一次處理中途出現了失敗現象。

sync() 中完成了控制器的三大工作。它首先透過 key 獲取新建立的 ProvisionRequest，放入程式 9-48 中的變數 pr，然後完成第 1 個需求：命名空間的建立。如程式 9-48 所示。

```go
// 程式 9-48 kubernetescode-aaserver/pkg/controller/provision_controller.go

custNameSpaceName :=pr.Spec.NamespaceName
_, err =c.coreAPIClient.CoreV1().Namespaces().Get(
        ctx, custNameSpaceName, metav1.GetOptions{} )             // 要點①
if errors.IsNotFound(err) {
    custNameSpace :=v1.Namespace{                                  // 要點②
        TypeMeta: metav1.TypeMeta{APIVersion: "v1", Kind: "Namespace"},
        ObjectMeta: metav1.ObjectMeta{
            UID:       uuid.NewUUID(),
            Name:      custNameSpaceName,
            Annotations: make(map[string]string),
        },
        Spec: v1.NamespaceSpec{},
    }
    _, err =c.coreAPIClient.CoreV1().Namespaces().Create(
                ctx, &custNameSpace, metav1.CreateOptions{})       // 要點③
    if err !=nil {
        return &errors.StatusError{
```

```
            ErrStatus: metav1.Status{
                Status:"Failure",
                Message: "fail to create customer namespace",
        }}
    }
}
```

命名空間由核心 Server 管理，控制器需要透過 coreAPIClient 來執行讀取和建立工作，其建立流程比較有代表性：

（1）首先在進行建立前應該做必要性檢查，如果已經建立過就跳過本過程，程式為要點①。

（2）然後製作目標 API 的實例，對命名空間來講就是 v1.Namespace 結構，見程式要點②。

（3）最後透過 client set 執行操作，見程式要點③。

sync() 的第 2 項工作是在該命名空間內建立 Deployment 來運行 MySQL 容器。由於該過程與建立命名空間是一致的，所以不再贅述其細節，程式 9-49 舉出了相關程式。需要注意的是：由於 pr.Status.DbReady 屬性代表 Deployment 是否已經存在，所以可以透過檢查它來判斷是否需要進行新建。透過 API 實例的 Status 來獲知系統當前狀態也是控制器的主流做法。

```
// 程式 9-49 kubernetescode-aaserver/pkg/controller/provision_controller.go
if !pr.Status.DbReady {
    var replicas int32 =1
    selector :=map[string]string{}
    selector["type"] ="provisioinrequest"
    selector["company"] =pr.Labels["company"]

    d :=apps.Deployment{
        ...
    }
    _, err =c.coreAPIClient.AppsV1().Deployments(custNameSpaceName).
            Get(ctx, d.Name, metav1.GetOptions{})
```

```
        if errors.IsNotFound(err) {
            _, err =c.coreAPIClient.AppsV1().Deployments(custNameSpaceName).
                Create(ctx, &d, metav1.CreateOptions{})
            if err !=nil {
                klog.ErrorS(err, "Failed when creating DB dep …")
                return err
            }
        } else if err !=nil {
            return &errors.StatusError{ErrStatus: metav1.Status{
                Status:"Failure",
                Message: "fail to read DB deployment",
            }}
        }
    }
```

第 3 項工作是更新 ProvisionRequest 實例的 Status，從而記錄現實狀態，程式 9-50 展示了相關內容。注意要點①處變數 pr2，它是用 pr.DeepCopy() 對 pr 進行深複製的結果。狀態變化是放入 pr2 後交給 ClientSet 去向資料庫更新的。為何不直接在 pr 上進行狀態改變並進行更新呢？pr 來自 Informer，它應該被視為唯讀，在撰寫控制器邏輯時要留意。

```
// 程式 9-50 kubernetescode-aaserver/pkg/controller/provision_controller.go
pr2.Status.IngressReady =true // 要點①
pr2.Status.DbReady =true
pr2.Kind ="ProvisionRequest"
_, err =c.prClient.ProvisionV1alpha1().ProvisionRequests(pr2.Namespace).
        UpdateStatus(context.TODO(), pr2, metav1.UpdateOptions{})
if err !=nil {
    klog.ErrorS(err, "Fail to update request status")
    return &errors.StatusError{ErrStatus: metav1.Status{
        Status:"Failure",
        Message: "fail to update provision request status",
    }}
}
```

sync() 方法實現完畢。控制器開發的最後一項工作是調整聚合 Server 的服務帳號的許可權。由於控制器中操作了 ProvisionRequest、命名空間和 Deployment

共 3 種 Kubernetes API，所以需要給服務帳號賦予相應的許可權，程式 9-51 要點①開始做這些設置。

```
# 程式 9-51
#kubernetescode-aaserver/config/deploy/3-clusterrole-and-binding.yaml

apiVersion: rbac.authorization.k8s.io/v1
kind: ClusterRole
metadata:
    name: aapiserver-clusterrole
rules:
    ...
    -apiGroups: [""]# 要點①
     resources: ["namespaces"]
     verbs: ["get","watch","list","create","update","delete","patch"]
    -apiGroups: ["apps"]
     resources: ["deployments"]
     verbs: ["get","watch","list","create","delete","update","patch"]
    -apiGroups: ["provision.mydomain.com"]
     resources: ["provisionrequests","provisionrequests/status"]
     verbs: ["get","watch","list","create", "update","patch"]
    ...
```

9.3.3 如何啟動

範例控制器和聚合 Server 同處於一個可執行程式，期望它伴隨 Server 啟動。這需要增強聚合 Server 的工廠函數 NewServer()，加入控制器的建立。本節程式均在 NewServer() 方法中。

首先需要建立出控制器實例。控制器實例的建立可以透過程式 9-47 中定義的工廠函數 NewProvisionController() 來完成，但它有 3 個入參需要提前準備：核心 API 的 ClientSet、聚合 Server API（ProvisionRequest）的 Client Set 和 ProvisionRequest 的 Informer。

建立核心 API Client Set 的中心問題是如何得到核心 API Server 的連接資訊，其實每個 Pod 在被建立時都被賦予了這一資訊，Pod 中的應用程式可

9.3 相關控制器的開發

以方便地獲取。對於使用核心 API 的 client-go 函數庫該[1]的 Go 程式來講這一過程更加簡單,只需呼叫 client-go 提供的 InClusterConfig() 函數。獲取 ProvisionRequest 的 Client Set 的中心問題同樣是得到 Server 的連接資訊,但這次是聚合 Server 的,而控制器和聚合 Server 同處一個應用程式,Generic Server 的 LoopbackClientConfig 屬性正是指向本地的連接資訊。如此一來,建立兩個 Client Set 易如反掌,程式 9-52 要點①與要點②展示了兩個 ClientSet 的建立。

```
// 程式 9-52 kubernetescode-aaserver/pkg/apiserver/apiserver.go
config, err :=clientgorest.InClusterConfig()
if err !=nil {
    //fallback to kubeconfig
    kubeconfig :=filepath.Join("~", ".kube", "config")
    if envvar :=os.Getenv("KUBECONFIG"); len(envvar) >0 {
        kubeconfig =envvar
    }
    config, err =clientcmd.BuildConfigFromFlags("", kubeconfig)
    if err !=nil {
        klog.ErrorS(err, "The kubeconfig cannot be loaded: %v\\n")
        panic(err)
    }
}
coreAPIClientset, err :=kubernetes.NewForConfig(config)            // 要點①

client, err :=prclientset.NewForConfig(
                            genericServer.LoopbackClientConfig)    // 要點②
if err !=nil {
    klog.Error("Can't create client set for provision …")
}
```

ProvisionRequest 的 Informer 建立沒有難度,範例專案的程式生成步驟已經在 pkg/generated/informers 下生成了 Informer 的基礎設置,只需呼叫建立就好了。這樣建立控制器的 3 個入參都已具備,可以呼叫工廠函數建立它了,程式 9-53 展示了這部分內容。

---

[1] 函數庫是對核心 API 進行程式生成的結果。

9-59

```
// 程式 9-53 kubernetescode-aaserver/pkg/apiserver/apiserver.go
prInformerFactory :=prinformerfactory.NewSharedInformerFactory(client, 0)
controller :=prcontroller.NewProvisionController(
    client,
    prInformerFactory.Provision().V1alpha1().ProvisionRequests(),
    coreAPIClientset
)
```

最後需要啟動控制器和 ProvisionRequest 的 Informer 實例。Informer 實例啟動後才會不斷地監控目標 API 的實例變化並呼叫回呼函數。這兩者的啟動都作為聚合 Server 啟動後的鉤子函數去執行，程式 9-54 是這兩個鉤子。

```
// 程式 9-54 kubernetescode-aaserver/pkg/apiserver/apiserver.go
genericServer.AddPostStartHookOrDie("aapiserver-controller",
    func(ctx gserver.PostStartHookContext) error {
        ctxpr :=wait.ContextForChannel(ctx.StopCh)
        go func() {
            controller.Run(ctxpr, 2)
        }()
        return nil
    })
genericServer.AddPostStartHookOrDie("aapiserver-informer",
    func(context gserver.PostStartHookContext) error {
        prInformerFactory.Start(context.StopCh)
        return nil
    })
return server, nil
```

9.3.4 測試

本節重複使用部署測試時所使用的資源定義檔案來測試控制器的執行，該檔案中定義了唯一的 ProvisionRequest，提交後聚合 Server 會建立該資源，期望新加入的控制器會為該資源建立一個名為 companyabc 的命名空間，並在其中建立並運行 MySQL 的 Deployment，然後將該 ProvisionRequest 實例的 status 狀態資訊設置好。

9.3 相關控制器的開發

```
# 程式 9-55 kubernetescode-aaserver/config/test/customer1.yaml
    apiVersion: provision.mydomain.com/v1alpha1
    kind: ProvisionRequest
    metadata:
        name: pr-for-company-abc2
        labels:
            company: abc
    spec:
        ingressEntrance: /abc/
        businessDbVolume: SMALL
        namespaceName: companyabc
```

控制器作用後的結果如圖 9-11 和圖 9-12 所示，期望結果均實現，控制器的開發成功完成。

```
jackyzhang@ThinkPad:~/go/src/github.com/kubernetescode-aaserver/config/test$ kubectl apply -f customer1.yaml
provisionrequest.provision.mydomain.com/pr-for-company-abc2 created
jackyzhang@ThinkPad:~/go/src/github.com/kubernetescode-aaserver/config/test$ kubectl describe pr
Name:         pr-for-company-abc2
Namespace:    default
Labels:       company=abc
Annotations:  <none>
API Version:  provision.mydomain.com/v1alpha1
Kind:         ProvisionRequest
Metadata:
  Creation Timestamp:  2023-11-02T03:31:50Z
  Resource Version:    428
  UID:                 de875696-c429-4d3c-8b0f-0077b1f03e7f
Spec:
  Business Db Volume:  SMALL
  Ingress Entrance:    /abc/
  Namespace Name:      companyabc
Status:
  Db Ready:       true
  Ingress Ready:  true
Events:           <none>
```

▲ 圖 9-11　建立的 ProvisionRequest

```
jackyzhang@ThinkPad:~/go/src/github.com/kubernetescode-aaserver/config/test$ kubectl get ns
NAME                      STATUS   AGE
cicd-apiserver            Active   16d
companyabc                Active   16h
companydef                Active   16h
default                   Active   67d
jacky                     Active   67d
kube-node-lease           Active   67d
kube-public               Active   67d
kube-system               Active   67d
kubernetes-dashboard      Active   67d
kubernetescode-aapiserver Active   4d14h
jackyzhang@ThinkPad:~/go/src/github.com/kubernetescode-aaserver/config/test$ kubectl get deployment -n companyabc
NAME     READY   UP-TO-DATE   AVAILABLE   AGE
cust-db  1/1     1            1           16h
```

▲ 圖 9-12　建立的命名空間和 Deployment

9 開發聚合 Server

9.4 本章小結

本章效仿 API Server 子 Server 的建構方式，利用 Generic Server 提供的基礎設施建構出了一個聚合 Server。整個聚合 Server 包含兩部分，即 Server 本身和控制器。前者負責支援 API 實例的增、刪、改、查，後者落實 API 實例所包含的需求。從專案的建立開始，本章展示了撰寫聚合 Server 的主要過程。在支援 API 增、刪、改、查方面包括定義 API、增加程式標籤來生成程式、登錄檔填充、撰寫認證控制和建構 Web Server 這些步驟；在控制器撰寫方面則涵蓋了入手階段的設計，進而進行實現和測試。本章介紹了一個聚合 Server 的完整建立過程，可作為讀者工作中實戰的指引。

後續章節會介紹如何借助工具快速建立聚合 Server 來擴充 API Server，與那種方法相比，本章介紹的方式稍顯低效，但不可忽視的是這裡的方法展現出更多的技術細節，把 Server 的工作方式完全暴露，也提供了更靈活的技術可能性。這種開放性在需要深度訂製聚合 Server 時非常關鍵。與此同時，使用這種方式的過程就是加深理解 Kubernetes API Server 的過程，相信讀者在閱讀範例專案程式時會不時有「原來如此」的感歎。

軟體開發是一門動手的科學，學習原理不能脫離原始程式。本章範例專案公開在筆者的 GitHub 程式庫中，名為 kubernetescode-aapiserver。該程式庫包含了多個分支，每個分支代表建構過程的階段，讀者在閱讀本書時可對照參閱，達到事半功倍的效果。同時主分支的原始程式碼會包含在隨書程式中供讀者掃碼下載。

API Server Builder 與 Kubebuilder

一個生態的蓬勃發展離不開靈活的擴充能力和經濟簡潔的擴充方式，這方面越強越能吸引大小廠商的關注。Kubernetes API Server 的擴充點已經比較豐富，可擴充的方面很多，在支援擴充的工具方面 Kubernetes 社區也投入了很大力量，已經開發出了不少工具，例如開發 CRD、控制器與認證控制 Webhook 的 Kubebuilder；製作 Operator 的 Operator-SDK，以及開發聚合 Server 的 API Server Builder 等。

本章將重點介紹 API Server Builder 和 Kubebuilder 這兩款工具。它們是由 Kubernetes 官方提供的，功能強大且權威。

10　API Server Builder 與 Kubebuilder

10.1　controller-runtime

在第二篇中，讀者不僅看到了內建控制器，也看到了如何寫自己的控制器，不難得出以下結論：控制器程式的核心邏輯完全包含在控制迴圈所呼叫的名為 sync() 的方法[①]中，其他部分均是程式化的，各個控制器之間可保持不變。controller-runtime 專案正是以這一點為突破口，將程式化的部分交給函數庫，讓開發者專注在 sync() 中的業務邏輯。

controller-runtime 開發了一組工具函數庫 (Library) 來加速控制器的開發，開發者使用工具函數庫實現非業務邏輯部分，並把業務邏輯部分實現為指定的 Go 類型和方法即可。controller-runtime 由 Kubernetes apimachinery SIG 主導，是 Kubebuilder 專案的子專案，它是 Kubebuilder 和 API Server Builder 的基礎。

10.1.1　核心概念

controller-runtime 對控制器的組成元素進行抽象，形成了一些概念，在它們的基礎上對控制器職責進行劃分，哪些由框架提供，哪些由開發人員負責界定得很清晰。進一步地，controller-runtime 將這些概念落實到 Go 結構和介面上，提供開發框架去實現控制器程式的固定部分和工具物件，而將與業務相關的部分留給使用者。

1. Client

Client 是一個工具物件。Client 的作用是與 API Server 對接，操作 API 實例，既可以讀取，也可以改。由於 Client 與 API Server 之間不存在快取機制，所以量大時效率稍低，在進行大量讀寫時要考慮這個因素；無快取的好處也比較明顯，更改實例時最新資訊會即時進入 API Server 而不會有延遲。Client 由 controller-runtime 函數庫中的 client.Client 結構代表，其實例可由該套件下的工廠函數建立。

[①] 技術上名稱任意，只是常用 sync。

2. Cache

Cache 也是一個工具物件。上述 Client 在讀大量資料時劣勢明顯，讀者可能立刻想到了 client-go 所提供的 Informer，controller-runtime 可以利用 Informer 來最佳化讀取嗎？這正是引入 Cache 的初衷，它內部封裝了 Informer。Cache 由 controller-runtime 中的 cache.Cache 介面代表，實例可由該套件下的工廠函數建立。可以在 Cache 上註冊事件監聽回呼函數來回應 cache 的更新。

3. Manager

非常重要的角色，全域管理目標控制器、Webhook 等，同時也服務於它們，為其提供 client、cache、scheme 等工具。控制器的啟動需要透過 Manager 的 Start() 方法進行。Manager 由 manager 套件下的 Manager 介面代表，可由該套件下的工廠函數 New() 建立。

4. Controller

Controller 是 controller-runtime 對控制器的抽象，由 controller-runtime 中 controller 套件下的 Controller 介面代表。一般來講，一個控制器針對某個 Kubernetes API，監控它的建立、刪除和修改，發生時將相關 API 實例入佇列，在下一個調協過程中保證將這些實例中的 Spec 描述落實到系統中。Controller 封裝了這一過程中除落實 Spec 之外的所有部分。Controller 依賴其他物件運作，主要有 reconcile.Request 物件和 reconcile.Reconciler 物件，前者實際代表目標 API 發生了增、刪、改，後者是對業務邏輯的抽象，是開發者著重開發的內容。

5. Reconciler

控制器的業務邏輯被抽象為 Reconciler 物件，類型為 reconclile.Reconciler 介面。Reconciler 將把 API 實例的 Spec 所描述的需求落實到系統中，是魔法發生的地方。有了它，Controller 的工作重心變為關注其工作佇列中有無項目，如果有，則只需啟動一次 Reconciler。controller-runtime 期望將開發人員從程式化部分的開發中解放出來，完全聚焦到 Reconciler 的實現上。

API Server Builder 與 Kubebuilder

關於 Reconciler 有一些約定。一般來講，一個 Reconciler 只針對一個 API，不同 API 的調協工作由不同的 Reconciler 負責。如果期望從不同 API 觸發某個 API 對應的 Reconciler，則需要提供二者之間的映射。另外，Reconciler 這個介面只關心「發生了變化」而不關心「發生了什麼變化」，也就是說，無論是 API 實例的建立、修改還是刪除，Reconciler 的調協工作都一樣：首先檢查系統現實狀態，然後進行調整，從而使它貼近 Spec 所要求的狀態。

6. Source

另一個重要的概念是 Source，這是被 Controller 監控的事件來源，它將觀測目標的增、刪、改形成事件，發送給 Controller。Source 是 Controller.Watch() 方法的重要入參，Watch() 方法會接收 Source 發來的事件，然後啟動 handler.EventHandler 進行回應。Source 由 source 套件下的 Source 介面代表。

7. EventHandler

當 Source 發來事件時，handler.EventHandler 被啟動，以便去處理，所謂處理並不是進行調協，那是 Reconciler 的工作，而是將事件中的資訊取出出來，從而形成 Request 物件，放入控制器的工作佇列，等待控制迴圈啟動 Reconciler 來針對 Request 調協。EventHandler：

（1）所生成的 Request 既可以針對觸發事件的那個 API 實例，也可以針對另外一個 API 實例。例如一個由 Pod 觸發的事件生成一個針對擁有它的 ReplicaSet 的 Request。

（2）可以生成多個針對相同或不同 API 的 Request。

EventHandler 是 Controller.Watch() 方法的第 2 個重要入參。

8. Predicate

Controller.Watch() 方法的最後一個入參是 Predicate，它會對 Source 發來的事件進行過濾。

9. Webhook

認證控制的 Webhook 機制第 5 章已經介紹過，在目標 API 發生增、刪、改存入 ETCD 前修改和驗證將要儲存的 API 實例或 CRD 實例資訊。controller-runtime 用 webhook.admission 套件中定義的 Webhook 來抽象一個認證控制器。回顧一下 Webhook 的工作機制：當目標 API 發生增、刪、改時，API Server 將一個 AdmissionReview 實例發給 Webhook，Webhook 是一個獨立的應用程式，它立即處理 AdmissionReview 並把結果寫回它，於是 API Server 獲得了結果。

controller-runtime 中的 Webhook 代表認證控制中的動態認證控制器，它運行在一個 Web 應用程式中隨時準備處理增、刪、改對應的 AdmissionReview。由於 Webhook 運行於單獨 Web 應用程式，這就需要一個底層 Web Server 去承載，controller-runtime 提供了這部分能力。

注意：嚴格地說認證控制 Webhook 和控制器沒多大關係，把它包含在 controller-runtime 中略顯牽強。

10.1.2 工作機制

基於以上定義出的概念，controller-runtime 對控制器的運作模式進行抽象描述，如圖 10-1 所示。從開發者的角度看，由於有了 Manager，開發者只需提供必要的參數，Manager 便可接手建立和管理控制器實例的全部事項，它解放了開發者，讓他們轉而專注在 Reconciler 的開發上。

API Server Builder 與 Kubebuilder

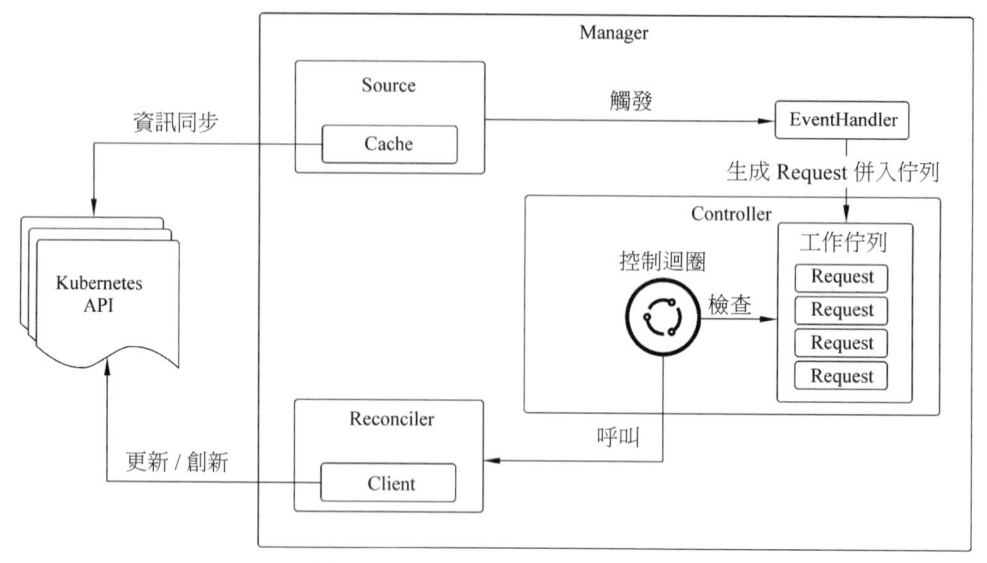

▲ 圖 10-1 controller-runtime 概念關係

下面以 ReplicaSet（簡稱 RS）的控制器來舉例說明圖 10-1 所示概念間的協作模式——注意 Kubernetes 控制器管理器在建構 ReplicaSet 控制器時並沒有使用 controller-runtime。

假設系統中針對 ReplicaSet 這個 API 運行著一個基於 controller-runtime 建構的控制器，它由 Manager 所建立和管理，為了運行該控制器，Manager 也會建立並配置輔助資源，例如 Source、EventHandler 物件等。該控制器的觸發與處理過程如下：

（1）叢集中一個 RS API 實例的 spec.replica 參數被更改。

（2）這一資訊會被同步至一個 Cache 物件，該 Cache 隸屬於一個 Source 物件。

（3）該 Source 放在 Cache 物件上的回呼函數被觸發，進而觸發 EventHandler。

（4）EventHandler 將建立針對 RS 的 Request，並放入控制器工作佇列。

（5）控制迴圈在下一次執行時期發現該 Request，呼叫 Reconciler 處理 Request。

（6）Reconciler 對比目標 RS 實例的 spec.replica 和系統中實際屬於該 RS 的副本數，然後透過 Client 物件操作 Pod：多則刪，少則建。

可見，controller-runtime 為建構控制器帶來的便利是顯而易見的，也就不難理解為何 API Server Builder、Kubebuilder 都用其作為控制器建構基礎。

10.2 API Server Builder

讀者在第 9 章體驗過直接以 Generic Server 為底座建構聚合 Server，一定會同意對於大多數開發者來講，那是一個細節許多的複雜過程。這一過程有以下困難的步驟。

（1）理解和正確使用 Generic Server：開發者必須熟悉兩個基礎框架，即 Generic Server 和 Cobra。由於 Cobra 在 Go 圈子裡使用廣泛，所以文件完善，花些時間去學習和適應難度不太高。Generic Server 則要困難很多。雖說 Kubernetes 將其單獨成函數庫，希望被其他專案重複使用，但是現狀是其只在建構 API Server 時使用，文件幾乎沒有，閱讀原始程式是更可行的學習方式。可見掌握 Generic Server 的成本是很高的。

（2）API 相關程式的撰寫：有程式生成的輔助，API 的建立和完善工作被極大簡化，即使如此關鍵細節依然較多。例如增加子資源時，其增、刪、改策略物件依然需要建立；用到的 Informer 需要在合適的時機去啟動它；引入認證控制器不能忘記提供初始化器並將它注入 Generic Server 的認證控制機制。

（3）部署相關的設定檔的撰寫：為了將聚合 Server 整合進 API Server，第 9 章中撰寫了 6 個資源定義檔案，內含近十種資源，能成功地完成這些資源的編制需要對配置的是什麼有清晰認知，特別是與證書相關的內容。對一般開發者來講這個要求很高。

API Server Builder 與 Kubebuilder

（4）控制器的開發：開發者的目的只是實現業務邏輯，卻要被迫手工建構控制器的工作佇列、控制迴圈等程式[1]。

總之，這種方式更適合深諳 Kubernetes API Server 設計的專家，靈活性很大可能性也更多，但對於一般開發者來講，更期待一款聚合 Server 鷹架來隱藏不必要細節，提升開發速度，Kubernetes apimachinery 組舉出的答案是 API Server Builder。

10.2.1 概覽

API Server Builder 提供了一組封裝聚合 Server 通用程式的程式庫和一套用於框架生成的鷹架工具。回到建構聚合 Server 的初衷：提供 API，從而描述對系統的需求並建構控制器去落實該 API 的需求。從這個角度去檢查上述的各種複雜性，不難看出哪些是必不可少的，哪些又是所有聚合 Server 共有的——共有的就可以集中提供。Builder 所提供的能力恰恰就是讓開發人員聚焦在 API 和控制器的開發上，其他部分儘量由鷹架生成，主要包括以下兩部分。

（1）聚合 Server 通用程式庫：以 apiserver-runtime 為代表，Builder 將聚合 Server 的通用實現包含在幾個程式庫中。例如基於 Generic Server 建構一個 Web Server 可執行程式；生成部署用的各種資源檔；引入 controller-runtime 簡化控制器開發等。apiserver-runtime 特別針對 API 的建構設計了模式，開發者只需實現介面（apiserver-runtime 函數庫中定義的 Defaulter 介面等）就可以建構自己的 API 了。

（2）生成框架程式的鷹架：直接基於以上程式庫去開發的問題是，開發者還是要熟悉函數庫中許多類型和介面才能正確地使用它們，可不可以用一行命令就生成出所需功能的框架性程式？回想 9.2.1 節建立專案時就曾使用 cobra-cli 命令生成了一個基於 Cobra 框架的命令列程式基本程式，非常高效。API Server

---

[1] 當然如果開發者能駕馭，controller-runtime 函數庫已經可以極佳地提高這方面的效率了。

10.2 API Server Builder

Builder 提供了類似的工具——apiserver-boot，它是 Builder 提供的鷹架。舉例來說，在專案中增加一個 API 只需以下命令。

```
$apiserver-boot create group version resource --group <組名稱>--version <版本編號>--kind <Kind>
```

10.2.2 Builder 用法

Builder 的目的是簡化開發人員建立聚合 Server 的工作，使用方式必須簡單。本節介紹其使用步驟，第 11 章會按照這個步驟建立一個聚合 API Server，從而加深理解。

1. 安裝

Builder 的 GitHub 主頁中舉出了一個安裝步驟，只需一行命令。

```
$GO111MODULE=on go get \\
sigs.k8s.io/apiserver-builder-alpha/cmd/apiserver-boot
```

不過由於 Go 版本的更新和存取外網的限制，導致安裝過程非常坎坷，甚至會失敗，這時可以採用直接編譯原始程式碼的方式進行安裝，成功機率較高。建議讀者先嘗試上述 Builder 所建議的安裝方式，如果失敗，則可轉而嘗試下面舉出的方法。

首先，將專案原始程式複製至本地目錄 $GOPATH/src/sigs.k8s.io 下，然後直接在專案原始程式根目錄下運行 make 命令即可，全部命令如下：

```
$cd $GOPATH/src/sigs.k8s.io
$git clone git@github.com:kubernetes-sigs/apiserver-builder-alpha.git
$make
```

完成後可執行程式 apiserver-boot 已經被生成並被安裝到 $GOPATH/bin 下。在 Go 環境配置時，該目錄已經加入 $PATH，所以 Builder 鷹架可以使用了。

10-9

10 API Server Builder 與 Kubebuilder

還有一種安裝方式是先下載應用程式，然後手動安裝，可作為兜底安裝方式：首先到其 GitHub 專案主頁，下載其程式壓縮檔，然後解壓至例如 /usr/local/apiserver-builder/ 目錄，最後將該目錄加入本機 $PATH 環境變數。

2. 專案初始化

在 $GOPATH 下建立出專案的根目錄後，可以透過下面的命令對其初始化，從而獲得一個聚合 Server 的專案：

```
$apiserver-boot init repo --domain <your-domain>
```

這裡 <your-domain> 需要一個獨有的域名，會被用於保證 API 組命名不重複。例如將其設為 mydomain.com，將來在聚合 Server 中建立的組 mygroup 的全限定名稱將是 mygroup.mydomain.com。

3. 建立 API

上面兩步均屬於必要的準備工作，下面立即進入核心工作之一的 API 建立和實現。首先需要在專案內引入新 API，在專案的根目錄下執行以下命令。

```
$apiserver-boot create group version resource --group <your-group>--version <your-version>--kind <your-kind>
```

命令執行過程會詢問是否同時為該 API 建立控制器，一般來講需要為引入的資源建立控制器去實現它的業務邏輯。這樣，在專案下會生成實現該 API 的框架程式。

（1）pkg/apis/<your-group>/<your-version>/<your-kind>_types.go：含 API 結構定義等內容。

（2）controllers/<your-group>/<your-kind>_controller.go：內含控制器結構定義等內容。

注意，版本編號（your-version）需要符合 Kubernetes 制定的命名規範，而對於 kind，命名需要使用首字母大寫的駝峰式，它還間接地決定了資源名稱——

10.2 API Server Builder

只需都變小寫再變複數形式就可以了,也可以用 - -resrouce 標識來直接給定資源名稱。

4. 本地測試運行

經過上述步驟,獲得了一個 API 還沒有完全實現但可以運行的聚合 Server,可在本地運行之。在專案根目錄下執行以下命令便可在本地啟動和測試這個 Server:

```
$make generate
$apiserver-boot run local
$kubectl --kubeconfig kubeconfig api-versions
```

最後一筆命令會列印出剛剛增加的 API。

5. 完善 API

引入 API 之後,Builder 只是生成了基本結構:包含一個與其 kind 名稱相同的結構,用於代表 API,以及一些常見的介面方法。接下來需要在其中增加具體實現。這些程式的撰寫工作都是在 your-kind_types.go 檔案中完成的,主要有以下幾方面的內容。

1)增加 API 實例建立與修改的資訊驗證

還記得第 9 章範例聚合 Server 在儲存一個 ProvisionRequest 實例前檢查 namespaceName 是否存在嗎?當時透過在 CraeteStrategy 的介面方法 Validate() 中加入檢查邏輯實現。apiserver-runtime 提供了介面 resourcestrategy.Validater, API 基座結構可以實現該介面,達到實例建立時進行內容檢測的目的;類似的介面還有 resourcestrategy.ValidateUpdater 介面,透過實現它進行更新時的資訊檢查。

2)增加 API 實例預設值設置邏輯

由 4.4.1 節知識可知,子 Server 的預設值設置是透過程式生成和在其基礎上加入自己邏輯的方式實現的。Builder 簡化了這一過程: 開發者只需讓 API 基

API Server Builder 與 Kubebuilder

座結構實現 resourcestrategy.Defaulter 介面,並將預設值在介面方法中設定便可以了。

3)增加子資源

如果引入的 API 需要 Status 或 Scale 兩種子資源,則可以透過以下命令建立出相關程式:

```
$apiserver-boot create subresource --subresource <subresource>--group <resource-group>--version <resource-version>--kind <resource-kind>
```

其中 <subresource> 可以是 status,也可以是 scale。這筆命令會建立一個檔案 pkg/apis/<group>/<version>/<subresource>_<kind>_types.go,包含子資源的基座結構定義等;並修改上述主 API 的 <your-kind>_types.go 檔案。

4)客製化 RESTful 回應

在第二篇原始程式部分看到,Generic Server 已經提供了對基本 REST 請求的回應機制,增、刪、改、查的 RESTful 請求最終被實現了 Getter、Creator、Updater 等介面的物件去回應,apiserver-runtime 函數庫也抽象出了 Getter、Creator 及 Updater 等介面並給生成的 API 做了預設實現。如果希望用自開發的邏輯替代預設的邏輯,則可以讓 API 基座結構實現相應策略介面。apiserver-runtime 會探測一個 API 基座結構,一旦發現哪個介面被實現,就會將它加入 Generic Server 請求處理方法。

6. 撰寫控制器

在第 3 步建立 API 時,Builder 會提示是否需要建立控制器,如果回答是,則會建立控制器的框架程式,位於 controllers/<your-group>/<your-kind>_controller.go,其內容完全重複使用了 controller-runtime 函數庫,它會為開發者定義一個結構,代表控制器,並讓它實現 Reconciler 介面,開發者要做的就是把業務邏輯放入介面方法 Reconciler(),其餘都已經生成包括生成部署設定檔,以及向 controller-runtime 的 manager 註冊所用程式等。

7. 叢集中部署

向叢集部署主要包括聚合 Server 鏡像的製作和配置所用資源定義檔案的撰寫兩大事項，還是比較煩瑣的。Builder 將所有這些都囊括於一筆命令。

```
$apiserver-boot run in-cluster --name <servicename>--namespace <namespace
to run in>--image <image to run>
```

在上述命令中還可以用 --service-account 指定目標聚合 Server 和核心 Server 互動時所使用的服務帳戶，否則預設用命名空間下的 default 服務帳戶。如果覺得這一切太神秘了，則可以將它拆解開來，一步步完成部署。第 1 步是建立鏡像並推送到鏡像庫：

```
$apiserver-boot build container --image <image>
$docker push <image>
```

第 2 步生成部署所用的資源定義檔案：

```
$apiserver-boot build config --name <servicename>--namespace <namespace to
run in>--image <image to run>--service-account <your account>
```

這一行命令在 config 目錄下生成部署所需要的所有設定檔，甚至包含聚合 Server 提供 HTTPS 之用的 TLS 證書私密金鑰，以及簽發它的 CA。最後，將這個聚合 Server 部署到控制面並測試它是否可用：

```
$kubectl apply -f config/
$rm -rf ~/.kube/cache/discovery/
$kubectl api-versions
```

最後一筆命令需要等待幾秒後再執行，否則聚合 Server 的部署還未完成。

以上就是使用 API Server Builder 建立聚合 Server 的完整過程，相比於第 9 章的手工方式工作量大大減小，但讀者可能對許多細節依然有疑惑，第 11 章將用 API Server Builder 實戰開發第 9 章的範例聚合 Server，幫助讀者勾畫其工作原理。

10.3 Kubebuilder

引入客製化 API 擴充 API Server 更簡便的方式是透過 CustomResourceDefinition 進行，準確地說是透過 CRD 加控制器的組合來擴充。與使用聚合 Server 相比較，二者在建構控制器方面複雜度相似，但 CRD 提供了不用編碼就可引入客製化 API 的手段，如果用聚合 Server 引入，則需要許多編碼工作才能達到。這種便捷使 CRD 加控制器的擴充模式大行其道，許多知名的 Kubernetes 週邊開放原始碼專案或多或少地採用該模式，例如大名鼎鼎的 ISTIO。時至今日，Kubernetes 社區透過對這一模式的進一步規範，形成了 Operator 模式。

Operator 模式中有兩個關鍵元素：Operator 和客製化資源。Operator 是一段程式運行於控制面之外，它根據 API Server 中某一客製化資源來執行邏輯。Operator 利用控制器模式來撰寫，由於在實踐中它的實現方式同一個控制器並無二致，所以預設 Operator 就是一個運行在控制面之外的控制器。另一元素——客製化資源則由 CRD 來定義。Operator 模式最早被應用於運行維護領域，開發人員希望用程式代替人類去管理線上應用程式，當出現問題時程式按既定策略回應，就像人工所採取的行動一樣。

Kubebuilder 為 CRD 加控制器的擴充方式提供了全方位支援，對 Operator 開發的支援也很完善。著名的 Operator-SDK 也是在 Kubebuilder 的基礎上利用其外掛程式機制開發出來的。

10.3.1 概覽

Kubebuilder 的設計哲學和 API Server Builder 十分類似，這或許是由於後者大量參考了前者思想的原因吧。Kubebuilder 同樣對外提供了一個開發鷹架和通用程式庫。鷹架表現為以程式 Kubebuilder 為主的一組原始程式／設定檔生成工具，它們根據使用者指令生成程式框架，也可以進行編譯部署等；通用程式庫就是前文講的 controller-runtime 函數庫，在 CRD 加控制器的擴充模式中程式主要出現在控制器部分，故 Kubebuilder 專案專門設立了 controller-runtime 子專案來簡化控制器開發。controller-runtime 確實優雅地完成了使命,也惠及了其他相關工具。

Kubebuilder 不僅是一個開發工具,還是一個可擴充的平臺。它支援以外掛程式的形式擴充自己,甚至形成全新的開發工具。這個外掛程式機制很強大,舉個例子,若想讓它支援以 Java 為控制器程式框架語言,則可以製作一種語言外掛程式來連線 Builder。

本章偏重將 Kubebuilder 作為開發工具的一面,講解利用它來開發 Operator 的過程,第 12 章將舉出開發範例。

10.3.2 功能

Kubebuilder 期望開發者聚焦業務邏輯:制定 CRD 和撰寫控制器中的核心邏輯。它的所有工作都是圍繞這一目的展開的,下面分別展示 Builder 如何支援這兩點。

1. 制定 CRD

邏輯上看,開發人員舉出 CRD 的過程如圖 10-2 所示。這一過程應是由左向右的:透過撰寫資源定義檔案舉出 CRD;客製化 API 結構也就被它刻畫出來了;於是客製化 API 在 Go 語言中的基座結構被確定。也就是說,開發人員只要用文字(例如 YAML)舉出 CRD 就好了。

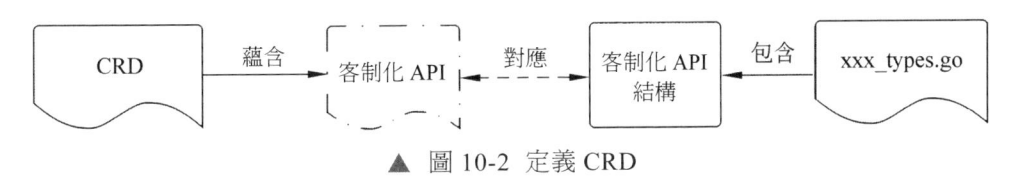

▲ 圖 10-2 定義 CRD

然而在 Kubebuilder 中,CRD 的制定過程恰恰是反過來的,按照圖 10-2 從右向左的順序:透過鷹架向專案中加入客製化 API(此時 API 只有組、版本等基本資訊),原始檔案 xxx_types.go 被生成,內含空客製化 API 結構;開發人

10 API Server Builder 與 Kubebuilder

員按照業務需求完善客製化 API 結構；自動生成 CRD。也就是說，開發人員的主要工作是完善客製化 API 的基座結構，即編碼工作。

2. 控制器核心業務邏輯

如前所述，controller-runtime 已經將控制器撰寫過程中的程式化部分取出出來，直接作為框架程式生成到專案中，開發人員只需實現介面方法 Reconcile，這已經簡化到極致了。

10.3.3 開發步驟

無論是 CRD 的制定，還是控制器的撰寫，均被 Builder 統一為編碼工作，並且開發過程像極了在 API Server Builder 中所做的工作，二者對比：

（1）制定 CRD 相當於 API Server Builder 中開發聚合 Server 的 API。

（2）撰寫控制器相當於 API Server Builder 中開發聚合 Server 相關控制器。

兩種複雜度差異巨大的工作居然被統一（並均加以簡化）為同質化工作，真的讓人拍案叫絕。除了這兩部分工作，開發人員不必關心其他內容，Kubebuilder 會生成所有配置資源檔（放於 config 目錄下）和除上述程式內容外的其他程式，這表現了 Kubebuilder 的強大。

接下來介紹用 Kubebuilder 進行開發的步驟，這裡只勾畫出基本的輪廓，第 12 章會利用它開發一個 Operator，幫助讀者充分理解該過程。

1. 安裝

Builder 的安裝採用先下載到本地，然後複製到可執行程式目錄的方式，兩筆命令即可實現。注意，需要先在本地安裝 Go 環境：

```
$curl -L -o kubebuilder "https://go.kubebuilder.io/dl/latest/$(go env GOOS)/$(go env GOARCH)"

$chmod +x kubebuilder && mv kubebuilder /usr/local/bin/
```

完成後，可以運行 kubebuilder help 命令測試是否成功。

2. 初始化專案

先建立專案根目錄，建議建立在 $GOPATH/src 目錄下，然後執行初始化命令，Builder 會建立專案框架，並包含 xxx_types.go、xxx_controller.go 及 config 下的諸多配置資源檔。

```
$cd <專案根目錄>
$kubebuilder init --domain <例如 mydomain.com>
```

3. 增加客製化 API

類似 API Server Builder，開發者需要透過鷹架來建立出空的 API，命令參數有多個，基本的資訊包括組、版本、Kind：

```
$kubebuilder create api --group <組名稱>--version <版本>--kind <類型名稱>
```

上述命令給定的組名稱會與專案初始化時指定的 domain 聯合組成完整組名稱，類型名稱需要首字母大寫的駝峰式命名。過程中會提示是否建立資源和控制器，可隨選選取，但首個客製化 API 一般選 yes。這行敘述執行後有新的檔案在專案內被生成，主要有兩個。

（1）api/ 目錄下的 3 個檔案：xxx_types.go 用於客製化 API 的基座結構定義等，類似 API Server Builder 時的 xxx_types.go；groupversion_info.go 是套件外可見變數的集中定義處，也承擔 doc.go 的責任；zz_generated_deepcopy.go 含有程式生成工具根據標籤為各種類型生成的深複製方法。

（2）config/crd/ 目錄：這個目錄下會生成定義客製化 API 的 CRD，可以透過關注其內容的變化來窺探 Builder 如何把 API 的基座結構映射到 CRD。

還有些其他次要檔案的內容需要調整，此處略過。

API Server Builder 與 Kubebuilder

4. 完善客製化 API

剛剛增加的客製化資源還不具備任何屬性，首先需要根據業務需求定義出這些屬性，這需要修改 xxx_types.go 檔案中為 Spec 和 Status 定義的結構屬性，程式如下：

```
// 程式 10-1
type ProvisionRequestSpec struct {
    Foo string 'json:"foo, omitempty" '
}

type ProvisionRequestStatus struct {
}
```

CRD 不像聚合 Server 那樣允許開發人員撰寫資源儲存時的驗證程式（Validate() 方法），而是透過 OpenAPIV3Schema 所提供的驗證功能進行。使用 Kubebuilder 時，開發人員需要透過在 Go 結構欄位上加注解來舉出欄位值約束，Builder 會據此生成 CRD 內容。

注意：在調整這些結構後，需要運行 make generate 去更新 config 目錄內容。

5. 撰寫控制器

控制器的撰寫完全類似使用 API Server Builder 時的控制器開發步驟，二者都是基於 controller-runtime 撰寫的。這裡不再贅述。

需要提醒的是，如果在程式中操作了非當前專案引入的 API，則需要先為控制器所使用的服務帳戶賦權，而這需要透過程式注解來完成，例如：

```
//+kubebuilder:rbac:groups="",resources=namespaces,verbs=create;get;list;update;patch
//+kubebuilder:rbac:groups=apps,resources=deployments,verbs=create;get;list;update;patch
```

直接修改 config/rbac 目錄下的角色定義檔案是不起作用的，當重新生成這些資源檔時修改會被完全覆蓋。

6. 增加和實現認證控制 Webhook

如果專案中需要引入認證控制邏輯，則要建立其 Webhook。controller-runtime 同樣提供了輔助建構認證控制 Webhook 的功能，開發人員只需撰寫修改和驗證相關方法，其餘均交給 Builder。Builder 負責完成以下工作：

（1）建立 Webhook 的底座 Web Server。

（2）將 Webhook Server 交給 controller-runtime 的 Manager 管理。

（3）在該 Web Server 上建立請求處理器（handler）並將路徑綁定到 handler 上，從而使進來的請求被正確處理。

透過以下命令將 Webhook 能力增加到專案中：

```
$kubebuilder create webhook --group <組名稱>--version <版本>--kind <類型>
--defaulting --programmatic-validation
```

參數 defaulting 代表是否需要修改（mutating）webhook，programmatic-validation 指是否需要驗證（validating）webhook。該命令會生成 xxx_webhook.go 原始檔案，內含對兩個介面 webhook.Defaulter 和 webhook.Validator 的實現，如程式 10-2 所示。

```
// 程式 10-2 api/v1alpha1/provisionrequest_webhook.go
var _ webhook.Defaulter =&ProvisionRequest{}

func (r *ProvisionRequest) Default() {
    ...
}
var _ webhook.Validator =&ProvisionRequest{}

func (r *ProvisionRequest) ValidateCreate() (admission.Warnings, error) {
    ...
}
func (r *ProvisionRequest) ValidateUpdate(old runtime.Object)

(admission.Warnings, error) {
    ...
```

```
}

func (r *ProvisionRequest) ValidateDelete() (admission.Warnings, error) {
    ...
}
```

上面程式部分所示的 5 種方法分別負責修改和驗證目標 ProvisionRequest 實例，下一步開發者需要撰寫它們的內容。

類似控制器，如果在 webhook 程式中操作了非當前專案引入的 API，則需要先為 webhook 所使用的服務帳戶賦權，這同樣可以透過在程式中加注解來完成。

7. 叢集中部署

1）製作鏡像

Kubebuilder 將控制器和 Webhook Server 編譯到同一個應用程式中運行，需要把它做成一個鏡像，推到鏡像庫，將來在叢集內透過 Deployment 運行之，命令如下：

```
$make docker-build docker-push IMG=<some-registry>/<project-name>:tag
```

上述命令只是 docker build + docker push 的組合，開發者完全可以用這兩筆命令來替換它。眾所皆知 docker build 依賴專案下的 Dockerfile 定義檔案，這提示可以透過修改 Dockerfile 的方式來克服載入過程中出現的問題。

2）部署 cert-manager

如果在專案中用到了認證控制 Webhook，則還有一個證書的問題要解決。回顧第 9 章部署聚合 Server，在撰寫配置資源檔時配置了兩張證書：

（1）第 1 張證書及其私密金鑰被放入一個 Secret，交給運行聚合 Server 的 Pod，將被用作 Server 的服務證書（Serving Certificate），用於支援 HTTPS。

（2）第 2 張是可以驗證上述服務證書的 CA 證書，被放入 APIService 實例的 caBundle 屬性中，這樣聚合 Server 的使用者端——核心 API Server 便可以用它來驗證聚合 Server 的 TLS 證書，從而建立 HTTPS 連接。

控制認證 Webhook 完全類似，邏輯上它也是個單獨 Web Server，核心 Server 呼叫它時也需要一樣的證書驗證機制。在部署時，需要把 Serving Certificate 及其私密金鑰交給運行 Webhook Server 的 Pod，並將 CA 證書放入 MutatingWebhookConfiguration 和 ValidatingWebhookConfiguration 資源的 webhooks.clientConfig.caBundle 屬性中。開發者可以採用第 9 章的做法：首先自己生成自簽證書，然後設置到各個配置所用的資源檔中，這就需要理解證書機制並熟悉生成過程，門檻稍高。Kubebuilder 借用 cert-manager 工具來簡化這一過程。cert-manager 是一款獨立產品，技術上說它也是 Operator，需要部署到叢集中。它可以自動將證書分發到相應的 Pod：從證書的生成到賦予 Pod 都不用使用者參與，使用者只需在資源上設置注解。感興趣的讀者可參考其主頁。將 cert-builder 部署到叢集的命令如下：

```
$kubectl apply -f \\
https://github.com/cert-manager/cert-manager/releases/download/v1.13.2/cert
-manager.yaml
```

Builder 預設開發者使用 cert-manager 來做證書管理，所以在 webhook 被增加到專案中時，就已經在 config 目錄下的各個設定檔中加入了使用 cert-manager 管理證書的必要配置，並用註釋暫時遮罩，使用者只需將註釋移除，而不用調整其內容。這部分留到第 12 章以實例演示。

3）部署 CRD 與控制器

經過前面的準備，CRD 定義就緒，控制器和 Webhook 程式也已經就緒。最後，只需將所生成的資源設定檔都提交到叢集，完成部署工作，這可以透過下面一筆命令完成：

```
$make deploy IMG=<some-registry>/<project-name>:tag
```

API Server Builder 與 Kubebuilder

上述命令首先會重新生成部分 config 目錄下的配置資源檔，然後將所有資源檔提交到叢集，包括 CRD、角色、控制器和 Webhook 的 Deployment 等。

如果有需求，則可以透過 make undeploy 命令來撤銷部署。

10.4 本章小結

本章介紹了 Kubernetes 社區中兩款開發 API Server 擴充的工具：API Server Builder 和 Kubebuilder，並且介紹了它們共同的基礎工具函數庫——controller-runtime 函數庫。controller-runtime 函數庫是 Kubebuilder 的子專案，它極為出色地將控制器的開發壓縮到一種方法的實現，而 Kubebuilder 除了利用 controller-runtime 來簡化控制器開發，還以同樣的力度簡化和壓縮了 CRD 和各種配置所用的資源檔定義工作。API Server Builder 雖然沒有達到一個非常穩定的程度，但也確實為聚合 Server 的開發加速增效，值得使用。

本章偏重於基本概念和使用過程，這為後面兩章的演示開發打下堅實基礎。

API Server Builder 開發聚合 Server

本章將透過實戰體驗 API Server Builder 帶來的便捷。第 10 章介紹了它的使用方法，結論是它真正地做到了讓開發者聚焦在 API 和控制器的開發上，只需關心業務邏輯的實現。那麼真正的開發感受到底如何呢？只有親自動手試過才能得出答案，那麼來，開工！

本章開發所使用的 Builder 版本為 v1.23.0, 所有程式均在筆者 GitHub 倉庫中的 kubernetescode-aaserver-builder 專案內，同時也可在隨書程式中找到。

11 API Server Builder 開發聚合 Server

11.1 目標

本章開發目標和第 9 章所撰寫的聚合 Server 基本一致，從而能對使用兩種方式的優劣進行對比；同時根據 Builder 現有能力做出一些目標調整：

（1）省去利用認證控制驗證同一客戶只有一個 ProvisionRequest 實例的需求。利用 Builder 生成聚合 Server 時，開發者已經沒有機會直接向底層 Generic Server 的認證控制機制中增加認證控制器了。雖然可以做動態認證控制器——也就是透過認證控制 Webhook 實現期望的檢查，但是這一方式在第 12 章開發 CRD 時會觸及，故本章省略之。

（2）為了更真實地模擬在實際開發中遇到的典型情況，本章增加一個需求：provision.mydomain.com 這個組中不僅提供 v1alpha1 版本，還需要有後續 v1 版本。v1 版本中的 API ProvisionRequest 在 v1alpha1 版本的基礎上增加新屬性 spec.businessDbCpuLimit，它將用來對 MySQL 資料庫容器所使用的 CPU 資源進行限制，該限制將被用到 MySQL Pod 的 spec.containers[].resources.limits.cpu 屬性上。以下是 v1 版的資源定義檔案範例：

```
apiVersion: provision.mydomain.com/v1alpha1
kind: ProvisionRequest
metadata:
    name: pr-for-company-abc
    labels:
        company: abc

spec:
    ingressEntrance: /abc/
    businessDbVolume: SMALL
    BusinessDbCpuLimit: 1000m
    namespaceName: companyAbc
status:
    ingressReady: false
    dbReady: false
```

11.2 聚合 Server 的開發

和第 9 章的範例專案 kubernetescode-aaserver 一樣，本章在同樣的父目錄下建立新專案 kubernetescode-aaserver-buider，假設該專案目錄建立成功。

11.2.1 專案初始化

在專案的根目錄下運行以下命令，範例專案的初始化工作便可完成：

```
$apiserver-boot init repo --domain mydomain.com
$go mod tidy
$go mod vendor
```

上述第 1 筆命令對專案主目錄進行初始化，將 domain 選為 mydomain.com。後面兩筆命令分別將用到的套件加入專案的 go.mod 檔案，並下載至 vendor 目錄。初始化後，大量框架程式被生成於專案主目錄下，專案結構如圖 11-1 所示。

▲ 圖 11-1 生成的專案

圖 11-1 中 cmd 目錄下的兩個子目錄 apiserver 和 manager 分別為聚合 Server 應用程式和控制器應用程式準備，本專案將生成這兩個應用程式。

11 API Server Builder 開發聚合 Server

pkg/apis 用於承載 API 的定義和實現，將來每個 API 組會在其下有一個子目錄。這種目錄結構是 API Server 的慣例。

hack 子目錄中只有一個 txt 檔案，讀者應該對它不陌生，它包含開放原始碼協定宣告，內容將被放在自動生成的程式原始檔案的頭部。

在專案的主目錄下還可以看到一個 Makefile 檔案，它非常重要。Builder 在進行程式生成、鏡像檔案製作、部署所用的設定檔的生成、可執行程式的編譯等操作時都會用到。對於熟悉 Linux 下程式編譯的讀者來講，對這個檔案的作用應該是不陌生的。正常情況下開發人員不必改變該檔案的內容，但如果開發者用的 Go 版本較高，Makefile 中使用的 go get 命令相較舊版本有較大更新，這會造成 Makefile 中定義的命令執行失敗，具體表現為執行 make generate 時出錯。為了修正該錯誤，開發者可以將以下程式要點①處的 get 改為 install。

```
# 程式 11-1 kubernetescode-aaserver-builder/Makefile
#go-get-tool will 'go get' any package $2 and install it to $1.
PROJECT_DIR :=$(shell dirname $(abspath $(lastword $(MAKEFILE_LIST))))
define go-get-tool
    @[ -f $(1) ] || { \\
    set -e ;\\
    TMP_DIR=$$(mktemp -d) ;\\
    cd $$TMP_DIR ;\\
    go mod init tmp ;\\
    echo "Downloading $(2)" ;\\
    GOBIN=$(PROJECT_DIR)/bin go get $(2) ;\\ # 要點①
    rm -rf $$TMP_DIR ;\\
    }
endef
```

11.2.2 建立 v1alpha1 版 API 並實現

1. 增加 API 及其子資源

現在向得到的空聚合 Server 中增加 API，只需在專案根目錄下執行以下命令。

```
$apiserver-boot create group version resource --group provision --version v1alpha1 --kind ProvisionRequest
```

11.2 聚合 Server 的開發

當系統提示是否要建立資源和控制器時都選 yes。以上命令執行後會在 pkg/apis/provision 目錄下生成 v1alpha1 子目錄，每個版本一個子目錄——這保持了和 Generic Server 一致的結構。上述執行完成後會出現程式錯誤告警，這是由於程式生成還沒有執行，所以 API 結構缺失了 DeepCopyObject() 方法，可以透過執行程式生成來解決此問題：

```
$make generate
```

在開發過程中這一命令需要被頻繁地執行，以此來消除由於缺少生成程式而造成的語法錯誤，後續不再贅述。上述命令在建立主資源 provisionrequests 的同時，也增加了 status 子資源，status 的基座結構和有關方法都已經在 provisionreqeust_types.go 檔案中定義如程式 11-2 所示。

```go
// 程式 11-2
//kubernetescode-aaserver-builder/pkg/apis/provision/v1/provisionrequest_
//types.go

type ProvisionRequestStatus struct {
}

func (in ProvisionRequestStatus) SubResourceName() string {
    return "status"
}

var _ resource.ObjectWithStatusSubResource =&ProvisionRequest{}

func (in *ProvisionRequest) GetStatus() resource.StatusSubResource {
    return in.Status
}

var _ resource.StatusSubResource =&ProvisionRequestStatus{}

func (in ProvisionRequestStatus) CopyTo(
                        parent resource.ObjectWithStatusSubResource) {
    parent.(*ProvisionRequest).Status =in
}
```

API Server Builder 開發聚合 Server

如果 Builder 沒有生成 status 子資源的部分，開發者則可以透過以下命令來單獨增加：

```
$apiserver-boot create subresource --subresource status --group provision
--version v1alpha1 --kind ProvisionRequest
```

上述命令會額外生成 provisionrequest_status.go 檔案，內含 status 子資源結構宣告及資源存取相關介面的實現方法。接下來將完善 ProvisionRequestStatus 結構定義內容，它目前還沒有包含與業務相關的內容，完善後該結構如程式 11-3 所示。

```
// 程式 11-3 pkg/apis/provision/v1alpha1/provisionrequest_status.go
type ProvisionRequestStatus struct {
    metav1.TypeMeta    `json:",inline"`
    IngressReady       bool   `json:"ingressReady"`
    DbReady            bool   `json:"dbReady"`
}
```

然後為 ProvisionRequest API 的結構增加 Status 屬性，並將業務資訊欄位增加進去，得到程式 11-4 所示結果。

```
// 程式 11-4 pkg/apis/provision/v1alpha1/provisionrequest_types.go
type ProvisionRequest struct {
    metav1.TypeMeta      `json:",inline"`
    metav1.ObjectMeta    `json:"metadata,omitempty"`

    Spec    ProvisionRequestSpec     `json:"spec,omitempty"`
    Status  ProvisionRequestStatus   `json:"status,omitempty"`
}

type ProvisionRequestSpec struct {
    IngressEntrance    string      `json:"ingressEntrance"`
    BusinessDbVolume   DbVolume    `json:"businessDbVolume"`
    NamespaceName      string      `json:"namespaceName"`
}
```

控制器應用程式同 API Server 程式一樣，依賴登錄檔。API 的增加並沒有促使這部分程式的更新，需要手工將新引入的 API 資訊向登錄檔註冊。為此要對 controller 應用程式初始化函數進行調整，如程式 11-5 所示。

```go
// 程式 11-5 kubernetescode-aaserver-builder/cmd/manager/main.go
func init() {
    utilruntime.Must(clientgoscheme.AddToScheme(scheme))

    //+kubebuilder:scaffold:scheme
    provisionv1alpha1.AddToScheme(scheme)
}
```

這樣 provision 組下 v1alpha1 版本內的 ProvisionRequest API 及其子資源 status 便增加完畢。

2. 為 API 實例各欄位增加預設值

Kubernetes 希望開發者明確指出預設值。利用 apiserver-runtime，開發者並不需要像 API Server 子 Server 那樣依賴程式生成來實現這一點，而是去實現介面 resourcestrategy.Defaulter。在範例專案裡，ProvisionRequest API 結構的各個欄位都是基底資料型態 string，也沒有什麼業務需求一定要有非零值，程式 11-6 中的預設值設置邏輯只作演示之用，而非出於業務需求。

```go
// 程式 11-6
//kubernetescode-aaserver-builder/pkg/apis/provision/v1alpha1/provisionre
//quest_types.go
var _ resourcestrategy.Defaulter =&ProvisionRequest{}

func (in *ProvisionRequest) Default() {
    if in.Spec.BusinessDbVolume =="" {
        in.Spec.BusinessDbVolume =DbVolumeMedium
    }
}
```

3. 增加實例建立時的驗證

現在將對建立 ProvisionRequest 實例時 namespaceName 欄位是否為空進行檢驗。注意到 Builder 已經為 ProvisionRequest 結構生成了一個 Validate() 方法，它就是完成這項工作的，直接把第 9 章範例聚合 Server 內這部分驗證邏輯複製過來稍加改動即可，如程式 11-7 所示。

```go
// 程式 11-7
//kubernetescode-aaserver-builder/pkg/apis/provision/v1alpha1/provisionre
//quest_types.go
var _ resourcestrategy.Validater =&ProvisionRequest{} // 要點①

func (in *ProvisionRequest) Validate(ctx context.Context) field.ErrorList {
    errs :=field.ErrorList{}

    if len(in.Spec.NamespaceName) ==0 {
        errs =append(errs,
            field.Required(field.NewPath("spec").Key("namespaceName"),
            "namespace name is required"))
    }
    if len(errs) >0 {
        return errs
    } else {
        return nil
    }
}
```

注意：程式 11-7 要點①的含義：如果讀者關注過筆者的公眾號「立個言吧」中 Effective Go 系列翻譯文章，就知道該句是在驗證 ProvisionRequest 結構是否實現 resourcestrategy.Validater 介面，由於 Validate() 方法正是該介面定義的方法，所以 ProvisionRequest 已經實現。

程式 11-7 顯示 API ProvisionRequest 的基座結構實現了 resourcestrategy.Validater 介面，系統會在建立 API 實例時自動呼叫其 Validate() 方法。這一模式同樣適用 API 實例在更新時進行驗證，介面 resourcestrategy.ValidateUpdater 就是為這個目的而設置的。

4. 本地測試

現在將這個缺少控制器配合的聚合 Server 在本地啟動一下，從而驗證聚合 Server 程式正常與否。為了能在本地運行，需要對 cmd/apiserver/main.go 內容做一個必要的調整，如程式 11-8 要點①所示。

```
// 程式 11-8 /kubernetescode-aaserver-builder/cmd/apiserver/main.go
func main(){
    err :=builder.APIServer.
    //+kubebuilder:scaffold:resource-register
    WithResource(&provisionv1alpha1.ProvisionRequest{}).
    WithResource(&provisionv1.ProvisionRequest{}).
    WithLocalDebugExtension(). // 要點①
    DisableAuthorization().
    WithOptionsFns(
        func(options *builder.ServerOptions) *builder.ServerOptions {
            options.RecommendedOptions.CoreAPI =nil
            options.RecommendedOptions.Admission =nil
            return options
        }
    ).Execute()
    if err !=nil {
        klog.Fatal(err)
    }
}
```

如果缺少要點①處對本地偵錯的設置，則啟動將失敗。在專案根目錄下運行以下命令來啟動和測試當前的聚合 Server：

```
$make generate
$apiserver-runtime run local
$kubectl --kubeconfig kubeconfig api-versions
```

最後一筆命令列印出 provision.mydomain.com/v1alpha1，這說明 v1alpha1 已經存在於聚合 Server 中，這是一個里程碑。

11.2.3 增加 v1 版本 API 並實現

這一部分將向 provision 組中增加另一個版本——v1。在 Builder 的輔助下，增加本身並不複雜，但類似實現 v1alpha1 時的後續調整也是必不可少的。以下命令將在專案中引入 v1 版本：

```
$apiserver-boot create group version resource \\
--group provision --version v1 --kind ProvisionRequest
$make generate
```

這幾乎就是引入 v1alpha1 時命令的翻版，不同的只是版本編號變為 v1。當 Builder 詢問是否建立資源時回答 yes，而當 Builder 詢問是否建立控制器時回答 no，因為該 API 的控制器已經在建立 v1alpha1 時建立過了。

接下來將 v1 版 API 的 Spec 和 Status 結構內容增加好：Status 內容與 v1alpha1 一致，而 Spec（v1.ProvisionRequestSpec）結構需要在 v1alpha1 的內容的基礎上增加一個欄位 BusinessDbCpuLimit。程式 11-9 展示了 Spec 結構的定義。

```
// 程式 11-9
//kubernetescode-aaserver-builder/pkg/apis/provision/v1/provisionrequest_
//types.go
type ProvisionRequestSpec struct {
    IngressEntrance      string      `json:"ingressEntrance"`
    BusinessDbVolume     DbVolume    `json:"businessDbVolume"`
    BusinessDbCpuLimit   string      `json:"businessDbCpuLimit"`
    NamespaceName        string      `json:"namespaceName"`
}
```

1. 內外部版本和儲存版本

到現在為止範例專案還沒有處理內部版本。內部版本是為了簡化同一個 API 種類在不同版本間轉換而設置的。所有外部版本在進行內部處理時都會先被轉換成內部版本。Builder 所生成的程式框架依然以 Generic Server 為底座，這就決定了內外部版本的轉換肯定會發生，但聚合 Server 可以決定內部版本的定義。

11.2 聚合 Server 的開發

由第 4 章知識可知，Kubernetes 的核心 API 採用的方式是單獨定義的內部版本，版本編號為 __internal，其定義放在 apis/<group>/types.go 檔案中。這個內部版本對使用者端來講是不可見的，純粹作為內部使用。那麼可不可以直接讓一個外部版本來充當內部版本的角色呢？這樣做的好處是避免去定義一個看似容錯的內部版本。實際上是可以的，Builder 就試圖這樣做。它要求開發者在程式中指出用哪一個版本同時充當內部版本，在其生成的框架程式中會將該版本用於內部版本出現的場合。被選定版本在系統內部將同時扮演內外部版本。

除了內外部版本，還有一個版本存在——儲存版本。它決定了儲存到 ETCD 時用哪個版本。雖然儲存版本和內部版本相互獨立，但 Builder 將二者統一為一個版本，從而簡化概念，筆者非常認同這種簡化的做法。程式 11-10 的要點①與要點②揭示了內部版本與儲存版本的統一：如果要點①的判斷為真，則 obj 為儲存版本，要點②處顯示 obj 將被作為內部版本註冊進登錄檔。

```
// 程式 11-10
//sigs.k8s.io/apiserver-runtime/pkg/builder/resource/register.go
s.AddKnownTypes(obj.GetGroupVersionResource().GroupVersion(), obj.New(), obj.NewList())
if obj.IsStorageVersion() { // 要點①
    s.AddKnownTypes(schema.GroupVersion{
        Group:   obj.GetGroupVersionResource().Group,
        Version: runtime.APIVersionInternal, // 要點②
    },
    obj.New(),
    obj.NewList())
} else {
    ...
```

Builder 在每個版本的 API 定義檔案 xxx_types.go 檔案中生成了該版本的 API 基座結構，並且讓它們實現了 apiserver-runtime 函數庫定義的 resoruce.Object 介面，其中一個介面方法是 IsStorageVersion()，開發者只需讓選定的版本在該方法中傳回值 true，而在其他版本中傳回值 false，便完成了內部版本和儲存版本的設置。範例聚合 Server 選取 v1alpha1 作為儲存版本，程式 11-11 展示了 v1alpha1 對 IsStorageVersion() 方法的實現。

```
// 程式 11-11
//kubernetescode-aaserver-builder/pkg/apis/provision/v1alpha1/provisionre
//quest_types.go
func (in *ProvisionRequest) IsStorageVersion() bool {
    return true
}
```

2. 被選為內部版本 / 儲存版本帶來的影響

內部版本必須能承載該 API 種類所有版本所含有的資訊。以範例聚合 Server 來講，v1alpha1 被選為內部版本，而 v1 版本在 API ProvisionRequest 上引入了一個新欄位 BusinessDbCpuLimit，如果 v1alpha1 不做任何改變，則該資訊在被轉為內部版本時將消失，在存入 ETCD 時也會遺失，所以被選為內部版本（儲存版本）表示該版本的基座結構需要隨著其他版本的基座結構的改變而改變。由於範例專案選擇 v1alpha1 作為儲存版本，隨著 v1 引入新欄位 BusinessDbCpuLimit，也需要將該欄位加入 v1alpha1 版 API 的基座結構，如程式 11-12 要點①處所示。

```
// 程式 11-12
//kubernetescode-aaserver-builder/pkg/apis/provision/v1alpha1/provisionre
//quest_types.go
type ProvisionRequestSpec struct {
    IngressEntrance     string     `json:"ingressEntrance"`
    BusinessDbVolume    DbVolume   `json:"businessDbVolume"`
    NamespaceName       string     `json:"namespaceName"`

    BusinessDbCpuLimit string `json:"businessDbCpuLimit"`       // 要點①
}
```

3. 內外部版本轉換

內外部版本之間要能互相轉換。v1 版本的 ProvisionRequest 需要能被轉為 v1alpha1 版本，反之亦然。這只需讓 v1 版 API 基座結構實現介面 MultiVersion-Object，於是向該結構增加以下程式 11-13 所示的 3 種方法。

```go
// 程式 11-13
//kubernetescode-aaserver-builder/pkg/apis/provision/v1/provisionrequest_
//types.go
func (in *ProvisionRequest) NewStorageVersionObject() runtime.Object {
    return &provisionv1alpha1.ProvisionRequest{}
}
func (in *ProvisionRequest) ConvertToStorageVersion(
                                    storageObj runtime.Object) error {
    storageObj.(*provisionv1alpha1.ProvisionRequest).
        ObjectMeta =in.ObjectMeta
    ...
    storageObj.(*provisionv1alpha1.ProvisionRequest).Status.
        IngressReady =in.Status.IngressReady
    return nil
}
func (in *ProvisionRequest) ConvertFromStorageVersion(
                                    storageObj runtime.Object) error {

    in.ObjectMeta =storageObj.(*provisionv1alpha1.ProvisionRequest).
        ObjectMeta
    in.Spec.BusinessDbCpuLimit =storageObj.
        (*provisionv1alpha1.ProvisionRequest).Spec.BusinessDbCpuLimit
    ...
    in.Status.IngressReady =storageObj.
        (*provisionv1alpha1.ProvisionRequest).Status.IngressReady
    return nil
}

var _ resource.MultiVersionObject =&ProvisionRequest{}
```

至此，v1 版本增加完畢。整個聚合 Server 相關的編碼工作也已經全部完成。

注意：apiserver-runtime 的 Bug 及規避方法。如果將上述聚合 Server 部署至叢集系統，則會顯示出錯，提示 v1alpha1 版本的 ProvisionRequest 沒有實現介面 resource.MultiVersionObject，但該版本被選為儲存版本，根本不需要去實現該介面。產生該問題的原因是一個 apiserver-runtime 函數庫的 Bug，筆者已經提供修復方法，apiserver-runtime 專案負責人已經確認並將修復合併至主幹分支，如圖 11-2 所示。

11 API Server Builder 開發聚合 Server

```
v 2 ■■□□□ pkg/builder/resource/register.go
        @@ -40,7 +40,7 @@ func AddToScheme(objs ...Object) func(s *runtime.Scheme) error {
40  40              return err
41  41          }
42  42          if err := s.AddConversionFunc(storageVersionObj, obj, func(from, to interface{}, _ conversion.Scope) error {
43      -            return from.(MultiVersionObject).ConvertFromStorageVersion(to.(runtime.Object))
    43  +            return to.(MultiVersionObject).ConvertFromStorageVersion(from.(runtime.Object))
44  44          }); err != nil {
45  45              return err
46  46          }
```

▲ 圖 11-2 Bug 修復詳情

不過對於作者正在使用的 1.0.3 版該 Bug 依然存在，可以採用以下兩步規避該問題：

（1）在本地下載 apiserver-runtime 主幹分支，放到 $GOPATH/src/sigs.k8s.io 目錄下，本地修復該 Bug。

（2）在 go.mod 中用本地版本替代官方線上版本，只需在 go.mod 的最後加以下敘述：

```
replace sings.k8s.io/apiserver-runtime v1.0.3=> ../../sigs.k8s.io/apiserver-runtime
```

11.3 相關控制器的開發

聚合 Server 建立完畢，使用者可以順利地建立出 ProvisionRequest 實例，現在需要建立相應的控制器來在系統中落實一個 PR 代表的需求。控制器負責建立：

（1）客戶專屬命名空間，用於儲存敏感性資料。

（2）命名空間中的 Deployment，用於運行 MySQL 鏡像。

由於有 API Server Builder 的輔助，又在第 9 章完全實現了範例控制器的邏輯，本專案很容易完成當前控制器的開發。

11.3 相關控制器的開發

回顧一下第 10 章介紹的 controller-runtime 函數庫,它將控制器的建立工作縮減到對介面 reconclile.Reconciler 的實現,而這個介面只有一種方法,如程式 11-14 所示。

```
// 程式 11-14 sigs.k8s.io/controller-runtime/pkg/reconcile/reconcile.go
typeReconciler interface {
    Reconcile(context.Context, Request) (Result, error)
}
```

只要在 Reconciler 方法中加入業務邏輯,一個控制器就建立好了。Builder 為我們生成的控制器程式框架正是利用了 controller-runtime 函數庫,它在 controllers/provision/provisionrequest_controller.go 檔案中定義了一個結構作為控制器基座,並讓它實現了 Reconciler 介面,如程式 11-15 所示。

```
// 程式 11-15 controllers/provision/provisionrequest_controller.go
type ProvisionRequestReconciler struct {
    client.Client
    Scheme *runtime.Scheme
}

//+kubebuilder:rbac:groups=provision,resources=provisionrequests,verbs=get;list;watch;create;update;patch;delete
…
func (r *ProvisionRequestReconciler) Reconcile(
        ctx context.Context, req ctrl.Request) (ctrl.Result, error) {
    …
}
```

首先將第 9 章所撰寫的控制器邏輯——sync() 方法內容複製到 Reconcile() 方法內,然後將其中客製化 API 相關的 ClientSet 和核心 API 相關的 ClientSet 替換為 Recocile() 方法的接收器 r。r 具有 ClientSet 能力是由於 ProvisionRequest-Reconciler 結構已經提供了存取聚合 Server 和核心 Server 中 API 的方法。

這裡省略 Reconcile() 方法的實現,讀者可參考範例專案原始程式碼。

API Server Builder 開發聚合 Server

11.4 部署與測試

開發工作已經完成，可以將聚合 Server 及控制器應用程式部署到叢集中。部署有兩種方式，其一是用一行 apiserver-boot 部署命令完成全部工作，其二是用多筆命令逐步完成。筆者推薦後一種方式，第 1 種方式下沒有機會對部署配置進行調整，而這甚至可能會造成失敗。

11.4.1 準備工作

在叢集上建立用於部署的命名空間，取名為 kubernetescode-aapiserver-builder，並在該空間內建立服務帳號 aapiserver。這二者的定義同被放入 ns-sa.yaml 檔案中，內容參見程式 11-16。透過以下命令將定義檔案提交，從而在叢集中建立它們。

```
$kubectl apply -f config/ns-sa.yaml
```

後續步驟會手動調整部署檔案，將該服務帳戶連結到聚合 Server 與控制器的 Pod，同時也把各種角色賦予該帳戶，這樣聚合 Server 和控制器便都具有足夠許可權與核心 API Server 互動。

```
# 程式 11-16 kubernetescode-aaserver-builder/config/ns-sa.yaml
apiVersion: v1
kind: Namespace
metadata:
    name: kubernetescode-aapiserver-builder
spec: {}
---
apiVersion: v1
kind: ServiceAccount
metadata:
    name: aapiserver
    namespace: kubernetescode-aapiserver-builder
```

11.4.2 製作鏡像

範例專案會生成兩個應用程式：一個是聚合 Server，名為 apiserver；另一個是控制器，名為 manager。這兩個程式被打包到一個鏡像中，打包和推送至鏡像庫的命令如下：

```
$apiserver-boot build container --image \\
    jackyzhangfd/kubernetescode-aaserver-builder:1.0
$docker push jackyzhangfd/kubernetescode-aaserver-builder:1.0
```

注意觀察兩筆命令的執行結果，如果出現錯誤，則需要檢查應用程式是否能編譯成功，以及是否登入了 Docker Hub。值得一提的是，將來在叢集中該鏡像會在兩個 Deployment 中使用，一個 Deployment 運行聚合 Server，另一個運行控制器。

1. 生成部署所用的資源定義檔案並修改

部署第 9 章的範例聚合 Server 時花費了很大力氣撰寫多個配置所用的資源定義檔案，這次在 Builder 的幫助下首先用一行命令生成所有這些定義，然後存放到專案的 config 目錄下：

```
$apiserver-boot build config \
--name kubernetescode-aapiserver-builder-service\
--namespace kubernetescode-aapiserver-builder\
--image jackyzhangfd/kubernetescode-aaserver-builder:1.0 \
--service-account aapiserver
```

但需要對所生成的定義檔案做幾方面的調整才能使用，接下來一個一個講解。

2. 調整許可權

由於控制器的邏輯包含建立命名空間和 apps/Deployment，所以要將讀寫這兩種 API 的許可權賦予服務帳戶 aapiserver。同時一併將一些不影響正常運行，

API Server Builder 開發聚合 Server

但最好具有的許可權賦予它,這主要包括存取 flowcontrol 組下資源的許可權。增加的許可權在程式 11-17 的要點①處 rules 節點中舉出。

```yaml
# 程式 11-17 kubernetescode-aaserver-builder/config/rbac.yaml
apiVersion: rbac.authorization.k8s.io/v1
kind: ClusterRole
metadata:
    name: kubernetescode-aapiserver-builder-service-apiserver-auth-reader
rules:// 要點①
    -apiGroups:
        -""
      resourceNames:
        -extension-apiserver-authentication
      resources:
        -configmaps
      verbs:
        -get
        -list
    -apiGroups: [""]
      resources: ["namespaces"]
      verbs: ["get","watch","list","create","update","delete","patch"]
    -apiGroups: ["apps"]
      resources: ["deployments"]
      verbs: ["get","watch","list","create","delete","update","patch"]
    -apiGroups: ["provision.mydomain.com"]
      resources: ["provisionrequests","provisionrequests/status"]
      verbs: ["get","watch","list","create", "update","patch"]
    -apiGroups: ["flowcontrol.apiserver.k8s.io"]
      resources: ["prioritylevelconfigurations","flowschemas"]
      verbs: ["get","watch","list"]
    -apiGroups: ["flowcontrol.apiserver.k8s.io"]
      resources: ["flowschemas/status"]
      verbs: ["get","watch","list","create", "update","patch"]
```

其次,由於 Builder 生成的 RoleBinding 和 ClusterRoleBinding 中並沒有正確設定目標服務帳戶,所以需要手動調整為 aapiserver。程式 11-18 是正確設置的例子,注意要點①處 subjects 節點下的內容:

```
# 程式 11-18 kubernetescode-aaserver-builder/config/rbac.yaml
apiVersion: rbac.authorization.k8s.io/v1
kind: ClusterRoleBinding
metadata:
    name: kubernetescode-aapiserver-builder-service-apiserver-auth-reader
    namespace: kube-system
roleRef:
    apiGroup: rbac.authorization.k8s.io
    kind: ClusterRole
    name: kubernetescode-aapiserver-builder-service-apiserver-auth-reader
subjects: // 要點①
    -kind: ServiceAccount
     namespace: kubernetescode-aapiserver-builder
     name: aapiserver
```

3. 調整鏡像拉取策略

　　如果當前處在開發階段，則常需要測試聚合 Server 和控制器的鏡像是否可以正常執行，建議把相關 Deployment 的鏡像拉取時機設置為 Always，以確保每次啟動它們的 Pod 時都會重新拉取最新鏡像，在開發偵錯時這非常有效。以控制器的 Deployment 資源描述檔案來舉例子，應增加要點①的內容：

```
# 程式 11-19
#kubernetescode-aaserver-builder/config/controller-manager.yaml
...
spec:
    serviceAccount: aapiserver
    containers:
    -name: controller
     image: jackyzhangfd/kubernetescode-aaserver-builder:1.0
     imagePullPolicy: Always // 要點①
     command:
    -"./controller-manager"
...
```

11.4.3 向叢集提交

雖然可以透過 kubectl apply -f config/ 命令來一起提交全部配置，但是筆者還是建議按照資源的相互依賴關係逐一提交上述資源定義檔案，這會避免很多不確定性。逐筆執行下述命令。

```
$cd config
$kubectl apply -f ns-sa.yaml
$kubectl apply -f rbac.yaml
$kubectl apply -f etcd.yaml
$kubectl apply -f apiservice.yaml
$kubectl apply -f controller-manager.yaml
$kubectl apply -f aggregated-apiserver.yaml
```

部署完成後做一個技術上的快速檢驗：透過 kubectl logs 命令查看運行聚合 Server 的 Pod 和控制器的 Pod 的日誌[①]，可能會有些無關輕重的錯誤與告警，但應無嚴重錯誤。當不按上述順序提交資源定義檔案時，日誌中可能會出現額外告警資訊，提示使用者系統正在等待和核心 API Server 有關的資訊就緒，這不應被視為錯誤。

11.4.4 測試

1. 測試用例一

在這個用例中，以 v1alpha1 版的 provisionrequests 資源定義建立 API 實例，其內容如下：

```
# 程式 11-20 kubernetescode-aaserver-builder/config/test/customer1.yaml
apiVersion: provision.mydomain.com/v1alpha1
kind: ProvisionRequest
metadata:
    name: pr-for-company-abc2
    labels:
company: abc
```

[①] 查看 Pod 的日誌也是確保應用程式運行正常的常用方式。

```
spec:
    ingressEntrance: /abc/
    businessDbVolume: SMALL
    namespaceName: companyabc
```

提交後該資源被成功建立，並且控制器也把客戶專有命名空間與其內 Deployment 建立出來，如圖 11-3 所示。

```
jackyzhang@ThinkPad:$ kubectl get deployment -n companyabc
NAME      READY   UP-TO-DATE   AVAILABLE   AGE
cust-db   1/1     1            1           11m
```

(a) 建立出的 Deployment

```
Name:         pr-for-company-abc2
Namespace:    default
Labels:       company=abc
Annotations:  <none>
API Version:  provision.mydomain.com/v1alpha1
Kind:         ProvisionRequest
Metadata:
  Creation Timestamp:  2023-11-06T14:22:45Z
  Resource Version:    111
  UID:                 ebb4bb4d-882f-4315-835a-cc51d49ed449
Spec:
  Business Db Cpu Limit:
  Business Db Volume:   SMALL
  Ingress Entrance:     /abc/
  Namespace Name:       companyabc
Status:
  Db Ready:        true
  Ingress Ready:   true
Events:            <none>
```

(b) ProvisionRequest 的詳細內容

▲ 圖 11-3 測試用例一的結果

2. 測試用例二

如果 ProvisionRequest 實例上沒有指定 namespaceName，則聚合 Server 會拒絕建立該資源。該測試用例資源描述檔案為程式 11-21，注意要點①處註釋起來了命名空間的設定：

```
# 程式 11-21
#kubernetescode-aaserver-builder/config/test/customer2-no-namespace.yaml
apiVersion: provision.mydomain.com/v1alpha1
kind: ProvisionRequest
metadata:
```

API Server Builder 開發聚合 Server

```
    name: pr-for-company-bcd
    labels:
        company: abc
spec:
    ingressEntrance: /bcd/
    businessDbVolume: BIG
    #namespaceName: companybcd# 要點①
```

將該資源提交到叢集，收到的拒絕資訊如圖 11-4 所示。

```
jackyzhang@ThinkPad:~/Downloads$ kubectl apply -f customer2-no-namespace.yaml
The ProvisionRequest "pr-for-company-bcd" is invalid: spec[namespaceName]: Required value: namespace
 name is required
```

▲ 圖 11-4 測試用例二的結果

3. 測試用例三

下面用 v1 版本建立一個 ProvisionRequest 實例，內含新欄位 businessDbCpuLimit，資源描述檔案如程式 11-22 所示。

```
# 程式 11-22 kubernetescode-aaserver-builder/config/test/customer3.yaml
apiVersion: provision.mydomain.com/v1
kind: ProvisionRequest
metadata:
    name: pr-for-company-xyz
    labels:
        company: xyz
spec:
    ingressEntrance: /xyz/
    businessDbVolume: SMALL
    businessDbCpuLimit: 500m
    namespaceName: companyxyz
```

資源提交後建立成功，並且控制器會建立出相應的客戶專有命名空間及 Deployment，如圖 11-5 所示。

```
jackyzhang@ThinkPad: $ kubectl get deployment -n companyxyz
NAME      READY   UP-TO-DATE   AVAILABLE   AGE
cust-db   1/1     1            1           31m
```

(a) 建立出的 Deployment

```
Name:         pr-for-company-xyz
Namespace:    default
Labels:       company=xyz
Annotations:  <none>
API Version:  provision.mydomain.com/v1
Kind:         ProvisionRequest
Metadata:
  Creation Timestamp:  2023-11-06T14:22:06Z
  Resource Version:    109
  UID:                 81c4220d-ac16-41c6-93d5-4dab3f21e83e
Spec:
  Business Db Cpu Limit:  500m
  Business Db Volume:     SMALL
  Ingress Entrance:       /xyz/
  Namespace Name:         companyxyz
Status:
  Db Ready:        true
  Ingress Ready:   true
Events:            <none>
```

(b) ProvisionRequest 詳細內容

▲ 圖 11-5　測試用例三的結果

上述 3 個測試用例均成功，聚合 Server 及搭配控制器工作正常。

11.5　本章小結

本章使用 API Server Builder 建構了聚合 Server 和搭配的控制器，與第 9 章直接以 Generic Server 為底座進行建構形成鮮明對比。透過本章的實踐，不難得出以下結論。

（1）API Server Builder 可以簡化開發：它提供的鷹架生成了大量程式，和業務邏輯無關的部分基本被其所生成的部分覆蓋，例如不再需要手動增加程式標籤去輔助程式生成；不必為同一個 API 建立多種結構（基座結構、REST 結構等）；也不必手動編碼增加子資源等。

（2）基於 Builder 開發需要犧牲一定的可能性：工具能幫助開發者是由於它隱藏了大量重要性不高或不常用的能力，當恰恰需要這些能力時工具就束手無策了。例如 Builder 是不支援向認證控制機制中注入一般控制器的。

不可否認，Builder 還處在非常不完整的階段。實際上 Builder 的完整專案名稱為 APIServer-Builder-Alpha，Alpha 字樣證明它確實處於早期版本。首先所生成的程式和配置有不完整之處，例如 rbac.yaml 檔案中就還需要手工調整服務帳戶；其次重大 Bug 還是有的，例如筆者前文指出的關於實現 MultiVersoinObject 介面時出現的程式錯誤。這也說明目前深入使用 Builder 的開發者還並不多。

Builder 對於熟悉 API Server 內部設計和概念的開發者仍然算是利器，但對於初學者，沒有能力判斷是自己使用的問題還是 Builder 出了 Bug，便會比較吃力。

Kubebuilder 開發 Operator

開發 Operator 是利用 CRD 加控制器模式對 Kubernetes 進行擴充的流行方式，市面上有多種工具支援 Operator 的開發，最知名的是 Kubebuilder 和 Operator-SDK，前者由 Kubernetes 社區提供，所以筆者更推薦使用它。

本章透過一個實例來體驗如何用 Kubebuilder 開發 Operator。所有程式可以在作者 GitHub 程式倉庫的專案 kubernetescode-operator 中找到，隨書程式中也有。

12 Kubebuilder 開發 Operator

12.1 目標

本章依然採用第 9 章所設定的業務場景和目標,最終實現的功能如下:

(1)運行維護人員透過建立 ProvisionRequest API 實例來要求系統為新客戶做系統初始化。

(2)該 API 實例必須指定客戶專有命名空間名稱,即屬性 namespaceName 必須有值。

(3)每個客戶在叢集中只能有一個 ProvisionRequest API 實例。

(4)系統會為該客戶建立專有命名空間,並在其中建立一個運行 MySQL 鏡像的 Deployment。

簡單來講,本章希望透過 Operator 實現與第 9 章範例聚合 Server 完全一致的功能,相信這種對比可以讓讀者體會聚合 Server 與 Operator 兩種擴充方式的優缺點。

12.2 定義 CRD

12.2.1 專案初始化

到 $GOPATH/src 下建立專案根目錄,並使用鷹架 Kubebuilder 完成初始化,命令如下:

```
$mkdir -p $GOPATH/src/github.com/kubernetescode-operator
$cd $GOPATH/src/github.com/kubernetescode-operator
$kubebuilder init --domain mydomain.com
```

上述命令運行完畢後在專案主目錄下會自動生成諸多目錄與檔案,成為一個完整的 Operator 開發專案。請讀者注意,專案內的絕大部分檔案不需要開發者修改,Builder 會隨選修改,開發者的錯誤修改反而會造成問題。當前項目中包含以下重要檔案。

（1）Makefile：鷹架的諸多命令依賴該檔案中定義的指令稿，非必要不修改。

（2）cmd/main.go：我們對該檔案內容並不陌生，API Server Builder 也生成過完全一樣的檔案作為控制器應用程式的主函數。它的主要內容是建立 controller-runtime 函數庫定義的 Manager，並用它啟動 Operator 控制器。開發者不用修改其內容。

（3）config/ 及其子目錄：其中有 rbac、manager、default 等子目錄，每個子目錄包含一個種類的配置資源定義檔案。開發者基本不用修改其內容。

12.2.2 增加客製化 API

現在在專案中引入一個客製化 API。為提供與第 9 章 API 一致的使用者體驗，將其組、版本和類型與之保持一致，分別設置為 provision.mydomain.com、v1alpha1 和 ProvisionRequest。在根目錄下執行的命令如下：

```
$kubebuilder create api --group provision --version v1alpha1 --kind
ProvisionRequest
```

執行後會看到 api/v1alpha1 目錄、internal/controller 目錄及諸多檔案被生成，其中兩個檔案後續會被頻繁更改，其一為 api/v1alpha1/provisionrequest_types.go，用於定義客製化 API 的 Spec 和 Status，從而決定其 CRD 內容；其二為 internal/controller/provisionrequest_controller.go，用於撰寫 Operator 控制器的核心業務邏輯。

下面繼續完善客製化 API。在 provisionrequest_types.go 檔案中，ProvisionRequestSpec 和 ProvisionRequestStatus 兩個結構分別用於描述 Spec 和 Status，這和開發聚合 Server 時完全一致，依照程式 12-1 中的內容來完善它們：

```
// 程式 12-1 kubernetescode-operator/api/v1alpha1/provisionrequest_types.go
Type ProvisionRequestSpec struct {
    //+optional
    IngressEntrance string `json:"ingressEntrance"`
```

```
    //+optional
    BusinessDbVolume DbVolume `json:"businessDbVolume"`
    //+kubebuilder:validation:MinLength=1
    NamespaceName string `json:"namespaceName"`
}

type ProvisionRequestStatus struct {
    metav1.TypeMeta `json:",inline"`
    IngressReady    bool `json:"ingressReady"`
    DbReady         bool `json:"dbReady"`
}
```

ProvisionRequestSpec 的各個欄位上都被加了注解，其中 NamespaceName 欄位上的注解為 //+kubebuilder:validation:MinLength=1，這要求 ProvisionRequest API 實例必須具有不可為空的 NamespaceName，這實現了目標中定義的一項業務需求。該注解將被 controller-runtime 轉譯為 CRD 中以 OpenAPI v3 Schema 表述的規約。

本專案的 ProvisionRequestSpec、ProvisionRequestStatus 與第 9 章範例聚合 Server 程式中的名稱相同結構的定義完全一致，這容易給讀者一個錯覺：建立 Operator 後，在 API Server 中真的有一個 Kubernetes API 叫作 ProvisionRequest，API Server 的程式中也真的有一個名稱相同結構作為它的基座，就像聚合 Server 中的情況一樣。從叢集使用者的角度來看的確如此，透過 kubectl api-versions 命令也可以真實地看到該客製化 API 版本，但從開發者的角度來講並非如此：核心 API Server 中沒有 ProvisionRequest API[①]，只有一個定義了 ProvisioinRequest 客製化 API 的 CRD 實例；也沒有 Go 結構去支撐 ProvisionRequest，CRD 定義出的客製化 API 是透過程式去支撐的。

每次直接或間接調整 API 基座結構內容後都需要運行以下命令來更新所生成的程式，這是開發者經常忘記的一項操作：

```
$make manifests
```

[①] 取決於如何理解 API。這裡從技術角度看，客製化 API 沒有 Go 結構支撐，是模擬出來的。

12.2 定義 CRD

瀏覽一下 config/crd/bases/provision.mydomain.com_previsionrequests.yaml 檔案,它就是依據以上定義生成的 CRD 檔案,程式 12-2 只截取了部分內容:

```yaml
# 程式 12-2
#kubernetescode-operator/config/crd/bases/provision.mydomain.com_provision
#requests.yaml
versions:
-name: v1alpha1
    schema:
        openAPIV3Schema:
            description: ProvisionRequest is the Schema for …
            properties:
                apiVersion:
                    description: 'APIVersion defines …'
                    type: string
                kind:
                    description: 'Kind is a string value representing …'
                    type: string
                metadata:
                    type: object
                spec:
                    description: ProvisionRequestSpec defines …
                    properties:
                        businessDbVolume:
                    type: string
                ingressEntrance:
                    type: string
                namespaceName:
                    minLength: 1# 要點①
                    type: string
                required:
                -namespaceName
                type: object
```

注意上述程式要點①,之前提到的欄位 NamespaceName 上的注解最終被落實到這一筆 OpenAPI Schema 規約上。

12-5

Kubebuilder 開發 Operator

12.3 相關控制器的開發

12.3.1 實現控制器

根據需求，控制器需要實現客戶專有命名空間的建立和其內 MySQL Deployment 的建立，這需要在 internal/controller/provisionrequest_controller.go 檔案內實現。開啟該檔案，讀者會發現與 API Server Builder 所生成的 xxx_controller.go 檔案中的內容幾乎一致，開發者同樣只需實現其中的 Reconcile 方法。

```
// 程式 12-3
//kubernetescode-operator/internal/controller/provisionrequest_controller.go
type ProvisionRequestReconciler struct {
    client.Client
    Scheme *runtime.Scheme
}

//+kubebuilder:rbac:groups=provision.mydomain.com,resources=provisionrequests,verbs=get;list;watch;create;update;patch;delete
//+kubebuilder:rbac:groups=provision.mydomain.com,resources=provisionrequests/status,verbs=get;update;patch
//+kubebuilder:rbac:groups=provision.mydomain.com,resources=provisionrequests/finalizers,verbs=update

// 要點①
//+kubebuilder:rbac:groups="",resources=namespaces,verbs=create;get;list;update;patch
//+kubebuilder:rbac:groups=apps,resources=deployments,verbs=create;get;list;update;patch
...
func (r *ProvisionRequestReconciler) Reconcile(
        ctx context.Context, req ctrl.Request) (ctrl.Result, error) {
    ...
}

func (r *ProvisionRequestReconciler)
                    SetupWithManager(mgr ctrl.Manager) error {
    return ctrl.NewControllerManagedBy(mgr).
```

```
    For(&provisionv1alpha1.ProvisionRequest{}).
    Complete(r)
}
```

只需將該方法在聚合 Server 中的實現直接複製過來，控制器就建立成功了。此外注意程式 12-3 要點①下的兩筆注解，它們增加了操作 Namespace 和 Deployment 兩個 API 的許可權，這是由於控制器中會對這兩種資源進行讀寫，控制器所使用的服務帳戶必須具有相應許可權，而直接修改 config/rbac 下許可權定義資源檔是不起作用的，必須在這裡以注解形式增加。

12.3.2 本地測試控制器

雖然還沒有引入認證控制 Webhook 對同一個客戶是否已經具有 ProvisionRequest 實例進行驗證，但這個 Operator 已經可以在本地運行了。所謂本地運行是指將 CRD 提交到叢集，同時在開發者本機運行 Operator 控制器。控制器會使用本地的叢集連接資訊[1]與核心 API Server 互動，考慮到本地使用者許可權足夠大，控制器不會碰到許可權問題。這是一種很有效的測試方式，讓我們來將它運行起來吧。

首先，更新一下生成的 CRD，然後將生成的 CRD 提交到叢集：

```
$make manifests
$make install
```

開啟新命令列視窗，轉至專案根目錄，本地啟動控制器：

```
$export ENABLE_WEBHOOKS=false
$make run
```

正常情況下控制器會在當前命令列終端運行起來，無錯誤資訊。現將第 9 章聚合 Server 專案中使用的測試用例資源檔 config/test/customer1.yaml 和 config/test/customer2-no-namespace.yaml 複製到當前專案的 config/samples 目錄下，並將它們加入 config/samples/kustomization.yaml 檔案：

---

[1] 預設處於～/kube 目錄下。

12 Kubebuilder 開發 Operator

```
# 程式 12-4 kubernetescode-operator/config/samples/kustomization.yaml
  resources:
  -customer1.yaml
  -customer2-no-namespace.yaml
```

向叢集提交這兩個資源定義檔案，將得到如圖 12-1 所示回饋。

```
jackyzhang@ThinkPad:~/go/src/github.com/kubernetescode-operator/config/samples$ kubectl apply -k .
provisionrequest.provision.mydomain.com/pr-for-company-abc2 created
The ProvisionRequest "pr-for-company-bcd" is invalid: spec.namespaceName: Required value
jackyzhang@ThinkPad:~/go/src/github.com/kubernetescode-operator/config/samples$ kubectl get deployment -ncompanyabc
NAME      READY   UP-TO-DATE   AVAILABLE   AGE
cust-db   1/1     1            1           4m43s
```

▲ 圖 12-1 提交測試資源得到回饋

第 1 筆命令有兩筆回饋，大意為名為 pr-for-company-abc2 的 ProvisionRequest 實例被成功建立出，但 pr-for-company-bcd 沒有被建立出，顯示出錯資訊正是缺少 NamespaceName。

第 2 筆命令證明控制器邏輯起了作用，為 pr-for-company-abc2 成功建立出命名空間 companyabc 並在其內建立了 MySQL Deployment。當然還可以觀察正在運行控制器的命令列視窗來判斷，其日誌輸出同樣可以驗證控制器的執行情況。

12.4 認證控制 Webhook 的開發

目標要求每個客戶只能有一個 ProvisionRequest 實例存在於叢集中，這可以使用認證控制來驗證。在 Operator 開發中，雖然不能像開發聚合 Server 時一樣直接製作認證控制器，但卻可以利用認證控制機制提供的動態認證控制（其 Webhook）實現同樣的效果。

12.4.1 引入認證控制 Webhook

Webhook 的建立透過鷹架進行，在專案根目錄下執行的命令如下：

12-8

12.4 認證控制 Webhook 的開發

```
$kubebuilder create webhook --group provision --version v1alpha1 --kind
ProvisionRequest --defaulting --programmatic-validation
```

執行後專案中會有以下相關內容的變動：

（1）生成原始檔案 api/v1alpha1/provisionrequest_webhook.go，這是認證控制邏輯的撰寫地。

（2）config/webhook/ 目錄下諸多檔案被生成或更新。Webhook 的部署將用到 MutatingWebhookConfiguration 和 ValidatingWebhookConfiguration 兩種 API，它們均在此定義。

（3）一個隱含的變化是：引入 Webhook 後，manager 應用程式將內含一個 Web Server。Operator 控制器和 Webhook 都由 controller-runtime 的 manager 管理，它們最終都被打包到一個應用程式中，稱為 manager 程式。在引入 Webhook 之前，manager 只有控制器，它與 API Server 的互動是單向的：由它去請求 API Server，manager 只需持有 API Server 分配給其 Pod 的 Service Token 就可以通訊了；一旦 Webhook 被引入，問題將變得複雜，Webhook 本身是一個 Web Server，它和 API Server 的通訊是雙向的：一方面 API Server 在認證控制機制的執行流程中會呼叫 Webhook；另一方面 Webhook 在自身邏輯中又有可能請求 API Server，這種請求當然是基於 HTTPS 的安全請求。這就涉及證書的分發。部署 manager 程式就變得像部署聚合 Server 一樣複雜了。

需要指出的是，如果現在去部署 Operator，則 Webhook 是不會起作用的，因為和其相關的配置所用的資源並沒有在 config/default/kustmoization.yaml 檔案中啟用，在部署階段會去除檔案中的相應註釋，從而啟用這些配置。

12.4.2 實現控制邏輯

根據需求，只需在 provisionrequest_webhook.go 檔案中的 ValidateCreator 方法中檢查該客戶已經具有的 ProvisionRequest 實例的數量，這可以參考第 9 章所撰寫的認證控制器邏輯，稍加修改便可以使用。

12　Kubebuilder 開發 Operator

```go
// 程式 212-5
//kubernetescode-operator/api/v1alpha1/provisionrequest_webhook.go
func (r *ProvisionRequest) ValidateCreate() (admission.Warnings, error) {
    provisionrequestlog.Info("validate create", "name", r.Name)

    company :=r.GetLabels()["company"]
    req, err :=labels.NewRequirement("company",
                    selection.Equals, []string{company})
    if err !=nil {
        return nil, err
    }

    clt :=manager.GetClient() // 要點①
    prs :=&ProvisionRequestList{}
    err =clt.List(context.TODO(), prs, &client.ListOptions{
            LabelSelector: labels.NewSelector().Add(*req)
    })
    if err !=nil {
        return nil, fmt.Errorf("failed to list provision request")
    }
    if len(prs.Items) >0 {
        return nil, fmt.Errorf("the company already has provision request")
    }
    return nil, nil
}
```

　　上述程式要點①處獲取了 Client，Client 是存取 API Server 讀取 API 實例的工具物件。這裡的 manager 變數就是 controller-runtime 中所定義的 Manager，它具有許多資訊，包括 Client。在 Webhook 向 Manager 註冊時，程式用 manage 變數記錄下了當前 Manager 實例，以備在 Webhook 的邏輯中使用之。如程式 12-6 要點①所示。

```go
// 程式 12-6
//kubernetescode-operator/api/v1alpha1/provisionrequest_webhook.go

var manager ctrl.Manager

func (r *ProvisionRequest) SetupWebhookWithManager(mgr ctrl.Manager) error {
```

```
    manager =mgr // 程式①
    return ctrl.NewWebhookManagedBy(mgr).
        For(r).
        Complete()
}
```

12.5 部署至叢集並測試

經過以上步驟後獲得了 CRD、Operator 控制器和 Webhook。本節會將剛剛建立的 Operator 部署到叢集中，並進行測試。

12.5.1 製作鏡像

透過以下命令將控制器和 Webhook 組成的 manager 程式打包到鏡像，並推送至鏡像庫：

```
$make docker-build docker-push IMG=jackyzhangfd/kubernetescode-operator
```

由於 Go 程式庫和一些鏡像庫速度較慢，可以修改專案根目錄下的 Dockerfile 增加合適的代理來規避這一問題，在範例專案中，修改位置如下：

```
# 程式 12-7 kubernetescode-operator/Dockerfile
RUN     GOPROXY="< 你的代理 >" go mod download

#Copy the go source
COPY cmd/main.go cmd/main.go
COPY api/ api/
COPY internal/controller/ internal/controller/

...
RUN CGO_ENABLED=0 GOOS=${TARGETOS:-linux} GOARCH=${TARGETARCH} \\
GOPROXY="< 你的代理 >" go build -a -o manager cmd/main.go
...
FROM < 替換 gcr.io>/distroless/static:nonroot
WORKDIR /
```

Kubebuilder 開發 Operator

```
COPY --from=builder /workspace/manager .
USER 65532:65532
```

在上述程式中＜你的代理＞字樣應被替換為 Go 套件管理工具使用的代理，而＜替換 gcr.io＞字樣應使用就近鏡像庫替代 gcr.io。

12.5.2 部署 cert-manager

範例專案使用 Kubebuilder 推薦的證書管理工具 cert-manager 來為 Webhook 配置所需證書，步驟十分簡單。運行以下命令來安裝 cert-manager：

```
$kubectl apply -f \\
https://github.com/cert-manager/cert-manager/releases/download/v1.13.2/
cert-manager.yaml
```

Builder 在生成設定檔時已經預設生成了 cert-manager 需要的配置，放於 config/certmanager 目錄內，並以註釋的方式將相關內容增加到 config/default/kustomization.yaml 和 config/crd/kustomization.yaml 檔案內，開發者需要啟用所有標有 [CERTMANAGER] 註釋的配置程式，如程式 12-8 與程式 12-9 所示。

```
# 程式 12-8 kubernetescode-operator/config/default/kustomization.yaml
#[CERTMANAGER] …
-../certmanager
  …
#[CERTMANAGER] …
-webhookcainjection_patch.yaml

#[CERTMANAGER] …
replacements:
 -source:
    kind: Certificate
    group: cert-manager.io
    version: v1
    name: serving-cert #this name should match the one in certificate.yaml
    fieldPath: .metadata.namespace #namespace of the certificate CR
  targets:
```

```
# 程式 12-9 kubernetescode-operator/config/crd/kustomization.yaml
#[CERTMANAGER] …
-path: patches/cainjection_in_provisionrequests.yaml
#+kubebuilder:scaffold:crdkustomizecainjectionpatch
```

同理,在上述兩個設定檔中有關 Webhook 所需要的配置程式也要啟用,如程式 12-10 與程式 12-11 所示。

```
# 程式 12-10 kubernetescode-operator/config/default/kustomization.yaml
#[WEBHOOK] …
-../webhook
          …
#[WEBHOOK] …
-manager_webhook_patch.yaml
```

```
# 程式 12-11 kubernetescode-operator/config/crd/kustomization.yaml
patches:
#[WEBHOOK] …
-path: patches/webhook_in_provisionrequests.yaml
```

12.5.3 部署並測試

所有準備工作都已經就緒,現在讓我們向叢集提交設定檔,包括 CRD、角色定義、服務帳戶定義、控制器和 Webhook 的 Deployment 等:

```
$make deploy IMG=jackyzhangfd/kubernetescode-operator:1.0
```

經過短時間的等待後,Operator 運轉起來,接下來進行測試工作。首先從第 9 章專案所用的測試用例中將測試認證控制機制的用例三 customer3-multiple-pr-error.yaml 複製到本專案的 config/samples 目錄,並更新 samples/kustomization.yaml,程式如下:

```
# 程式 12-12 kubernetescode-operator/config/samples/kustomization.yaml
resources:
-customer1.yaml
-customer2-no-namespace.yaml
-customer3-multiple-pr-error.yaml
```

Kubebuilder 開發 Operator

現在，運行所有 3 個測試用例，執行如圖 12-2 所示命令。

```
jackyzhang@ThinkPad:~/go/src/github.com/kubernetescode-operator/config/samples$ kubectl apply -k .
provisionrequest.provision.mydomain.com/pr-for-company-abc created
provisionrequest.provision.mydomain.com/pr-for-company-def created
Error from server (Invalid): error when creating ".": ProvisionRequest.provision.mydomain.com "pr-for-company-
bcd" is invalid: spec.namespaceName: Invalid value: "": spec.namespaceName in body should be at least 1 chars
long
Error from server (Forbidden): error when creating ".": admission webhook "vprovisionrequest.kb.io" denied the
 request: the company already has provision request
```

▲ 圖 12-2 提交測試資源

上述命令輸出的內容顯示如下：

（1）用例二提交的 ProvisionRequest 建立請求被拒絕，原因是沒有指定 namespaceName，這是期望的結果。

（2）用例三中定義的第 2 個 ProvisionRequest 建立請求被認證控制 Webhook 拒絕，因為同樣的客戶已經存在一個 ProvisionRequest 實例，這也是正確的行為。

（3）其餘的兩個建立請求均成功，並且控制器為它們生成了客戶命名空間及其內部的 Deployment，如圖 12-3 所示。

```
jackyzhang@ThinkPad:~/go/src/github.com/kubernetescode-operator/config/samples$ kubectl get ns
NAME                              STATUS   AGE
cert-manager                      Active   14h
cicd-apiserver                    Active   23d
companyabc                        Active   8m45s
companydef                        Active   8m45s
default                           Active   74d
jacky                             Active   74d
kube-node-lease                   Active   74d
kube-public                       Active   74d
kube-system                       Active   74d
kubernetes-dashboard              Active   74d
kubernetescode-operator-system    Active   13h
jackyzhang@ThinkPad:~/go/src/github.com/kubernetescode-operator/config/samples$ kubectl get deployment companyabc
Error from server (NotFound): deployments.apps "companyabc" not found
jackyzhang@ThinkPad:~/go/src/github.com/kubernetescode-operator/config/samples$ kubectl get deployment -n companyabc
NAME      READY   UP-TO-DATE   AVAILABLE   AGE
cust-db   1/1     1            1           9m13s
jackyzhang@ThinkPad:~/go/src/github.com/kubernetescode-operator/config/samples$ kubectl get deployment -n companydef
NAME      READY   UP-TO-DATE   AVAILABLE   AGE
cust-db   1/1     1            1           9m30s
```

▲ 圖 12-3 測試所建立的命名空間及 Deployment

所有測試用例均透過。

12.6 本章小結

本章是第 10 章的姊妹章節，偏重在實操。借助 Kubebuilder 實現了一個 Operator，這個過程帶領讀者深刻體會 Builder 的強大，在它的加持下，開發工作量急劇縮減到只需做 3 件事情：首先在 Go 語言中開發客製化 API 結構，然後開發控制器核心邏輯，最後實現 Webhook 的修改和驗證邏輯，其他均由 Kubebuilder 生成。在如此複雜的程式和配置均由生成得到的情況下，Builder 保持了非常高的品質水準，幾乎沒有重大 Bug，難能可貴。

本章刻意將實現目標設定為與第 9 章聚合 Server 相同，從而反映二者工作量上的差異。結果顯示，雖然技術手段不盡相同，但本章的 Operator 達到了第 9 章範例聚合 Server 同樣的效果。在動手擴充前，Kubernetes 社區建議開發者謹慎考慮是採用 CRD 加控制器的模式，還是單獨聚合 Server 的形式，在二者都可以達到目的的情況下，應該優先考慮使用前者，那是更加經濟的做法。

MEMO

深智數位
股份有限公司

深智數位
股份有限公司